奇妙的生命

[美]斯蒂芬·杰·古尔德 著

郑浩 译

海南出版社
·海口·

Wonderful Life: The Burgess Shale and the Nature of History
Copyright ©1989 by Stephen Jay Gould
中文简体字版权 ©2019 海南出版社

版权所有　不得翻印
版权合同登记号：图字：30−2017−082 号
图书在版编目（CIP）数据

奇妙的生命 /（美）斯蒂芬·杰·古尔德
(Stephen Jay Gould) 著；郑浩译 . —— 海口：海南出
版社，2019.6（2022.3 重印）
书名原文：Wonderful Life:The Burgess Shale and
the Nature of History
ISBN 978−7−5443−8694−4

Ⅰ . ①奇… Ⅱ . ①斯… ②郑… Ⅲ . ①生命科学 − 普
及读物 Ⅳ . ① Q1−0

中国版本图书馆 CIP 数据核字 (2019) 第 088630 号

奇妙的生命
QIMIAO DE SHENGMING

作　　者：〔美〕斯蒂芬·杰·古尔德
译　　者：郑　浩
责任编辑：张　雪
策划编辑：李继勇
责任印制：杨　程
印刷装订：北京天恒嘉业印刷有限公司
读者服务：武　铠
出版发行：海南出版社
总社地址：海口市金盘开发区建设三横路 2 号 邮编：570216
北京地址：北京市朝阳区黄厂路 3 号院 7 号楼 102 室
电　　话：0898−66830929　010−87336670
电子邮箱：hnbook@263.net
经　　销：全国新华书店经销
出版日期：2019 年 6 月第 1 版　2022 年 3 月第 2 次印刷
开　　本：787mm×1092mm　1/16
印　　张：24.75
字　　数：377 千
书　　号：ISBN 978−7−5443−8694−4
定　　价：59.80 元

目 录
Contents

献给诺曼·D. 纽厄尔

他过去是，现在也是——
用人类语言最高尚的词说
——我的老师。

序及致谢

一种全新的生命观[1]

借用我最不热衷的体育项目里的比喻[2]，这本书要做的，是"擒抱"科学能遭遇的最广泛议题之一——历史本身的性质，试图直面挑战这个问题。我采取的策略，不是直奔议题核心，而是从"端线外侧迂回进攻"，将一个精彩纷呈的案例研究的所有细节一一展现。这也是我在一般性写作中一贯采用的策略。其实，细节本身的作用有限，发挥到极致，也不过是在一种我营造不出的诗意的渲染下，成就令人倾慕的"自然写作"作品。但是，若从正面进攻，直取通则，难免会陷入行文枯燥或滋生偏见的境地。自然之美表现在细节中，启示则蕴含于通则里。最理想的鉴赏之道，细节和通则皆不可缺。以精心挑选的具体案例阐明激动人心的通则——除了这样，我不知还有什么更好的策略。

我的主题着眼于最重要、最令人珍视的化石产地——加拿大不列颠哥伦比亚的伯吉斯页岩。围绕着人们在那里的发现及对其诠释的故事，时间跨度已有近80年。以一个被滥用的词语的字面义形容，这个故事实在——太精彩了。查尔斯·都利特·沃尔科特是美国首席古生物学家，美国科学界权力最大的行政管理者。1909年，就是他发现了这保存极为完好的动物群——最古老的软体构型动物群。但是，几乎是出于他根深蒂固的传统主义立场，一种常规的诠

---

[1] 原书"序及致谢"无此标题，此为编者附加。——编者注

[2] 我最不热衷的体育项目（my least favorite sport），指美式橄榄球，作者更热衷棒球和篮球。下文借用的比喻之一"擒抱"，即 tackle；"端线外侧迂回进攻"，即 end run。——译者注

释被强加到这些生物之上，新的生命历史观没能形成。正因为如此，那些独一无二的生物不为公众所知（尽管在生命历史普及方面，其潜在教育价值远胜过恐龙）。但是，有三位来自英格兰及爱尔兰的古生物学家，在后来开展了 20 年严谨的解剖学特征描述研究。起初，他们丝毫未意识到这项工作的颠覆性。最终，他们不仅推翻了沃尔科特对这些独特化石的诠释，还挑战了生命历史的传统观点——进步及可预见性。取而代之的，是历史学家提出的偶然性——演化"全景"是由一系列令人极其难以置信的非必然事件构成的。事后回顾，我们会发现这些事件的发生具有足够的合理性，可以得到强有力的解释。不过，其发生在事先完全不可预见，也不具可重复性。如果能把"生命记录带"倒回伯吉斯页岩早期的日子，自历史的同一起点重新开始一次，那么，在这一过程中，具备类似人类智能的生物难以形成，产生的机会小得几近为零。

不过，与人的付出和被订正的诠释相比，伯吉斯生物本身甚至更加精彩。尤其是对它们的最新合理重构，显露出的，是超然的奇象异景——有长着五只眼和一管前端"长鼻"的欧巴宾海蝎；有骇人的奇虾，它们有长着一圈"牙齿"的大口，是那个时代最大的动物；还有解剖学结构与名字般配的怪诞虫。

至于本书标题，它表达了我们对两件物事的叹服：一来是为生物本身的美妙，二来是为随之形成的全新生命观。欧巴宾海蝎和它的同伴们一道，构成一幅来自那个遥远过去的生命群像，奇异而美妙，同时也把历史偶然性的伟大主题注入对这类概念反感的学科之中。《生活多美好》是一部在美国深入人心的电影，其中最令人难忘的情节，就是围绕该主题展开的。在片中，吉米·史都华（所扮演角色）的守护天使为其重演"生命记录带"，让他体会没有了这个角色之后，他原先周围的世界会变成什么样子。重演的结果显示，历史中貌似无足轻重的细节有着令人敬畏的威力。偶然性的概念不受科学待见，但电影和文学总能发现其迷人之处。电影《生活多美好》既是本书核心主题的一个象征，也是我所知的最好阐释——我以本书标题向克拉伦斯·奥德博迪（天使）、乔治·贝利（史都华扮演的角色）、弗兰克·卡普拉（导演）致敬。①

---

① 本书原著标题 Wonderful Life 意为"美好的生命"。有关本书与电影《生活多美好》的渊源，详见本书 307 页脚注 ②。——译者注

对伯吉斯页岩生物重新进行诠释并由此形成新观点，有关它们的故事错综复杂，有一大群人的共同参与。但是，站在这个故事舞台中心的，是三位古生物学家。一位是世界级三叶虫专家——来自剑桥大学的哈利·惠廷顿。另两位起初是他的研究生，从那时起，他们就将伯吉斯页岩研究视作自己的事业奋力为之，成绩非凡。他们是德里克·布里格斯和西蒙·康维·莫里斯。三位古生物学家之所以位于舞台正中，是因为他们完成了有关解剖学描述和分类界定的大部分技术工作。

该以哪种格式来呈现这一工作呢？为此，我在不同的选择之间挣扎过好几个月，但最终认定，只有一种方式能将一切统一起来，使之成为一个完备的整体。如果历史对现今秩序形成的影响如此之大，那么，即便在本书小得多的范畴之内，我也必须对历史的威力抱有敬畏之心。何况，惠廷顿及其同事的工作也构成了一段历史。而在偶然性的范畴里，反映秩序的主要标准形式是——而且必须是——依时序记录的编年史。对伯吉斯页岩生物的重新诠释是一个故事，一个宏大而精彩的故事，有着最高智识价值的故事，在其中，没有人被杀，甚至没有人受伤，连一块皮都没被擦破，但它揭开的，是一个全新的世界。除了合理的时间顺序，又有什么其他方式可供我采纳呢？！就像电影《罗生门》里的情形，对于这样一个错综复杂的故事，无论是旁观者还是参与者，在事后的陈述都各不相同。不过，我们至少可以通过编年来做些准备工作，搭好框架。在这里，我已将这一时间序列视作一出情节丰富的戏剧——我甚至放任自己的这种夸张比喻，将之以五幕剧的形式呈现，作为第三章内的一个独立组成部分。

第一章借由非同寻常的道具——图说，将这个伯吉斯页岩故事要挑战的传统态度（或者说半遮半掩的文化期许）——摆出。第二章呈现必要的故事知识背景，包括生命的早期历史、化石记录的本质、伯吉斯页岩本身的特有场景。第三章以戏剧的形式，依时序记录这次改变我们对早期生命的观念的伟大修订工作。在该章最后一部分，我尝试将伯吉斯的这段历史放到本故事挑战并修订的进化理论的一般语境中加以讨论。第四章深入查尔斯·都利特·沃尔科特身处的时代和他的精神世界，为的是理解他因何对自己伟大发现的本质和意义的认识错得如此彻底。接着，我将展现一个与传统截然不同、完全相反的看法——历史是偶然性的产物。第五章从两方面入手确立这种历史观。一方面是一般性的论证；另一方面，依时序逐一列举生命历史的主要事件，揭示在发生之始仅做出轻微改动，就会使演化的路径一改再改，转到完全不同但又同等合理的方向——由此将不会产生能写出编年史或破解自身身世之谜、揭示历史全貌的物种。尾声，也就是收场的小节，是伯吉斯呈现出的最后一个惊奇——*vox clamantis in deserto*——好比先知在寸草不生的荒野里的呼喊，但这也是一种喜悦之声。因为，惊喜的出现虽不意味着接下来的崎岖之路会由此通直、坎坷之地会由此展平，但一旦走上真实路径的坎坷崎岖之道，就注定会修得喜人之果。①

　　我处在常规创作的两极之间。我不是一个记者，或者"科学作家"，不会以公正的局外人自居，去采访其他领域里的人物。我是一名职业古生物学家，跟这出戏里所有的主要参与者是联系紧密的同行，在私下也是朋友。但是，我并未参与这项研究的主体工作，也无参与的能力，全因我没有该研究特需的立体空间思维天赋。尽管如此，惠廷顿、布里格斯、康威·莫里斯的世界也是我的世界。我了解这个世界蕴含的希望、存在的不足、采用的术语与技术手段，不过，我也能与它的幻想和平共处。如果本书能被读者接受，那么，就说明我把专业的风格和知识，与做出判断所必须保持的距离结合到一起，我的一个梦想——以地质学行内人视角创作一本类似约翰·麦克菲作品的读物②——就实现了。如果没能被接受，那么，我也不过是加入众多挑战失利者的行列，成为他们当中的一员——所有的陈词滥调都能用来自辩，比如说，

① 作者调侃《圣经》典故。一方面出自旧约《以赛亚书》（40:3—4）的故事。其中，一个呼喊的声音预示，要为迎接上帝"荣耀"的显现做好准备，得展平坎坷之地，通直崎岖之路等。另一方面，在新约故事〔《马太福音》（3:3）、《马可福音》（1:3）、《路加福音》（3:4）、《约翰福音》（1:23）〕里，施洗者约翰引用了这个典故，*vox clamantis in deserto*（荒野里的呼喊）即来自相应的拉丁文翻译版本。按现在的诠释，它指的是表达无人理睬的观点。在本书中，那"伯吉斯呈现出的最后一个惊奇"在它的时代籍籍无名，毫无优势可言，没有谁会料到它的传承结果将在未来主导世界。——译者注
② 据美国《人物》（*People*）杂志 1986 年 6 月 2 日号刊登的文章《斯蒂芬·杰·古尔德》，本书作者当时在病愈后的愿望之一，是以伯吉斯页岩为题材，写一本类似约翰·麦克菲作品的读物。约翰·麦克菲（John McPhee，1931— ），美国著名作家，普林斯顿大学教授，普利策奖得者，将文学手法引入纪实题材。麦克菲的作品主题宽泛，也涉及地质学，深受读者欢迎，本书作者甚至为此在《纽约书评》杂志上发表过书评，但麦克菲自身并非"地质学行内人"。——译者注

（读者）众口难调、（我）两头不讨好。〔生活在这个专业领域的世界之中，同时又要客观地报道它，这常常让我感觉到为难。其中，有一个很简单的问题，我发现自己无法解决。我的主人公，名字是（按姓）惠廷顿、布里格斯、康维·莫里斯，还是（按名）哈利、德里克、西蒙？我最终放弃采用统一的称呼，认定两种称呼都是合适的，只是适用环境不同——由我的直觉和感受决定何时采用何种。我还得遵循另一常规，在按时序呈现"伯吉斯之戏"时，依照的时间是各个伯吉斯化石研究成果的出版日期。但是，行内众人皆知，从手稿的提交到印刷出版的间隔长短是随机的，可长可短，难以预料。由此，论文出版的顺序与实际工作的先后或许没有什么联系。因此，我请所有的主要参与者检查了我列出的序列。还好，结果让我满意，也让我舒了一口气——在这个案例中，论文出版的时间顺序很好地反映出研究工作的先后。〕

我在每一次撰写所谓"普及读物"时，都极力维护一条个人原则。（"普及"一词的字面义令人向往，但现已被贬损，带有简化或添油加醋的意味，好像这样的读物应该如同轻音乐，读起来无须费神。）我相信——就像伽利略完成他那两部巨著，是以意大利语对话的形式，而不是用拉丁文写就的说教纲要；就像托马斯·亨利·赫胥黎写出他那高超的文章，不用一条术语；就像达尔文出版他所有的书籍，都是面向大众读者——我们仍然可以有这样一类科学读物，既适合专业人士阅读，也能让感兴趣的非专业人士读懂。尽管科学概念的数量丰富、意义多样，但无需经过任何弱化，无需经过任何扭曲的简化，也能以不同文化水平的读者可理解的语言表达出来。当然，较之学术出版物，面向一般读者的读物在遣词造句方面必然有所不同，但这种处理只限于略去令行外人士感到迷惑的术语和措辞，而概念的深度绝对不可有丝毫改变。我希望本书能使读者获益，不仅仅能用于研究生选修的专题讨论课，如果您去东京出差，不巧途中播放的电影难看，您又忘了带安眠药，本书也可以拿来当作消遣。

当然，对于"您真诚的"在下的这些崇高希翼和个人珍爱之见，读者您还须下一番功夫才能领会。伯吉斯故事的魅力在于它的细节，与解剖学结构有关的细节。是的，或许您跳过这些内容，仍可以获得大致的启示（天地良心，那启示我会满怀热情地在书中重复足够多的次数），但您千万别这样做——否则，您将永远不能领略"伯吉斯之戏"的瑰丽，也体会不到其引人入胜之处。对于解剖学和分类学这两方面的技术内容，我已尽己所能，使之在尽可能自洽的同时，尽量不显得咄咄逼人。我在正文中加入了插页，作为对这些内容的入门介绍。我将术语的使用频次降到低得不能再低。（幸运的是，我们几乎可以略过专业语汇中所有令人沮丧的术语，只须了解附肢的种类和排列方式，即可抓住节肢动物的要领。）此外，所有关于特征的描述性文字都配有示意图。

我也一度考虑（不过是脑中的恶念在作祟）将所有的描述性文字略去，换上一些伪装得面面俱到的美丽插图，另诉诸权威——拿它当挡箭牌。但是，我不能这样做。这不仅是因为在上文中提到的一般性原则，还另有原因——若我略去有关解剖学特征的论证，采用二手信息来源，而非原始专论文献，每一次，都会在真实的美丽之上留下一道亵渎的印记。说起真实之美，一来是因为那些技术性成果是我在职业生涯中见过的最为雅致的一部分，二来是出于伯吉斯动物本身的独特魅力。求人总是显得不体面，但容我恳求一句——请您对那些细节抱有容忍之心，它们不难理解，它们还是进入一个新世界的大门。

要写作这样一本书，最终难免成为一项集体合力的事业。我必须感谢所有人给予的耐心、慷慨、洞见和鼓励。我要感谢哈利·惠廷顿、西蒙·康维·莫里斯，还有德里克·布里格斯，他们容忍我长达数小时的采访、我的追根问底，还为我审读本书手稿。感谢幽鹤国家公园的斯蒂文·萨迪斯（Steven Suddes）体贴地组织了一次前往沃尔科特采石场的徒步之旅——没有那次朝圣之旅，我不可能写出这本书。感谢拉兹洛·梅索伊（Laszlo Meszoly）以精湛的技艺为我准备图表。他的这份技艺令我仰慕，也是我近 20 年来工作的依靠。感谢莉比·格伦（Libby Glenn），在她的协助下，我得以遍阅藏于华盛顿的海量沃尔科特存档。

我之前发表过的文字从未像本书这样如此依赖插图。不过，对于本书而言，它是必需的。毕竟，灵长目动物精于视觉。尤其是对解剖学结构的展示，图像与文字同等重要。在这项工作甫始，我就决定，本书将采用的大多数示意图，必须是惠廷顿及其同事在原始文献中使用的原图——不仅因为它们是该类图绘中的佼佼者，而且，主要是由于我不知还有什么更好的方式，可以表达我对他们工作的无限敬意。从这种意义上来讲，我只是扮演了一个忠实的历史记录者的角色，而记录的原始信息来源，在我自身行业的历史中，有着至关重要的地位。我也有惯常的无知和偏见，我以为翻拍已出版的图像必定是一个简单的自动过程——随便一照，然后随便冲洗出来即可。但是，当目睹我的摄影师阿尔·科尔曼（Al Coleman）和我的研究助理大卫·巴克斯（David Backus）的工作之后，我对其他专业的精湛技艺有了很多体会。他们耗费了三个月的时间，使图像的分辨率达到了我在原始文献中都看不到的高水平。我要献上我最诚挚的谢意，感谢他们的奉献和建议。

这些图片总共约 100 幅，主要属于两种类型——标本的实物绘图和完整生物个体的复原图。我原本可以去掉实物绘图中指示特征的标签，它们通常标注得十分密集，与文中论证有关的也很少。而且，那些有关的少数，在图题中已有完整的解释。但是，我希望读者看到这些示图在原始信息来源中的样子。顺便说一句，读者应注意，按照科学示图传统重建的绘图，其所展现的动物可能很少与它们在寒武纪时期海洋底部的实际情形一致。这是由两方面原因导致的：一方面，为了让更多的结构完全地显现出来，绘图者对一些结构进行了透明处理；另一方面，出于同一目的，一些（通常在身体另一面重复的）结构被省略了。

既然技术性绘图展示的生物不是其活灵活现的真实形象，我决定，必须另请一位科学艺术家，为本书创作一系列复原图。因为，已出版的标准插图不能让我满意，它们要么不准确，要么缺乏美学质感。幸运的是，德里克·布里格斯向我展示了玛丽安娜·柯林斯绘制的多须虫（图 3.55）。这让我终于见到伯吉斯生物的这样一种形象——它集合了解剖学细节上的严谨与美学上的优雅，能让我想起美国自然博物馆里亨利·费尔费尔德·奥斯本半身像下的铭文——"因为他，骨架才得以活灵活现，远古的庞然大物得以复现于生命全景之中①。让我十分欣喜的是，多伦多皇家安大略博物馆的玛丽安娜·柯林斯能为本书特别贡献 20 多幅伯吉斯动物复原图。

① 据作者在《发现》（Discovery）杂志 1993 年 10 月号上刊登的文章《解构恐龙》（Dinosaur Deconstruction），他儿时是该博物馆的常客，每次都会在雕像前驻足，因而将这句话铭记于心。但在刊文时，他认为这句话更适合查尔斯·R. 奈特。——译者注

这一集体的成果将几代人连到一起。我与比尔·谢维尔及 G. 伊夫林·哈钦森有过很多交谈。前者曾在 20 世纪 30 年代与帕西·雷蒙德一起（前往伯吉斯页岩）采集，后者在沃尔科特去世后不久，便发表了自己第一篇洞见颇深的伯吉斯化石论文。我对沃尔科特进行了大量研究，了解之深，几乎如同触及本人。之后，我把目标转向当前，与现在所有从事有关工作的研究人员进行了交谈。我特别感激皇家安大略博物馆的德斯蒙德·柯林斯。1988 年夏季，就在我撰写本书之时，他终于进入沃尔科特最早的采石场。此外，他还在雷蒙德的采石场上方的一处新地点取得最新的发现。他的工作成果在未来将扩充和修订本书一些章节所涉内容——被取代是求之不得的必然结局，这样，科学才不会停滞和消亡。

有一年多的时间，我沉浸在伯吉斯页岩的世界里，跟来自四面八方的同行和学生一谈起这个问题，便滔滔不绝。他们提出的意见、疑问和告诫，使本书得到了极大的改进。科学欺诈和一般性不良竞争行为是当下的热门话题。这种现象的确很严重，但让我担心的是，它会在学界外人士的眼中形成一种假象。那些报道太吸引人，以至于每一件平常被认为是正派、光荣的事件，似乎都能让人觉得是精心设计的骗局。事实不是这样，完全不是。悲剧不在于那些行为被视为普遍现象，而是这种不对称产生的后果令人沮丧——偶尔发生的恶性事件让千百样学术常态一文不名，或者将之盖于风头之下。而那些常态从未被记录在案，因为我们将之视作理所当然。古生物学界是一个友善的专业圈子。我不是说我们都喜欢对方，我们之间当然也有很多不同之见。但是，我们互相扶持，不要小心眼。这一伟大传统为本书的完成铺平了道路。本书得益于无数友善的姿态，而我从未记录在案，正因为它们是正派人的——也就是说，谢天谢地，我们大多数人在大多数时候的——平常举动。这种分享让我感到欣喜。让我感到欣喜的，还有我们对一种历史知识的共同热爱，而那种历史正属于我们美好的生命。

第一章 ——

图如所愿

以图开场

吾欲赐汝骨以筋，附之以肌，再覆以肤，通体以息。

汝众遂得复生。(《以西结书》37:6）[1]

当年，上帝亲临干尸谷，当着以西结的面露了两手。长久以来，要将动物从支离破碎的骨骼恢复成原先的模样，还没有谁能完成得如此优雅娴熟。[2]身为最负盛名的化石复原美术家，查尔斯·R.奈特（Charles R. Knight）画笔下的经典恐龙形象，就让我们见了心生恐惧，浮想联翩，至今不能忘怀。奈特还为《国家地理》杂志 1942 年 2 月号绘制过一套全景图[3]，依时序展现地球上生命的演变历程，从多细胞动物问世开始，一直到现代人类（*Homo sapiens*）登顶。（这一期杂志被广为收藏，正因为如此，当您光顾缅因乡间[4]的中心百货商店，看到后面的仓储货架上有廉价处理的杂志"全集"时，会发现该期总不在其中。）本书封套上的图画，正是那套全景图的第一幅，它根据在伯吉斯页岩（Burgess Shale）发现的动物化石绘制而成[5]。

伯吉斯页岩化石发现于加拿大幽鹤国家公园（Yoho National Park）的高山之上，该地地处加拿大落基山脉[6]，位于不列颠哥伦比亚省东缘。即便有恐

---

[1]　引自《圣经》，原文为 "And I will lay sinews upon you, and will bring up flesh upon you, and cover you with skin, and put breath in you, and ye shall live.–Ezekiel 37:6"。——译者注

[2]　按《圣经》典故，上帝借以西结（Ezekie）之手复活的是人，不是动物。即使原文有意调侃《圣经》，仍难消歧义。——译者注

[3]　原文所述奈特插图刊登于《国家地理》杂志 1942 年 2 月号，由此可以推断，奈特并非如文中所言，是在 1942 年 2 月绘制的插图。——译者注

[4]　原文为 "Bucolia, Maine"，但美国缅因州并无此地。Bucolia 应是作者根据 bucolic（乡间的）一词引申而出的地名，用以调侃。——译者注

[5]　此处指英文第一版封套，与再版封套不同。——译者注

[6]　加拿大落基山脉（Canadian Rockies），指北美洲西海岸落基山脉（Rocky Mountains）在加拿大的部分。——译者注

龙和非洲猿人那样的古生物奇观珠玉在前，我依然能毫不迟疑地肯定——伯吉斯页岩里的无脊椎动物，是世界上最重要的动物化石。根据化石记录推断，现代多细胞动物最早出现于约 5.7 亿年前，无可争议。而且，出现的过程短暂，好比爆炸，一声巨响，突如其来，而非如悠长的渐强乐音，自弱渐升，直至高潮，这就是寒武纪生命大爆发。这一过程历时数千百万年，按地质年代的尺度，不过弹指一挥间，但至少从现有的直接证据看，它标志着现代动物的主要类群全数登上自然历史舞台。伯吉斯页岩所代表的，就是紧接大爆发的时期。在那一时期，随大爆发出现的所有生物都生活于海洋之中。这些在加拿大发现的化石为何贵如珍宝？那是因为它们完好地保存着一些特有的细节，如一只三叶虫鳃的纤毛，又如一只蠕虫肠道里的残食，那是它最后一次"用餐"留下的。也就是说，标本的软体解剖学结构清晰可见。我们对化石的记录研究，几乎全部围绕着硬体展开。然而，大多数动物并不具备能形成化石的硬体结构，即使有，能从那些外壳获得的解剖学信息也十分有限。（试问，仅观察蛤的壳本身，能看出些什么？）因此，为数不多的动物软体化石记录，就成为认识古生物真实面貌和多样性的宝贵窗口。伯吉斯页岩动物群就是这样一扇窗口，通过它，我们可以领略动物进化历程中最重要的事件——寒武纪生命大爆发的直接成果。就此而言，它是我们仅有的、保存完好、记录全面的窗口。

从人物的角度看，伯吉斯页岩的故事也相当有吸引力。这一动物群发现于 1909 年，发现它的，是美国最伟大的古生物学家和科学管理者，时任史密森尼学会（Smithsonian Institution）会长的查尔斯·都利特·沃尔科特（Charles Doolittle Walcott）。随后，沃尔科特对这些化石做出了全面深入、始终如一的——错误诠释。这一错误直接源于其因循守旧的生物观，所致后果，简而言之，就是在分类界定的过程中，将伯吉斯页岩动物群的每一种，都强塞进现成的现代类群，把它们整体看作后来较进化类群的原始或祖先类型的集合。在接下来的半个多世纪里，沃尔科特的诠释没有受到持续的挑战，直到 1971 年。这一年，剑桥大学的哈利·惠廷顿（Harry Whittington）教授根据全面的重新研究，发表了首篇相关的专论。论文从沃尔科特的假说讲起，以提出全新的诠释结束。他那截然不同的诠释，不仅是针对伯吉斯页岩动物的订正，在字里行间，还流露出对整个生命进化史的重新解读，我们人类的进化当然也包含其中。

上述重新诠释，表面上看似平静，背后却是激烈的思辨交锋。写作本书的主要目的有三个。首要目的，即梳理那些有戏剧性的幕后群像。第二个目的，就如重新诠释中所要暗示的，是阐明对历史本质和令人敬畏的人类进化非必然性的立场。于本书而言，走到这步在所难免。至于第三个，是令我纠结的谜团——为什么这样一项重大研究不为公众所知？为什么在新的生物观里，关键动物是欧巴宾海蝎（*Opabinia*），而非一个家喻户晓，容易让人关心其存在之谜的名字？

惠廷顿及其同事所揭示的，简而言之，就是——在伯吉斯发现的生物中，绝大多数不属于我们熟知的类群。这些源自不列颠哥伦比亚采石场的生物，解剖学结构多种多样，涵括了如今海洋无脊椎动物的全部，并已超出已知范围。分属门类无法确定的物种，就有15～20种，当为之各立新门，分别归入。其中有一些物种，尺寸仅数厘米，但将之放大，给人的观感，如同身处科幻电影的拍摄现场。有一类格外醒目的生物，甚至被正式命名为"致幻虫"（怪诞虫，*Hallucigenia*）。对于那些门类可以确定的物种，其解剖学结构亦超出现有的认知。例如在如今地球上占有优势地位的节肢动物，其四大组成类群[①]——（已灭绝的）三叶虫类，甲壳类（如龙虾、蟹、虾），螯肢类（如蜘蛛、蝎子）和单肢类（如昆虫）——相应的早期代表，在伯吉斯页岩中都能找到。但是，另有20～30种的节肢动物，我们无法对其做出进一步的归类。试想一下，这个数字的意义该有多么重大——分类学家已描述了近100万种节肢动物，全部局限于那四大类群，而区区一个不列颠哥伦比亚的采石场，仅因为是多细胞生物第一次大爆发的遗迹，从那儿，就多出了20多个新的节肢动物类群！看来，生命进化的过程，是一个在大规模物种灭绝过后，少数幸存者持续分化（苟延残喘）的故事，而非如常言所道，是朝着更加优胜、

① 节肢动物门下分五个亚门。文中四大类群，三叶虫类、甲壳类、螯肢类各属相应的亚门，单肢类（Uniramia）是六足亚门（昆虫等所属）和多足亚门（蜈蚣等所属）动物的合称。——译者注

更加复杂、更加多样的方向稳步演进的美好传说。

为概述这一新的诠释，下面来比较两幅伯吉斯动物群复原图。一幅由奈特绘制（图 1.1），完全以沃尔科特的分类为依据；另一幅，是发表于 1985 年的一篇文章里的附图（图 1.2），文章所持观点与沃尔科特相反。

1. 奈特复原图的主角，是一种被命名为西德尼虫（*Sidneyia*）的动物。沃尔科特认为它在伯吉斯节肢动物中个头最大，是螯肢类的祖先。在新版复原图里，西德尼虫被冷落到右下角。它原先的地盘被奇虾（*Anomalocaris*）占据，那是一种分类地位未明的"两英尺骇兽"，在寒武纪威震四海。

2. 奈特对动物的复原，是按照后来成功类群的样子进行的。马尔三叶形虫（*Marrella*）被重构成一种三叶虫，瓦普塔虾（*Waptia*）被重构成一种原始

图 1.1　奈特 1940 年绘制的伯吉斯页岩动物群复原图。它有可能是 1942 年（《国家地理》杂志）版的原型。在图中，所有动物都被描绘成现代类群的成员。西德尼虫是图中体形最大的动物，瓦普塔虾位于其上，被重构成一只虾。两个实为奇虾的身体部件，被分别塑造成常见的水母（图正上方中间偏左）和一种双瓣壳节肢动物（图正中偏右，游弋于两只三叶虫上方的大个头）的身体后部。

图 1.2　重新构建的伯吉斯页岩动物群复原图。它是布里格斯（Briggs）和惠廷顿所著的一篇有关奇虾的文章配图。与奈特的版本有所不同，图中出现了许多奇特的生物。占据画面大部分空间的是两只巨大的奇虾。西德尼虫被挤到右下角，在它左边，有三只埃谢栉蚕，啃食着海绵，再往左，一只欧巴宾海蝎正沿着底部爬行。在图中靠上的那只奇虾下方，是两只正在海底啃食海草的威瓦西虫。

的虾（见图 1.1）。现在，它们都被置于"分类地位不明之节肢动物"的行列。新版复原图中，有很多奇特门类的动物，如巨大的奇虾，有五只眼睛和"长鼻"的欧巴宾海蝎，身覆鳞片、背负两列硬棘的威瓦西虫（*Wiwaxia*）。

　　3. 奈特复原图里的生物谨守"和平王国"的共识，所有生物共聚一堂。表面看来，它们能和谐相处，相安无事。实际上，它们之间没有互动。新版复原图保留了那种不现实的拥挤局面（秉承节约的传统，有其必要），而得益于近来研究的新发现，它也对生物之间的生态关系进行了呈现——曳鳃类（priapulid）和多毛类（polychaete）蠕虫在泥里掘洞；神秘的埃谢栉蚕（*Aysheaia*）啃食着海绵；奇虾收拢大口，要钳碎一只三叶虫。

　　4. 奈特复原的动物，有两种没有出现在新版中：一种是水母；另一种是长相奇怪的节肢动物，看尾部，像是虾，而前部，像是包在两瓣贝壳里。它们是把伯吉斯动物硬塞进现代类群所致错误的典型代表，沃尔科特的"水母"，实际上是奇虾口部周缘板片形成的圈状结构，而"虾"的后部，实为奇虾这种肉食性野兽的进食附肢。沃尔科特的两种以现代生物为原型的动物，成了伯吉斯最大"奇葩"的身体部件。将这种"奇葩"命名为奇虾，可谓名副其实。

就这样，对复原图的一处修正，便概括了思想的复杂转变。图说是一种被人忽视的手段，它能改变观念，大到涉及历史和生命的一般意义，而具体到对伯吉斯页岩的印象，更是如此。

"进步"图说：阶梯和圆锥

多年来，"熟悉"这一字眼在我们的格言里收获不断，无所不包——熟生藐（如伊索所训），亦能生娃（如马克·吐温所察）[①]。普隆涅斯在侃侃而谈的言语间，教诲雷欧提斯要结交经得起考验的朋友，而交朋友当精挑细选，一旦合适，就"紧紧抓住"不放，用"钢圈紧箍"，与自己的"灵魂系为一体"。[②]

然而，正如杀害普隆涅斯的凶手在他那名贯古今的独白里所言——"问题就出在这里"[③]，那些"钢圈"松开不易，就这样，舒适的熟悉的圈子成了思想的桎梏。

文字是我们强化共识的常用手段。要达到固化思想，统一行动这一目标，没有什么能胜过精心推敲的名言——"为'吉普仔'赢一回，上帝将赐福于你[④]"。但是，语言不过是最近的发明，它尚未完全取代更早的传统。灵长目

---

① 原文为 "Familiarity has been breeding overtime in our mottoes, producing everything from contempt (according to Aesop) to children (as Mark Twain observed)"，显然是对名言的调侃。伊索的相关名言为谚语 Familiarity breeds contempt，源自其寓言《狐狸与狮子》。马克·吐温对其调侃，Familiarity breeds contempt – and children，出自《马克·吐温的笔记本》（*Mark Twain's Notebook*, 1935）。——译者注

② 《哈姆莱特》典故，普隆涅斯（Polonius）为雷欧提斯（Laertes）之父。所涉原文为 "The friends thou hast, and their adoption tried, grapple them to thy soul with hoops of steel"，出现在第一幕第三场。——译者注

③ 《哈姆莱特》典故，原文为 "There's the rub!"，独白即第三幕第一场的《生存还是毁灭》（*To be, or not to be*）。此外，普隆涅斯为哈姆雷特误杀，哈姆雷特则死于雷欧提斯之手。——译者注

④ 原文为 Win one for the Gipper, and God shed his grace on thee，出自美国电影《克努特·罗克尼》（*Knute Rockne, All American*, 1940），是罗纳德·里根饰演的橄榄球运动员乔治·吉普（George Gipp, 1895—1920）临死前的台词。在 1988 年美国共和党大会上，里根为乔治·布什竞选总统造势，引用过该台词的前半部。——译者注

动物精于视觉，对于我们人类而言，有说服力的图像，可能比文字更能引起共鸣。无论是煽动家、讽刺家，还是广告经理，他们中的每个人，都深谙图像精选之道，并能将图像的号召力发挥得淋漓尽致。

在这方面，科学家渐渐失去了洞察力。的确，除了艺术史学家以外，我们科学家几乎是使用图像最多的学者。在科学会议上，"请放下一张幻灯片"已经超过"在我看来"，成为学术报告中使用频率最高的习语。不过，科学家惯于用文字为自己的观点辩护，使用经过挑选的图像，只是辅助的展示手段，处于从属地位。没有多少科学家会认为，图像本身在内容方面拥有其固有的思想性。但图像就是有，一如对自然的忠实反映。

上述内容，只有对实物的照相可以符合——尽管对于相片，"略作调整"也大有用武之地。即便如此，我还能理解。但是，我们有很多图像，虽然只是对概念的一种体现，却打着对自然进行客观描述的幌子。这是模糊是非最主要的源头——将观点伪装成对客观存在的描述，进一步，就把不确定的可能发生的情形与准确无误的既定事实加以等同。用以厘清思路的经验技巧，摇身一变，成为既定的思维模式，猜想和预感也得以鸡犬升天。

我们熟悉的进化图说，或直白，或委婉，都指向一个目标——强化这样一个舒心的观念——强调人类优越及其进化的必然性。反映这一观念最突出的版本，跟进化论产生之前的古老观念一脉相承（见 A. O. 洛夫乔伊的经典著作《存在巨链》[1]）。其中生物的排列方式，或连接成串，或渐升成梯。例如亚历山大·蒲柏[2]在 18 世纪初的《人论》（*Essay on Man*）中如是写道：

> 造物的种类越多，
>
> 感知的力量越强。

---

[1] A. O. 洛夫乔伊，即美国哲学家阿瑟·奥肯·洛夫乔伊（Arthur Oncken Lovejoy，1873—1962），观念史（History of Ideas）的提出者。另外，《存在巨链》（*The Great Chain of Being*，1936）表达的是观点，其中并无插图。——译者注

[2] 亚历山大·蒲柏（Alexander Pope，1688—1744），英国杰出诗人，以讽刺的笔法和英雄双行体著称。他是《荷马史诗》的英译者之一，也是《莎士比亚全集》的编纂者之一。引文原文为 "Far as creation's ample range extends, / The scale of sensual, mental powers ascends: / Mark how it mounts, to man's imperial race, / From the green myriads in the peopled grass." ——译者注

果洛人　　黑人　　印第安人　　亚洲人　　欧洲人　　欧洲人　　古罗马画师　古希腊人

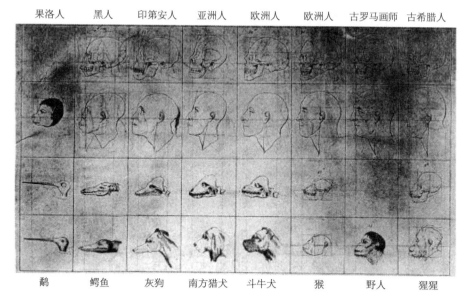

鹬　　　鳄鱼　　　灰狗　　南方猎犬　　斗牛犬　　　猴　　　　野人　　　猩猩

图 1.3　生物线性等级图，它体现了查尔斯·怀特对"存在之链"的理解。这个类群混杂的序列从鸟类开始，接下来依次为鳄鱼、狗和猴（下两排）。然后，直接以传统种族主义者对人种等级划分的阶梯顺序排列（上两排）。

> 记下登顶的历程——人种的至尊
>
> 如何从那脚下绿草里的芸芸众生而来。

　　在那个世纪之末，还有一个著名的版本值得注意（图 1.3），它见于英国医生查尔斯·怀特（Charles White）所著的《人种等级划分规则》[①]。在那个版本里，千差万别的众多脊椎动物类群被硬生生地穿成一链。那是一个混杂的单一序列，从鸟类到鳄鱼和狗，在猿之后，直登传统种族主义者对人种等级划分的阶梯。位于终点的，是白种人的典范，并配以那个世纪富有的浓郁的洛可可风格的描述：

> 　　除了在欧洲人身上，哪儿找得到如此高贵的、能容下体积如此之大

---

① 《人种等级划分规则》（*Regular Gradation in Man*），标题全名为 *An Account of the Regular Gradation in Man, and in Different Animals and Vegetables*。——译者注

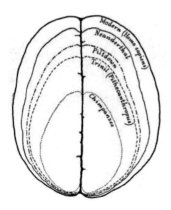

图 1.4 "进步"的观点在亨利·费尔费尔德·奥斯本 1915 年绘制的脑进化图中的体现。

的脑的拱形头颅？哪儿找得到端正的脸、高耸的鼻、圆突的颏？哪儿能找到那般多样的面部特征、那么丰富的表情……玫瑰粉的颊、珊瑚红的唇？（White, 1799）

这种传统从来没有从我们这儿消失，反而是延续到了较为开明的时代。1915 年，亨利·费尔费尔德·奥斯本[①]的一张展现认知的线性积增图获得了极大的声誉，而那是一张充满错误的图（图 1.4）。事实上，黑猩猩不是我们的祖先，而是与我们有相同的祖先。从进化学的角度看，就与人类和非洲人科动物共同祖先的亲缘关系远近而论，黑猩猩与我们是平齐的。爪哇猿人〔*Pithecanthropus*，即直立人（*Homo erectus*）〕有可能是人类的祖先，这是图中唯一正确之处。把"皮尔当人"（Piltdown）放到图中，意义非比寻常。我们现在已经知道，"皮尔当人"标本的发现是场骗局，它由一个现代人的头盖骨和一只猿的颌骨拼接而成。"皮尔当人"有现代人的头盖骨，自然也拥有现代人的脑容量。然而，奥斯本的同行们确信，进步的阶梯必有其中间台阶，体现在人类化石上，也该是如此。于是，他们根据这一期望，在图中重构了"皮尔当人"的脑。至于尼安德特人（Neanderthal），他们可能是与我们同一物种的近亲，而非祖先。无论如何，他们的脑和我们的一样大，或许更大，尽管在奥斯本的阶梯上不是这个样子。

到了我们这一代，像这样的图说仍未被撇弃。看看图 1.5，那是拙作《自达尔文以来》的荷兰语译本上的，单单用一张十分露骨的"行进的进步"，就足以说明问题。如果认为只有西方文化才会推销这种自大的理念，那看看图 1.6，就知道它的影响传播得有多远了——那是 1985 年我在印度阿格拉（Agra）的巴扎上买的杂志上的图说。

---

① 亨利·费尔费尔德·奥斯本（Henry Fairfield Osborn，1857—1935），美国地质学家、古生物学家、优生学的倡导者。美国自然历史博物馆第 4 任馆长，在任长达 25 年。自创"曙人理论"（Dawn Man Theory），但这一理论建立在"皮尔当人"的错误基础之上。——译者注

图 1.5　我们热爱"行进的进步"式图说。这种展示让我感到尴尬，因为我的图书致力于反对如图所示的"进化"，但我对外文译本的封套设计无能为力，现已有四种译本的封套采用了"行进的进步"式图说。此图来自《自达尔文以来》的荷兰语译本。

图 1.6　我在印度阿格拉的巴扎上买的儿童科普杂志。从图上可以看出，错误的"行进的进步"式的图说已经为多种文化所接受。

　　这样一幅图，能在顷刻间吸引人们的视线，并使他们对其要旨心领神会。可以说，"行进的进步"式图说本身，就是人类进化的典范体现。它在幽默和广告中的体现尤为突出，那些手段正好为我们提供了测试公众感知能力的绝佳机会。因为，笑话和广告必须让人一目了然，在我们将视线扫过的那一瞬间，就得融入我们的脑海。幽默的例子如图 1.7 所示，这是拉里·约翰逊（Larry Johnson）为《波士顿环球报》绘制的一幅漫画，发表于新英格兰爱国者队（Patriots）对奥克兰突击者队（Raiders）的一场橄榄球赛开赛之前。又如图 1.8 所示，漫画家斯泽普理解的恐怖主义在人类形成过程中所处的准确位置。再如图 1.9 所示，比尔·戴对"科学神创论"的看法。另如图 1.10 所示，我的朋友迈克·彼得斯对传统社会中男女机会不平等的讽刺。[①]还有广告，如健力士黑啤的演变（图 1.11）和电视租赁（图 1.12）。[②]

---

①　斯泽普，应为加拿大政治漫画家保罗·斯泽普（Paul Szep，1941—）。比尔·戴（Bill Day）和迈克·彼得斯（Mike Peters，1943—）皆为美国知名政治漫画家。——译者注

②　顺便讲一下这幅图（1.12）的另一层含义将旧的及不复存在的事物与不胜需求相等同。格拉纳达（Granada，电视租赁公司）苦口婆心地劝我们要租电视而非买电视，因为，"在你学会拗口的 brontosaurus（雷龙）如何发音之前，如今最新型号的电视机可能已经过时"。——作者注

图 1.7　漫画家能将阶梯式图说用得恰到好处，本图就是一个例子。本图由拉里·约翰逊绘制，在新英格兰爱国者队对奥克兰突击者队的橄榄球赛开赛之前，刊登于《波士顿环球报》。（图题为《人的进化》，最左侧运动员服装上客队的"奥克兰"的字样清晰可见。——译者注）

A place in history

图 1.8　世界恐怖主义从天而降，落到"行进的进步"中属于它的位置。本图由斯泽普绘制，刊登于《波士顿环球报》。（图中降落伞上的文字为"世界恐怖主义"，图题为《历史中的位置》。——译者注）

图 1.9　一位"科学神创论者"在"行进的进步"中选择了属于自己的位置。本图由比尔·戴绘制，刊登于《底特律自由新闻报》。（图题为《诺贝尔奖级科学家终于发现进化史中缺失的一环》，物种标签自左向右分别为南方古猿、直立人、神创论者、尼安德特人、现代人。神创论者举的牌子上所书文字为"地球诞生至今只过了 1 万年"。——译者注）

图 1.10　另一个阶梯式图说的例子。本图由迈克·彼得斯绘制，刊登于《代顿每日新闻报》（*Dayton Daily News*），经 UFS, Inc. 授权重印。（上图标题为《男人的进化》，下图标题意为女人的进化。——译者注）

图 1.11　人类进化的最高阶段。翻拍自一个英国广告牌。

图 1.12　另一幅广告中展示的"行进的进步"。（图题为《格拉纳达电视租赁公司的进化论》。——译者注）

图 1.13　日常中将进化和进步相等同的表达。安迪四肢着地的样子被解释为反向的进化，即退化。(获授权重印，@ M.G.N. 1989, Syndication International/North America Syndicate, Inc.)

　　直线式进步的拘束衣，不只是套在进化的图说上，还影响到对进化的定义，进化这个词甚至已经成了"进步"的同义词。特威尔（Doral）香烟的制造商曾经将其多年来推出的不断"改进"的产品按时序呈现，并将广告加以标题——《特威尔氏进化论》。[1]（或许他们现在为当年喊出的错误口号备感尴尬，因而拒绝了我在此引用该广告的请求。）或者，可以以连环漫画《安迪·凯普》（Andy Capp）的一期为例（图 1.13）。弗洛（Flo）毫不迟疑地接受了进化的说法，但她认为进化就是进步，并将安迪（因醉酒）爬着回家的四肢着地行为视作退化。

　　生命不是可预见的进步阶梯，它更像枝繁叶茂的灌木，而司职灭绝的死神挥动着镰刀，时刻对其修剪着。很多人可能把这句话当成口头禅，但没有将其视为一个概念，也未深入思考。因此，我们仍无意识地站在进步的阶梯一边，进而不断犯错，甚至在有些时候，我们的初衷本是大张旗鼓地否定这一过时的生物观。下面举两个错误的例子，第二个有助于了解我们为何会对伯吉斯页岩产生那些常见的误解。

---

① 绝妙的讽刺。因为，广告中的排序所展示的，实际上是更加有效的过滤嘴。对于专业人士而言，进化是对环境变化的适应，而非进步。由于吸烟有害健康已为公众所知，采用过滤嘴可被视作厂商对这一新环境的回应，既然如此，特威尔公司使用进化这个术语可谓正确。尽管他们标榜的动机是追求产品的"精益求精"，而非"为维持利润赌一把"，然而，面对数百万人因吸烟致死的事实，这个口号喊得有些骇人。——作者注

我把第一个错误称作"生命史的小玩笑"（Gould, 1987a）。我们在犯这个错误的时候，可谓不由自主，错误也相当严重——把不成功的谱系（lineage）视作"进化"的经典"教科书案例"。之所以犯错，是因为在真实的谱系图中，拓扑结构"枝繁叶茂"，我们却试图从中抽取一个貌似能彰显进步趋势的单支。为此，我们不可避免地被那些濒临灭绝的分枝所吸引，以至于能符合要求的候选分枝，是仅余一个小枝幸存至今的。随后，这样的小枝所代表的物种，就被我们视作该谱系在进化过程中不断攀升所达到的顶峰，而非历史久远、成员众多的类群的仅存一脉。

战马（warhorse）这个词常常被用来形容老调常谈，那我们就来看看这样一个被反复引用的典型传统例子——这个形容里的主角——马的进化阶梯。诚然，始祖马属（*Hyracotherium*，原 *Eohippus* 属）和现代马属（*Equus*）动物之间在进化方面有着不间断的关联。而且，相比之下，现代的马，体形确实更大，趾数更少，露出的牙冠更多。但是，如果能勾勒出从始祖马属到马属动物的形成过程，会发现这种关联并不能形成一个阶梯式的结构，甚至没有直系的传承。这种结构，更像是迷宫里曲折的唯一活路。把前述那株枝繁叶茂的灌木当成这样一个迷宫，上部的端梢小枝当作出口。本来，出口不止一个，活路成百上千。那条曲折的活路之所以能脱颖而出，原因只有一个，而且十分讽刺——同一类群的其他物种，就如其他小枝一般，被死神修剪殆尽——灭绝了。马属动物就像是灌木上唯一幸免于难的小枝，因而被我们错误地置于图说中的阶梯顶端；马成为进步式进化的经典案例，却是因为代表它们的那株灌木已变得如此光秃。我们从未将应有的桂冠授予哺乳动物进化的真正佼佼者——谁曾听过有关蝙蝠、羚羊、啮齿动物的进化故事？它们可是如今最成功的哺乳动物。只不过，我们无法把它们进化的累累硕果，固化成大家喜闻乐见的线形阶梯，所以无传奇可讲。而它们呈现给我们的景象，就好比仍有着成百上千个小枝，枝繁叶茂、生长旺盛的一株灌木。

诸位读者，还需要我提醒大家，哺乳动物中至少还有那么一支，出于我们的私心，受到特别的眷顾，代表它的灌木与马的有着相似的光秃结构，唯有一个小枝尚存，也有相似的"行进的进步"式错误图说吗？

在犯第二个错误时，我们或许已经抛弃了阶梯的观念，接受了进化谱系

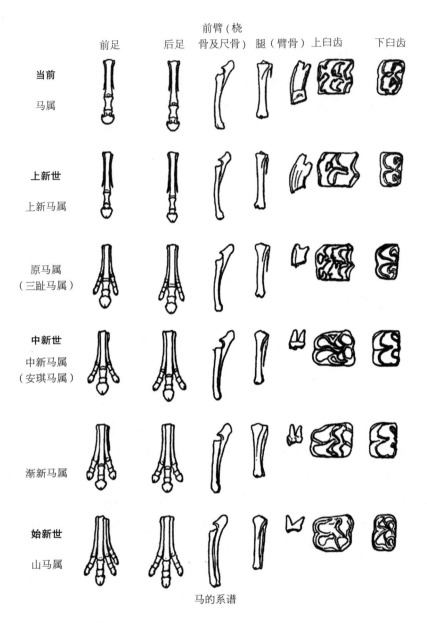

马的系谱

图 1.14　美国古生物学家奥塞内尔·查利斯·马什（Othniel Charles Marsh）为托马斯·亨利·赫胥黎（Thomas Henry Huxley）绘制的马的进步阶梯原图。在赫胥黎唯一一次访美途中，马什为这位英国来客展示了自己近来收藏的美国西部化石标本。本图所示的进化序列使赫胥黎信服，最终促使其修改了 1876 年在纽约发表的有关马的进化的演说词。注意，在图中，随着时期推移，马趾的数目逐步减少，牙冠的长度逐渐增加。但是，因为马什把所有标本画得一般大小，所以我们从图中无法察觉到另一典型特征——身高的增长趋势。（图中所示前臂及前臂以下的"腿"皆为马前肢的解剖学结构，上臼齿左侧为牙冠。——译者注）

具有枝繁叶茂的特征。然而，我们在构建生命之树时，仍如往常一样，费尽心思，力图让它能展现出意料之中的进步，以满足我们的期望。

在构建生命之树的过程中，树形会受到一些重要的限制。首先，对任何分类类群溯源，最终都能追溯到单一共同祖先，所以，进化树必须有唯一的基干。[①] 其次，树的所有分枝，或死亡，或进一步分杈。分杈一旦发生，就不可逆转，相隔较远的分枝不会汇聚。[②]

这两个限制分别被称为单系性（monophyly）和趋异性（divergence）。尽管有这些限制，进化树可能的树形仍近乎无穷无尽。拿灌木的生长来打比方，它可以迅速展开，达到最大的幅度，然后逐渐收回，向上削尖，就像圣诞树那样。它也可以在迅速分枝后不向中间收回，而是保持现有幅度，这种情形出现在物种形成和灭绝之间处于持续平衡状态之时。它还可以像风滚草那样，分枝分得如同一团乱麻，形状和大小都很难分辨。

上述这些多样的可能性并不常见，常见的图说坚持沿用一种原型，即"多样性递增的圆锥"，形状如同一株倒置的圣诞树。在图中，生命最初的形

---

① 具有单一共同祖先的类群，我们称之为单系（monophyletic）群。分类学家坚持认为，应该在物种分类过程中严守单系性的原则。然而，对一些类群通俗的称谓，跟严格定义的进化类群并不能一一对应。那种类群包括的生物可能源自不同祖先，在学术上被称作多系（polyphyletic）群。例如民间时常把蝙蝠与鸟归为一类，或者把鲸和鱼分为一类，这样的类群就是多系群。我们通常说的"动物"，可能也是一个多系群，因为海绵（几乎可以肯定）和珊瑚虫及其同类（有可能）分别从不同的单细胞祖先进化而来，而通常意义上的其他所有动物，是共同祖先跟它们（海绵和珊瑚虫）都不同的第三个类群。伯吉斯页岩动物群包含有不少海绵，或许还有一些与珊瑚虫一类的动物〔原文为 coral phylum，直译为珊瑚虫门，但在分类学中并无此门。虽然这是某一动物门类的俗名，但由于珊瑚虫类群的门一级分类地位存在争议，难以考证作者当时所指的是哪一动物门类。珊瑚虫曾属腔肠动物门（Coelenterata），而按当前的分类系统，珊瑚虫属刺胞动物门（Cnidaria）珊瑚纲（Anthozoa）——译者注〕，但本书探讨的，是第三个类群——体腔动物，或具有体腔的动物。体腔动物包括全部脊椎动物和除海绵、珊瑚虫及其同类之外的所有无脊椎动物。既然体腔动物显然是单系群（Hanson，1977），那么本书的主题（伯吉斯动物群）就构成了一个名副其实的进化群。——作者注

② 这个基本原则，运用于本书探讨的复杂多细胞动物，可以说准确无误，但并非适用于所有生物。远缘杂交常见于植物界，它们的生命之树，形状更如同互通的网络，而非常见的灌木。（我发现"生命之树"这个经典隐喻有点滑稽。自达尔文以来，它就被用作对进化图的称谓，然而，这种称谓对动物是那么准确，对植物——这个隐喻的来源本身，却是不尽如人意。）此外，我们现在知道基因可以水平转移（在不同物种间），通常以病毒为媒介，便可使跨越物种之间的界线成为可能。这一现象可能对一些单细胞生物的进化意义重大，不过，对复杂动物的系统发生（phylogeny）影响甚微，但愿是因为基于完全不同发育途径的两个胚胎体系无法兼容。尽管如此，在电影里，苍蝇和人还是能合二为一〔应指《变蝇人》（The Fly，1958）系列电影。——译者注〕。——作者注

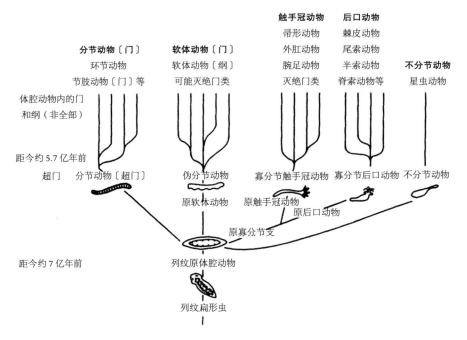

图1.15　近来的一幅体腔动物进化图说，绘图样式遵循"多样性递增的圆锥"的共识（Valentine，1977）。（图中部分类群名称已弃用。——译者注）

式简单，类型有限，越往上，生命越进步，种类越来越多，或者如图所暗示的，情形越来越理想。图1.15所示为体腔动物（这类具有体腔的动物是本书的主题）的进化，可见其中所有动物都源于一种简单的扁形动物，井然有序。从基干分出几个基本类群的原型，这些类群到现在还没有一类绝种。类群继续分化，形成数目不断增加的亚类群。

　　图1.16汇集了通用教科书上常见的圆锥式图说，三幅抽象的，三幅实例的，其中所涉类群与本书论题息息相关（在第四章，我会追溯海克尔[①]创建这种树的原型的根源，还会讨论这类树状图对沃尔科特重构伯吉斯动物群的影响）。在这些树状图里，所有的树都符合一种固有模式——向上、向外扩展分枝，并不时进一步分权。若早期有分枝灭绝，损失会很快地被后来出现的新

_____

① 即恩斯特·海克尔（Ernst Haeckel，1834—1919），德国生物学家、博物学家，诸多生物学术语的创造者，创建过多种形式的生命之树。——译者注

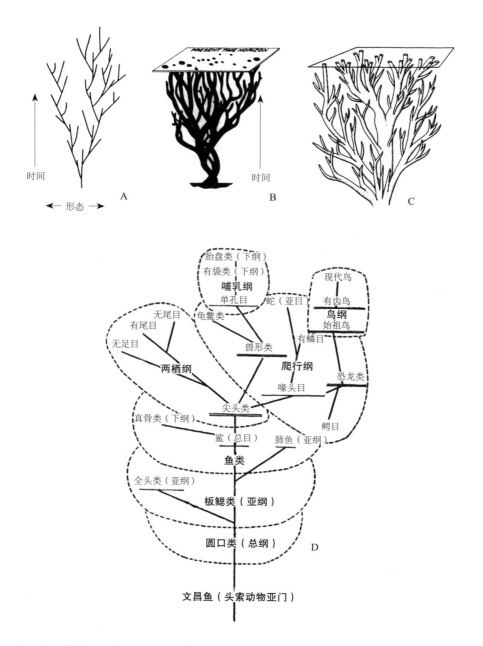

图 1.16　多样性不断增加的圆锥式图说。六个例子取自教科书，它们都是对进化的简单客观展现。从表面上看，这些例子没有一个将类群的分化与其他进化过程相对立。前三个是抽象的例子（A～C），后三个分别是脊椎动物（D）、节肢动物（E）、哺乳动物（F）的系统演化，这些具体的例子反映了对各自系统发生的常规观点。来自伯吉斯页岩的数据，否定了图中（E）体现的节肢动物进化的核心观点，不认为那是个连续不断、多样性持续丰富的过程。（图中部分类群名称已弃用，汉译参考当前分类地位。——译者注）

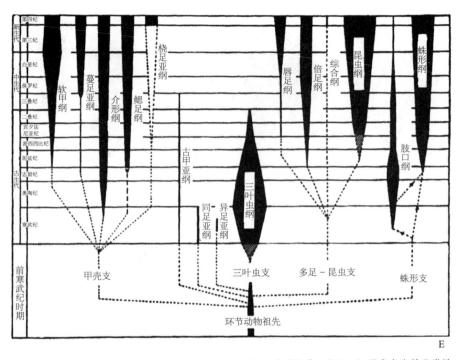

图 1.16（续） 节肢动物系统发生的一种观点。（图中部分类群名称已弃用，汉译参考当前分类地位。——译者注）

分枝弥补，重新达到平衡。早期的灭绝事件仅能削除图中与主干相接的小分枝，如此一来，进化的过程就像一棵树长成漏斗形，上部枝叶不断生长，不断伸展，虽有种种可能，却始终符合圆锥式图说的范式。

按通常的解释，富有多样性的圆锥式图说可谓一个"大杂烩"，透露出种种深意，饶有趣味。横向轴线代表多样性的强弱——显然，位于圆锥顶部的鱼类、昆虫、腹足类（蜗牛）、海星加起来，跟底部仅有的扁形虫相比，所占的横向空间要多得多。那么，纵向又代表什么呢？从字面意思看，上下方向应该仅仅记录地质年代的远近——位于漏斗下部长颈处的生物年代久远，位于上部开口处的则较近。可是，我们也把自下而上解读为从简单到复杂，从原始到高级——把年代定位跟价值判断混为一谈。

我们平常有关动物的书面表达，大都以这种图说的主旨为基调。多样性是自然的主题，在生命之树上，我们与同地质年代的诸多小枝相邻。在达尔

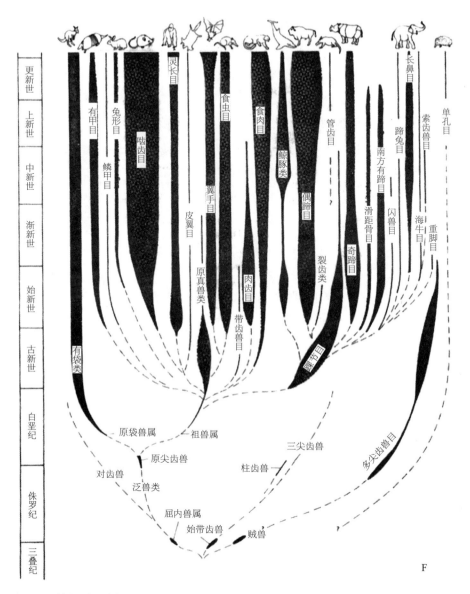

图 1.16（续）　哺乳动物系统发生的常规观点。（图中部分类群名称已弃用，汉译参考当前分类地位。——译者注）

文的世界里，所有这些生物（同作为艰难博弈的幸存者）在某种意义上地位平等。那么，我们为什么要对生物（按生物复杂程度，或跟人类亲缘关系的远近）赋予价值，划分等级呢？在一篇有关动物界求偶行为的著作的书评中，乔纳森·韦纳（Jonathan Weiner）（《纽约时报书评》1988年3月27日号）如是描述作者行文的组织结构："沃尔特斯先生大致以进化的先后次序，从鲎讲起。黑暗中，这种生物在沙滩上相会并交配，同月相盈亏和潮汐退涨同步，两亿多年来不曾间断。"在该书后面的章节里，"进化的步伐较大，一下跨越到讲述倭黑猩猩的憨态上"。为什么把书的组织顺序称为"进化的先后"？鲎的解剖学结构复杂，也不是脊椎动物的祖先。两者分属节肢动物门（Arthropoda）和脊索动物门（Chordata），早在有记录的多细胞生物出现之初，它们就已各行其道。

这种错误不仅在专业之外的圈子里泛滥，学术界也未能幸免。举一个近来的例子。来自美国顶级科学期刊《科学》杂志的一篇社论[1]构建了一个等级次序，其混杂和愚蠢程度，与怀特的"等级划分规则"丝毫不差。在评论实验室常用研究对象时，编委就"中间部分"进行了讨论，它们位于单细胞生物和——猜猜谁在顶端，对——"处于进化阶梯上高级位置"（的物种）之间。我们得知，"线虫、昆虫和青蛙，它们具有单细胞生物不可企及的优势，但只代表了远比哺乳动物简单的物种"。（1988年6月10日号）

现代生命极具多样性，在当中硬造出一个单一的等级，相当不明智。但这种不明智的想法，经由我们常见的图说流露了出来，同时也暴露了滋生这些图说的偏见——生命如阶梯般上升，多样性如扩展的圆锥一般不断丰富。按阶梯的标准，鲎被认定是简单的类群；按圆锥的标准，它们被看作是古老的类群。[2]由上文讨论的"大杂烩"，还得出另一暗示——处于阶梯下方，意味着古老；位于圆锥底部，意味着简单。

---

① Daniel E. Koshland, Jr., "Biological systems." *Sciences*, 240 (4858): 1385.——译者注

② 另一个讽刺的事实是，尽管鲎类动物通常被看作"活化石"，但美洲鲎（*Limulus polyphemus*）（产于我们美国东海岸的物种）没有任何化石记录。美洲鲎属（*Limulus*）动物的历史只能回溯到2 000多万年前，远不到2亿年。我们错误地把鲎类动物当作"活化石"，是因为这一类群的物种寥寥，以致从未形成分化所需的进化潜能。因此，这一类群的现代物种形态特征与早期的相似。然而，这些物种本身并不算老。——作者注

那些错误的阶梯式和圆锥式图说，在我们心中的地位如此坚固，是因为有什么不可告人的秘密、难以理解的奥秘或某种无法言表的极其微妙之处？我不这么认为，我们接受它们，是因为它们能给予我们希望，我们希望这个宇宙中固有的意义观，与我们自己定义的相一致。我们简直不能承受莪默·迦亚谟[①]的弦外之音中流露的诚实：

> 来到这个世上，不知何故，
>
> 宛如水，不由己地流，不知来处，
>
> 离开，犹如荒原风动，
>
> 我不知，不自主地吹，风往何处。[②]

在《鲁拜集》（*Rubáiyát*）中的一节四行诗里，作者采用了与之相对的策略，但是仍承认其无望的事实。

> 爱啊！你是否能与我命运交融，
>
> 齐心合力，将这等不幸的宿命一把擒住，
>
> 我们是否舍得把它砸个稀烂——而后，
>
> 依心之所愿，重新铸就。[③]

迷思和早期对西方文化的科学解释，多数对此"心之所愿"顶礼膜拜。想想《创世记》那原始的故事，该世界只存在了几千年，除了头五日，人类一直生活于其中。动物也繁衍其中，但不过是为了满足人类的利益，并服从于我们。在亚历山大·蒲柏的《人论》里，这种地质年代背景激励了作者的信心——肤浅外表必有其深层意义。

---

① 莪默·迦亚谟（Omar Khayyam，1048—1131），古波斯著名数学家、天文学家、诗人。——译者注

② 原文为"Into this Universe, and Why not knowing, / Nor whence, like Water willy-nilly flowing: / And out of it, as Wind along the Waste, / I know not Whither, willy-nilly blowing."——译者注

③ 原文为"Ah Love! could thou and I with Fate conspire /To grasp this sorry Scheme of Things entire, / Would not we shatter it to bits-and then / Re-mold it nearer to the Heart's Desire!"——译者注

> 整个自然皆艺术，只是你不知；
>
> 所有机遇皆方向，只是你不识；
>
> 一切纷争皆和谐，只是你不懂；
>
> 所有局部的恶，皆是整体的善。①

但是，据弗洛伊德观察，我们同科学之间的关系，必定充满着矛盾。因为，每当我们在知识和权利方面取得重大的收获时，都要被迫付出几近难以忍受的代价——从万物中心的神坛走下的每一步，在无人在意的宇宙中不断边缘化的过程中，我们都蒙受了精神损失。就这样，物理学家和天文学家把我们的世界冷落到宇宙的边缘，生物学家把我们的模样从上帝的翻版还原为赤身裸体的直立猿。

在这轮对宇宙重新定义的过程中，我所在学科的贡献有其令人震惊的特别之处，我们姑且将其称作"地质学最令人恐慌的事实"。在世纪之交（19世纪至20世纪），我们已经知道，地球存在的时间能以亿万年计，而人类的存在仅占据这一历史中的最后一纳秒，按教学时用的标准比喻——宇宙英里②的最后一英寸③，或者，地质年的最后一秒。

我们无法忍受这个勇敢新世界所暗示的核心。若人类昨日才登上历史舞台，如同枝繁叶茂的大树分出一权树枝上的一梢小枝，那么，无论从哪个合理的角度去看，世间众生都并非因我们而生，也非为我们而生。或许，我们不过是一件增补的物料，一场宇宙事故，进化圣诞树上的区区一枚灯泡。

暂且把"地质学最令人恐慌的事实"放在一边，我们还剩下哪些路可走？不多不少，只有两条。无论是满怀失落，迫不得已，还是生性乐观，面对挑战满心欢喜，我们都可以接受这弦外之音、暗示或新定义。正如本书所倡导的，到另一个领域，一个更适当的领域里，去寻找人生的意义，包括道德的根源。或者，我们继续扭曲对生命历史的解读，在自然界里寻求无边的

---

① 原文为 "All Nature is but art, unknown to thee; / All chance, direction, which thou canst not see; / All discord, harmony not understood; / All partial evil, universal good." ——译者注

② 1 英里约为 1.16 千米。——编者注

③ 1 英寸为 2.54 厘米。——编者注

精神慰藉。

假使我们选择第二种策略，我们的机动性会受到已知地质历史的极大限制。如果开天辟地五日之后的世界全部是我们的，自然史确实可以轻易地由我们书写。但是，如果那是一个本身运转自如的世界，人类在最后一刻才亮相，我们若希望人类成为那个世界的主宰，就必须继承之前的一切存在，将之视作宏大的预备工作，视作迎接我们的最终到来的铺垫。

古老的"存在之链"可以极大地满足这一需求，但我们现在已经知道，绝大多数"简单一些"的生物不是人类的祖先，甚至不是雏形，它们不过是生命之树上与我们并行的分枝。于是，能体现不断进步、多样性不断丰富的圆锥式图说被我们选中。圆锥暗示着可预见的变化过程，从简到繁，从少到多。人类作为物种，可能只占据一个小枝。但如果生命是朝着更加复杂、更加智能的方向发展，即使时断时续——那么，就意味着，远在这种有意识的智能生物出现之前，这样的智能早已隐现世间。简而言之，我无法理解我们为什么始终抱着错误的阶梯式或圆锥式图说不放，除非是想以一己之力绝望地挽救穿孔的堤坝。而堤坝那边，是我们极力为之正名的希望和傲慢。

我把这个议题的结语留给马克·吐温。埃菲尔铁塔还是世界上最高的建筑的时候，他的这番话紧扣"地质学最令人恐慌的事实"的要领，十分形象：

> 人类来到这个世界已有 32 000 多年。而在此之前，世界已存在了一亿多年。[①] 那是在为人类的到来做准备吗？能证明人类后来的存在就是这一亿多年光阴流逝的目的之所在吗？估计它能——我不知道。如果埃菲尔铁塔的高度代表世界的年龄，塔尖之巅那块漆皮的厚度就代表人类的年龄。有谁会认为那块漆皮是营造铁塔的目的之所在？估计有人会这么认为——我不知道。

---

① 吐温采用的是当时认为的地球年龄，数字由开尔文勋爵（Lord Kelvin）估计。在那之后，对地球年龄的估计已经远超出原先的数字。不过，相比之下，吐温用的比例的变化不算太大——他认为人类存在时长约是地球年龄的1/3 000。按当前的估算，我们所属的物种起源于25万年前，用1/3 000的比例换算，地球年龄应约为7.5亿岁。而按当前的估算，地球已有45亿年历史。——作者注〔开尔文勋爵，即提出热力学第一和第二定律的著名物理学家，被封为第一代开尔文男爵的威廉·汤姆森（William Thomson, 1st Baron Kelvin, 1824—1907）。——译者注〕

倒带重演：重要的尝试

沃尔科特对伯吉斯动物群做出最初那般诠释在所难免，圆锥式图说的影响功不可没。那些动物的出现，离多细胞生物起源的时间如此之近，在那样的图说中，它们不得不挤在漏斗狭窄的颈部。就这样，在人们眼中，伯吉斯页岩动物群难逃多样性极其单调、解剖学结构简单至极的窠臼。简而言之，这些动物，要么被看作相应现代类群的原始形式，要么被看作相应类群的祖先。而且，在后来，随着时间的推移，它们会变得越来越复杂，会不断发展，直至成为我们熟知的一些现代形式。所以，沃尔科特的诠释水到渠成，不足为奇——伯吉斯页岩的每一种生物，都被当作未来生命之树某一主要分枝的原始成员。

惠廷顿和他的同事对伯吉斯动物解剖学结构的重构可谓激进。对圆锥式图说的挑战，我不知还有什么比此举更大。因此，要从根本上修订生命观，我也不知哪个案例比这个更重要。他们照着我们对革命最推崇的隐喻的字面意思，造了传统诠释的反——把它倒了个个儿。他们识别了如此之多的独特解剖学结构，并向我们展示。在那个时期的尝试中，具有其他解剖学构型的生物，曾与我们熟悉的类群共处，而且规模远超如今——他们把那个圆锥的方向倒转过来。多细胞动物最初的分化一开始，解剖学类型的扩张便达到了高峰，往后，生命的历史朝着削减的方向发展，而非扩增。地球目前容纳的物种，或许比从前什么时候都多，但大多数不过是基于少数解剖学构型不断重复的结果（分类学家描述了不止 50 万种甲虫，但几乎所有种类都像是从同一基本构型拷贝的，只做了少许改动）。物种数目可能与日俱增，这一事实，反而使得谜团和矛盾越发突出。与伯吉斯生物所在时期的海洋相比，今天的海洋容纳的物种数目要多得多，但基于解剖学构型的类别却少得多。

图 1.17 展示的是一套修订的图说，它反映了伯吉斯页岩留下的教训。从图 1.17（B）可以看出，随着第一波分化热潮的到来，解剖学构型的可能范围达到最广。后来的历史是个范围缩小的故事，随着早期大多数尝试的失败，生命稳定下来，以少数幸存者的样式为基础，变异出无数不同的种类。[①]

这种倒置的图说虽然有趣，本身也显得激进，但并不一定能就此推断，大

多样性不断丰富的圆锥

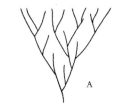

分化和"抽灭"

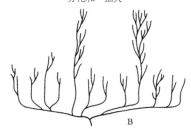

图 1.17 错误的圆锥式图说仍较为常见。此图显示不断丰富的多样性（A），以及受伯吉斯页岩动物群重构的启发，修订过的分化和"抽灭"模型（B）。

① 我曾为寻找一个合适的词大伤脑筋，这个词用于描述初始类型数量的大规模削减，而未来的历史全部寄托于少数幸存的谱系。多年以来，我觉得这种现象模式可以叫 winnowing〔（扬谷）风选〕，但现在我必须拒绝这个比喻，因为这个词的所有义项都表达了一种倾向——分出好的方面，去掉坏的方面（词的最初意思是"脱去糠皮存其髓"），而我相信，伯吉斯少数类型的幸存更像是抽中彩票。

我最终决定用 decimation（大批灭亡）来描述这种现象模式（本书译者将之称为"抽灭"），因为这样，我就可以兼顾该词的字面和通常理解的意思，用以概括本书从头至尾强调的两大主要方面：一是生死存亡的发生大致随机（本书译者谓之"抽"），二是灭绝的整体概率很高（本书译者谓之"灭"）。

关于随机。"抽灭"的英文动词形式 decimate 来源于拉丁文 decimare，字面意思是"十中取一"，它指的是古罗马军队采用的一种标准惩罚方式，施于被认定兵变、脱逃或其他罪行的士兵，从每十名罪卒中随机（by lot）抽出一名处以死刑——我实在想不出有什么比喻比抽奖（by lottery）灭绝更好的了。

关于幅度。从字面意思看，decimate 或许会传达出错误的暗示——虽然死亡面前人人平等，但毕竟死亡率只有 10%，实在太低了。而伯吉斯页岩动物群显示出的模式正好相反——绝大多数死亡，少数被选中留下。而 90% 的灭绝率，可以说是对伯吉斯页岩动物群主要谱系归宿较准确的估计。在现代日常英语中，decimate 渐渐有了"毁灭绝大多数"的意思，而非古罗马使用的小比例的做法。按《牛津英语词典》的说法，这个修订的词义既非误用，也非有意将原义反转，而是有其自身渊源，因为其名词形式 decimation 本来也指"十中取九"。

无论如何，我希望把这个词在古罗马时代的原有解释中表露的"随机性"，跟现代暗示的"多数死亡，少数幸存"结合起来。如此一来，以"抽灭"（decimation）为隐喻，形容伯吉斯页岩动物群的命运——大多数谱系的随机灭亡，是恰当的。——作者注

众对进化的可预测性和方向的成见已发生了改变。我们可以抛弃原来的圆锥，接受现在倒置的图说，但如果接受下面的诠释，我们就仍在固守传统——除了极少数，绝大多数存在于伯吉斯页岩的生物类型已经灭绝，但好比秕糠，它们是失败者，被淘汰是命中注定的。常言道，幸存者胜利必有其道理。这个道理包括幸存者具备复杂的解剖学结构和更强的竞争能力，比皆为取胜的重要优势。

但是伯吉斯的灭绝模式也暗示着另一种激进的诠释，完全与圆锥式图说无关。假设赢家通吃并非因循常规的取胜之道，也许死神不过是"幸运女神"的伪装，也许生存的真正原因与高度复杂、进步或其他通常被认为向着人类的解释无关。或许死神只在大灭绝的插曲中短暂现身，是不可预测的（常由天外不速之客的撞击引发）环境大灾难把他招来的。类群的兴亡，或许与达尔文提出的正常情况下的生存准则无关。塘中之鱼，即便将游水之道修炼得登峰造极，若池水干涸，也难逃劫难。不过，或许曾经鱼类牧师眼中的笑柄，浑身是泥的老朽肺鱼巴斯特 [1] 能熬过来——当然这不是因为他曾祖父的鳍上有一个囊肿，向他们发出了彗星来了的警告。巴斯特和他的亲戚们之所以能成功，是因为很久以前进化的一个用作他用的性状。当游戏规则不可预料地发生了改变，这个性状在灾难突如其来之际派上了用场。如果我们是巴斯特的后代，以及在成千上万相似的事件中大难不死的幸运儿，我们还能将拥有意识看作是不可避免的吗？或是大有可能的吗？

如幽默家所言，我们生活在好坏消息参半的世界。好消息是，要回答有关生命历史的最重要的问题，我们可以设计一个实验，看对灭绝的常规的和激进的诠释孰是孰非。坏消息是，这个实验我们无法付诸实施。

我把这个实验称作（倒回）"重演生命的记录带"。您可以按下快退按钮，确保倒带所经之处，生命记录带上的实际生命记录全部被抹除。可以回到过去任意一个时期或地点，比方说，去还是汪洋大海时的伯吉斯页岩。然后，重新开始，看发生的一切是否跟被抹掉的现实一样。如果每次重演都与生命

---

[1] 即 Buster the Lungfish，可能是某一典故的角色，译者不明。肺鱼是一类具有类似四足类动物的肺结构的淡水鱼，年代久远，寿命较长。在湖泊间歇干涸时，它们可以通过在淤泥中穴居、降低代谢速率、以肺呼吸等手段幸存，直至水生生境恢复。——译者注

的实际轨迹非常相似，那么，我们必须断言，那些已发生的事注定应该发生。但是，假使实验的各次重复结果与生命的实际历史相去甚远，我们如何再谈有意识的智能生物的出现是意料之中的？从哺乳动物、脊椎动物到陆地生命，以及多细胞动物苦撑的 6 亿年艰难时世，都是意料之中的吗？

行文至此，我们可以认同伯吉斯生物修订及"抽灭"图说的中心意义了。无论是阶梯，还是圆锥，在它们的原则下，"倒带重演"不会出现偏差。阶梯最下面只有一级台阶，往上只有一个方向。记录带无论怎么重演，始祖马（*Eohippus*）都会迎着晨曦奔向日出——挺着的身躯，体形越来越大；踏着的脚步，蹄数越来越少。与之相似，圆锥底部是狭窄的颈，往上发展的途径十分局限。把生命的记录带倒回颈部所代表的时期，永远能产生相同的雏形，因而，继续发展的结果，也只能局限于大致相同的方向。

但是，如果激进的抽灭在最初的影响的波及范围太大，直接影响到后来生命的走向，甚至我们人类自身起源的机会，那么，可能会产生什么样的结果？我们来看看。假设有 100 种基本解剖学构型[1]，10 种会幸存，并继续分化。如果这 10 种构型的脱颖而出取决于在解剖学结构上的优势（定义为"诠释 1"），那么，在生命的重演中，它们总会脱颖而出。因此，伯吉斯生物遭遇的灭绝，就不会动摇令我们舒心的传统生命观。但如果这 10 种构型是"幸运女神"的"门生"，或者说，是无常的历史偶然性的幸运受惠者（定义为"诠释 2"），那么，每次重演，幸存者互不相同，相应的生命历史也互不相同。如果您还记得高中代数中的排列组合怎样计算，就能意识到，从 100 中抽 10，产生的组合数会有多么大，那可是 17 万种以上的潜在结果。我愿意接受（"诠释 1"中）那些类群保持有一定领先优势（尽管我不知如何对这些优势进行甄别或定义）的事实，但我估计，第二种诠释才真正抓住了进化的中心要领。借助于"倒带重演"的假想实验，伯吉斯页岩的案例使得第二种诠释易于理解，也让有关进化走向及可预测性的更激进的观念得以推广。

拒绝阶梯和圆锥，不意味着向可能的对立面投怀送抱。这个可能的对

---

[1] 在本版汉译中，译者将 body plan、design、form、anatomy 所指的"结构类型"多简称为"构型"。——译者注

多样性和差异度的含义 ————————————————

　　讲到这里，我必须区分一个重要的概念，来澄清一个导致术语混乱的经典来源。生物学家常说 diversity（多样性），但表达的学术含义不尽相同。他们说的 diversity，可以是某一类群中不同物种的数目。例如在哺乳动物中，啮齿目动物的多样性丰富，有 1 500 多种；马科动物的多样性贫乏，只有斑马、驴和马等不到 10 种[①]。但是，生物学家说的 diversity 也可以是体形结构（body plan）类型的不同。例如三只（种类互不相同的）盲鼠[②]不能形成一个多样的动物群，但是，一头象、一棵树和一只蚂蚁就可以，尽管这两组生物都由三个物种组成。

　　对伯吉斯页岩动物群诠释的修订，取决于 diversity 的后一个义项，即解剖学结构类型的差异度（disparity）。以物种数为衡量指标，伯吉斯页岩动物群的多样性并不丰富。这个事实体现了早期生命的中心矛盾——为何从进化形成的体形结构看，差异度如此之大；而从物种数目看，多样性也远非丰富。这种局面是如何形成的？这构成一种悖论，因为如圆锥式图说所暗示，差异度和多样性是相关联的，多少还步调一致（见图 1.16）。

　　当我说"抽灭"时，我是指生命的解剖学构型大为缩减，而非针对物种的数目。大多数古生物学家认同这样一个观点，如果只计物种总数，随着（地质年代）时间的推移，这个数字是增加的（Sepkoski et al., 1981）。那么，这些增加的物种，必定来自数目已大为缩减的那部分体形结构。

　　大多数人对现代生命的典型特征并没有完全体会。上高中时，我们要学习一系列古怪的生物门类，直到能将动吻动物（kinorhynch）、

————————————————

① 按当前分类，马属是马科动物中唯一幸存的类群，马属尚存七种。——译者注
② 对英语传统童谣《三只盲鼠》（*Three Blind Mice*）的调侃。——译者注

曳鳃动物（priapulida）、颚咽动物（gnathostomulid）、须腕动物（pogonophoran）等名称脱口而出（至少要坚持到考试结束）。我们的注意力被少数几个古怪类群所吸引，忘了生命有多么不平衡。节肢动物（大多数是昆虫）占了所有已描述动物物种的80%。而在海底，当您已数过多毛类蠕虫、海胆、蟹类、腹足类动物的种类，剩下的有体腔的无脊椎动物就没多少了。能被总结定型，或者说，大多数物种可以被归结为很少的几种解剖学结构类型，是现代生命的重要特征，也是与伯吉斯时代的世界最大的区别。

我的一些同事建议（Jaanusson，1981；Runnegar，1987），为了消除混乱，我们应将多样性（diversity）所指，限定于口语中的前一种意思，即物种数目。第二种意思，即体形结构类型的不同，应该被称为差异度（disparity）。通过这一术语定义，我们或许承认了生命历史惊人的核心事实——差异度显著降低，接着，基于少数幸存的解剖学结构类型，多样性大幅增加。

立面就是纯粹凭运气，有点像抛硬币，或上帝跟宇宙掷骰子的意思。如同阶梯和圆锥使得生命历史图说反映的观念有所局限，二分法也严重地限制了我们的思考。二分式的图说有其不幸，孤零零的一条线段包罗了所有可能的选项，两头代表相反的极端。就我们讨论的议题而言，它们即是决定论和随机性。

有一个古老的传统，至少可以回溯到亚里士多德时期，那是对谨慎者的建议——当在靠近线段中点的地方占据一个安稳的位置——寻求"中庸之道"（aurea mediocritas）〔"golden mean"（黄金中道）〕。但是，应用于我们讨论的议题，身处这个中间位置，是令人郁郁寡欢的。在二分法中博弈，使得我们对生命历史的思考受到严重的阻碍。我们可能已经明白，以进步可预测为主旨的决定论不可生搬硬套，但是又觉得，在唯有的另一方向，充满了纯粹随机的绝望。于是，这份绝望驱使我们转向旧有观点的方向。最终，满怀不适，迷乱中，在不置可否的中间某点停了下来。

我强烈反对任何将可供选择的选项置于一线的概念图，除开两个极端，唯有的出路是在中间某点苟且。富有成效的考量，往往需要我们从这条线上走下来，置身于二分法之外。

我写这本书，就是为了提出从线上走下来的第三条出路。我相信，借助"倒带重演生命"的手段，重建的伯吉斯动物群能为这种不同的生命观提供强有力的支持。每次"倒带重演"，都将进化领上了与实际轨迹完全不同的路径。但是，结果不同，并不说明进化及其模式无意义。和实际进化的路径一样，重演得出的不同路径也是可以解释的，都能在事件发生后，针对事实做出诠释。不过，能得出众多可能的路径，表明最终结果在开始时确实不可预测。每一步的后果都有其原因，但是没有哪个结局能在开头就定下来。而且，没有哪条路径是可以重复的，因为每一条都历经了上千个令人难以置信的阶段。在早期，改变任意一个事件，即使十分轻微，在当时看起来无关紧要，其影响都可能会代代相传，以至彻底改变进化的方向。

这第三条出路所代表的，与历史的精髓不相上下。这条出路叫偶然性（contingency）。它是独立的，只与自身有关，不游移于随机性和决定论之间，也无法量化。接纳（与科学体系）不尽相同的历史解释体系，科学行动得比较迟缓。我们的这种诠释仍游离于主流之外，因而备受磨难。在狭路相逢时，科学还会贬低历史，认为与直接基于不朽"自然法则"的证明相比，任何求助于偶然性的举动都既欠精巧，也寡意义。

这本书讲述的内容有关历史的本质，以偶然性为主题，以"倒带重演生命"做比喻，揭示在其阴影下，人类进化产生的概率微乎其微。内容的焦点，集中在对伯吉斯页岩发现的全新诠释。展现偶然性对我们理解生命进化的启示为何，这是最好的方式。

我着重阐述伯吉斯页岩生物的细节，是因为我不认为重要的概念应加以抽象式的灌输（尽管我已在这开篇章节里如此为之）。人是好奇的灵长类动物，偏爱可以赏玩的坚硬物件。精义体现于细节之中①，而非纯粹通则的字里行间。我们必须认识并掌握宇宙中更大、能兼容并包的主题，但让我们尽快上路的，往往是能吸引我们注意的小小好奇——就如知识海岸上那些美丽的小卵石。它们被真理海洋涌起的波浪一次次冲刷，时而咔嗒，时而叮当，与之相随的，是最惊人的巨响。

对于抽象的概念，我们可以无休止地争论下去。我们可以故作姿态，我们可以弄虚作假，我们"保证"能让这一代人满意——只是到了下个世纪就沦为笑柄（或者更糟，被彻底遗忘）。我们为了让一个概念得以正名，甚至可以将它与某个自然实物永久挂钩，就这样，平添几分正统的意味，在"科学思想进步"这一伟大的人类征途中占据一席之地。

但是，伯吉斯页岩里的动物更能令人满意的，是它们展现出的事实坚如磐石。我们可以无休止争论生命的意义，但不管欧巴宾海蝎是否有五只眼，我们总能想办法得出一个答案。伯吉斯页岩里的动物也是世界上最重要的化石，不仅是因为它们改变了我们的生命观，还因为其外在的精美。它们的可爱之处在于所体现的观点的广度，以及科学家为诠释解剖学结构付出的努力程度，这些与标本外形的优雅和保存的完整平分秋色。

"圣物"这个词在一些文化里传达的意思与常规解释不尽相同，伯吉

---

① "精义体现于细节之中"，原文为"God dwells among the details"，即"上帝住在细节当中"，本为对《圣经》典故调侃，相应的文字为"I will dwell among the Israelites and be their God"，出自《出埃及记》，意为"我将住在以色列人中间，做他们的神"。——译者注

斯页岩里的动物就是这样的圣物。我们没有将之供于基座之上，远远地膜拜。我们登上高山，炸开山坡，发现了它们。我们发掘、剥离、切割、绘制、解剖，竭力从中撬出它们的秘密。我们辱骂，我们诅咒，只因它们那见鬼的死不吭声。它们是些脏兮兮的小东西，5.3亿年前便沉睡于海底，但我们还是充满着敬畏，迎接它们重见天日。毕竟，它们是"远古圣贤"，有话要留给我们。

第二章 ── 有关伯吉斯页岩

之前的众生：寒武纪大爆发与动物起源

可能是小时候背诵乘法口诀表时被倒了胃口，选修生命历史初级课程的大学生们对背诵地质年代表的"年度仪式"总是心怀怨恨。然而，我们教授始终不愿让步。在我们眼里，这神圣的序列就是我们的字母表——无字母，不成字。但这些词语看起来实在复杂——像寒武纪、奥陶纪、志留纪——神秘重重，它们指的是古罗马对英国威尔士不同地区的称呼，或者德国地层中的某三个岩层。我们略施小计，循循善诱，设法鼓励学生配合。很多年来，通过组织助记比赛，我希望能找到最好的语句，用以取代无味的传统——"Campbell's ordinary soup does make Peter pale ...① （坎贝尔的普通汤的确让彼得面色惨白……）"，或者那些在暗地里流传的露骨版本，甚至是跟下文的例子比——我都不好意思记下来。在动荡的 20 世纪 70 年代初，我的佼佼者是"Proletarian efforts off many pig police. Right on!②（无产阶级的努力击退好多警察猪猡，对头！）"，用来助记第三、第四纪各世（epoch）（见表 2.1）。而有史以来的总冠军，是对一部名为《贱肉》的色情电影的观后感。它押韵完美，结构工整，只新造了一词，在第三行末尾，而且不难理解。这件作品的叙事顺序非同寻常，按时代，先近后远，呈逆序。并且，先列出所有的代（era），

---

① 相应的地质年代分别为 Cambrian（Campbell's）、Ordovician（ordinary）、Silurian（soup）、Devonian（does）、Mississippian（make）、Pennsylvanian（Peter）、Permian（pale），按顺序，即寒武纪、奥陶纪、志留纪、泥盆纪、密西西比纪、宾夕法尼亚纪、二叠纪。——译者注
② 相应的地质年代分别为 Paleocene（Proletarian）、Eocene（efforts）、Oligocene（off）、Miocene（many）、Pliocene（pig）、Pleistocene（police）、Recent (Holocene)（Right on），按顺序，即古新世、始新世、渐新世、中新世、上新世、更新世、当前（全新世）。——译者注

再列出所有的纪（period）。

Cheap Meat performs passably,

Quenching the celibate's jejune thirst,

Portraiture, presented massably,

Drowning sorrow, oneness cursed.

（相应的地质年代如下，汉译详见表 2.1

Cenozoic, Mesozoic, Paleozoic, Precambrian

Quaternary, Tertiary, Cretaceous, Jurassic, Triassic

Permian, Pennsylvanian, Mississippian

Devonian, Silurian, Ordovician, Cambrian

助记的汉译为：

《贱肉》拍得尚可

解我光棍儿干渴

细节放得好大

被诅咒的单身，悲哀令人窒息）

这位还加了个尾声，用以记忆新生代各世。

Rare pornography, purchased meekly

o Erogeny, Paleobscene.[①]

〔相应的地质年代如下，汉译详见表 2.1

Recent (Holocene), Pleistocene, Pliocene, Miocene

---

① 这一行有两个笑点：与 Erogeny 形似的 orogeny，是描述造山运动的标准地质学术语，而 Paleobscene 与所挪揄的实际世名 Paleocene（古新世）非常像。——作者注

Oligocene, Eocene, Paleocene

助记的汉译为：

珍稀的春宫，偷偷地买

哦，色起，古老的淫]

当这种忽悠都不能奏效时，我总会说，要开诚布公，晓之以理——如果这样命名是为了将平缓承接的连续事件武断地划分开来，我确实会对学生的反抗情绪报以同情——因为，若果真如此，何不将现代多细胞生命 6 亿年的历史平均分割，以 5 000 万年为单位，用同是武断但便于记忆的方式命名，比如说，从 A 到 L，或从 1 到 12。

然而，这种简化的举动会遭到地球的嘲讽。我们会看到，地球的过往远远不是那么无趣。生命的历史并非一个连续发展的过程，它像是一种记录，时而被大规模生物灭绝及之后的分化事件打断。那些事件持续的时间很短，以地质时间尺度衡量，不过是转瞬即逝。地质年代表与这一历史相吻合，要确定岩石的年代先后，其中的化石是主要依据。由于灭绝事件和之后的迅速分化在化石记录中留下的印迹如此清晰，这些记录被打断的时刻，就被用以对年代表断代。所以，年代表不是魔鬼用来折磨学生的伎俩，而是一部记录生命历史关键时刻的编年表。背诵那些令人头疼的名字，就是在了解地球历史的主要事件。这些知识的核心是那么重要，我无需为此对学生抱有歉意。

地质年代表按等级顺序可依次划分为代、纪、世。代是最高级别的划分单位，各代之间的界线，是曾发生的重大事件的标志。四个代之间的三条界线，有两条分给规模最大的生物灭绝事件。白垩纪晚期的生物大灭绝发生于距今约 6 500 万年前，它是中生代和新生代的分界。尽管它不是规模最大的"伟大逝去"①，其名气却无他能及。因为，在事件结束之际，恐龙烟消云散，使得大型哺乳动物（以及在很久的后来，我们人类自身）的进化成为可能。第二条分界线，在古生代和中生代之间（距今约 2.25 亿年），记录了所有灭

---

① "伟大逝去"（The Great Dying），即发生在二叠纪末到三叠纪初的 P-T 大灭绝事件。——译者注

绝的"至尊"。那次事件发生在二叠纪晚期，使得 96% 的海洋物种惨遭灭顶之灾。之后的历史由此定型，不可逆转。

表 2.1　地质年代表

地质年代			
代	纪	世	距今（约百万年前）
新生代（Cenozoic）	第四纪（Quaternary）	全新世（当代）〔Holocene (Recent)〕更新世（Pleistocene）	
	第三纪（Tertiary）	上新世（Pliocene）中新世（Miocene）渐新世（Oligocene）始新世（Eocene）古新世（Paleocene）	65
中生代（Mesozoic）	白垩纪（Cretaceous）侏罗纪（Jurassic）三叠纪（Triassic）		225
古生代（Paleozoic）	二叠纪（Permian）石炭纪（Carboniferous）〔宾夕法尼亚纪与密西西比纪（Pennsylvanian and Mississippian），或晚石炭纪与早石炭纪〕泥盆纪（Devonian）志留纪（Silurian）奥陶纪（Ordovician）寒武纪（Cambrian）		
前寒武纪时期（Precambrian）			570

第三条，也是最古老的那条分界线，在前寒武纪时期和古生代之间（距今约 5.7 亿年），它所标志的事件与上述两条的类型不同，也更加令人迷惑。大规模灭绝可能就发生于分界线上，或分界前后。然而，古生代一开始，即成就了一个分化事件集中发生的精彩章节——寒武纪大爆发，换句话说，具有硬体结构的多细胞动物化石，年代最早的，就发现于相应断层。伯吉斯页岩之所以重要，在于它与这次事关生物历史的重要事件有所联系。伯吉斯页岩动物群并非起源于大爆发之中，而是紧跟其后，距今 5.3 亿年前的某一时

期。那时，大爆发的累累硕果全数登场亮相，而无情的灭绝马达尚未开动。伯吉斯页岩中所含有的，是代表这一早期历史时期唯有的主要软体结构动物群，它是我们窥探现代生命全盛时期开始之际的唯一窗口。

寒武纪大爆发发生的时代算得上久远，但到现在为止，地球已经存在了45亿年，也就是说，这个世界被具有现代体形结构的多细胞生命占据的时间，只比整个地球历史的10%略长。这两个时间的反差，构成了有关寒武纪大爆发的两个经典谜题。这些谜题曾使达尔文着迷（Darwin, 1859, 306～310页）。到现在，它们仍然是生命历史的中心之谜：（1）为什么多细胞生命出现得如此之晚？（2）这些生物解剖学结构复杂，为什么在寒武纪之前的断层里，没有发现它们结构简单的直系祖先的化石？

自20世纪50年代以来，我们已积累了相当丰富的前寒武纪时期化石记录。即便如此，上述这些问题到现在仍难以得到解答。而在1909年查尔斯·都利特·沃尔科特发现伯吉斯页岩之时，那些问题依旧看似几近无解。在沃尔科特的时代，记载前寒武纪时期生命的石板完全空白。在那时，已发现的化石中，保存完好的，还没有一块来自寒武纪大爆发之前。已知年代最久远的多细胞动物证据，即生命最早出现的证据。不时有人声称发现寒武纪之前的动物化石，光沃尔科特就不止一次，但是没有哪次经受住后来的检验。那些想象中的生物建立在希望之上，后来证明，它们有些是波痕、无机沉积物，或者虽是货真价实的化石，但原先对时代的鉴定有误，实际的世代更晚。

在地球的历史长河中，大多数时期没有生物的踪迹，而随后出现的生物却是林林总总。这样的谜题对于反进化论者而言，根本不成其为一个问题。罗德里克·英庇·默奇森（Roderick Impey Murchison），这位曾发现早期生命记录的伟大地质学家，就简单地把寒武纪大爆发看作上帝造物的时刻。对于早期动物的复杂性，他将之解读为上帝对自己这些创造关怀备至的证据。早在达尔文《物种起源》出版五年前，默奇森就在其著作中高调地指出，寒武纪大爆发是进化（他称作演变，transmutation）的一个反证。他赞美最早的那些三叶虫的复眼，将之看作一个匠心独具的设计奇迹。

生灵最早的迹象表明，它们确实拥有复杂的结构，这彻底否认了生命从低级往高级演变的假说。自创世甫始，便无疑确保了动物对周边环境的完美适应。因此，要让地质学家确定一个开端，他能看到最早的甲壳动物复眼中无数的面。那是上帝全知的证明，一如将脊椎动物造就。（Murchison，1854，459页）

诚实的达尔文从来不吝自曝所立理论的疑点。在那些挑战中，寒武纪生命大爆发首当其冲，他用《物种起源》整整一节的篇幅来讨论这个问题。达尔文没有回避那些著名地质学家的反进化论诠释，他写道："以 R. 默奇森爵士为首的许多卓越的地质学家确信，从见于志留纪最下层[1]的有机生命残体，我们看到了这个星球上生命的曙光。"达尔文还承认，他的理论需要补充证据，这个证据就是丰富的前寒武纪时期化石记录，即最早复杂动物前体的化石。

> 如果我的理论是正确的，那么，无可争议的是，在志留纪最下层沉积之前，已流逝过漫长的岁月。它们或许跟从志留纪至今的跨度一样悠长，或许更长。而且，在那些漫长且尚未知晓的时期，世界已然生机勃勃。（Darwin，1859，307页）

达尔文抛出自己惯用的理由，想了结这个令人难堪的问题——化石记录如此不完美，以至于生命历史上大多数事件的证据我们都尚未找到。但是，即使是达尔文自己也明白，他最拿手的招式在这个问题面前显得有些勉强。他的这一理由，用以解释单一谱系在某个阶段的缺失尚可。但是，这种不完美的（化石不能留存）方式，真的足以毁灭所有证据吗？生物存在于生命历史大多数时期的所有证据？达尔文也承认，"这个问题现在无法解释，或许还会被当作有力的论据，用来抨击此处提出的观点"（Darwin，1859，308页）。

在过去30年里，前寒武纪时期化石先后被发现，数量之丰富，足以证明达尔文所言不虚。但是，这些化石的特征奇异，与达尔文的预期并不吻合，

---

[1] "志留纪最下层"（lowest Silurian）即现在被称作寒武纪的岩层。在 1859 年时，寒武纪的概念尚未正式确立，因而未被公认。达尔文在文中讨论的是寒武纪大爆发。——作者注

从中看不出复杂性连续渐增的趋向，而是直指寒武纪生物形成。寒武纪大爆发的难题，仍是磐石一块，死硬如初，甚至更加顽固。因为，现在困惑我们的，已不再是对前寒武纪时期生命的本质缺乏认识，而是有所认识。

我们已发现的前寒武纪时期的化石记录，可以上溯至岩石最早可承载生命的时期。地球已有 45 亿年历史。不过，在我们的星球形成之初，由于（行星形成必经的初始合并过程）物体相互碰撞，以及短半衰期同位素发生的放射性衰变，会产生高温，整个星球因而处于熔融的状态，形态不定。最早的沉积岩有 37.5 亿年历史，是位于格陵兰岛西部的依苏阿（Isua）绿岩带，它记录了地壳冷却和稳定的过程。这些岩层的形态（因高温和压力）过于多变，以至于生物的形态难以保存。不过，最近席德洛夫斯基认为，在这些可证明最早生命活动的潜在来源中，保留有有机生命活动的化学印记（Schidlowski，1988）。^{12}C（碳 -12）和 ^{13}C（碳 -13）是碳元素常见的两种同位素，光合作用多利用前者（固碳）。如果岩石自身的碳全部来源于无机，光合作用就能提高（含有生命的）沉积岩中 ^{12}C/^{13}C 的比率。依苏阿岩石的 ^{12}C 值较高，便是有机生命活动所致。[1]

就如能提供生命最早存在的化学证据的岩石一样，最早的成形（证据）残体也有相当久远的历史。在地球上最古老的未变形沉积物中，就发现了叠层石（由细菌和蓝藻以黏着和胶结的方式沉积而成的垫状体）及细胞实体。它们距今 35 亿～36 亿年，分布于非洲和澳大利亚（Knoll and Barghoorn，1977；Walter，1983）。

这种简单的开端应该可以让达尔文满意，但后来揭示的前寒武纪时期生命的历史则强烈不支持他的假设。寒武纪生命大爆发的产物十分复杂，但它们的形成并不是一个漫长渐增的过程。在依苏阿岩石沉积之后的 24 亿年里，或者说整个地球生命历史近三分之二的时间里，单细胞生物构成了生命的全部。这些生物只具有最简单的结构——原核细胞结构。〔原核细胞无细胞器——细胞核、成对染色体、线粒体、叶绿体一概没有。而其他单细胞生物及所有多细胞生物则具有显著较大的真核细胞，细胞结构要复杂得多。它们可能由原

---

[1]　尽管依苏阿岩石的 ^{12}C/^{13}C 比率表明其中含有机成分，但在晚期沉积中，^{12}C 并不是十分高。席德洛夫斯基认为比率降低（尽管仍处于含有机成分的范围之内）是因晚期岩石发生的变形导致，实际值可能与早期沉积中的相当。——作者注

核生物集落进化而来，至少线粒体和叶绿体与完整的原核生物本身极其相似，它们拥有各自的 DNA，那或许是之前独立状态的残迹。细菌和蓝藻（或蓝藻植物）是原核生物，其他所有普通单细胞生物体，包括在高中生物实验室里观察过的变形虫（*Amoeba*）和草履虫（*Paramecium*），都是真核生物。〕

根据化石记录，真核细胞有 14 亿年历史。真核细胞的到来，标志着生命复杂性的一次重要提升。但是，多细胞动物并未紧随其后高调问世。从真核细胞到多细胞动物，之间的时间间隔，比多细胞生物自寒武纪大爆发以来的整个历史还长。

时期先于寒武纪大爆发的多细胞动物群，在前寒武纪时期的化石记录中确实能找到一例。它便是埃迪卡拉（Ediacara）动物群，其名称取自澳大利亚某地地名，但如今能冠以此名的岩石已遍布全球。这一动物群并不能满足达尔文的预期，原因有两个。首先，说埃迪卡拉动物群的年代属于前寒武纪时期，勉强有余。这些动物只在大爆发即将到来之际的地层中发现，距今不过 7 亿年，或许更短。其次，埃迪卡拉动物可能只代表一次失败的、独立的多细胞生命尝试，它们不是后来硬体生物结构简单的祖先的集合（我将在第五章讨论埃迪卡拉动物群的本质和地位）。

在某种意义上说，埃迪卡拉动物群本身显现的问题，比其释清的达尔文有关寒武纪大爆发的疑惑还多。（达尔文的）"不完美理论"最具前景的版本坚称，寒武纪大爆发仅仅标志着硬体结构出现在化石之中。而多细胞生物可能确实经历了复杂性逐渐增加的漫长历史，但没有在岩石中留下任何踪迹。毕竟，我们没有发现属于前寒武纪时期的"伯吉斯页岩"——属于那个时代的软体构型动物群。这个意在解开寒武纪之谜的观点十分在理，我无意挑战，但是，对于形成于寒武纪大爆发的生命而言，若埃迪卡拉的动物不是它们的祖先，这一观点就不能完全成立了。因为，埃迪卡拉的动物本身就具有软体构型。而且，它们的分布不局限于澳大利亚，没有困在奇特环境里的奇异飞地[①]，它们是一类有全球性分布的动物群。那么，如果寒武纪生物的祖先确实没有硬体结构，而埃迪卡拉动物群又

---

① 飞地（enclave），指被围于一个大区域内的独立小区域。enclave 也指外飞地，即一个国家被围于邻国领土之内的部分疆土。——译者注

具有软体构型，为什么我们没有在众多富含后者的沉积物中发现这些祖先呢？

从埃迪卡拉动物群到伯吉斯页岩中现代构型的巩固，这惊人的1亿年里的细节，我们考虑得越多，越觉得疑上加疑。寒武纪的发端并非以三叶虫的出现、所有现代解剖学构型形成的寒武纪大爆发为标志。最早具有硬体结构的，是以俄罗斯某地命名（也是有全球分布的）的托莫特（Tommotian）动物群（将在第五章讨论），它们有可识别的现代构型。不过，其成员大多数不过是形状如刃、帽或杯的细小个体，归属不明。我们古生物学家管它叫"小壳形动物群"（small shelly fauna），如此称呼，有着几分体面的坦率，也不掩无疑的尴尬。或许有效的钙化性状尚未进化形成，这些来自托莫特的祖先生物并无完整的骨骼，只是将游离的零碎矿化物质覆至周身不同的细处。但或许托莫特动物群只是另一次失败的尝试，在后来寒武纪大爆发的最后一息，被三叶虫及其（同类的）"同伙"取代。

如此一来，与达尔文复杂性渐增而成的说法不同，从埃迪卡拉到伯吉斯，1亿年所见证的，是三个天差地别的动物群——成员形状扁如烧饼、具有软体构型、体形较大的埃迪卡拉生物群，个体形状如杯如帽的细小托莫特动物群，以及解剖学构型最终在伯吉斯时期登峰造极的现代动物群。原核细胞独霸地球的约25亿年里，生命三分之二的历史，是停滞不前、复杂度水平一直处于最低点的历史。接下来，在属于大一些、复杂一些的真核细胞的7亿年里，多细胞动物也并没有涌现。这时，在地质学之眼一眨的短短1亿年间，从埃迪卡拉到托莫特，再到伯吉斯，三个大相径庭的动物群横空出世。从此以后，是5亿多年的精彩故事，有成功，也有失败。但是，在伯吉斯之后，再没有增加一个新的门类，或者说，没有形成一种新的基本解剖学构型。

往后退，再退，直到眼前的细节变得模糊，您就可能希望解读这个序列，把它当成一个可预测进步的传说。不是吗？先是原核生物，后是真核生物，最后出现多细胞生命。但是，一审视细节，这个故事随即散架。如果复杂性对生命那么有利，为什么生命的历史在最初阶段停留了三分之二的时间呢？为什么多细胞生命的起源是在短短一息之间，还历经了三类天差地别的动物群，而不是一个复杂度持续增加的缓慢过程？生命的历史令人着迷，无穷无尽，它的新奇，亦是无穷无尽，但与我们通常想象和希望的，几乎大相径庭。

之后的众生：软体构型动物群——回溯的窗口

　　在古生物学圈内，流传着一个由来已久的笑话，说哺乳动物的进化就是一个牙齿传说——牙齿跟牙齿交配，生下略有改变的后代牙齿。既然牙釉质比一般的骨要耐久得多，当一切血肉已向地质年代的"鞭笞和讥讽"[1] 屈服时，或许"战胜一切"的主语会是牙。大多数哺乳动物的化石就只有牙得以留存。

　　达尔文写过，我们不完美的化石记录，就好像一本只存留下寥寥数页的残书，每页只剩下寥寥数行，每行只有寥寥几字可见，而且，字的字母都不全。达尔文使用这个隐喻，是为了形容硬体结构保存下来的机会渺茫，即使是最耐久的牙齿也是如此。对于身处如此"残酷时运的掷石箭雨"[2] 之中的血与肉，能期待什么奇迹出现呢？软体结构不是不可以保存，不过那得有突如其来的极好运气——动物碰巧身处非同寻常的地质学环境，就如困于琥珀的昆虫、干涸巢穴里的树懒粪便所遇。否则，它们将迅速屈服于血肉之躯不得不承受的无数种自然打击[3]，在这里只需举三例——死亡、解体、腐烂。

---

① 原文为 "... all else has succumbed to the whips and scorns of geological time." 《哈姆莱特》典故，取自第三幕第一场的《生存还是毁灭》独白，原文为 "... bear the whips and scorns of time, ..." 意为"忍受毕生时光的鞭笞和讥讽"。——译者注

② 原文为 "... the slings and arrows of such outrageous fortune？" 典故来源同前注，原文为 "Whether 'tis nobler in the mind to suffer the slings and arrows of outrageous fortune，or to take arms against a sea of troubles...？" 意为"哪种选择更高贵，是置身于残酷时运的掷石箭雨，还是拿起武器，与无尽的苦难抗争……？"——译者注

③ 原文为 "... the thousand natural shocks that flesh is heir to..." 典故来源同前注，原文为 "... and by a sleep, to say we end the heart-ache and the thousand natural shocks that flesh is heir to？" 意为"沉睡，就能停止内心之苦，血肉之痛？"——译者注

然而，若缺乏软体解剖学结构的证据，要了解古代动物的形态结构，是无可指望的，要了解古代生物多样性的实际情况亦是如此。有两个显而易见的原因：首先，大多数动物根本就没有硬体结构。1978年，朔普夫（Schopf）分析了潮间带（intertidal zone）的现代海洋动物形成化石的一般潜力。他发现，按属一级分类地位统计，有可能出现在化石记录之中的动物只占40%。不仅如此，这种潜力在生境方面有着强烈的偏向。生活于海底的固着（不运动的）动物，约三分之二可得以保存。相比之下，能得以保存的穴居摄食碎屑的动物和运动的肉食动物，加起来只占四分之一。其次，对于一些具有硬体结构的生物，如脊椎动物和节肢动物，它们的硬体结构信息丰富。的确，它们的整体解剖学结构可以得到很好的重构，结构的基本功能也能被解读出来。但是，对于那些只有在顶部和周身有简单遮盖的生物，通过它们的遮体之物，我们读不出其下所掩结构的任何信息。根据蠕虫管状的外体和腹足类动物的壳，可推断出的动物本身的信息很少。由于没有软体结构的信息，生物学家常将这些动物与其他物种相混淆。我们仍不能确定，地球最早具有硬体结构的多细胞动物群，到底处于什么地位，即所谓（将在第五章讨论的）托莫特问题，就是因为那些细小的帽状结构和覆体结构能提供的生物内部信息微乎其微。

正因为如此，自学科创立之始，古生物学家们就将软体构型动物群视若珍宝，苦苦寻觅。在化石记录中，没有哪个的价值比它们更高。出于对德国同行开创性成果的认同，我们将这些完整性和丰富性非凡的动物群（以德文）称作 Lagerstätten〔字面意思是"矿地"（lode place），或用更随意的翻译——就是"母矿"（mother lode）〕，即堆积库。这种化石堆积库十分稀少，但它们对我们了解生命历史的贡献巨大，这与它们数量的稀少不大相称。我以前的学生、现在的同事杰克·塞普科斯基[①]欲对所有谱系的历史进行编目，在开始之时，他发现有20%的主要类群仅见于三个最大的古生代化石堆积库——伯吉斯页岩、德国的泥盆纪洪斯利克页岩（Hunsrückschiefer）和芝加哥附近的

---

① 杰克·塞普科斯基，即美国古生物学家小约瑟夫·约翰·塞普科斯基（Joseph John Sepkoski Jr., 1948—1999）。——译者注

马宗溪（Mazon Creek）石炭纪化石床。（在本书其余各处，我使用地质年代表中的标准名称，并不再进一步专门解释。亲爱的读者，如果您不听从我的劝告，背不出那"字母表"，在不明时，请参考表2.1。另外，我也推荐使用本章开篇介绍的助记法。）

关于化石堆积库的形成和诠释，已积累有大量的文献（Whittington and Conway Morris, 1985）。尽管不是所有问题都得以解决，但细节方方面面激发的魅力仍是无穷无尽。不过，要使得软体构型动物群完好保存，需要具备的前提条件主要有三个（在实际情况下很少兼备）。第一，化石快速地掩埋于沉积物中，不受侵扰。第二，在沉积的环境中，不能有造成即时破坏的常见因素。它们主要是氧气及其他促进腐烂的因子，还有包括从细菌到大型腐食者在内的所有生命体。在几乎所有环境下，这些生物都能迅速地将大多数尸体降解得无影无踪。第三，受后来高温、压力、碎裂、侵蚀等作用破坏的程度很低。

氧气所起的作用，就像是个"第22条军规"[①]的实例，是它使得化石堆积库的数量如此之少（对无氧生境重要性的不同观点，详见 Allison, 1988）。氧气缺失的环境有利于软体结构的保存——不能氧化，就没有好氧细菌的腐解作用。这种环境很常见，尤其是在滞流盆地（stagnant basin）。但正是在这样有利于保存的环境里，却很少有生物（如果有的话）把它当作繁衍生息的家园，最佳保存环境因而没有生物可供保存。我们应该明白，造就化石堆积库的"诀窍"所在，是一系列特殊的因素偶然地将动物群带进这样的不毛之地，伯吉斯页岩动物群化石的形成就是如此。因此，化石堆积库注定稀少。

如果伯吉斯页岩不曾存在，我们虽不能平地造出一个，但绝对会日思夜想，渴望能发现它。对我们凡人的祈祷，地球现实的"主宰"很少加以回应，但伯吉斯页岩却是个例外。在伯吉斯页岩尚未被发现之时，如果阿拉丁的精灵（djinn）出现在任一古生物学家面前，吝啬地只承诺一个愿望，我们幸运的受惠者一定会毫不迟疑地说："给我一个寒武纪生命大爆发刚一结束时的软体构型动物群，我要看看这伟大篇章的成果到底有哪些。"伯吉斯页岩，就好

---

① 第22条军规（Catch-22），出自美国小说家约瑟夫·海勒（Joseph Heller, 1923—1999）1961年发表的同名讽刺小说。该情形形成一种悖论，即满足要求的唯一条件也能作为被否定的理由。例如自证无意识，能自证的唯一条件是有意识，因而否定了无意识。——译者注

比我们的精灵的馈赠。它讲述了一个精彩的故事，但故事本身还不足以成书。要将这个动物群与差异度模式大不相同的其他化石堆积库相比较，它便成为理解生命历史的关键。

稀罕固然是好，但仅此而已，只要有足够的时间，稀罕也会变得稀松平常。在过去 10 年里，发现和研究化石堆积库的速度大大加快，在一定程度上，它得益于有关伯吉斯页岩洞见的启发。现在，已发现的化石堆积库数目不少，足够让人心生欢喜，觉得解剖学构型差异度的基本模式构建已近在眼前。如果没有那么多分布广泛的化石堆积库，我们对前寒武纪时期生命的了解或许还是空白。因为，从最早的原核细胞到埃迪卡拉动物群，它们所代表的，也是一个有关软体构型生物的故事。

伯吉斯页岩最大的魅力，是它让我们看到生命过去和现在的惊人差异——从伯吉斯页岩，那个位于不列颠哥伦比亚，还没有城里一个街区长的采石场里发现的化石，物种数量远不算多，但代表的解剖学构型种类、差异度远远超过了全球已知现代类型的总和！

或许，伯吉斯页岩代表的，是一条过去的规则，而非在寒武纪大爆发结束之初新形成的一种特征？或许，所有保存如此完好的动物群，都有着幅度相似的解剖学构型？要回答这个问题，就必须比较不同时代的化石堆积库，研究解剖学构型差异度的变化模式。

答案基本上是明确的：伯吉斯页岩动物群的解剖学差异度之高，为多细胞生命第一次爆发所独有，后来者无一达到近似水平。从伯吉斯的时代出发，朝着现代，一路向前。我们能找到的，是灭绝过后幸存者迅速稳定的踪迹。在瑞典发现的晚寒武世节肢动物（Muller，1983； Muller and Walossek，1984）保存得格外完好，立体结构清晰可见，它们可能全部是甲壳动物（这一处对动物保存的选择有些怪异，从这一动物群中找到的，全是短于 2 毫米的细小节肢动物，因此，我们不能将此处的差异度与伯吉斯大个头的故事相提并论）。位于威斯康星的早志留世（Lower Silurian）布兰登桥（Brandon Bridge）动物群（Mikulic, Briggs, and Kluessendor, 1985a；1985b）含有节肢动物的四大类群，跟伯吉斯页岩动物群的情形相似。它也有一些形如"奇葩"、分类地位难以确定的节肢动物（一种动物的身体两侧还有奇异的翅状扩展结构），以及四种蠕虫状的动物，但没有哪种的奇异程度，能跟伯吉斯谜一般的欧巴宾海蝎、奇虾、威瓦西虫相比。

泥盆纪洪斯利克页岩大名鼎鼎，化石保存精美，在岩石的 X 光透视照片上（Sturmer and Bergstrom，1976；1978），甚至能看到其中生物的细节微处。它含有一两种分类地位不明的节肢动物，例如海星形虫（*Mimetaster*），它的亲缘关系可能与在伯吉斯最常见的马尔三叶形虫相近。但是，生命在这时已经开始趋于稳定。马宗溪动物群数量丰富，在过去几十年中，有成批的采集者来到化石所在地，取走的标本以百万计。在这一动物群里，有一种长相奇异、被称作"塔利怪物"（Tully Monster，这一叫法获得认可，拉丁学名为样式蹩脚的 *Tullimonstrum*）的蠕虫状动物[①]。不过在这时，伯吉斯的"创新"马达已经停了下来，几乎所有精美的马宗溪化石都能被轻易归入现代门类。

当我们穿过二叠纪–三叠纪大灭绝（Permo-Triassic extinction），来到最负盛名的化石堆积库——德国的侏罗纪索伦霍芬石灰岩（Solnhofen Limestone），我们已获取到足够的证据，可以满怀信心地宣布——伯吉斯的游戏确已玩完。没有哪个动物群比这儿的研究得更多更透，采石工和业余收集者在这里劈山采石，已持续了一个多世纪。（这些结构均匀、颗粒精细的石料是平版印刷的主要材料。这项技术诞生于 18 世纪末，从那时开始，多年以来，所有的精细印刷都在这种专用材料上完成。）世界上最著名的化石，有一些就出自此处，包括六件始祖鸟（*Archaeopteryx*）标本。始祖鸟（曾被认为）是最早的鸟类，标本的羽毛保存完好，可见最末的羽小支。但是，索伦霍芬的动物，没有哪种不属于记载完备、为人熟知的现代类群，哪怕是一种。

显然，伯吉斯解剖学构型极高的差异度模式，不是化石保存完好的动物群的普遍特征。然而，有这些保存完好的化石，就能让我们一窥寒武纪大爆发及其即时后果的风采，发现它们独具一格且迷雾重重的一面。在寒武纪之初那地质学尺度极短的一刻，几近所有现代门类的动物"粉墨登场"。与之相伴的，还有数目更多的解剖学构型尝试，只是没能持续多久。之后的 5 亿年里，只是现成的类型经历了一点波折，即使有一些变异——例如具有意识的

---

① 以发现人、业余收藏家弗朗西斯·塔利（Francis Tully）命名。——译者注

人，想以奇异的方式影响这个世界——但在漫长的岁月里，再也没有一种新的门类产生。是什么建造了伯吉斯"创新"马达？又是什么，那么迅速地将它关上？如果"什么"是个什么，那么，是什么选择了一小部分构型，让它们幸存，而放弃了曾在伯吉斯页岩里存在过的其他更多构型？抽灭和稳定的模型到底想告诉我们关于历史和进化的什么？

伯吉斯页岩：彼时情景

地点

1911 年 7 月 11 日，沃尔科特的妻子海莲娜在康涅狄格州布里奇波特（Bridgeport, Connecticut）发生的一起火车事故中丧生。为了从悲痛中走出来，查尔斯·沃尔科特依循当时他那个阶层的传统，将几个儿子留在身边，把悲伤的女儿海伦送往欧洲壮游，一位监护女伴随行，她有个让人难以置信的名字——Anna Horsey[①]，即安娜·霍尔西。海伦未满 20 岁，还是个满怀激情的小姑娘，西方历史的丰碑确实让她兴奋不已。但在她眼中，那些都比不过另一种不同的"西方"之美——（在北美大陆西部的）伯吉斯页岩的景象。1909 年的伯吉斯页岩发现之旅，以及翌年开始的第一个采集季，两次她都与父亲相伴。海伦在 1912 年 3 月给哥哥斯图尔特的信中写道：

> 他们有最令人神往的城堡和要塞，坐落在制高点上。你可以想象，敌人一步一步往上爬，忽然间，箭石从上方呼啸而下，令他们大惊失色。我们当然还见识了亚壁古道（Appian Way）和古罗马渡槽，想想看，那些形如废墟的拱形建筑可是约 2000 年前修建的！这让美国看起来有些光鲜，不过，我还是觉得伯吉斯小径最好。

---

① 作者认为难以置信，可能是由于该女的姓氏 Horsey 与马（Horse）的形容词或昵称马儿相似。——译者注

在野外考察的传奇里，所有重大发现的地点都藏匿于人迹难至的丛林深处。那儿住着狂躁的原住民，还有凶猛的野兽出没。那儿腐味四散，瘴气弥漫，舌蝇群舞。（其他套路还有——等最后一头骆驼死后才到达的第一百座沙丘，或者是待最后一条雪橇狗死后才到达的第一千道冰隙。）但实际上，正如我们将要看到的，很多重大的发现，是在博物馆的抽屉柜发生的。一些最重要的野外发现地点，到那儿不过是一次愉快散步的距离，或驾车兜一次风的工夫。您几乎可以从芝加哥城里步行至马宗溪（石炭纪化石床）。

伯吉斯页岩坐落在加拿大不列颠哥伦比亚省东缘落基山脉的高山之上，那儿有我毕生见过最宏伟的景观之一。沃尔科特的采石场位于连接菲尔德峰（Mount Field）和瓦普塔峰（Mount Wapta）的山脊西坡，海拔 8 000 英尺 ①。我在 1987 年去过那儿，在此之前，我已经见过不少沃尔科特采石场的照片。在那儿，我自己也朝通常的方向拍摄过一些（就是往东，正对采石场，见图 2.1）。但是，在那之前，我没意识到向后转的威力和身后的美丽。转身向西，您将面对我们北美大陆最秀美的景色之一——眼前是翡翠湖（Emerald Lake），远方是总裁山脉 ②积雪的山峰（图 2.2），在傍晚斜阳的照耀下格外醒目。在伯吉斯山脊，沃尔科特发现过一些最精彩的化石，我现在打心底里理解，为什么进入古稀之年，他还年复一年，乘火车横贯大陆来到这里，在帐篷里和马背上度过漫长的夏日。风景摄影是沃尔科特的一大爱好，包括使用开创性的广角全景拍摄技巧（图 2.3），我现在也理解了其原因所在。

不过，伯吉斯页岩没有深藏于人迹难至的荒野，它就在幽鹤国家公园内，离班夫和路易丝湖的游客服务中心很近。③ 伯吉斯页岩地处人迹边缘，得益于加拿大太平洋铁路（Canadian Pacific Railway），时至今日，运营公司长达百

---

① 1 英尺约为 0.3 米。——编者注
② 总裁山脉（President Range）在瓦普提克（Waputik）山脉附近，其主峰名为 The President，最初以加拿大太平洋铁路有限公司时任总裁托马斯·肖内西（Thomas Shaugnessy）命名，原名为肖内西山，后因发现重名而改为总裁山。前文的菲尔德峰也属于这一山脉。——译者注
③ 位于幽鹤国家公园东边的班夫国家公园（Banff National Park）之内，路易丝湖（Lake Louise）以维多利亚女王的女儿、时任加拿大总督的夫人路易丝公主（Princess Louise Caroline Alberta）命名。——译者注

图 2.1　1987 年 8 月考察伯吉斯页岩采石场时拍摄的三幅景象。（A）沃尔科特采石场的最北边，远处是瓦普塔峰。可见采石场的岩壁上有为放置炸药开凿的孔洞，采石场地面遍布爆破飞出的碎片。（B）帕西·雷蒙德在 1930 年开凿的采石场，背景与上图相似。前景是"您真诚的"在下，后面是三位热切的地质学家。这个采石场位于沃尔科特原先开凿地点的上方，规模比它小很多。（C）我的儿子伊森在沃尔科特采石场最南边席地而坐。

图 2.2 从沃尔科特采石场西望的景象。前景是
一位在岩屑坡上搜寻化石的地质学家，远方是翡
翠湖。

图 2.3 沃尔科特拍摄的全景照片享有盛名，这幅缩小的图就令人印象深刻，从中可见其技艺之
高，但跟长达数英尺的原照片相比，仍有失宏伟。这张照片摄于 1913 年，右手边的就是伯吉斯
采石场，瓦普塔峰在其左。可见采石场内正在工作的采集者和一些采集工具。

节的货运列车仍如雷鸣一般驰骋山间，络绎不绝。菲尔德镇离伯吉斯页岩只有数英里远，那是一个铁路小镇（人口约 3 000，较沃尔科特那时已经少了很多，尤其在烧掉铁路宾馆 ① 之后）。如今，那个小小的火车站还在，您仍能从那儿登上长长的横贯大陆的列车。

如今，去伯吉斯山脊，您可以先驾车到灰噪乌鸦旅舍（Whiskey Jack Hostel，这里的 Whiskey Jack 是一种鸟名，不是西部过去某个醉酒英雄的绰号）附近的塔卡考瀑布（Takakkaw Fall）营地。然后，沿瓦普塔峰西北侧的小径步行 4 英里，上行 3 000 英尺的高程，到达终点。在攀登的过程中，会遇到一些陡峭处，但整个过程，不过只比愉快的散步辛苦少许，即便是身体超重、大腹便便、在海平线海拔过惯了的——"您真诚的"在下，感觉也是如此。对于更正式的工作，现在您可以雇直升机将物资运进搬出〔20 世纪 60 年代加拿大地质调查局（Geological Survey of Canada）的考察，以及 70 年代和 80 年代皇家安大略博物馆（Royal Ontario Museum）的两次组队考察都是如此〕。沃尔科特不得不依靠驮马，但从野外考察的角度，谁也不会把那说成万分艰苦，运输不便。对于在 1910 年第一个采集季节里采用的方法，沃尔科特（Walcott，1912）自己的描述就像是为当时情形拍摄的快照。字里行间，古老的手段和社会结构历历在目，还不失可爱，可见卖力的儿子们在山坡上下来回，守职的妻子在营地里修整标本。

两个儿子西德尼和斯图尔特跟我一起……我们终于找到含有化石的带状区域。随后数天，我们在页岩那里采集，然后，沿着山腰，把岩石成批往下送到小径，在那儿把它们放到马背上，再运回营地。在营地里，沃尔科特太太协助将页岩剥离，并切修整齐打好包，送往 3 000 英尺以下的菲尔德火车站。

在发现伯吉斯页岩的前一年，沃尔科特（Walcott，1908）描述过在史蒂

---

① 原文为 "Railway hotel burned down"。历史上，该铁路沿线的铁路宾馆由铁路公司运营，多由铁路公司修建。菲尔德当地的铁路宾馆是 Mount Stephen House，由于火车旅客的减少，该宾馆于 1963 年拆除，拆除方式译者不明。——译者注

芬峰（Mount Stephen）采集使用的简便手段，也一样令人着迷。沃尔科特在斯蒂芬峰的采集地，是著名的玫石虫（*Ogygopsis*）三叶虫化石层，离伯吉斯不远，而且地质年代与其相近。

> 从"化石层"采集标本的最佳方法是——骑小马，沿小径上山，到达铁路以上 2 000 英尺处，采得标本，用纸包好，装进包里，再将包放到马鞍上，捆好后，牵着小马下山。从上午 6 时工作到下午 6 时，漫长的一天里收获不菲。

这种对伯吉斯的浪漫情怀，多少对那些化石后来的研究有些影响，至少在一个方面是永久性的，那就是对它们奇特名字的命名。生物的正式学名通常是希腊文或拉丁文，有些广为人知，或悦耳动听，比如说，我最喜欢拿来恶搞的一种腹足类动物化石——*Pharkidonotus percarinatus*（多读几遍，就会发现其中奥妙）。不过，多数命名枯燥直白。例如家鼠，其拉丁学名为 *Rattus rattus rattus*，重复得有些过头；又如"双角犀牛"（黑犀）的拉丁学名 *Diceros*（黑犀属，学名字面意思为双角）；还有滨螺，其生活环境为近岸或水滨（littoral）的水域，其拉丁学名就叫 *Littorina littorea*。

伯吉斯动物的名称正好相反，它们的发音十分奇特。其拉丁学名的构词绝非源自拉丁文，却时而富有韵律，如欧巴宾海蝎的拉丁学名 *Opabinia*。但有时确实十分拗口，难以发音，或是元音成串，如埃谢栉蚕属的学名 *Aysheaia*、奥戴雷虫属的学名 *Odaraia*、娜罗虫属的学名 *Naraoia*；或是辅音非同寻常，如威瓦西虫的学名 *Wiwaxia*、塔卡瓦海绵的学名 *Takakkawia*、阿米斯克毛颚虫的学名 *Amiskwia*。沃尔科特喜爱加拿大落基山脉，四分之一个世纪的夏天都在那儿扎营，他把自己在那儿发现的化石用当地的山峰湖泊命名①。那些地名本身来源于印第安语中对天气和地貌的称谓，比如说，奥戴雷山的 odaray（奥戴雷虫的命名来源）的意思是（山尖）锥形，欧巴宾湖的

---

① 伯吉斯是 19 世纪的一任加拿大总督，沃尔科特并非以他命名该组岩石地层，而是由于伯吉斯小径（Burgess Pass）的缘故。有了这条小径，他们才得以从菲尔德镇来到采石场。——作者注

opabin（欧巴宾海蝎的命名来源）指岩石多，威瓦西峰的 wiwaxy（威瓦西虫的命名来源）指风大。

原因：保存的方式

沃尔科特采集的完好标本，几乎都是从地层中一个透镜体[①]的页岩中发现的。这一层页岩只有两米多厚，沃尔科特把它称作"叶足动物层"（phyllopod bed）。〔"叶足"的 phyllopod 构词源自拉丁文，是过去对一类海洋甲壳动物的称谓。那种甲壳动物各足的一枝（鳃枝）上有成行的鳃，形同一片树叶。沃尔科特选用这个名字，是为了纪念在伯吉斯页岩中最常见的生物——马尔三叶形虫。而马尔三叶形虫因有无数条纤细的鳃，被沃尔科特称作"蕾丝花边蟹"（lace crab）。后来的研究显示，马尔三叶形虫既不是蟹，也不是叶足动物，它不过是伯吉斯页岩里众多分类地位独特的节肢动物之一。〕

发现化石的（页岩）地层在采石场的露头[②] 长不到 200 英尺。从沃尔科特那时起，在同一地区不同地点和地层里，都曾有新的软体构型动物化石被发现，但这些发现不能与"叶足动物层"相提并论，甚至无一能接近其生物多样性的水平。页岩只比人略高，不到一个街区的长度！当我说不列颠哥伦比亚的一个采石场蕴含的解剖学构型差异度，比如今全球范围内的海洋里的还高，我指的，就是这么一个小小的采石场。在这丁点儿大小的地方，是如何积聚如此丰富的生物的？

近来的研究已将这个复杂区域的地质学背景厘清，并提出一种合理的情形，解释伯吉斯动物群的沉积过程（Aitken and McIlreath，1984；更多一般性讨论详见 Whittington，1985b）。伯吉斯页岩里的动物那时可能栖居于一个大教堂状悬崖（Cathedral Escarpmen）底部的淤泥水岸。泥岸背靠的峭壁体量甚巨，近乎垂直，它是钙藻类（calcareous algae）累积而成的生物礁（构建珊瑚礁的珊瑚虫彼时尚未进化形成）。这是一种淹水适中的浅水生境，光照和空

---

① 透镜体（lens）：指地层中自中央向周缘渐薄、形似透镜的部分。——译者注
② 露头（outcrop）：指地下地层露出地表的部分。——译者注

气充足，一般是多种典型海洋动物共生的温床。从化石记录看，伯吉斯页岩动物所处的生境在当时比较典型，那儿极高的解剖学构型差异度与任何奇异的生态环境无关。

这时，"第22条军规"的情况出现了——像伯吉斯这样典型的环境，正是软体构型动物不能保存的原因。良好的光照和空气环境或许能孕育更丰富的生物多样性，但也给尸体迅速被取食和腐烂开了绿灯。要使软体构型动物得以保存，这些动物必须被移到他处。或许是背靠峭壁的泥岸越积越厚，以至于变得不稳定。地表轻微的晃动便引发"浊流"，（伯吉斯生物生活于其中的）泥岸崩塌，滑入相邻地势更低、氧气全无的水底滞流盆地。如果这种含有伯吉斯生物的泥石流"落户"于无氧的盆地，那么，所有克服"第22条军规"的条件就全部到位了——将动物群从无法保存软体构型的环境，移到一个可以被快速深埋的无氧环境。（另一种解释保留了埋葬于深水无氧盆地的中心观点，但不认为是峭壁泥石流导致崩岸，而是沿斜坡滑向深处沉积，详见Ludvigsen，1986。）

伯吉斯化石的确切分布情况，支持化石保存完好为泥石流使然的观点。化石的另一些特征也指向相同的结论——标本很少有腐烂的迹象，应为快速深埋使然；在伯吉斯化石层里，没有发现快速移动的轨迹，也无缓慢移动的行迹，或其他标记，表明这些动物是在到达最终安息地的过程中被淤泥埋毙的。自然常让我们的希望落空，这次不同，我们要感谢它。因为它让那一连串条件难得地接连得以满足，才使得我们从不配合的化石记录那儿，撬到一个惊天的秘密。

人物、时间：发现的历史

本书是一部编年史，记录的是颠覆沃尔科特对伯吉斯化石传统诠释的大调查。既然如此，我发现，无论是从理论上，还是出于叙事工整对称的需要，除了颠覆沃尔科特的诠释，他发现伯吉斯化石的传说，那个被广为推崇的传奇，也需要加以大幅订正。

我们是善于讲故事的动物，承认日常生活（甚至大多看似对财富和历史至关重要的事件，回首时不过如此）之平凡，对于我们而言，是一番不能承受之重。于是，真实发生的事件被我们重新讲述，变成有道德寓意的故事。随着时间的推移，不同时代的讲述人往其中加入一定的主题，让故事历久弥新，富有生趣，更适用于教导。

伯吉斯页岩（的发现）故事的权威版本之所以有吸引力，在于叙事气氛从紧张到化解之间转换的优雅。在简单的故事构架中，还包含了两个传统叙事的宏大主题——（必能获得应有回报的）机缘和勤奋。[①] 每个古生物学家都知道这个传说，那是大家在野营篝火边聊起的主要话题，也是教授入门课程时常讲的逸闻。把这个传统版本讲得最好的，是耶鲁大学古生物学教授查尔斯·舒克特（Charles Schuchert）。他是沃尔科特的老朋友，也曾任其研究助理。他在老朋友的讣告中写道：

> 在沃尔科特发现的动物群中，最引人注目的一个，于 1909 年野外工作季结束之际不期而至。下山途中，沃尔科特太太的坐骑蹄下一滑，一片石板翻了过来。这片石板立即吸引了丈夫的注意，那是奇怪至极的中寒武世甲壳动物——可谓一件珍宝！但它是从山上哪块母岩脱落的？雪已经在下，要揭开谜底，不得不等到将来某个工作季。但就在第二年，沃尔科特一家又回到瓦普塔峰。追溯石板的来源，最终确定为菲尔德镇以上 3 000 英尺某处的一层页岩——它后来被称作伯吉斯页岩。（Schuchert，1928，283—284 页）

看看这一传说的基本特征——囚马打滑而遇的天赐良机（图 2.4），发生在野外工作季最后一刻的重大发现（在飘雪和黑暗中，结局已定的戏剧性得以强化），整个冬季不情愿的不安等待，胜利归来，谨慎、按部就班地追溯迷失石块的"母矿"。在这个版本的最后一幕，舒克特没有提及那次耐心追溯耗费的时间，但大多数版本声称，沃尔科特花了不止一周的时间，才找到伯吉斯页岩。后来，沃尔科特之子西德尼回忆 60 年前的情形时写道（Walcott，

---

① 这一节内容大多节选自我关于沃尔科特发现的专题文章（Gould，1988）。——作者注

图 2.4　古稀之年的沃尔科特，摄于他最
后一个西部野外工作季。他站在马边，让
我们对伯吉斯页岩的发现传奇浮想联翩。

1971, 28 页)："我们从下往上搜索，想弄清我们的最初发现（石板）是从哪
一岩层脱落的。一周后，在向上大约 750 英尺处，我们认为那儿就是要找的
地方。"

　　这是一个可爱的故事，但无一是事实。沃尔科特是一位伟大的保守行政
管理者（见第四章），有着详细保存记录的谨慎习惯。那些记录，就成为他
留给历史学家的珍贵礼物。沃尔科特的日记没有一天落下，因此，我们可以
对 1909 年的事件进行较为精确的重构。沃尔科特在伯吉斯山脊发现第一批软
体构型动物化石，不是在 8 月 30 日，就是在 31 日。他在 8 月 30 日的日记里
写道：

　　　　外出，全天在斯蒂芬组（伯吉斯页岩所属的更高级别地层）采集。
　　在菲尔德峰和瓦普塔峰之间的山脊西坡（伯吉斯页岩所在）找到很多有
　　趣的化石。海莲娜、海伦、亚瑟、斯图尔特（其妻、女、助手、儿子）4
　　点上来，带来余下的装备。[1]

━━━━━━━━

[1]　文中括号内文字为作者注。——译者注

图 2.5. 颠覆伯吉斯页岩发现传奇权威版本的铁证。沃尔科特在 8 月 31 日草绘了三属伯吉斯动物的简图，然后继续采集了一个星期，收获颇丰。

翌日，他们显然收获了一大批软体构型动物化石。沃尔科特的草图（图 2.5）十分好认，我都能认出他画的三个属：马尔三叶形虫（左上），一种分类地位未明的节肢动物；瓦普塔虾（右上）；娜罗虫（左下），一种特别的三叶虫。沃尔科特写道："外出，与海莲娜和斯图尔特在斯蒂芬组采集化石标本。我们发现了一组很特别的叶足甲壳动物，并带回营地相当数目的精致标本。"

那马打滑和飘雪是怎么回事呢？如果传奇故事中的事件的确发生了，那一定应是在 8 月 30 日。那天下午，沃尔科特的家人沿山腰爬上去与他会合。或许他们是在夜晚下山时发现了被踩翻的石板，翌日上午返回前一天的采集地，带回沃尔科特在 31 日日记草图中描绘的标本。这一重构情形，在 1909 年 10 月沃尔科特写给马尔（Marr）（"蕾丝花边蟹"后来的学名 Marrella，马尔三叶形虫，即以其命名）的信中得到部分支持。

当我们在中寒武世的地层采集时，发现一片雪崩带下的石板，在其破开的边缘，可见一只精致的叶足甲壳动物。沃（尔科特）太太和我围绕这片石板，从上午 8 点工作到晚上 6 点，收获了我所见过的最精致的叶足甲壳动物标本。

　　变化可谓微妙。先前的雪崩成了当前的雪暴，在野外实地欣喜工作一天的前夜，变成了整个工作季被迫匆匆结束。但是，远比这重要的矛盾在于，沃尔科特的工作季并没有随着 8 月 30 日或 31 日的发现而结束，一众人等在伯吉斯山脊的工作一直持续到了 9 月 7 日。沃尔科特为自己的发现着迷，之后每一天都在热切地采集。此外，尽管沃尔科特不厌其烦地记录每天的天气，在他的日记里，却找不出一个关于下雪的字。在这令他欣喜的一周里，尽是对"大自然母亲"的赞美。9 月 1 日，他写道："（这些）美丽的暖和日子。"

　　最后，我强烈怀疑，在 1909 年野外工作季的最后一周，沃尔科特就已探明迷失石块的来源——即使不是来自"叶足动物层"本身，至少也确定了露头的基本区域。9 月 1 日，在草绘三种节肢动物的第二天，沃尔科特写道："我们继续采集。发现一组完好的海绵（就在原地）[①]。"海绵有一些硬体结构，它在此处的分布，不限于软体构型动物保存得最为丰富的地层，还延伸到外面的区域。不过，最好的标本还是来自那"叶足动物层"。在之后的每一天，沃尔科特都发现大量的软体构型动物标本。从他的描述看，也不像是一个幸运偶遇迷失石块的人写下的工作记录。9 月 2 日，他发现，一件被认为介形动物（ostracode）壳的标本，其实属于一种叶足动物，他写道："我在山坡上边工作，海莲娜在附近的小径上采集。发现那体形较大的貌似所谓豆石介（*Leperditia*）的壳（test），实际上是一枚叶足动物的外壳（shield）。"伯吉斯采石场就是在"山坡上边"，而迷失的石块可以滑落到小径上。

　　9 月 3 日那天，沃尔科特的收获甚至更加丰富——"找到一大片叶足甲壳动物，带回很多石板到营地剥离。"无论发生什么，他都在采集，9 月 7 日圆满结束那天，也是一整日的工作——"同斯图尔特和鲁特先生一起上山去化石层，从上午 7 点工作到下午 6 点半。（这是）1909 年我们在营地的最后一天。"

　　如果我对主化石层发现于 1909 年的推断正确，那么传说权威版本的第二部分——在 1910 年长达一周耐心地追寻迷失石块的源头——肯定也是假的。沃尔科特 1910 年的日记支持我的解释。在 7 月 10 日那天，沃尔科特已迫不及待。他步行到伯吉斯小径的营地，只是那儿的雪还很深，无法开展挖掘工

---

① 即未曾被扰动，一直在原来的位置。——作者注

作。最终，在 7 月 29 日，按沃尔科特的记录，他的团队已经"在 1909 年的伯吉斯小径营地"准备就绪。7 月 30 日，他们攀至邻近的菲尔德峰采集化石标本。沃尔科特的记录显示，他们在 8 月 1 日首次尝试测定伯吉斯的地层序列——"所有人员外出，到伯吉斯组（Burgess formaion）采集，一直到下午 4 点。一阵寒风携雨袭来，迫使我们回到营地。对伯吉斯组实测剖面，其厚度约 420 英尺。西德尼和我在一起。斯图尔特和他母亲，还有海伦一起，在营地里打发时光。""实测剖面"（measuring a section）是地质学术语，它指探明地层的垂直序列，记录岩石的类型和化石。如果您想知道迷失石块的来源，看它是从什么地方脱落的，您得去实测上述剖面，拿您的石头逐一比对，看跟哪层最符合。

我认为，查尔斯·沃尔科特及其子西德尼在这第一天，就已将"叶足动物层"的具体方位确定，因为沃尔科特在 8 月 2 日的日记里写道："外出，与海莲娜、斯图尔特、西德尼一起采集。我们发现相当多的'蕾丝花边蟹'，还有各样零碎。""蕾丝花边蟹"是沃尔科特在野外对马尔三叶形虫的称谓，它是这"叶足动物层"里的主要成员。假使我们给予权威版传说一丝真实的希望，为之辩解，说 8 月 2 日发现的"蕾丝花边蟹"也来自（前一年一并）脱落的石块，那么，对于传说中为寻找"母矿"而付出一周艰辛努力的说辞，我们就无法认同——因为，只过了两天，沃尔科特在 8 月 4 日已写道："海莲娜从'蕾丝花边蟹'地层中分出很多叶足甲壳动物。"

权威版传说更有浪漫的情怀，更加激励人心，但日记平白的事实更加在理。小径就位于伯吉斯岩层下方几百英尺处，山坡略陡，坡面情况并不复杂，有些地层已暴露在外。对于沃尔科特而言，找到一件迷失石块的来源不应是个难题，因为他不只是一名优秀的地质学家，他是一位伟大的地质学家。他应当在 1909 年发现软体构型动物化石后的一周内，就已及时确定主要地层的方位。但是，在 1909 年，因时间所限，他没有机会挖掘。尽管如此，他还是发现了很多高质量的化石，或许还有底层主体本身。到了 1910 年，他知道该去哪儿，等雪一化，就在那儿开始工作了。

沃尔科特把他的采石场开辟在伯吉斯页岩的"叶足动物层"。从 1910 年到 1913 年，利用锤子、凿子、长铁棍、小型爆炸装置在此进行采集，他每年在那儿工作一个月或更长时间。1917 年，沃尔科特年届六十七，他最后一次到那儿，采集了 50 天。几年下来，他总共采集了 8 万多块标本，全部带回首都华盛顿。这些标本，仍保存于史密森尼学会的国家自然历史博物馆，是美国最大的化石收藏的精华。

沃尔科特对采集工作既富有热情，也不失细心。他热爱西部，每年的采集之旅，对于他而言，是暂时摆脱华盛顿行政工作的压力、保持头脑清醒的必要活动。规范地研究复杂且珍贵的化石，几个重要元素必不可少——检视、思忖、寻味、重新观察、念念不忘、重新思量，直至最终成果的发表。这些要耗费大量的时间，而沃尔科特一旦回去掌舵那个庞大繁杂的行政管理帝国，他哪还抽得出如此大量的时间？他甚至连前期工作的时间都没有（他这一失败的意义即成为本书第四章的重要主题）。

沃尔科特的确发表过一些描述伯吉斯化石的论文，标题中都有"初步研究"的字眼。他发表这些论文，很大程度上，是为了行使一种传统的权利——赋予自己发现的生物以正式的分类学名。这些论文有四篇发表于 1911 年和 1912 年（见参考文献），第一篇是关于他（错误地）认为与鲨有亲缘关系的节肢动物；第二篇与棘皮动物（echinoderm）和水母有关（可能把门类都分错了）；第三篇讲蠕虫；第四篇篇幅最长，讲节肢动物。之后，他再也没有发表过一项关于伯吉斯后生动物（metazoan）的主要成果。（1918 年的一篇有关三叶虫附肢的文章，很大程度上依赖于伯吉斯化石材料。1919 年关于伯吉斯藻类的论文，以及 1920 年关于伯吉斯海绵的专论，讲的都是不同的分类类群，且未涉及体腔动物解剖学构型差异度的中心问题。海绵是从单细胞祖先独立形成的类群，与其他动物没有关联。在 1931 年以沃尔科特之名出版的描述补编，由他的合作伙伴查尔斯·E. 莱塞尔[①] 根据他生前没抽出时间润色出版的笔记整理而成。）

1930 年，哈佛大学古生物学教授帕西·雷蒙德（Percy Raymond）带领三个学生前往伯吉斯，到沃尔科特的采石场继续挖掘。他们还在那上方仅 65

----

① 查尔斯·E. 莱塞尔，即美国古生物学家查尔斯·埃尔默·莱塞尔（Charles Elmer Resser，1889—1943）。——译者注

英尺处新开掘了一处采石场，但规模要小得多。他发现的新物种不多，但在采集方面也算有所收获。

20世纪60年代，在惠廷顿及其同事开始修订之前，沃尔科特的标本及雷蒙德后来的一点补充，是当时可供有关研究参考的唯一基础。这些化石的重要性无与伦比，鉴于此，那些研究的成果只算得上平淡无奇，绝不为多。沃尔科特认为，伯吉斯动物应全部成功划分到的现代门类之下，而那些研究成果的诠释，也无一与其观点相左，甚至连不同观点的暗示都没有。

我第一次与伯吉斯页岩产生交集的经历，至今记忆犹新。那是在20世纪60年代，我还是哥伦比亚大学的一名研究生。当时我就意识到沃尔科特对这些珍贵化石描述的深度之浅，知道它们大多都没有被重新审视过。在我明白自己既无行政才能，也无此欲望之前，曾梦想召集一个国际委员会。这个委员会由顶尖分类学专家组成，他们的专长涵括伯吉斯动物所代表的各个门类。我会把阿米斯克毛颚虫包给世界顶级毛颚动物（chaetognatha）专家，埃谢栉蚕给有爪动物（onychophora）专家组的头儿，依尔东钵虫（*Eldonia*）给"海参先生"。这些分类属性在后来无一通过修订的考验，但我的梦想也确实反映了沃尔科特从未被挑战的传统观点——所有的伯吉斯奇异动物，在现代类群中都有归属之处。

人不能专程寻觅不可期之物。后来的修订虽然激进，促使其发生的工作却很平常。那是加拿大地质调查局20世纪60年代的一次重大测绘项目，当进展到艾伯塔（Alberta）和不列颠哥伦比亚两省境内的落基山脉南部时，由于伯吉斯页岩在该区域名气最大，对它的重新考察不可避免。但是，没有谁期待有什么新的重大发现。哈利·惠廷顿以顶尖古生物学家的身份前往，因为他是世界上最著名的节肢动物专家之一，而所有人都认为，大多数伯吉斯奇异动物属于这一巨大门类。

我的朋友迪格比·麦克拉伦（Digby McLaren）当时是地质调查局的头儿，也是再次考察伯吉斯工作的主要发起人。他在1988年2月告诉我，自己当初推动这个项目，主要是因为（理由十分正当的）盲目的爱国主义情结，而非明确地洞察到任何知识方面的潜在回报。试想，沃尔科特，一个美国人，发现了加拿大最著名的化石，并把它们通通卷回华盛顿，而在那时，加拿大很多博物馆连一块产自本土的化石标本都没有。麦克拉伦把这种情况称为"国家耻辱"，要（用他唯一些许滑稽的话说，就是）"让伯吉斯页岩回归"[①]。

在 1966 和 1967 两年夏季为期六周的时间内，在哈利·惠廷顿和地质学家 J. D. 艾特肯（J. D. Aitken）的领导下，一个由 10～15 位科学家组成的团队，在沃尔科特和雷蒙德的采石场展开工作。他们把沃尔科特的采石场向北扩展了约 15 米，剥离岩石约 700 立方米，并在雷蒙德的采石场另剥离了 17 立方米。除了用飞机取代马匹，这次使用的爆破装置威力更小（防止含有化石的石块飞离过远，避免混乱地层信息，以便更好地鉴定），这些现代考察的工作方法和沃尔科特采用的并无二致。依惠廷顿（Whittington，1985b，20 页）所见，沃尔科特之后最伟大的发明是记号笔，如同天赐，让岩石在采集后立即得以标记。

1975 年，皇家安大略博物馆的迪斯·柯林斯[②]领导过一次考察，在两个采石场内及附近山坡的碎片堆采集化石标本。他没有获得在采石场爆破或挖掘的许可，但他的团队发现了十分有价值的材料。（伯吉斯页岩的化石十分丰富，即使到现在，还有可能从沃尔科特的碎片堆中获得异乎寻常的新发现。）在 1981 年和 1982 年，柯林斯对周边区域进行了考察，在新地点约莫同时期的岩层里发现了软体构型动物。这样的新地点，他找到不止 12 个。柯林斯在那儿的发现，尽管无一接近伯吉斯物种的丰富程度，但也非同凡响，其中包括多须虫（*Sanctacaris*），它是最古老的螯肢类节肢动物。如果沃尔科特的叶足动物产生于浊流触发的泥石流，那么，一定有其他的类似事件同时发生，因此，在附近应该存在其他的化石堆积库。就在 1988 年夏天，我撰写本书时，迪斯·柯林斯再次前往加拿大落基山脉，寻找更多的地点。

古生物学是一个圈子小、多少有些"近亲繁殖"的学科。伯吉斯页岩就像一尊庞然大物，时刻注视着我的世界。参加过雷蒙德 1930 年考察的比

[①]　原文为 "to repatriate the Burgess Shale"，其中 repatriate 的主要义项常用作描述遣返。如果以遣返理解此句，即成为当事人遣返自家的物事，这应是作者认为些许滑稽之处。——译者注

[②]　迪斯·柯林斯，即"序及致谢"中提到的德斯蒙德·柯林斯（Desmond H. Collins）。——译者注

尔·谢维尔 [①]，后来成为鲸类专家，目前，是那次考察的唯一健在者。他时常光顾我的办公室，找我谈天。G. 伊夫林·哈钦森 [②] 在 1931 年描述过奇怪的埃谢栉蚕，还有一样神秘的欧巴宾海蝎（一种基本上正确，另一种差不多错误），后来成为世界上最伟大的生态学家。他是我的"智识上师"，曾绘声绘色地向我讲述亲身经历，一个曾经年轻的动物学家在陌生的的奇异化石世界里闯荡的经历。帕西·雷蒙德的收藏，就存放在我办公室正对面的两个大柜子里。我最初被哈佛大学任命，正是补哈利·惠廷顿离职而留下的空缺。那时我还是个小伙子，而他刚接受了剑桥地质学教授（系主任）的职位（他在那儿研究伯吉斯化石，在未来的 20 年里奔波于大洋两岸）。我既不是研究古老石头的专家，也不精于节肢动物解剖学，但我无法逃避伯吉斯页岩。它好比我职业的偶像和象征，我撰此书，就是为了表达我的敬意，以知性的方式，报答那些生物在这个学科中激发的活力。在这个学科里，卡西莫多的哀叹有可能被重新诠释成渴望归属的乐观祈求："啊，为啥我就不是一块这样的石头呀！" [③]

---

① 比尔·谢维尔，即美国古生物学家威廉·爱德华·谢维尔（William Edward Schevill, 1906—1994）。他曾是帕西·雷蒙德的助手。——译者注

② G. 伊夫林·哈钦森，即被称为"现代生态学之父"的乔治·伊夫林·哈钦森（George Evelyn Hutchinson, 1903—1991）。——译者注

③ 原文为 "Oh why was I not made of stone like these！" 取自雨果《巴黎圣母院》的 1939 年美国电影改编 The Hunchback of Notre Dame，本为"钟楼怪人"卡西莫多（Quasimodo）在圣母院顶上见埃斯梅拉达（Esmeralda）和甘果瓦（Gringoire）远去，对着一座石兽雨漏发出的自惭形秽的哀叹，是电影的结语。实际上，原台词为 "Why was I not made of stone, like thee？"，意是"我为何不像你一样——是石头雕成的？"。——译者注

第三章

—— 重构伯吉斯页岩：形成新的生命观

一场平静的革命

有些变革大张旗鼓、波澜壮阔；还有一些变革，发生的时候，表面上平静无事，结果的重大丝毫不减。卡尔·马克思在一次著名讲话[①]中把社会革命比作掘洞的老田鼠，它在地下忙碌多时，不见踪影，但传统秩序的基础已被彻底掏空，待它重见天日之时，颠覆随即发生。但智识的变革通常潜于表面之下，不急于重见天日。它们渗入科学意识，弥漫其中。人们从未闻号令声声，却已将立场改变，缓缓地，从一个极端站到另一个极端。对伯吉斯页岩的重新诠释能改变我们的生命观，这种威力非其他古生物学发现可以匹敌。尽管如此，它却是最隐蔽的变革之一，基本原因有两个。

首先，这次订正是一出高度理性的戏剧，不像那些惊险重重的传说，或是野外发现的历险，或是争夺诺贝尔"黄金"的个人奋斗，为此与好斗的同行"殊死相搏"，极尽夸张。新生命观的到来如涓涓细流，起初的亮相畏畏缩缩，而后信心增强，源源不断。它在一系列有关分类学和解剖学的专论中形成。这些专论篇幅较长，技术性强，大多发表在伦敦《皇家学会哲学学报》（*Philosophical Transactions of the Royal Society*）上。那是历史最悠久的英语科学期刊（可回溯至 17 世纪 60 年代），但它不会出现在您家附近街角杂货店的货架上，甚至是当地的图书馆里。尽管有负责从科学发展动态中采撷零星以娱大众的记者，但这种出版物并不是他们关注的对象。

其次，这次订正可谓"亵渎"了有关科学发现的所有标准形象。所有浪

---

① 应为马克思 1856 年在《人民报》（*Chartist People's Paper*）创刊纪念会上的演说。——译者注

073

漫的野外工作传奇，所有技术至上、在仪器前有条不紊创新的迷思，通通出现裂痕，或者被绕开。

伟大的思想变革源于闻所未闻的新发现——野外工作的迷思如是宣扬。经过数周血泪与汗水交织的艰苦跋涉，在路之尽头，无畏的科学家正剥离一件采自地图上最难及处的标本，忽然，Eureka——一声欢呼，"我发现了"①。原来，他看见一枚足以震撼世界的化石。修订工作正好在1966年和1967年整整两个季节的野外考察工作之后展开，大多数人会以为，是这轮考察的发现促成了重新诠释的工作。不错，惠廷顿与他的团队的确发现了一些很好的标本，其中不乏新的物种。但老沃尔科特，那个采集狂人，早就抢先一步，在那儿工作过整整五个季节。也就是说，大多数好货色都已被他攫取。尽管两个季节的考察促使惠廷顿行动起来，最伟大的发现却是从华盛顿的博物馆抽屉柜里找到的，只因他重新研究了沃尔科特那些削劈规整的标本。我们在后文中会看到，"田野工作"最伟大的一幕发生在1973年春季的华盛顿，惠廷顿优秀而又古怪的学生西蒙·康维·莫里斯（Simon Conway Morris）系统地将保存有沃尔科特采集标本的抽屉柜翻了个遍。他的目标很明确，就是要找一些奇异之物。因为，对伯吉斯动物差异度的关键看法已在他心中萌芽。

新想法必源自前所未有的发现——实验室工作的迷思所展现的，亦是同一错觉，只是把室外换成了室内。依这种"开疆心态"，只有勇于"见所未见"才能进步。要察从前之不可察，就得创新方法。如此一来，进步需要拓展仪器设备的边界。它们得更加复杂、更加昂贵——创新跟多达数英里长的玻璃器皿、成排的计算机平台、不停滚动的数字、高速旋转的离心机以及规模和开销庞大的研究队伍联系起来。就像在电影里，弗兰肯斯坦男爵②驾驭

---

① Eureka 是古希腊语 εὕρηκα 的音译，源自古希腊数学家阿基米德在澡盆里意识到不规则物体体积测量方法后的欢呼。——译者注

② 弗兰肯斯坦男爵（Baron Frankenstein），英国作家玛丽·雪莱（Mary Shelley，1797—1851）作品《科学怪人》（Frankenstein，1818）中的人物。"男爵"是 1931 年根据该作品改编的电影中为该人物加上的身份。——译者注

闪电，让他的"怪人"活起来。那旧式恐怖片中堂皇的装饰艺术派①布景或许已离我们很远，但那实验中闪动的电光、成排的按钮，还有控制仪表造就了一个完美的迷思，从此不断壮大。

订正伯吉斯动物确实需要一整套高度专业的方法，但施展这门独特技术的工具，不过是普通的光学显微镜、相机和牙钻。沃尔科特错过一些至关重要的发现，正是因为没有使用这些方法。不过，如果他抽得出时间思忖，认识其重要性，他会用上惠廷顿的所有技术。惠廷顿的观察更细致、更全面，而他所做的这一切，本在沃尔科特的时代就应完成。

重新诠释的真实故事可以反映科学的原貌，但掌握基本事实并不意味着易于讲述。神话传说有助于故事的讲述，这种手法的确可以拿来一用，但在考虑过众多可用的创作模式之后，我最终认为，要呈现这些信息，只有一条路可走。对伯吉斯页岩动物的订正是一出剧情剧，尽管没有外在的排场。对于剧情剧而言，讲故事的最好方式是顺叙。因此，作为本书的核心部分，本章内容应以事件发展的时间为序讲述（在讲述之前，先介绍研究方法，之后是更广泛的讨论）。

但如何建立事件发生时间表？答案显而易见，很简单，可以去问主要当事人，请他们回忆，但这并不足以解决问题。唉！我还是这样做了。我拿着便笺本和笔，专程登门，访遍众人。这一经历让我感到愚蠢，因为我跟他们太熟了，我们一起喝啤酒，一起喝咖啡，一起讨论伯吉斯页岩，前后已经有近 20 年。

此外，要想了解哈利·惠廷顿在 1971 年发表首篇有关马尔三叶形虫专论时的想法，最糟糕的信息来源，却是 1988 年的他自己。一个人怎么可能抛开整个思想体系，回到未受近二十年如一日焦思苦虑影响的萌芽状态？回想过去，事件发生的时间也是混乱的，因为我们梳理自己的思绪，依循的是逻辑或心理学次序，而非时间顺序。②

---

① 装饰艺术派（Art Deco），兴起于第一次世界大战前期止于第二次世界大战的一种现代艺术风格，借鉴不同时代和地域的文化元素，通常营造出一种新形式的奇异奢华效果，多见于建筑和室内装饰。——译者注

② 对此，我有亲身经历，深有体会。人们总是问我，在 20 世纪 70 年代初和奈尔斯·埃尔德雷奇（Niles Eldredge）第一次提出间断平衡（punctuated equilibrium）学说时是怎么想的。我建议他们去读那篇原始论文，因为我已记不清了（或者，至少是，在后来生活的纷杂中我无从忆起）。——作者注

我把它称作"我的天，都长这么大了"现象。在亲戚们的评语中，最不受小孩儿待见的就是这句。但亲戚们说得没错，他们很久没来过，对于他们来说，上一次见面的情形，的确历历在目。而小孩子不同，在他们眼里，后来经历的事已让过去变得朦胧。弗洛伊德曾把人的心智比作精神的罗马城，无视一个空间不能同时被两个物体占据的物理法则。在罗马，没有建筑被拆毁，可以见到罗慕路斯与雷穆斯时代的遗迹和修复而成的西斯廷礼拜堂混在一起，还有餐馆耸立在罗马浴场上。[①] 要厘清时代的顺序，还得依靠当时的资料。

所以，我主要从已公开的记录中寻找答案。这个过程极为简单，就是按发表时间顺序逐篇阅读那些技术性专论，焦点几乎全部放在描述解剖学结构的第一手文献，而非少数做出解读的二手资料。记者的业务或许非我所擅长，但我所做的，新闻记者和"科学作家"不会去做，或着可以说他们根本就没那能力。这些订正伯吉斯页岩动物的人是我的同事，我们之间没有距离。他们的著作是我所在领域里的文献，不是来自另一个世界的陌生文件。我阅读了超过 1 000 页的解剖学描述，字字皆我所爱（至少是绝大部分），而且我有过相关的亲身经历，我能充分领会那些工作的原委。我的阅读从惠廷顿（Whittington，1971）讲马尔三叶形虫的第一篇专论开始，一直到有关奇虾（Whittington and Briggs，1985）、威瓦西虫（Conway Morris，1985）和多须虫（Briggs and Collins，1988）的各个专论。整整两个月的潜心阅读，我不知曾有什么经历比这次更开心。或者说，那些精湛的工作完成得如此圆满，未曾有什么工作比它更让我敬佩。

如此过程，会曲解对科学的描述或使之有所局限吗？当然会。每一个科学家都知道，研究中的大多数工作不会被写进发表的文章里，尤其是出错和失败的开端。而且，我还知道，如果我们愚蠢地以为技术论文是依时序记录事件的年表，那么，科学论文的传统就会让错误的观点登上大雅之堂。我把这不言自明的道理谨记在心，在完成这项工作的过程中，也参考了多种信息来源，但我还是愿意专注于专论的记录。如此选择，有特别的原因，但主要

---

① 罗慕路斯与雷穆斯（Romulus and Remus），传说中罗马城的创立者"狼孩"，罗马实际创立的公认年份为公元前 753 年。西斯廷礼拜堂（Sistine Chapel），教宗选举所在地，原建于 1481 年，复建于 1483 年，以米开朗琪罗的伟大壁画著称。罗马浴场，指公元初期的古罗马公共浴场。——译者注

是出于个人喜好。

对发现的心理学解读有其无穷的吸引力。这一方面，我不会忽视，但体现在论文中的论证逻辑，也有其自身合理的内在魅力。对于一次论证，您可以解构它，追溯其社会、心理学和经验性的根源，但您也可以把它看作一件自洽的艺术作品，欣赏其严丝合缝的完整性。前一种策略是学术的支柱，我对之尊敬有加，但我也乐于采用后者（就如我在拙作《时间之箭，时间之环》[1]中用三章文本分析地质学年代发现的中心逻辑）。时光流逝，论证在变，每一论证在属于本身的时刻有其自洽性，这些时刻就成了一种智识发展的原始记录。

从为伯吉斯大本营运送进出物资的直升机飞行员，到为专论制图的绘图员和艺术家，再到来自各国的给予支持、建议和意见的古生物学家，参与订正伯吉斯页岩动物工作的人员多达数百人，但专题订正的研究计划以一个有凝聚力的小组为核心。其中，有三个人发挥了重要的作用，一位是项目的发起人、自始至终的主导力量——剑桥大学地质学教授（这是英国的说法，相当于系主任及资深人物）哈利·惠廷顿。另两位本是在 20 世纪 70 年代初跟随他的研究生，但从此致力于伯吉斯页岩研究，成绩非凡，他们是西蒙·康维·莫里斯（如今也在剑桥供职）和德里克·布里格斯（Derek Briggs）〔如今在布里斯托大学（University of Bristol）供职〕。惠廷顿还和另两位年轻的同事合作过，尤其是在研究生到来之前，他们是克里斯·休斯（Chris Hughes）和大卫·布鲁顿（David Bruton）。

传统戏剧的种子在这些人物之间埋下，特别是在惠廷顿与康维·莫里斯[2]之间的互动中。但这粒种子没有萌芽，那也不是我要讲的故事。惠廷顿是个谨慎而保守的人，他严守古生物学的教条，避免联想，只认岩石，这与大家心目中智识变革参与者的形象完全相反。而康维·莫里斯在（不可避免地）成熟之前，是个冲动似火的年轻斗士，一个 20 世纪 70 年代的社会激进分子。他有理想主义者的气质，但幸好也具有足够的耐心和承受力，只有这样，才能坐下来盯着岩石上的模糊印记，连续端详数个小时。按传奇的套路，对伯

---

① 关于《时间之箭，时间之环》（*Time's Arrow, Time's Cycle*），见 294 页脚注 ②。——译者注
② 康维·莫里斯为西蒙·康维·莫里斯的姓氏。——译者注

吉斯页岩的重新诠释，可能会变成师徒之间紧张的相互鞭策、促进故事——哈利指导，提醒要谨慎，强迫学生观察岩石，而西蒙恳求，要争取思想自由，倒逼他不情愿的老学究导师转向新的视角。大家可以想象他们之间的讨论、不断升级的争辩、出现裂痕、闹翻、不羁之子回归、重归于好。

我认为这些无一发生过，至少没表现出来。如果您对英国大学制度有所了解，就会立刻明白这个道理。英国博士研究生的攻读几近完全独立，他们无须选修课程，而是专心为完成学位论文而努力。选题一旦获得导师认可，便随即展开研究。如果幸运的话，他们每个月（或大约一个月）能跟导师会上一次面，不过，一年见一次面的可能性更大些。缄默保守、极度忙碌的哈利·惠廷顿没有挑战这种特有传统的打算。西蒙告诉我说，"哈利不喜欢被打扰"，因为他"不情愿从研究中抽身，一刻也不情愿"。但西蒙还是说，他是"一位绝佳的导师，因为他不干涉我们，还为我们争取到资助"。

我起初不信，一再向哈利、西蒙、德里克询问，想找到什么线索。但他们众口一词，坚称从未自视作一个目标一致或大致看法统一的小集体。他们没有刻意地齐心协力去构建一个核心的诠释。他们很少会面，事实上，他们坚称从未全体聚到一起过。甚至在任一英国学术院系都有的一类聚会场合——每日如仪式一般、几乎不容错过的早咖啡时间——他们也不会相遇。因为，社会激进分子西蒙在办公室和"臭味相投"的一群人混在一起，不去那种场合，而哈利一向能看到藏于表面之下的本质（这毕竟也是破译伯吉斯动物的关键），所以也从未以自己的习惯强求他人。哦，这群人的交流跟异花授粉似的，通过阅读对方的论文实现。但我也怀疑另一种交流方式的存在，他们或许就有关议题进行过讨论，或是系统地，或是笼统地。我从这三个人口中撬出的最接近的证据，来自德里克·布里格斯。他承认，他们曾"综合过一些想法，即使不是通过日常交流形成的"。

我即将揭开序幕的这出戏，情节丰富，而且充满理性，它使那些短暂的人格主题和重复的舞台背景得以升华。它的成功得失一线，其结果——对生命史的重新诠释，比任何物质奖赏都多，也抽象得多。达到这一目标，并不会有什么看得见、摸得着的好处。诺贝尔奖没有为古生物学设立奖项，（如果设立）我会毫不犹豫地将首届奖金授予惠廷顿、布里格斯、康维·莫里斯三人。而且，就像老段子里说的，你又不能用你新的生物观炒一个蛋，或者搭地铁——除非你有一张票（它甚至不能为你积攒飞行里程，尽管几乎其他所有事都能）。的确，古生物学同行会感激你，这对你的工作前景也没坏处。但最主要的回报，肯定是获得满足——为从事激动人心的研究感到的荣幸，圆满完成带来的内心平静，认识到人生有所作为的难得欢愉。一个凡人最愿意听到的话，就是从（被其尊为）无上永恒的本源那儿获得的——对其生命价值的终极肯定："所为甚佳，汝善忠之仆"①。

① 原文为"Well done, thou good and faithful servant."借用《圣经》文本，引自《马太福音》（25:21）。——译者注

一门研究的方法学

有一种常见的误解认为，软体构型动物化石通常形成平展的碳质膜，以这种形式保存于岩石的表面。伯吉斯动物经过严重挤压，当然也是扁平的。它们缺乏硬体结构，还要承受水以及将其深埋的沉积物的重压，所以，我们不能指望其三维结构能得以较好的保存。但是，伯吉斯动物化石并非都是完全扁平的。以这一发现为事实基础，惠廷顿才有可能用上一种方法，使它们的结构得以揭示。（伯吉斯动物的软体结构不以碳质的形式保存，而是经过一种未为人知的化学过程，使原来的碳被铝和钙的硅酸盐取代，形成一暗色的反射层，且不影响解剖学结构细节的精致保存。）

一些动物的三维构架可以被保存下来。对于这一事实，沃尔科特从未认识到，即便有，也十分模糊。他把所有的伯吉斯化石看作平展的薄片，所以他筛选标本，寻找他认为身体朝向（orientation）最佳的标本。毕竟，保持那样的体姿，能最好地展示解剖学结构（或者说最不令人困惑）。对于两侧对称的动物，最佳体姿通常就是伸展得彻底、铺展得最扁平的（如图 3.1 所示，那是沃尔科特采用的典型示图）。他不采用那些动物斜向和正面朝上的标本，认为不同的结构和表面被压到地层的一个平面后，形成的一层膜无法解析。而顶视方向（背朝上体姿的背面观）完全不同，它能使不同结构的特征显示得最为明晰。

沃尔科特通过研究照片来诠释他的标本，而这些照片却时常被过度修描。惠廷顿的团队也大量照相，但主要用于发表，而非作为主要研究工具。实际上，对伯吉斯标本拍照，并不能获得理想的效果（图 3.2 只是个精彩的例

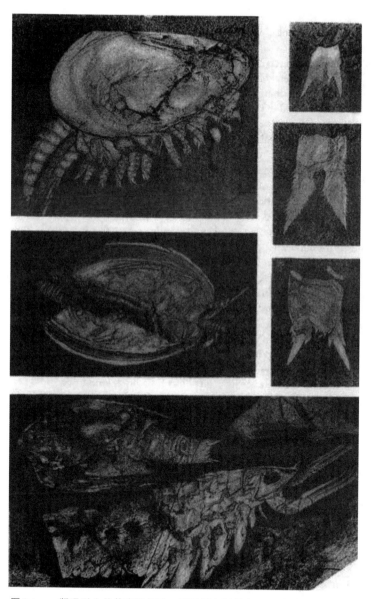

图 3.1　一版吸引人的伯吉斯相片，刊于沃尔科特在 1912 年发表的节肢动物专论中。这些照片经过大量的修描处理。左上为加拿大盾虫，最下为林乔利虫。

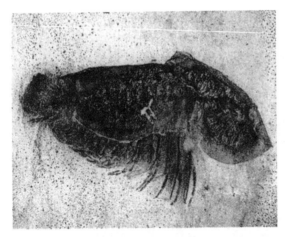

图 3.2　效果最好的一张未修描的伯吉斯页岩动物照片，由迪斯·柯林斯拍摄。其中是一只以侧面观保存的娜罗虫。这件标本并非采自沃尔科特的采石场，而是来自柯林斯在同一区域找到的 12 个新的软体构型化石地点之一。采自沃尔科特采石场的标本的照片没有这么好的效果。

外）。这些照片，无论是将其放大，或是用滤光处理，能从中获取的信息都很少，不如标本本身。照明源位置不同，硅酸铝表面反射的光也不同。若将照明源位置调高，看到的影像较灰暗；调低，则更加明亮。直接观察标本，通过调节照明源高度，来回比较，可以获得分辨程度更高的影像。

　　于是，惠廷顿采用一种最古老的方法，作为他研究诠释标本的主要方式——耐心细致地手绘标本图。这种方法所需的基本仪器设备叫显微描绘器（camera lucida，也叫投影描绘器），惠廷顿使用的机型与沃尔科特用过的没有什么不同，跟矿物学家 W. H. 沃拉斯顿[①] 在 1807 年发明的原型比，也没有多少改进。显微描绘器，简单地讲，就是能把实物影像投影到一个平面的一组镜子。您可以把它接到显微镜，把镜下所见的影像投射到一张纸上。就这样，当您绘制动物标本图时，标本实物及其在纸上的映象同时出现在眼前，您的视线不必离开目镜，也不用来回转头。惠廷顿和他的团队大规模使用这种技术，对研究的每一个物种的每一件标本进行了绘图。同时观察多种细小的标本不是件容易的事，得把它们一个个放大。不过，可以把一系列标本绘图放到一起研究。

---

① 　W. H. 沃拉斯顿，即威廉·海德·沃拉斯顿（William Hyde Wollaston, 1766—1828），英国著名化学家、物理学家，元素钯（Palladium, Pd）和铑（Rhodium, Rh）的发现人。——译者注

惠廷顿将显微描绘器绘图技术与一整套方法相结合，而选择那些方法，都基于他对伯吉斯动物化石保存的认识——动物的三维结构得以保存下来，那些化石不仅仅是地层里一个平面上的平展薄片。下面，我以对西德尼虫（*Sidneyia inexpectans*）的研究为例，向大家展示这套方法在研究中如何实用，威力有多强大。西德尼虫是伯吉斯页岩里最大的节肢动物，沃尔科特如此命名，是因为第一件标本由其子西德尼发现。（我选择以西德尼虫为例，是因为在惠廷顿团队的系列出版物中，这篇由大卫·布鲁顿于1981年发表的对该属的专论在技术方面最为雅致动人。）工作主要涉及以下三个环节：

1. 凿开和解剖。若果真如沃尔科特所言，所有解剖学结构被挤压成一层膜，那么，对化石进行重构，就好比让被压路机擀平的动画形象恢复成之前的样子。但是，在幻想世界里对傻大猫[1]管用的招数，在现实中的页岩石板上无法复制。

幸运的是，伯吉斯化石不像通常那样只保存在地层的单一平面上。在被淤泥吞噬后，深埋其中的动物身体朝向各有不同。淤泥通常会浸入动物各组成结构，沉积物形成的薄面将它们隔成一系列微层——壳层往下挨着鳃层，鳃层往下挨着足层，如此一来，三维结构得以保存，即使在后来遭受淤泥的挤压，也能保持。

利用小凿或者（与在牙医那儿见到的类型区别不大的）十分尖的震动钻（vibro-drill），小心地将标本的最上面几层揭走，表层之下的内部结构就显现出来。（揭走的层面通常只有微米级的厚度，这项十分细致的工作也可以利用针尖手工完成——一粒一粒地挑、一片一片地凿。）

一些节肢动物本身就十分扁平，但西德尼虫不同，重构的结果（图3.3）显示，它的结构相当立体。最外一层是半圆筒状的壳，略呈拱形，将软体结构覆于其下。[2]由于受到强度巨大的自然挤压，标本有相当程度的裂损，鳃足

---

[1]　即 Sylvester the Cat，美国华纳兄弟电影公司动画《乐一通》（*Looney Tunes*）中的动物形象之一。——译者注

[2]　这些外壳当然比内部的软器官坚硬，但大多数伯吉斯动物的壳没有矿质化，所以与通常容易形成化石的"硬体结构"不同。这些壳更接近现代昆虫的外骨骼，可以变硬但又不能矿质化，称作"轻度骨化"应该比"软体构型"更好，但这两种类型的结构都无形成常见类型化石的潜力。——作者注

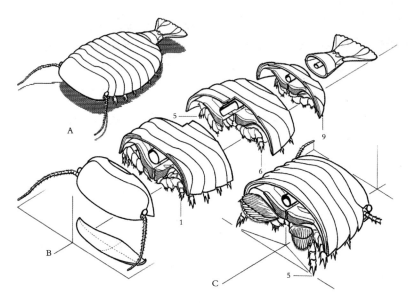

图3.3　布鲁顿根据分段组合的三维模型重构的西德尼虫。（A）动物整体。（B）分成六段的模型，分别为头、头的腹面覆板、分成三段的身体、尾节。（C）头部和身体前部相连，背景方向即图的右边为头部。注意图中的双枝型附肢，步行足在下，鳃枝在上。

二枝已有部分从壳的破裂处伸出。但布鲁顿发现，要揭示完整的解剖学结构，还是得将标本凿开。很多海洋节肢动物的附肢通常分为两部分（详见后文关于节肢动物解剖学结构的插页），靠外的一部分着生有鳃，用于呼吸与游弋，靠内的是步行足，但也常用以取食。所以，从身体中央凿开最外一层壳，先见到鳃的部分，后见到足的部分。布鲁顿发现，他可以从完整的壳（图3.4）开始，往下解剖，能得到鳃的一层（图3.5），接着是一系列步行足的一层（图3.6）（这些绘图直接绘自化石，借助连接双目显微镜的显微描绘器完成）。布鲁顿在技术专论里以传统的被动语调描述他的方法：

　　在标本制备的过程中，发现结构……在岩石中处于连续的层面。可以通过将结构逐层移除，或去除各层之间的沉积层，使相应的特征得以揭示……这种方法已被用以连续地移除各层，首先是背面的外骨骼……可见鳃的纤丝，然后，可见足。与着生附肢的中线连接，连续的三层

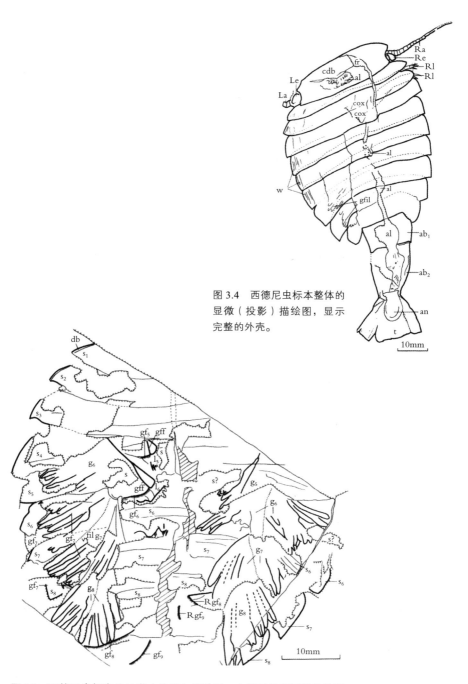

图 3.4　西德尼虫标本整体的显微（投影）描绘图，显示完整的外壳。

10mm

图 3.5　西德尼虫标本的显微（投影）描绘图，主要显示壳下附肢的鳃枝，纤细的指状结构，在图中标注为 g（下标数字为体节序号），中部斜线阴影所示为肠道的局部。

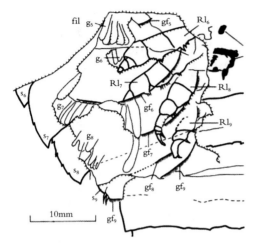

图 3.6 步行足暴露于鳃枝之下。在这张显微（投影）描绘图里，足标记为 Rl（下标数字为体节序号），即"右足"。

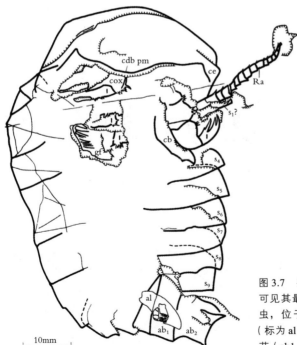

图 3.7 在这件西德尼虫化石的标本里，可见其最后的进食——一只细小的三叶虫，位于消化道后端。三叶虫在肠道（标为 al）中所处的位置正好位于第一腹节（ab1）。

面——虫体背面的外骨骼、鳃、足依次层叠。极薄层面的材料可去除，借助震动凿即可。（Bruton，623—624页）

将壳揭开，还有其他回报。食道就在壳之下，与中线平行。在凿开的标本（图3.7）中，可见消化道后端有一只细小的三叶虫，它是西德尼虫在那次大泥石流发生前最后一次"用餐"的残食。

2. 古怪的身体朝向。"叶足动物层"是数次泥石流形成化石的结果，被深埋的动物在其中的身体朝向多种多样。在淤泥逐渐稳定的过程中，动物的尸体逐渐沉到底部，因此，它们大多保持着流体动力稳定性最好的体姿。但有一些不同，它们或是侧体，或与底部形成一个角度，或有蜷曲，姿态各式各样。惠廷顿在专论神秘的埃谢栉蚕时，既以"常规"身体朝向示例——动物平卧，附肢向体侧撑开；同时，也展示了一种少见的体姿——侧卧，且略有蜷曲，这样，两侧的附肢会挤到一起，混为一体（图3.8）。

沃尔科特也采集身体朝向古怪的标本，但又认为它们所含的信息量少，觉得无法解析几乎挤到同一平面的多个表面。所以，他没有把它们放在心上。但惠廷顿意识到，要揭示动物的完整解剖学结构特征，除了研究"标准"体

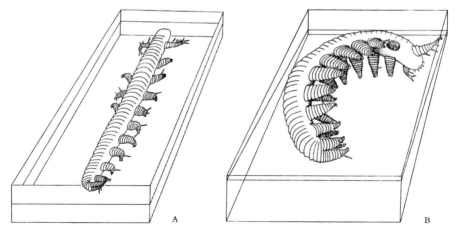

图3.8　惠廷顿论文中的两幅图（Whittington，1978），示以不同体姿保存的埃谢栉蚕。（A）常规身体朝向：我们俯视，可见其背面（朝上），或顶面；附肢向两侧平铺。（B）不大常见的身体朝向：动物以一侧朝下的姿态深埋，形成的化石使身体的另一侧可见。两侧的附肢被挤压到一起。

姿的标本，这些身体朝向非同寻常的标本也不可或缺。就如重建一座房子，只参考从单一最佳角度拍摄的照片是不可行的，即使有很多张也无济于事。重构伯吉斯动物，还须有从多个角度"拍摄"的"快照"，将它们组合到一起才能完成。康维·莫里斯告诉我，威瓦西虫没有现代的亲缘类群，在重构这种奇异的动物时，没有可以用作参考的原型。他只有一种方法即找来不同身体朝向的标本，对它们进行绘图，然后在"脑海里把这些该死的玩意儿旋过来，转过去"，想象将某一体姿的标本绘图换到另一标本绘图的角度，看两者是否会重合，直到所有矛盾得以消除，为此耗时无数。就这样，他最终确认，不会有什么大的遗漏或错位。

大多数西德尼虫标本以完全平展的姿态保存，就像是我们从上往下看到的景象（见图3.4）。这种身体朝向，能以最好的视角揭示身体组成部分的大致尺寸，但仍留下许多疑问，尤其是动物立体的程度，或者说体形圆润的程度。这一身体朝向，让我们无法确定西德尼虫的体形，是如同一张烧饼，还是一段圆管。重构动物的基本体形，需要身体朝向为正面朝上的标本，重建"从上往下"看不到的关键解剖学特征，尤其是足的形态，也得靠它。

图3.9就是一幅正面图，可见标本的头部近圆形，以及单对触角和眼的着生位置。图3.10也是一幅正面图，视角拉得更远，不仅可见周身的近圆形特征，还可见一系列的足。足分节保存完好，其上的刺清晰可见。从图中可见取食沟（food groove）的大小。取食沟位于一对足的基节（coxa，即足的第

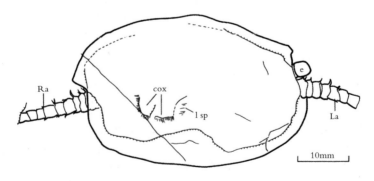

图3.9　西德尼虫标本的显微（投影）描绘图，以不寻常的身体朝向保存。我们在动物前方，正对头部的正面，可见动物周体的凸起程度，这一特征不能从常规朝向的标本中观察到。注意触角（标为 Ra 和 La，分别为右、左）和眼（e）的着生位置。

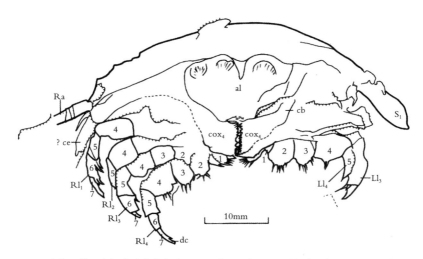

图 3.10　这件西德尼虫标本的身体朝向不同寻常，能揭示足的排列形态。这是一幅截面图，在胸部前端与头部后方之间的位置横切。我们在动物正前方的方向，可见动物右侧的四只足挤压到一起（标为 $Rl_1 \sim Rl_4$），以及虫体中央的消化道（al）。

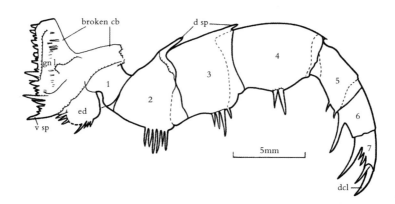

图 3.11　西德尼虫一只步行足的显微（投影）描绘图。可见足在虫体着生处形成的强壮的刺（标为 gn，即颚基）。这些刺围成取食沟，表明这种动物是捕食者。这只足保存得相当好，我们可以数清分节的数目，还能对其食性做出推断。

一节）之间，由基节边缘的刺〔颚基（gnathobases）〕围成。这一特征让我们初步认识到，这种伯吉斯最大节肢动物的取食特性可能为捕食或腐食。我们一定能想到，取食沟是用来将大块食物从后向前传递到口中的——西德尼虫可不是滤食动物。图 3.11 是放大的一只步行足，也是虫体正面朝上的方向。

3. 正模与负模。当剥离一块岩石时，如果能从其中发现一件化石，就像是买一送一，得到化石本身〔称作正模（part）〕，也得到动物在另一侧留下的印迹〔称作负模（counterpart）〕——好比拇指和相应的指纹。正模是真正的化石，因而受到科学家和收藏家的青睐。沃尔科特几乎只研究正模，不收藏负模。（当他采集负模时，经常不将它们与相应的正模共同编号。这些负模，有些与相应的正模分开归置，不保存在一个抽屉里，有些被扔到弃物堆，与鲜有吸引力的材料为伍，还有一些，甚至在沃尔科特与其他博物馆交换标本的过程中，被白送了出去。）

传统意义上的化石是完整的单独一块，例如蛤或蜗牛的壳，其正模与负模有明显的区别。动物标本本身是正模，覆于其上的模子是负模。对于被沃尔科特视作薄膜的伯吉斯动物化石，这一区别也很明显，膜本身是正模，而它的印迹就是那鲜有吸引力的负模。

可是，一旦惠廷顿发现伯吉斯化石的立体属性，正模与负模之间的明显界限就不再那么清晰，哪种更令人感兴趣也难以评价。在节肢动物中，可活动的组成结构多以百计。在伯吉斯页岩，它们保存在相邻的不同层面里。从一个地层平面剥离的岩石，很难保证一片的表面是整个动物（正模），而在另一片上仅是它的印迹（负模）。因为，在一片岩石上，确有动物的一些结构，但在相应的另一片上，也会有一点。实际上，区分正模和负模的做法，对伯吉斯化石根本不奏效。您只能说，在一片上保存的解剖学结构比另一片上的更有吸引力。（研究伯吉斯标本的人员最终决定依循惯例，把动物背面朝上的标本定为正模，朝下的定为负模。对于像西德尼虫这样的动物，眼、触角，以及壳外的其他结构通常被保存在负模上，而足以及体内解剖学结构被保存在正模上。）

1966 年以后的所有考察，都严格地成对采集正模和负模（只要保存有），并对其共同编号。过去 20 年中一些最伟大的伯吉斯发现，就是从史密森尼

（国家自然历史博物馆）的沃尔科特标本收藏里找到了一些正模的负模。它们有的无编号，有的甚至被归到（与正模）不同的门类里。这些发现比布里埃尔和伊凡吉琳的重聚还圆满，还有什么传说比它更暖心呢[①]？在1930年雷蒙德的考察中，他曾发现过一件珍鳃虾虫（*Branchiocaris pretiosa*）标本。珍鳃虾虫是一种极为罕见的节肢动物，标本不到10例。在1975年（德里克·布里格斯对此标本的专论已提交发表后）皇家安大略博物馆开展的考察中，人们发现了这件标本的负模。它还静静地躺在不列颠哥伦比亚的岩屑坡上，就在45年前被雷蒙德及其团队抛弃的地方。

　　显然，若正模和负模都含有重要的解剖学结构，我们就必须将它们一并加以研究，才能保证重构的大致完整性。（惠廷顿和他的同事遵循惯例，对显微描绘图的正模和负模信息一同加以说明。）正模与负模的重聚也解开了西德尼虫研究的一个谜团。沃尔科特曾建议根据一件单独的标本对西德尼虫的鳃进行专门重建。但是，布鲁顿通过比较沃尔科特的正模和"D. E. G. 布里格斯博士独具慧眼地从沃尔科特收藏中未加以编号的材料里寻获的负模"（Bruton，1981，640页），发现那曾被认为是鳃的结构根本不属于西德尼虫。康维·莫里斯后来对这件标本进行了鉴定，认为它是一件曳鳃类蠕虫丰奥托径虫（*Ottoia prolifica*）的残缺标本，且虫体有所折叠。

　　凿开标本逐步解剖、兼顾身体朝向奇异的标本、将正模与负模作为一个研究整体——落实这三个环节的工作，就能从压扁和扭曲的化石复原立体结构。但做好这些工作，我们也了解不到伯吉斯动物生活的其他方面，例如它们如何行动、如何取食、如何发育。类似这样的证据，相对平常的动物群能提供很多。不幸的是，尽管伯吉斯页岩动物的解剖学结构保存完好，这个深

[①]　美国传说故事，因美国诗人亨利·沃兹沃斯·朗费罗（Henry Wadsworth Longfellow，1807—1882）1847年叙事诗《伊凡吉琳》（*Evangeline, A Tale of Acadie*）为后人所知。故事的历史背景为18世纪中期，在欧洲列强之间的7年战争中，身处北美战场从属法国的阿卡迪亚人被英军驱逐，先从现加拿大南部的新斯科舍（Nova Scotia）到今美国境内的英属殖民地，再被遣返回欧洲。阿卡迪亚少女伊凡吉琳·贝拉方丹（Evangeline Bellefontaine）与爱人加布里埃尔·拉热奈斯（Gabriel Lajeunesse）在被逐途中失散。伊凡吉琳在美国遍寻爱人不得，多年后定居费城，成为修女。到老年时，时值瘟疫暴发，她发现加布里埃尔就在自己照顾的病人当中。最终，加布里埃尔得以在爱人怀中去世。——译者注

埋在层层淤泥之下的流放群体，在那些方面并不能提供什么信息。我们没有找到快速移动的轨迹，也无缓慢移动的行迹，不见洞穴，也没见到一种动物取食另一种动物的瞬间被捕捉下来。（极为不幸的是）不知是什么原因，在伯吉斯页岩，我们没有发现处于未成年阶段的动物。

　　不过，除了以上环节，还有其他一些环节适用于具体的研究案例，待那些动物进入我们的故事，我再来讨论。我已经提及西德尼虫的肠道内含物。通过研究其他标本的消化道我们，我们还发现另有一些动物也是肉食性的。例如康维·莫里斯发现，在一只曳鳃类蠕虫的肠道里，除了有许多软舌螺，还有同一研究对象的更小个体，这可是世界上最早的同类相残的证据。此外，他通过考察不同腐烂程度的标本，研究了曳鳃类蠕虫丰奥托径虫的解剖学特征。通过综合标本绘图和照相构建三维模型，布鲁顿重构了西德尼虫、林乔利虫、翡翠湖虫，布里格斯重构了奥戴雷虫。康维·莫里斯通过研究损伤和发育模型，揭示了神秘的威瓦西虫的生活习性。按他的解释，那是在伯吉斯捕捉到的独一无二的发育过程，一件标本在被深埋那一刻，正处于脱皮的过程中，脱下一层旧皮，露出一整套全新的外壳，板片和刺一样不缺。

一次变革的编年史

　　如果科学家非常幸运，取得像伯吉斯页岩动物群那般杰出的发现，面对这些发现，他们该怎么"办"？要办的事情有很多。首先，他们必须干一些基本的杂务，构建研究基础，或者说，确定地质背景（年代、环境、地理）和标本的保存模式，并对化石登记造册。除了这些基础工作，还得描述标本的解剖学特征，确定其分类地位。既然多样性是大自然的主题，那么这两项工作便成为古生物学的主要任务。分类学还是进化现状的外在表现，因为进化成就了枝繁叶茂的生命之树，我们对生命分门别类，也得反映类群在进化中的传承关系。展示这些工作成果的传统介质被称作专论（monograph）——一种以描述为主的专门论文，其中配有照片和绘图，并为描述对象指定正式的分类地位。专论几乎永远是长篇大论，其篇幅非传统期刊可容，于是，博物馆、大学和科学学会为这类成果创建专门丛刊，以便出版（我在前文提到，大多数对伯吉斯动物的描述专论由伦敦皇家学会出版，发表在《皇家学会哲学学报》上，而该学报就不乏长篇论文的丛刊[1]）。这些专论成本高昂，发行量少，主要流向图书馆。

　　十分不幸的是，这种情形影响了其他学科某些同行的态度，使得他们对

---

[1]　原文为"a series for long papers"，意为发表长论文的系列或论丛，但伦敦《皇家学会哲学学报》并非如此。尽管每期都有专门论题，但专论的篇幅和形式各异。每卷各期有的由单篇专论构成，有的以数篇篇幅长短各异的论文组成，或是相同作者将一个议题分为几部分的专论，或是不同作者就一个议题的论述或研究成果。惠廷顿团队在该学报发表的长论文属于单篇专论，尽管各专论之间有内在的联系，但并非以系列专论的形式发表。——译者注

分类学与门类的地位

> 在这个世界上有好多好多的东西，
>
> 我肯定大家会像国王一般地开心。
>
> 罗伯特·路易斯·斯蒂文森 [1]

　　这对句子出自《一个孩子的诗园》（*A Child's Garden of Verses*），那份喜悦之情赞美的主要对象，是我们的自然世界和进化的主要成果——众生不可思议、不可或缺的多姿多彩。（至少成年）人的理智渴求秩序，我们使用分类系统，让这多姿多彩有条有理。可分类学（分门别类的科学）常常被低估，似乎不过是一种美化的归档，每一个物种都有属于自己的档案夹，就像一张邮票，在定位册中有自己的固定位置。但实际上，分类学是一门不断发展的基础学科，致力于探索生物之间的相互联系，寻找其相似性的原因。分类是有关自然秩序根本的理论，不是为了避免混乱而编制的目录。

　　既然进化是生物之间相互联系和秩序的根源，我们希望分类系统能适得其所，很好地体现它。逐级分类就有助于达到这一目标。这一系统能容纳很深的内涵范畴，可以清晰地体现生命之树的拓扑结构——小枝聚在一起成为树枝，树枝一起成大枝，大枝连树干。（就如人与猿和猴子聚在灵长目之下，灵长目动物和犬在哺乳动物之下，哺乳动物和爬行动物在脊椎动物之下，脊椎动物和昆虫在动物之下，诸如此类。不过，既然林奈等在达尔文之前的生物学家也使用逐级分类系统，进化就不是这一系统可以体现的唯一秩序根源。但是，以分化为形式的进化，确实可以被解释为从共同的祖先类群开始逐步分枝的过程。而形成的拓扑结构，

---

[1] 罗伯特·路易斯·斯蒂文森（Robert Louis Stevenson，1850—1894），英国作家、诗人，代表作有《金银岛》《绑架》《变身博士》《一个孩子的诗园》等。引文原文为"The world is so full of a number of things, I'm sure we should all be as happy as kings"。——译者注

唯有逐级分类系统体现得最好。）

　　现代分类学认同七个基本层次，从种（被认为是不可再低的基本进化单元）到界（内涵范畴最深的群组），从低到高，依次为——种、属、科、目、纲、门、界。

　　最高一级是界。在这一级，最早被认为只有动物和植物之分。过去的学校里教的，是分为动物、植物和单细胞原生生物。现在，这些被更方便、更准确的五界系统取代，即植物界（plantae）、动物界（ammalia）、真菌界（fungi）（三者皆为多细胞生物）、原生生物界（protista）〔或原始有核界（protoctista），具有复杂结构的单细胞生物〕、原核生物界（monera）（细菌和蓝藻，没有细胞核、线粒体及其他一些细胞器的单细胞生物）。

　　下一级是门。门是界以下的基本区分单位，它体现了同一类群的基本解剖学构型。例如在动物中，具有相同典型特征的最大基本类群被定义为门，像海绵、"珊瑚虫"（包括水螅型的珊瑚虫和水母）、环节动物（蚯蚓、蚂蟥和其他海洋多毛类动物）、节肢动物（昆虫、蜘蛛、龙虾等）、软体动物（蛤、蜗牛、鱿鱼等）、棘皮动物（海星、海胆、沙钱等）、脊索动物（脊椎动物等）。或者说，门代表了生命之树的骨干。

　　本书探讨的是动物界的早期历史，议题集中在门类的起源、最初的数量，以及门类之间的差异程度，我们要问的是有关我们动物界组成的最根本问题——如今地球上的动物有多少个门类？

　　对于这个问题，答案不一，因为这个问题包含了一些主观因素。（物种是自然的基本单元，生命之树末端的小枝是客观的，但树枝要多大才算得上是大枝条？）尽管如此，我们达成了一种共识，门类的体量要大，易区分。大多数教科书认可的动物门类有20～30个，现在最好的分类纲要（Margulis and Schwartz, 1982）列出的有32个。那是一本专门定义和描述门类的书，它估计的数目比其他的要多。动物的门类，除了上

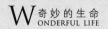
面已提到的 7 个类群，还有栉水母动物门（Ctenophora）、扁形动物门（Platyhelminthes，即扁形虫，包括在实验室常见的涡虫）、腕足动物门（Brachiopoda，双瓣壳无脊椎动物，常见于古生代化石中，现在已很稀少）、线虫门（Nematoda，蛔虫一类的动物，身体不分节，虫体通常细微，大量存在于土壤之中，也有一些是寄生虫）。

专门用这么大的篇幅解释，用意何在？再看看伯吉斯页岩，大家很快就能归纳出来——在伯吉斯页岩，区区一个不列颠哥伦比亚的小小采石场，15～20 类动物之间的差别如此之大，与如今的动物有天壤之别，以至于每一种都能成其为一个门类。给予单一物种如此之"高"的地位，我们有所犹豫。按传统，要发生数以百计的物种形成事件，而且每一次都要产生一点显而易见的差别，最终才能形成一个门类。所以，如果没有大量周而复始的物种形成事件，没有集聚极其丰富的多样性，这样一个类群的解剖学构型就不足以达到卓尔不群的水平，该类群也就无法成为一个独立的门类。以这种惯常观点为标准评价，伯吉斯页岩动物各自单独成一门类的理由，要么不对，要么不充分——一个仅包含一种或几种物种的谱系，其趋异程度远远不足以被认定为一个门类。但是，que faire?——该怎么办？伯吉斯页岩动物的 15～20 种构型之所以各成一门，是因为其解剖学结构的独特性。我们必须承认这一非同寻常的事实——不管最终决定给它们什么样的名分。

专论及其作者心生鄙夷。专论所述工作被诋毁成"不过是描述一下"的活计，一种文员和帮工就能胜任的整理登记工作。它们最多会因专注细节而获得一些赞许，但不会被看作创新的先锋。

有一些专论读起来确实沉闷。毕竟，描述从已知地层中新发现的一两种在鼎盛时期被埋的腕足动物，那些文字不会让多少人眼前一亮。不过，在物理和化学领域的日常研究中，相当大一部分的不也是枯燥无味地复述显而易见的现象吗？然而，专论中的佼佼者能让我们重新审视那些激发我们浓厚兴趣的问题。它们是改变我们看法的杰作。（南方古猿）露西、"爪哇猿人"、我们现代人类的近亲尼安德特人、克罗马农人老者[①]，以及其他类人化石，它们激发的想象堪比阿波罗飞船登月。但是，如果没有相应的分类学专论，我们会对它们一无所知，那些想象无从谈起。（这些确有"新闻价值"的例子，在初步报道公布之初被极尽吹捧。然而，技术性论文发表尚需时日。当然，在此之前，用老生常谈的话形容，那些报道通常不过是夸张的鼓噪——雷声大，雨点小，价值有限。）

在对专论的鄙夷中，人们极尽狭隘。那些工作被诋毁为不过是区区一种描述行为，不劳天才科学家屈就。而匹配天才科学家的脑力工作，范畴局限得令人难以置信，它们主要依靠分析和定量的技能。这让人觉得似乎人人都能描述一件化石，而只有伟大的思想家才能酝酿出平方反比定律。我也不知我们是否会远离智商理论的流毒。那种等级次序单一、着重先天遗传的诠释，把智力归结为单个数字，把每个人都排在白痴和爱因斯坦之间的简单序列中。

然而，天才之所以是天才，除了有过人的思维，还有其他很多方面的出色表现。对伯吉斯动物的重建，与"简单"和"区区"的描述工作大相径庭。它们的差距，堪比卡鲁索和在淋浴时高歌的某个乔·布洛，或者是技艺超群的棒球运动员韦德·博格斯和尴尬的同行——"非凡马佛"马尔

---

① 露西（Lucy），即南方古猿（*Australopithecus afarensis*），在后文称为"南方猿人"，是在埃塞俄比亚发现的不完整雌性类人化石，距今约 320 万年，昵称取自甲壳虫（Beatles）乐队歌曲 *Lucy in the Sky with Diamonds*。"爪哇猿人"（ape-man of Java），亦称"爪哇人"（Java man），为直立人（*Homo erectus*）化石，距今 100 万～70 万年。尼安德特人（Neanderthal），25 万～4 万年前生活在欧亚大陆的类人物种，与现代人类有遗传物质交流，分类地位存在争议。克罗马农人老者（old man of Cro-Magnon），指最早的旧石器晚期欧洲现代人类化石。——译者注

文·索隆贝瑞之间的区别。① 您拿到一枚伯吉斯页岩石板，不可能看着一块暗色的模糊印迹，把它无心地照搬到纸上，就说那是一种功能完备的复杂节肢动物——那可不像把收银机记录带上的一串数字誊抄下来，就算是做账。重构伯吉斯动物和简单的描述之间，差距大到哪般具体的程度，我实在难以想象——试想，摆在面前的，是一个被擀平的、不成形的烂摊子，你得把它们复原成一种活灵活现的生物，还要让人信服。

完成这项工作，需要具备非同寻常的视觉和空间想象才能，那是一种特别的技能。我虽理解这种工作的流程，但却未能胜任。所以，我只有退而居其次，在这里讲述有关伯吉斯页岩工作的故事。根据被压得扁平的材料，复原出立体结构；根据一系列不同身体朝向的标本，整合出一件实体；把无数分散的正模和负模重新匹配——这些技能十分难得、十分宝贵。那么，我们凭什么贬低这种整合和定性的技能，而吹捧分析和定量的贡献呢？难道是一种比另一种更好、更难、更重要？

科学家了解自己的局限，知道什么时候需要合作。在我们当中，不是所有人都有把碎片拼合回整体的能力。我曾在野外与理查德·利基② 工作过一个星期。我能察觉到他的骄傲和沮丧——他的妻子米芙和同事艾伦·沃克可以把细小的骨片拼合成一具头骨，就像玩三维拼图游戏，而他自己做得远没有那么完美（至于在我眼里，那仅仅是一盒子碎片，无从入手）。但米芙和艾伦自年幼就显现出这种能力，他们都热衷拼图游戏（而且十分奇怪的是，他俩小时候玩拼图的玩法与众不同，只从碎片的形状找线索，从不参考结果图）。

---

① 卡鲁索，即恩里科·卡鲁索（Enrico Caruso，1873—1921），意大利男高音歌唱家，在近一个多世纪中被认为是世界上最伟大的男高音歌唱家。乔·布洛（Joe Blow），指普通人。韦德·博格斯（Wade Boggs，1958—），美国著名职业棒球运动员，三垒手，主要效力于波士顿红袜队，参加过12次美国棒球大联盟全明星赛，在作者写作此书前后的1982—1989年，曾连续7个赛季打出200次以上的安打。"非凡马佛"即马尔文·索隆贝瑞（Marvin Throneberry，1933—1994），美国职业棒球运动员，一垒手，效力于纽约大都会队，因在1962年赛季的判断失误获得"非凡马佛"（Marvelous Marv）的绰号。由于该球队在该年度创下联赛历史败绩新高，"非凡马佛"也被认为是失败的原因之一。——译者注
② 理查德·利基（Richard Leakey，1944—），肯尼亚古人类学家；其妻米芙·利基（Meave Leakey，1942—），英国古人类学家。艾伦·沃克（Alan Walker，1938—2017），英国人类学家。他们是较完整的直立人化石"图尔卡纳少年"（Turkana boy）的发现者，沃克还独立发现了埃塞俄比亚傍人（*Paranthropus aethiopicus*）化石。——译者注

和他们一样，哈利·惠廷顿也有这种罕见的视觉才能，也是自幼显露出这种天赋。哈利生于英国伯明翰（Birmingham），没有与生俱来的阶级和文化优势，他的父亲是枪匠（于哈利 5 岁时去世），祖父是裁缝（并接过抚养哈利的责任）。他的兴趣向地质学靠拢，主要得益于（大学前）预科③的地质学老师的启发。然而，哈利一直都对自己的立体成像才能有所认识，并加以充分发挥。在孩童时，他喜爱搭建模型，搭建对象主要是汽车和飞机。他最喜爱的玩具是"机械师积铁"④（美国玩具"搭建师积铁"的英国版本，都是用钢条构件组合成不同的结构）。在初级地质学课程上，他擅长解读地图，并且精于画方块图。这是一个准确无误的连贯主题，他能从二维构件搭建立体结构，而且有能力倒着来，把实物绘制到一个平面上。他这种从二维转到三维再倒回二维的工作能力，就是他成功重构伯吉斯页岩动物群的关键。

哈利·惠廷顿无疑是当时承担伯吉斯研究工程的不二人选。他不仅是全球（化石记录中最重要节肢动物）三叶虫化石研究的学术带头人，在少有的立体结构以硅质保存的化石研究方面，也取得过极其别致的成果〔例如在文献 Whittington and Evitt（1953）中所展现的〕。在这样的化石里，原来的碳酸钙已被硅置换，四围的石灰石仍保持着碳质。既然碳酸盐可以被盐酸溶解，而硅酸盐不受其影响，那么，只要有难得的有利机遇，使化石立体结构的保存完全独立于围岩，那些碳质的杂基就可以通过上述方式去除。就这样，惠廷顿无意中为多年之后的伯吉斯页岩工作做好了理想的准备。因为有过研究岩石中化石立体结构的经验，他有机会通过溶解杂基，回收完好的化石本身，来对自己的预感和假设做出判断。以一个常用的进化生物学术语来形容，这些研究对于惠廷顿而言，是一种"前适应"⑤，使他能在往后的伯吉斯页岩化石研究中，发现立体结构的存在，并加以充分利用。

如果在重新研究伯吉斯页岩之始，哈利·惠廷顿就知道将要耗费的时间，

---

③　预科（sixth-form），英联邦中等教育体系的最后一个阶段。form 相当于中学的年级，"中学五年级"后的"中学六年级"指选择继续学业、获得大学认可的证书、为大学入学预备的教育阶段，历时两年或更长。——译者注

④　"机械师积铁"（Meccano set），诞生于 1898 年的英国玩具，美国版本"搭建师积铁"（Erector set），诞生于 1913 年，现已被 Meccano 公司收购。——译者注

⑤　前适应（preadaptation），指生物在新环境形成之前，就已形成使其适应其中的性状。——译者注

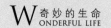
节肢动物的分类和解剖学结构

不要接受沙文主义的传统，把我们所处的地质年代打上"哺乳动物时代"的标签。这是节肢动物的时代。它们在方方面面都超过我们哺乳动物，无论是以物种数、个体数，还是进化延续的前景为标准。在已命名的动物物种中，约80%是节肢动物，其中又以昆虫占绝大多数。

因此，如何对节肢动物的较高级别进行分类，就成为一个引人注目的重要议题。曾被提出过的方案不止一种，它们之间存在分歧，进而引发了人们的更多争论。不过，在门以下基本亚类群的数目和组成方面，各方还是达成了一定的共识。（其实，这些亚类群之间的进化关系问题更多，但那不是本书所关注的。）

我在这里采用的体系，既传统又保守，与上述各方达成的共识相当接近。我认同将节肢动物一分为四。四个主要类群①，三个尚存，一个仅见于化石（见附图1）。至于它们之间的进化联系如何，我不在这里解释了。

1. 单肢类（Uniramia）。包括昆虫、马陆（倍足类）、蜈蚣（唇足类），或许还包括有爪动物（onychophoran，这一类群虽小，且不常见，却非同寻常，在后文中，会有很多关于它的内容。那是因为，它们中的一种可能就出现在伯吉斯页岩之中）。

2. 螯肢类（Chelicerata）。包括蜘蛛、螨虫、蝎子、鲎，以及已经灭绝的板足鲎类（eurypterid）。

3. 甲壳类（Crustacea）。多为海洋生物〔鼠妇（等足目的潮虫）例外，它是陆生的〕，其中包括一些个体较小的双瓣壳类群。这些类群，学界以外的人士知之甚少，但它们种类极其多样，在海洋里十分常见（比如说桡足类和介形类动物）。除此之外，还包括藤壶以及十足目的动

---

① 上述四个类群，除了单肢类以外，其他皆为独立的亚门，详细解释另见第5页注解。——译者注

附图 1　节肢动物四大类群的代表化石标本。插图节选自古生物学史上采用最广泛的教科书，是 19 世纪晚期齐特尔①的大作。（A）石炭纪的巨型蜻蜓，单肢类的代表。（B）化石物种板足鲎的一种，螯肢类的代表，头部第一对附肢小，隐于壳之下，其他五对在图中亦不可见。（C）一种蟹的化石物种，甲壳类的代表。（D）三叶虫。

物（如蟹、龙虾）。我们享用后者时心旷神怡，却认为它们的近亲昆虫恶心恶味。

4. 三叶虫类（Trilobita）。常见于古生代地层，于 2.25 亿年前灭绝，是人人都爱的无脊椎动物化石。

要弄清伯吉斯动物群的来龙去脉，就要对节肢动物丰富多样有所了解。因此，我们不得不深入认识一些解剖学结构的细节。如果这听起来令人生畏，我可以向您保证，我会将采用的专业术语减少到最小的范围，

①　齐特尔，即德国古生物学家卡尔·阿尔弗雷德·里特尔·冯·齐特尔（Karl Alfred Ritter von Zittel，1839—1904）。——译者注

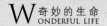
小得让您完全可以接受——从上千条术语中仅挑选出 20 余条。（我不会把这些术语以清单的形式列出，而是在讨论的过程中一一解释。每一条关键术语首次出现时，我会用下划线的形式加以强调。）

节肢动物构型的基本原则是分节（metamerism），也就是说，其身体构架是由一系列重复的体节向后延伸而成。掌握节肢动物分化的关键在于认识到这类动物的最初形式，由数个几近全等的体节组成。在这种最初形式的基础上，原先相似的体节并合、缩减，并特化出专门的功能，进化出高等节肢动物千姿百态的解剖学结构。这使节肢动物的解剖学结构看起来很复杂，所幸的是，我们只须记住两点，就能掌握节肢动物进化这一中心主题的复杂性，那就是——分节自身的并合异化，以及附肢的特化。

原始的节肢动物（附图 2）有数个相互分离的相似体节。这些体节趋向合并，成为数目较少的特化组成结构。最常见的组成方式，是形成三部分，即头部、中部和后部〔例如对于三叶虫，分别称为头（cephalon）、胸（throax）、尾（pygidium），而对于昆虫和甲壳类动物，则是头（head）、胸、腹（abdomen）〕。大多数螯肢动物的肢体分为两部分，即前体部（prosoma）和末体部（opisthosoma）。许多甲壳类动物最末几节并

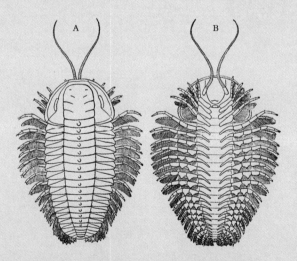

附图 2　如三分节虫属（*Triarthrus*）三叶虫所示，原始节肢动物的体节形态相似，数量较多。除了最前的触角以外，每对附肢形态相似，且为双枝型。体部各节皆仅有一对附肢。（A）顶视图。（B）底视图。

合为一体，称作尾节（telson）。

节肢动物在体表有骨架，这种结构被称作外骨骼（exoskeleton）（尽管质地坚硬，但大多数类群的外骨骼并未矿质化，这可以解释为何大多数节肢动物在化石中如此少见）。体节并合，相应的外骨骼部分也相互连接，形成几个独立的骨架组成单元，称作体段（tagma），这种并合的过程就被称作体段划分（tagmosis）。骨架体段划分有不同的模式，这也成为鉴定节肢动物化石的一个主要评判依据。

另一个与并合同等重要的伯吉斯页岩故事的关键元素就是附肢的特化和异化。原始形式的节肢动物体节甚多，每一体节都未特化，而且每节都着生有一对附肢，两侧各一。每一附肢有两个分枝，称作枝。这些分枝的命名可以依其着生位置而定，即外枝和内枝。或依其主要功能而定，外枝常生有鳃，行呼吸或游泳功能（或兼而有之），常被称作鳃枝（gill branch）；内枝常行行动的功能，可以称作足枝（leg branch）、步行枝（walking branch）或步行足（walking leg）。（常见术语"步行足"的说法，或许会让读者觉得滑稽和多余，但这里的"足"是一个解剖学术语，而非指代功能。而且，并非所有节肢动物的足都为行走之用，例如昆虫的口器，就是略微分化的足。）

这种最初的结构（附图3）被称作双枝肢（biramous limb，biramous字面义即为"双枝"）。（如果您记不住这里讨论到的其他名词术语，请一定要在脑海里留下这个"双枝肢"的定义。在我们讨论伯吉斯的节肢动物解剖学结构时，它是最最重要的那个方面。）特化的节肢动物通常会失去一个分枝，剩下的那个，就叫作单枝肢（uniramous limb，uniramous字面义即为"单枝"）。（请把"单枝"也存进脑海，就放在"双枝"的后面。）较高级别的节肢动物分类学所反映出的，就是在不同身体组成部位，着生单枝肢和双枝肢的比例如何不同。[1]

多数海洋节肢动物的步行足还有另一个功能，该功能或许让以脊椎

---

[1]　按我国全国科学技术名词审定委员会审定的《动物学名词》（第一版），与uniramian相对应的规范用词为单肢动物，但与uniramous type appendage和biramous type appendage相对应的规范用词分别为"单枝型附肢"和"双枝型附肢"。——译者注

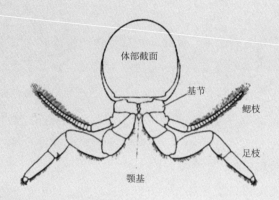

附图 3　节肢动物一个体节的截面图，可见一对典型的双枝型肢。〔拉兹洛·梅索伊（Laszlo Meszoly）绘图〕

动物为大的我们匪夷所思。有些海洋节肢动物进食和我们没有两样，都是把食物从头部前方直接送入口中。但更多数的，是用步行足把住食物，从后向前，沿着腹面（ventral，也就是动物的底面）中线的取食沟（food groove），运转到口中。〔动物的顶面称作背面（dorsal）。〕节肢动物的英文arthropod，是"有关节的足"的意思，也就是说，附肢也分为数节。附肢上的分节，距离身体较近的位置，称作近端（proximal）；距离较远的，称作远端（distal）。步行足上最近端的一节，称为基节（coxa）。基节边缘形成的取食沟常常具有齿状结构，这一结构被称作"颚基"（gnathobase，字面义即为"颚状的基部"），用来抓住食物，并向前传送。

　　我们对节肢动物的较高级别进行分类，即结合了上述两个原则：一个是体段划分或体节并合的方式；另一个是附肢的特化，即两个分枝一个失去，一个分化。节肢动物从最初具有体节未并合、着生双枝肢的祖先性状，沿着不同的路线进行体段划分和功能特化，逐步演进，形成现在的主要类群。我们回头再看节肢动物的四个主要类群。

　　1. 单肢类。由名可知，昆虫及其近亲类群都失去了原先双枝肢中的鳃枝。它们的附肢（触角、足、口器）无一不是由足枝特化而成的。〔昆虫通过在体表的内陷（invagination）结构呼吸，这种结构被称作气管（tracheae）。〕

2. **螯肢类**。现代螯肢动物的前体部有六对单枝附肢。第一对即是位于远端的螯，形如钳夹，行擒握的功能。（这一类群无触角。）第二对叫须肢（pedipalps），行感觉的功能，接着的四对附肢通常呈足状（蜘蛛的八条腿就是这么来的）。所有这些位于身体前部的附肢都由足枝进化而成，而位于身体后侧的附肢则完全相反。后体部的附肢也是单枝，但由鳃枝发育而成。〔蜘蛛的呼吸器官也叫"书肺"（lung-book），位于腹部。〕

3. **甲壳类**。尽管甲壳动物的构型多种多样，但从藤壶到龙虾，它们都具备显著的固有模式，即头部有五对附肢（由此可知，其头部由5个体节体段划分而成）。前两对附肢通常被称作触角或小触角（antennule），行感觉的功能，是双枝肢。这两对附肢位于口的前部，这种着生位置被称作口前（pre-oral）。另三对附肢位于口的后部，其着生位置被称作口后（post-oral）。其功能与口器相同，为协助进食之用。体部的附肢通常保留着双枝型的原始特征。

4. **三叶虫类**。三叶虫的头部有一对口前附肢（触角）和三对口后附肢。体部每节通常生着一对双枝肢，而且与我们认定的最原始形式相差无几。

上述模式十分固定，这或许是节肢动物中最显著的现象。在近100万种昆虫中，没有一个具有双枝型附肢，且几乎所有物种的胸部都有三对肢。海洋甲壳动物的构型相当丰富，但头部的体段划分完全一样，都有两对口前附肢和三对口后附肢。显然，进化只为节肢动物选定了几种主题或基本构型，在后来整个动物界的伟大分化故事中，一直都没变过。

纵观生命史的历程，伯吉斯页岩的故事最为神奇，主要是因为它与节肢动物基本构型在后来变得局限的现象有关。而在伯吉斯页岩，那个不列颠哥伦比亚的采石场里发现的节肢动物化石，除了这四类的早期形式，还有不止20种基本构型。我们不禁要问，这种差异度是如何迅速形成的？为何只有四种基本构型得以幸存？这些问题就是本书的主要议题。

且必须专注其中，他或许不会启动这项研究。在参与 1966 年第一个野外考察季的工作时，他已经 55 岁，需要专注的研究已够他干一辈子。而且，身为剑桥大学地质学教授（系主任），他有繁重的行政管理职责在身，必须亲力亲为。

但对于惠廷顿而言，伯吉斯就像一颗李子般美妙和诱人，令人难以抗拒。此外，当时所有人都认为，那儿的节肢动物在分类方面没有什么难题，而惠廷顿要负责的就是这一部分工作。惠廷顿告诉我，在决定研究伯吉斯之初，他"预计用 1～2 年描述一些节肢动物，并就此停止"。在英国，"就此停止"（full stop）是个句号——句子的结尾，项目的结束。

事实并非如此，光撰写有关马尔三叶形虫属的专论，就耗费了哈利·惠廷顿四年半光阴。意想不到的发现接踵而至。开始时还比较平淡，只是对某些节肢动物的身份存疑。随着疑问的不断积累，在 20 世纪 70 年代中期，终于形成了一种全新的诠释。这一新的观点在随后所有的工作中不断发展，直指一个目标——形成关于早期生命史的新概念。当我依发表时序阅读这些分类学专论时，我从中看到了一出五幕古典式戏剧。其中，没有人被杀，甚至连被激怒的人也没几个。但就如达尔文在理论形成之后，又平静地酝酿了 21 年才正式发表，对伯吉斯页岩的重新评价也需要相当长的时间。在这段时间里，平静的外表背后，是一场结构严谨工整的知性戏剧。

伯吉斯之戏

第一幕 1971—1974：马尔三叶形虫和幽鹤虫
——从疑云初现到确实存疑

惠廷顿面对的概念世界

哈利·惠廷顿生来是个谨慎保守的人。他催生了思想的重大转型，但时至今日还认为自己不过是个有能力对节肢动物化石进行细致描述的经验主义者。他最爱的座右铭是"学会走前不能跑"，并以此劝诫年轻的同事，在提出理论之前，要有事实和描述工作的基础。

和所有相信工作启动时不能操之过急，并有意放慢速度的古生物学家一样，惠廷顿从马尔三叶形虫属开始研究，因为那是伯吉斯页岩中最常见的生物。马尔三叶形虫（*Marrella splendens*）在伯吉斯页岩中的数量多得惊人，占压倒性多数。沃尔科特在那儿采集了 12 000 多件标本，惠廷顿的团队另采集了 800 多件。连我都保管有 200 多件，全是帕西·雷蒙德在 1930 年采集而得。许多伯吉斯物种的标本不到 10 件，有的甚至只有 1 件。但是，马尔三叶形虫不同。有这 13 000 多件潜在的观察研究对象，研究者无须担心唯一的证据在解剖的过程中毁于一旦，或者是确定不了研究对象的关键身体朝向。

马尔三叶形虫是沃尔科特发现并绘图的第一种伯吉斯生物。实际上，它代表了伯吉斯页岩。沃尔科特在 1912 年正式描述马尔三叶形虫属时，也承认他的"蕾丝花边蟹"不是一种寻常的三叶虫，但还是将其置于三叶虫纲，目一级的分类地位未知。[①]沃尔科特把伯吉斯生物看作后来成功类群的原始形式，依循这一观点，他写道，"马尔三叶形虫预示着三叶虫的到来"（Walcott，1922，163 页）。

这并没有使沃尔科特所有的同行信服。在史密森尼学会的存档里，我发现了一些他与查尔斯·舒克特之间饶有趣味的通信。舒克特是耶鲁大学的古生物学家，也是沃尔科特的伯吉斯页岩发现传奇权威版本的始作俑者。[②]他在读过沃尔科特关于伯吉斯节肢动物的论文之后，于 1912 年 3 月 26 日致信这位朋友：

> 下面的话我只对您个人讲。自我见到 *Marrella*[③] 的第一刻起，甚至现在目睹了您制作的该动物的许多精美图片之后，我依然不能说服自己，它是一种三叶虫……我不解它如何成其为三叶虫。我相信，它那些鳃不见于任何一种三叶虫。不过，我只想一吐为快，说出这一不成熟的想法供您参考，而非想说服您，它不是一种三叶虫。

而对于伯吉斯生物的归属原则，舒克特的态度与沃尔科特一样坚定，认为这些生物应归入现成的类群。他从未提及马尔三叶形虫有独特的分类地位，只不过是给出暗示，应为它们在已知的节肢动物类群中另找一个归属而已。

惠廷顿在重新描述伯吉斯页岩节肢动物之始，遇到了概念上的重重障碍。要描述这种障碍是什么样的情形，我必须就我在本书中不时提到的一个说法举出实例。这个说法是"沃氏鞋拔"（Walcott's shoehorn），它的意思是——沃尔科特将伯吉斯生物所在的所有属类一股脑儿强塞进现成的主要类群。对于下面几页内容，大多数读者得把它们与前面有关分类学及节肢动物解剖学结构的插页结合起来。对于无脊椎生物学知之甚少的读者，我请求你们在这里有所投入。故事的内容并不难理解，而且概念上的回报巨大。此外，我将尽全力提供必要的背景信息和引导。其实，从概念上讲，这个故事一点都不难理解，而且细节既美妙又迷人。不仅如此，你们不必对复杂的分类做全盘

---

① 原文献记载的标志为 undetermined，意为未明（Walcott，1922，192 页）。——译者注
② 相关内容见第二章第三节第三部分。——译者注
③ 即马尔三叶形虫。——译者注

的了解，只要能意识到，沃尔科特以及在惠廷顿修订之前的所有伯吉斯研究者，都把伯吉斯生物置于常见类群；而惠廷顿逐渐与这种传统一刀两断，并朝着关于生物分化历程的一种激进观点的方向迈进——就可以轻易跟上论述的思路。

沃尔科特对伯吉斯节肢动物的分类，全部列于 1912 年论文的第 154 页[①]（表 3.1 即由此复制而成）。他将自己发现的伯吉斯生物所在的属分置到四个亚纲里，而这些亚纲全都属于他所定义的甲壳纲。他定义的甲壳纲范围比现代的要广得多，包括所有海洋和淡水节肢动物，这些生物在如今的分类地位所属遍及整个节肢动物门。他定义的四个亚纲在如今的界定情况如下：（1）鳃足类（branchiopod），绝大多数是淡水甲壳动物，包括卤虫和水溞，后者是一类枝角类动物（cladoceran）；（2）软甲类（malacostracan）是一大类海洋甲壳动物，包括蟹、虾、龙虾；（3）三叶虫类，它当然已成为最著名的节肢动物化石；（4）肢口类（merostome），包括已成化石的板足鲎类，以及现代的鲎，它们与陆生的蝎、螨、蜘蛛亲缘关系很近。[②]

表 3.1　1912 年沃尔科特的伯吉斯节肢动物分类

甲壳纲（Crustacea）
1. 鳃足亚纲（Branchiopoda）
无甲目（Anostraca）
欧巴宾海蝎属（*Opabinia*）
林乔利虫属（*Leanchoilia*）
幽鹤虫属（*Yohoia*）
二叉山虫属（*Bidentia*）
背甲目（Notostraca）
娜罗虫属（*Naraoia*）
伯吉斯虫属（*Burgessia*）
奇虾属（*Anomalocaris*）
瓦普塔虾属（*Waptia*）

---

① 实际上，分类表在下文还有延续。——译者注
② 上述四类除了前两类属于甲壳亚门（Crustacea），后两类分别属于三叶虫亚门（Trilobitomorpha）和螯肢亚门（Chelicerata）。参见有关"节肢动物的分类与解剖学结构"的插页内容（第 101 页）。——译者注

表 3.1　1912 年沃尔科特的伯吉斯节肢动物分类（续表）

2. 软甲亚纲（Malacostraca）

膜虾属（*Hymenocaris*）〔加拿大盾虫属（*Canadaspis*）〕

赫德虾属（*Hurdia*）

吐卓虫属（*Tuzoia*）

奥戴雷虫属（*Odaraia*）

菲尔德虫属（*Fieldia*）

卡纳芬虫属（*Carnarvonia*）

3. 三叶虫亚纲（Trilobita）

马尔三叶形虫属（*Marrella*）

那托斯特虫属（*Nathorstia*）〔锯形拟油栉虫（*Olenoides serratus*）〕

莫利森虫属（*Mollisonia*）

通托虫属（*Tontoia*）

4. 肢口亚纲（Merostomata）

白齿山虫属（*Molaria*）

哈贝尔虫属（*Habelia*）

翡翠湖虫属（*Emeraldella*）

西德尼虫属（*Sidneyia*）

　　沃尔科特 1912 年分类列表的最终结局，是整个伯吉斯故事的生动缩影。他拟定的 22 属，只有 2 属属于原先归置的类群。一属为那托斯特虫属〔*Nathorstia*，即现在的锯形拟油栉虫（*Olenoides serratus*）〕，它是一类三叶虫，毫无争议（Whittington，1975b）。另一属为膜虾属〔*Hymenocaris*，即现在的加拿大盾虫属（*Canadaspis*）〕，确为软甲类一支的甲壳动物（见第三幕）。有三个属〔赫德虾属（*Hurdia*）、吐卓虫属（*Tuzoia*）、卡纳芬虫属（*Carnarvonia*）〕属于双瓣壳类，其软体结构不存，只有壳保存下来。我们无法将其归置到节肢动物门的已知类群，时至今日，其分类地位依旧未明。另有 3 属，分类地位未知，可能是无机质。而且，它们的名字不出现在伯吉斯节肢动物的故事中——通托虫属（*Tontoia*）来自大峡谷（Grand Canyon），并非采自伯吉斯页岩；二叉山虫是个无效的命名，其标本的分类地位为林乔利虫属（*Leanchoilia*）；菲尔德虫是一种曳鳃动物门的蠕虫，沃尔科特鉴定有误，把它当成了节肢动物。

剩下 14 属，有 2 属（欧巴宾海蝎属和奇虾属）被分到相应的独特门类之下，它们与现代类群没有明确的亲缘关系[①]。这两属动物和至少 12 属分类地位情况类似的其他动物（多数被沃尔科特认定为环节类蠕虫），就是我讲的这个故事的核心。另有 11 个属，沃尔科特为它们指定的分类地位不再是其归宿，经重新分类，被认为是解剖学结构独特的节肢动物，既不同于现代类群，也不同于其他化石类群。只有娜罗虫属属于已知类群，但沃尔科特没有把类群选对。他认为那是一种鳃足类甲壳动物，但实际上是一类十分特别的三叶虫（Whittington, 1977）。

在惠廷顿和他的同事重新描述伯吉斯页岩动物之前，无人挑战"沃氏鞋拔"。我这样说，并不是指所有古生物学家都接受了沃尔科特的归类。虽说伯吉斯动物群地位的重要性为全体古生物学家所公认，但从沃尔科特的描述论文到惠廷顿首篇有关专论的发表，60 年间，关于伯吉斯生物的论文寥寥无几。[②]不过，也有少数论文提出了一些与沃尔科特截然不同的分类方案。

这些例外互有不同，但都未放弃固守沃尔科特的大前提——化石的分类归属，必局限于现有的为数不多的较大熟知类群，生命的历史，大致朝着更复

---

① 该两属更高级别的分类界定仍无定论。——译者注

② 我曾问惠廷顿，为何在他重新描述之前，有关研究那么少，要知道沃尔科特的标本一直都在史密森尼学会，可供研究。他引述了几种原因，无疑都能说明一些问题，但综合起来，又不足以解释这一令人好奇的事实。原因之一，就是沃尔科特的夫人。尽管她不拥有这些标本，也无支配它们的权利，却有较强的占有欲，不鼓励他人去研究。她对帕西·雷蒙德心怀怨恨，就是因为她觉得先夫刚于 1927 年过世，他就前往伯吉斯，再次采集标本。至于雷蒙德，他不是沃尔科特的狂热崇拜者，在他口中，沃尔科特是个"古生物学家大领导"。他觉得沃尔科特允许行政管理工作占用自己的所有时间，根本没打算正儿八经地研究伯吉斯化石。对于雷蒙德而言，这样的评价极其尖刻，非同寻常。他本是个脾气好得不得了的人，熟识他的阿尔·罗默〔Al Romer, 应为在后文中被作者称为"编著的教科书堪称行业'圣经'"的"上一代顶尖古脊椎动物学家"阿尔弗莱德·舍伍德·罗默（Alfred Sherwood Romer, 1894—1973）。——译者注〕曾告诉我，他在家里的地位最低，不仅妻子和孩子，就连他家的狗都在他之上。他最大的喜好，是收藏锡器，这绝对只会给人留下一个不威猛的形象。沃尔科特在世的时候，没有其他人会研究这些标本，因为他一直希望能亲自完成正式的研究。由此，没有人敢于抢美国科学界最有影响力的人的风头。（这种成果拥有权的传统在古生物学界一直受到珍视，即便是名字在图腾柱上位置很低的科学家也不例外。发现就意味着拥有了描述的权利，这种专属的权利终身有效。）沃尔科特的夫人，怀着对他权利的留恋，设法使这种不让他人研究的状况，在他去世后仍得以延续。除此之外，据惠廷顿介绍，尽管伯吉斯的"模式"标本（为数不多的、用于原始描述的标本）可以访问，但是，几乎所有材料都放置在抽屉柜高层的抽屉中。如此一来，随意浏览变得不可能，因而失去许多古生物学研究的机缘。放置标本的大楼里在那时没有空调（现在装上了）。大多数古生物学家在大学里工作，只有在夏季才有一些自由时间。对于体验过我国首都七八月愉悦的人，还需要我说更多吗？！——作者注

杂、多样性更加丰富的方向推进，这也是古生物学家一直没有挑明的一个共识。

利夫·斯特默在参与编撰的《古无脊椎动物学大纲》中负责三叶虫部分。成书篇幅颇巨，其中也包括他对大多数伯吉斯节肢动物的重新表述。斯特默的解决方案与沃尔科特的截然不同。他没有使伯吉斯节肢动物的分类地位遍布整个节肢动物门，而是把其中大多数归入了三叶虫类。当然，他不可能声称，所有这些种类多样、形态与三叶虫完全不同的动物的的确确属于狭义的三叶虫纲。不过，他通过一个妙招（但是错误的），"解决"了伯吉斯节肢动物差异度较大的难题。他把主要的属全部聚为一个理应合乎逻辑的自洽进化类群，且分类地位与狭义的三叶虫纲并行。他把自己界定的这一类群称作"类三叶虫纲"（Trilobitoidea，字面义为"像三叶虫的"）。

这一解决方案可能看似过于草率，或者说过于武断，让人难以置信。但斯特默的做法有其理由（根据分类学理论的进展，我们会看到，这种理由并不成立）。他当然也承认，伯吉斯节肢动物的形态十分多样。他新拟一个分类学类群，是因为他觉得，在这些节肢动物头部之后的体节上，都着生有同一种"原始"附肢，就是那种双枝型，或者说二叉型——鳃枝在上，足枝在下的组成结构（见第 102 页插页）。因此，他认为，既然三叶虫也具有这种组成结构的附肢，那么，狭义三叶虫纲就可以和这个类三叶虫纲一起组成更大的一级分类阶元，称为三叶虫亚门。斯特默给出的理由如下：

> 三叶虫亚门的界定，基于组成阶元的附肢基本结构似有共同之处的事实。既然三叶虫虫肢是一个特征显著且保守的组成结构，那么，化石中的这些节肢动物虽形态不同而亲缘关系却相近，就可以得到解释了。因为，那些动物都具有这种结构。

斯特默的"类三叶虫纲"分类如表 3.2 所示，其中 16 个属，除了 2 属以外〔前文已提到过，通托虫属来自大峡谷；另一属龟形虫属（Cheloniellon），则来自德国的洪斯利克页岩泥盆纪化石堆积库〕，全都为伯吉斯页岩所特有。斯特默把来自伯吉斯的属分到三个类群中：（1）马尔三叶形虫单独为一个类群；（2）被沃尔科特归在肢口亚纲（或"鲎类群"）的动物，斯特默认同它们有一定的相似之处，将其归作类肢口亚纲（Merostomoidea，字面义为"像肢口类动物的"）；（3）被沃尔科特归在甲壳纲鳃足亚纲背甲目的属，也被斯特默归到一起〔它们之间存在的些许相似之处也得到了斯特默的认同，被命名作伪背甲亚纲（Pseudonotostraca）〕。把所有伯吉斯节肢动物轻易地归入类三叶虫纲，斯特默或许试过，但他做不到。他对四个属一筹莫展，于是，将它们全部补充到分类表最末的"未明之亚纲"（subclass Uncertain）。这种解决方法，既不雅致，也没用拉丁文命名。

表 3.2　1959 年斯特默的三叶虫纲分类

三叶虫亚门（Trilobitomorpha subphylum）

　三叶虫纲（Trilobita）

　类三叶虫纲（Trilobitoidea）

　　1. 马尔三叶形虫亚纲（Marrellomorpha）

　　　马尔三叶形虫属（*Marrella*）

　　2. 肢口亚纲（Merostomoidea）

　　　西德尼虫属 (*Sidneyia*)

　　　阿米虫属（*Amiella*）

　　　翡翠湖虫属（*Emeraldella*）

　　　娜罗虫属（*Naraoia*）

　　　臼齿山虫属（*Molaria*）

　　　哈贝尔虫属（*Habelia*）

　　　林乔利虫属（*Leanchoilia*）

　　3. 伪背甲亚纲（Pseudonotostraca）

　　　伯吉斯虫属（*Burgessia*）

　　　瓦普塔虾属（*Waptia*）

　　4. 未明之亚纲（subclass Uncertain）

　　　欧巴宾海蝎属（*Opabinia*）

　　　龟形虫属（*Cheloniellon*）

　　　幽鹤虫属（*Yohoia*）

　　　赫尔梅蒂虫属（*Helmetia*）

　　　莫利森虫（*Mollisonia*）

　　　通托虫属（*Tontoia*）

在此对斯特默的分类系统与沃尔科特最初的方案做详细比较，有两个原因：第一，要展示"沃式鞋拔"的威力，可以通过阐明这样一个道理来达到。那就是，所有的分类方案，无论细节上的差异有多么繁杂，都万变不离其宗。无论是沃尔科特把这些动物分散到众多现成类群里，还是斯特默把它们全都集中到他的类三叶虫纲中，无不依循"沃式鞋拔"的规则——伯吉斯动物所在的所有属，都属于现成类群。第二，当惠廷顿启动他的项目时，斯特默的诠释是最新、最标准的伯吉斯节肢动物分类方案，它发表在集中国际共识的主流大全类志书上。惠廷顿关于马尔三叶形虫的专论工作，就是在斯特默类三叶虫纲的背景下展开的。

马尔三叶形虫：疑云初现

读哈利·惠廷顿最初对马尔三叶形虫的专论，如果是草草一瞥，并不会觉得其行文有什么革命意味。专论正文之前，是 Y. O. 福捷[①] 所写的引言。福捷是加拿大地质调查局的局长，他这篇引言的开篇段落，即是对"沃氏鞋拔"及多样性不断丰富的圆锥等传统假定前提的复读：

> 位于不列颠哥伦比亚幽鹤国家公园的伯吉斯页岩举世闻名，独一无二。就是从那儿富含化石的寒武纪地层里，查尔斯·D. 沃尔科特……采集到……一组引人注目、类群相当丰富的化石，并对其加以描述。这些化石代表了节肢动物几近所有纲，以及其他动物门类的始祖。[②]

惠廷顿的专论标题，也未给出任何暗示，从中看不出论文是否将要掀起风浪。标题遵循有关论文的标准范式，交代了地点、年代和分类阶元，就如我以前一个学生沃伦·奥尔曼（Warren Allmon）对它的称谓——"产自 Z 地的 Y 时期的 X"。他甚至采纳了斯特默类三叶虫纲的分类，标题就叫作"产自不

---

① Y. O. 福捷，即加拿大地质学家伊夫·奥斯卡·福捷（Yves Oscar Fortier, 1914—2014），他曾在 20 世纪 50 年代和 60 年代领导过对加拿大北极圈的考察，并发现了重要的油气资源。——译者注
② 强调是我加注的。——作者注

列颠哥伦比亚伯吉斯页岩中的寒武世
的马尔三叶形虫（类三叶虫纲）之重
新描述"。尽管这一分类地位惠廷顿
只用过这么一次，在后来，他还是对
自己曾经的举动后悔不已。

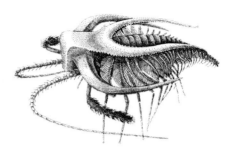

图 3.12　马尔三叶形虫侧面观。〔玛丽安娜·柯林斯（Marianne Collins）绘图〕

　　马尔三叶形虫是一类小型精致
动物（见图 3.12），它完全配得上
沃尔科特为之特地挑选的名字——
*Marrella splendens*①。标本长度从 2.5
到 19 毫米不等（不及 1 英寸）。头盾（head shield）形狭，并向后延伸成两
对刺状结构（见图 3.13 与图 3.14），格外醒目。头后是体部，由 24～26 节组
成，每节着生一对双枝型附肢（各肢分为两叉，见图 3.15），下方一枝是步行
足，在上方一枝上，生有长而纤细的鳃（沃尔科特对这一物种的昵称"蕾丝
花边蟹"即源于此）。体部末端是一个细微的扣状结构，称为尾节。有些标本
保留有肠道的痕迹。在与化石相邻的岩石表面上，常可见到特征明显的暗渍。
它可能是动物死亡之后渗出外骨骼的内脏残迹。

　　哈利·惠廷顿在马尔三叶形虫的研究上花了四年半时间，从标本的制备、
解剖，到绘制好几十幅不同身体朝向的标本图，都由他一个人完成。这样的
工作，通常应是交代给助理去完成的。但惠廷顿深知，他研究的，是关于伯
吉斯化石的保存及其难题，如果要使研究成果显得有权威的"气场"，并获得
认可，这些反反复复的基础工作，他必须亲力亲为。这些工作在实施时难免
枯燥、重复，但也能提供令人兴奋的机会，足以激发研究人员持之以恒的毅
力。哈利跟我讲过，为何会决定一人承担所有的工作，奉献宝贵的年月，专
注这项研究：

　　　　我想这一点很重要。的确，那十分耗时，往往是一连数个小时。不
　　　过，你能亲眼看到一切。而且，不少现象显露出成效，这是一个逐步的

————————

①　其拉丁学名的种加词 *splendens*，意为"光彩夺目"。——译者注

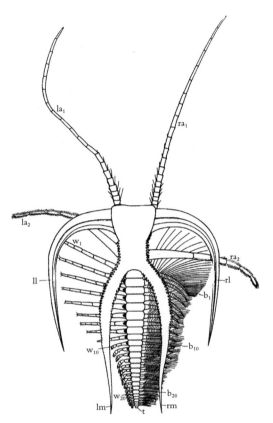

图 3.13　惠廷顿复原的马尔三叶形虫顶视图（Whittington，1971）。可见头部的两对附肢以及头盾上的两对刺状结构。第二对刺状结构向后长及动物整体。图中动物的左侧鳃枝和右侧足枝分别被略去，这一处理更便于清楚地展示，也是科学示图的标准做法。不过，若对该传统并无了解，这样的图难免令人不知所云。

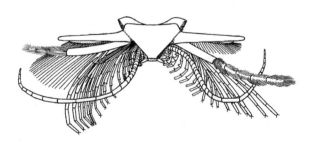

图 3.14　马尔三叶形虫的正面观，图中的主角好似向读者迎面走来。（Whittington，1971）

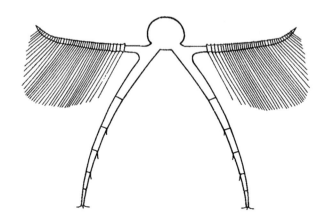

图 3.15　马尔三叶形虫的一对双枝型附肢。两侧上方的为鳃枝，下方的为足枝。(Whittington, 1971)。

过程。我喜欢制备[1]。发现隐藏的东西，是件十分令人兴奋的事，让一种隐藏的化石结构从岩石中显露出来，会让人有一种无与伦比的激动。

惠廷顿及其团队的伯吉斯研究，多数是订正，而非对新发现物种的首次描述。因此，这些工作是在原有诠释的语境下开展的，是对之前的研究进行评价。沃尔科特把马尔三叶形虫称作三叶虫，或者，至少可以说——方向没错，因为前者也具有后者的部分解剖学特征。斯特默把马尔三叶形虫当作他"类三叶虫纲"的"旗舰"生物，而这一纲又与三叶虫纲是姐妹群[2]，同属于三叶虫亚门。所以，惠廷顿研究马尔三叶形虫的主要背景，就在于它与三叶虫的关系，而三叶虫研究正是他毕生所长。

惠廷顿断言，马尔三叶形虫的基本构型与三叶虫鲜有相似之处。头盾数量为一，并有两对醒目的刺状结构，体节数量众多，形态单一，且大小向后逐渐递减，直至成为一个扣状结构——马尔三叶形虫的这些特征，让人很难联想到"标准的"三叶虫。三叶虫的外骨骼通常为阔椭圆形，由三个基本部

---

[1]　古生物学行话，指清理岩石里的标本，并使之暴露出来。——作者注
[2]　姐妹群（sister-group），指拥有同一个祖先的唯有两个类群。——译者注

分组成——头、胸、尾（不懂术语的读者，知道它们分别指脑壳、身板和尾巴就行了）。

但是，认为马尔三叶形虫与三叶虫有亲缘关系的观点，无一以虫体的大致形态为依据。斯特默提出类三叶虫纲的概念时，给出的理由，是这些动物的体部都有相似的双枝型附肢。然而，惠廷顿研究了数百件标本，在这一过程中，他逐渐开始意识到，马尔三叶形虫不同于任何已知三叶虫种类。这些差异表现一致，而且可能是两者的根本差异。惠廷顿也承认，两者在基本结构上并非完全不同。这一大致相似的说法从未被怀疑过，即使是惠廷顿，也引述了斯特默的原话，用来强调这一观点——"这些附肢有分节的步行足和着生纤毛状结构的鳃枝，从广义上讲，它们'多少与三叶虫的附肢相似'（Størmer，1959，26 页）"（Whittington，1971，21 页）。不过，那些不同之处开始让惠廷顿有更深的印象。马尔三叶形虫的步行足分为六节，末节上有刺（见图 3.15），比三叶虫的分节少一到两节，而三叶虫步行足分节的标准数目很少有变化。惠廷顿得出结论："无论哪一枝都与已知三叶虫的不相像，其步行足比三叶虫的少一（或两）个分节，着生纤毛的一枝在结构上也与之不同。"（Whittington，1971，7 页）

把马尔三叶形虫归于三叶虫的类群，沃尔科特对头盾及其附肢的诠释可作为强有力的证据（Walcott，1912；1931）。三叶虫（见前文插页）头部附肢的着生方式特征明显，几近刻板——一对（触角）生于口前，三对生于口后（早前的研究也提出过四对口后附肢的说法，但后来的研究，尤其是惠廷顿在 1975 年发表的有关产自伯吉斯的三叶虫的专论，认为三对的可能性更大）。沃尔科特重构的马尔三叶形虫头部与三叶虫的构型完全一致——有一对触角，并把接着的三对分别称为上颚（mandible）、第一小颚（maxillula）[①]、下颚（maxilla）（Walcott，1931，31 页）。沃尔科特甚至打算发表照片（Walcott，1931，图版 22），旨在清晰全面地展现这一着生方式的细节。这一重构就成为他将马尔三叶形虫和三叶虫联系起来的重要原因。

---

① maxillula 作为昆虫的结构，译为"颚间叶"，是全国科学技术名词审定委员会审定的标准名词，作为甲壳动物的结构，则被称为"第一小颚"。由于沃尔科特将伯吉斯的节肢动物全都归于甲壳类，译者在此采用"第一小颚"的义项。——译者注

不过，惠廷顿心中疑云顿生。在研究那几百件标本的过程当中，这种怀疑逐渐发展成反证。沃尔科特之后的作者们并未接受他的理由。（比方说斯特默，他肯定马尔三叶形虫与三叶虫之间的联系，但也拒绝沃尔科特对前者头部的重构，他的依据是两者体部附肢的相似性。）惠廷顿首次发现，沃尔科特展示的示意照片，是照片修描者技艺的产物，而非岩石结构的忠实写照。在专论的第 13 页，惠廷顿解释为何自己对沃尔科特采集标本的手工绘图，与沃尔科特在 1931 年发表的照片有所不同："从标本本身可见，他的示意照片曾经过大量的修描。"这种克制的评价一直持续到第 20 页，在这一页，惠廷顿少有的尖刻评价跃然纸上："一些照片修描过度，已经到了捏造某些特征的程度，所谓上颚、第一小颚与下颚，就是这一行为的突出体现。"（Whittington，1971）

在马尔三叶形虫的头部，惠廷顿只发现有两对附肢，都是口前类型，也就是说，在口部之前。一对是较长的第一触角（相当于沃尔科特所言的"触角"，换谁都会如是诠释），分节数多；一对是相对粗短的第二触角（沃尔科特所言的"上颚"），由六节组成，有些覆有刚毛或毛状结构。惠廷顿没有发现沃尔科特所言下颚及第一小颚的任何踪迹，他的结论是，沃尔科特将压碎或脱节的第一体节足枝误当成头盾的组成结构。沃尔科特自己也承认过，他没能在大多数标本中观察到这些所谓的附肢："第一小颚与下颚过于纤细，通常缺失，或因撕扯脱落所致，或被挤压破碎于强壮的上颚[①]和胸部附肢之间。"（Walcott，1931，31—32 页）

但是，确认马尔三叶形虫头盾有两对口前（第一、二触角）附肢，无口后附肢，并不能完全解决解剖学方面的问题。这两对附肢的潜在联系不止一种，而两者关系到底如何，是从分类学角度确定亲缘关系的依据。惠廷顿面对的主要选项有三种，都是前人已提出的，且引申各有不同。第一种，两对触角或许代表了一对祖先附肢的内外两枝——第一触角由外侧的鳃枝进化而成（虽然失去了纤毛，但分节多数的纤细主干得以保留），粗短的第二触角由内侧的步行足进化而成。第二种，两对触角自祖先起就是完全分离的，最初

---

① 即惠廷顿所言的第二触角。——作者注

分别着生于两个体节之上，在进化的过程中分化成当前的结构。第三种，第二触角与步行足如此形似，或许实际上属于头后的第一体节，根本不着生于头盾之上。若果真如此，头部可能只着生有一对附肢，也就是第一触角。

要解析马尔三叶形虫的解剖学结构，惠廷顿需要解开不少难题。上述问题是重中之重，十分棘手。此外，他还面临一个技术性障碍。因为，头部附肢与头盾之间的关键连接点显露在外的标本少之又少，几近不存。（远端，即最远一端的术语称谓，是指附肢上与虫体相接处相反的一端。附肢的远端远远地伸向虫体的中轴之外，通常保存得完好易见。但附肢与虫体相接的一端，也就是近端，即最近的一端，位于中轴之内，与虫体中心区域的解剖学结构混为一团，难以分辨，因此很少能被解析清楚。）

为了解开这个难题，惠廷顿用尽自己所有的分析技巧。他从头盾向内解剖，寻找附肢与虫体的相接处。他还找来身体朝向非同寻常的标本，看附肢的近端是否显露在外。图 3.16 呈现的，是一张显微（投影）描绘图。它描绘的关键标本，最终导致惠廷顿对马尔三叶形虫重新诠释的形成——这是两对相互独立的触角，皆着生于头盾之上。这是唯一一件清晰显示出各对触角近端，且分别相接于头盾之内的标本。

想想看，惠廷顿着手撰写马尔三叶形虫专论时，所面对的情形，是何等

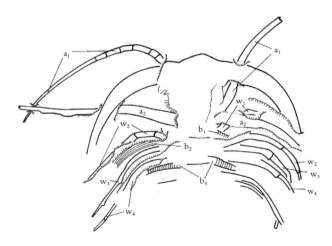

图 3.16　马尔三叶形虫头部的显微（投影）描绘图。所示标本，为解开解剖学结构复原主要难题的关键，只有这件标本显示出两对附肢（标为 a_1 和 a_2）分别与头盾相接的特征。

进退两难。在他心中，旧的观点理所当然，即化石全部属于现有的主要类群，生命的历史朝着更加复杂和多样的方向发展。可是，马尔三叶形虫在现有类群中似乎无类可归。惠廷顿发现，这类动物体部的足与三叶虫相似，但相似程度并不足以使前者归入后者之中。他确认，头部附肢为两对口前型、无口后型，既不同于三叶虫的一对口前型、三对口后型的序列，也从未见于节肢动物的类群中。他该拿马尔三叶形虫怎么办？

如今，若遇到这种情形，已不会有任何问题。哈利会一笑而过，对自己说——哦，又一类不属于现代类群的节肢动物，又一种差异度在开始时就达到顶峰的表现，也是随后的历史是一个有关构型抽灭而非递增故事的另一证据。不过，这种诠释在1971年还闻所未闻。这一概念的车不会去推拉它的那匹领头马，更何况车还被造出来。

1971年，哈利仍困于这样一个概念——既然伯吉斯化石的年代久远，那里的物种必然是原始的，或为各大类群的基础成员，将来在其基础上特化出更多构型；或为更遥远的先辈，集众多类群的特征于一身，因而是所有这些类群的祖先。如此一来，他草草抛出这样一种观点，马尔三叶形虫或是三叶虫类和甲壳类的某种共同祖先——为三叶虫的祖先，是因为足的结构相似；为甲壳类的祖先，是因为头盾着生有两对口前附肢。（这一论据中的事实都显得比较勉强，惠廷顿在文中已详细列举了马尔三叶形虫与三叶虫在足结构特征方面的显著不同，且甲壳类的头盾着生有三对口后附肢，而马尔三叶形虫一对也没有。）即便如此，惠廷顿依旧站在有关原始性的大众说辞一边，这是他能对马尔三叶形虫做出的唯一判断。他写道："马尔三叶形虫的化石表明，存在着这样一种早期节肢动物，以体节形态连续一致、足肢与三叶虫大体相似为特征……且无颚结构，这一特征与取食颗粒和碎屑的习性相符合。"

但惠廷顿还须列出马尔三叶形虫属的分类地位。这一下，他又陷入两难。马尔三叶形虫的独特特征与节肢动物各个类群的基本特征都不符。哈利已经处于思想转变的边缘，但这一次，他还是有所顾忌，选择站在传统一边——就如在专论标题中见到的，他把马尔三叶形虫属归入斯特默拟定的"类三叶虫纲"。可是，如此为之以后，他为背叛自己更好的判断而备感痛苦。他告诉我："我不得不加上它的归属，于是我把'类三叶虫纲'加了上去。"但是，在论文投稿和收到出版印刷的白纸黑字之间的日子，惠廷顿已经意识到，他本来可以将"类三叶虫纲"作为一个人为定义的类群弃之不用。在那个"废纸篓"里，埋没着最精彩的节肢动物的进化故事。他对我说："当我见到标题中马尔三叶形虫与'类三叶虫纲'印在一起时，我就知道搞砸了。"不过，事实上，马尔三叶形虫只是一个大爆发的开端，对这次解剖学构型大爆发的记录很快就要改变我们的生命观。

幽鹤虫：疑上心头

惠廷顿的伯吉斯节肢动物修订之旅谨慎细微，他本打算按标本数量的顺序依次研究。加拿大盾虫的标本数量仅次于马尔三叶形虫，但惠廷顿希望让一名研究生来负责所有双瓣壳节肢动物研究（正如在第三幕中会看到的，德里克·布里格斯将把这一工作完成得十分出色）。再接着，是伯吉斯虫和瓦普塔虾，斯特默曾将它们归到他的伪背甲亚纲。不过，惠廷顿将这些属分配给他的同事克里斯·休斯（他对伯吉斯虫的研究成果发表于 1975 年，在此书的撰写过程中，有关瓦普塔虾的研究尚未完成）。就这样，惠廷顿选择了标本数量排在下一位的节肢动物（大约有 400 件）——幽鹤虫属（*Yohoia*），这个有趣的属类以伯吉斯页岩所在的国家公园命名。

惠廷顿的第二篇专论，即是在 1974 年发表的幽鹤虫研究。它标志着惠廷顿思想发生了细微但又有趣的变化，朝着重大转变的方向迈出的必要一步。惠廷顿在研究马尔三叶形虫属时并不轻松，但他的实证得出正确的结论——这一伯吉斯最常见的属类，不属于任一已知节肢动物类群。但是，当时没有这种概念框架，惠廷顿除了把伯吉斯生物看作原始或祖先类型，没有别的选择。当然，他也无意仅凭可能不够典型的孤例，就去建立一个新的标杆。不过，一例为奇，两例则不然，会有普遍潜在可能。研究幽鹤虫，让惠廷顿往全新生物观的方向迈出了明确的第一步。

幽鹤虫是一类非常奇特的动物。一眼望去，可见体部细长，头盾简单，没有奇怪的刺状结构，也没有突起，看起来十分"原始"，结构也不算复杂（图 3.17）。沃尔科特把这一属归为鳃足动物，斯特默认为它归属不明，塞到

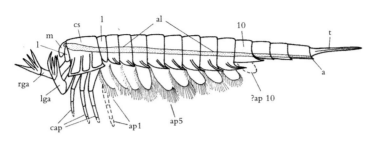

图 3.17　惠廷顿的幽鹤虫复原图（Whittington，1974）。可见与头相接的大附肢（标为 rga 和 lga）。

类三叶虫纲的最后。而当惠廷顿研究时，他感到越来越疑惑。幽鹤虫与任何已知类群的特征都不相符合。

以伯吉斯标本的标准，幽鹤虫的保存算不上好。这让惠廷顿难以解析附肢的次序和排列方式，那可是节肢动物分类的关键因素。他最终认定，幽鹤虫的头部可能着生有三对单枝型步行足。这并非有何特别之处，它符合标准的三叶虫模式，与斯特默将其归入类三叶虫纲的处理别无二致。但最令人好奇的非同寻常之处，就位于虫体前端——一对大的擒握附肢，各肢由基部粗短的两节和端部的四根刺组成。这一独特的结构在节肢动物中独一无二，在现有的众多术语中，惠廷顿也找不出合适的名字来称呼它。于是，他选了个雅致朴素的俗名，称其为"大附肢"（great appendage）[1]。

除了"大附肢"，幽鹤虫的头盾没有着生其他附肢——无触角[2]，无取食结构（昆虫及其他动物所谓的颚与口器都是特化的足，电影里巨大的昆虫进食

---

[1]　这一器官显而易见，沃尔科特当然没有忽略。要将幽鹤虫归入鳃足动物，该器官独特的存在，就构成一个障碍。沃尔科特回避了这个矛盾，他认为"大附肢"是雄性的"抱握器"（clasper），换言之，就是在交配过程中用来抱握雌性的身体的组成结构（许多鳃足动物都有）。但惠廷顿认定，所有标本都具有这一结构，从而推翻了沃尔科特的理由。——作者注（惠廷顿 1974 年原文献中并无雌雄的定性描述，且相关表述为"绝大部分标本"，而非"所有标本"，详见该文献第 6 页和第 14 页。——译者注）

[2]　沃尔科特置于幽鹤虫属的物种有两种，分别为纤柔幽鹤虫（Yohoia tenuis）与丰满幽鹤虫（Y. plena）。惠廷顿意识到这两种区别甚大，分属于不同的属。丰满幽鹤虫有触角，实为一种叶虾（phyllocarid）。那是双瓣壳节肢动物，属于不久之后将由德里克·布里格斯负责研究的对象。惠廷顿将其从幽鹤虫属移出，另新拟一丰虾属（Plenocaris）。（按惠廷顿 1974 年原文献，该属属节肢动物门软甲纲叶虾亚纲，但纲和亚纲的地位皆有存疑，且目和科一级地位不明。——译者注）纤柔幽鹤虫才是"奇葩"，所以它是 1974 年专论的主题。——作者注

图 3.18　幽鹤虫。(玛丽安娜·柯林斯绘图)

画面会让我们感到诡异和不适，这一事实即是罪魁祸首)。头后的前十体节上有叶状的附肢，附肢末端生有流苏状的刚毛，或毛发状延伸结构（见图 3.17 及图 3.18）。第 1 体节的附肢可能是双枝型，有步行足，但由于标本保存状况不佳，惠廷顿无法获得满意的解析结果。第 11～13 体节为圆筒状，皆不着生附肢，而末节，即第 14 体节形成扁平的尾节（或尾巴）。体节和附肢的这种特征，与标准的三叶虫模式有很大的不同。标准的三叶虫模式，是各体节皆着生一对双枝型附肢。有"大附肢"在前，奇怪的附肢特征在后，幽鹤虫成为节肢动物中的一个"孤儿"。

　　惠廷顿（在 1988 年 4 月 8 日的采访中）回忆，研究幽鹤虫是他的思想转折点。在此之前，尽管他认识到马尔三叶形虫的独特性，但还是将它纳入主流思想的"双 P"阵营——认为它是原始的（primitive），且为后来类群的前体（precursor）。而此时，对幽鹤虫的研究结果，已迫使他产生了一种不同的见解。幽鹤虫是一类简单细长的动物，有很多体节，从一些角度看，它的确有某种原始的外观。他写道："这类动物的消化道贯穿整个虫体，与斯诺德格拉斯 ① 假想的原始节肢动物相似。"（Whittington，1974，1 页）惠廷顿也未回避其独特性，尤其是那对"大附肢"的组成形式。他曾试图还原幽鹤虫的生活习性，解释那些着生流苏状刚毛的叶状体节附肢如何用以游弋、（作为鳃）呼吸、转运食物碎屑；解释它如何操起那对"大附肢"，往前，用刺尖捕获猎物，再向后折回，正好将食物送入口中。

　　所有这些，都是独一无二的解剖学性状。或许正因为如此，才使幽鹤虫得以很好地适应其独特的生活习性。这类动物不是某一有着奇特性状的类群的祖先，它自成一体，不过是同时拥有原始性状和衍生性状。惠廷顿写道：

---

① 斯诺德格拉斯，即罗伯特·埃文斯·斯诺德格拉斯（Robert Evans Snodgrass，1875—1962），美国著名昆虫学家，其代表作《昆虫形态学原理》(*Principles of Insect Morphology*，1935) 被认为是英语世界中最为经典的昆虫形态学教科书。——译者注

"显然，外骨骼和附肢的特征，是纤柔幽鹤虫（*Yohoia tenuis*）习性与众不同的原因。"（Whittington，1974，1 页）

SYSTEMATIC DESCRIPTIONS

Class TRILOBITOIDEA Størmer, 1959？
Family YOHOIIDAE Henriksen, 1928
Genus *Yohoia* Walcott, 1912

图 3.19　决定性的第一次公开存疑。惠廷顿仍将幽鹤虫属置于"类三叶虫纲"，但对斯特默拟定的这一类群的地位是否合理表示怀疑（*Whittington*，1974，4 页）。（图中英文分别为：系统描述，类三叶虫纲？幽鹤虫科、幽鹤虫属。——译者注）

就这样，在至关重要的 1975 年即将到来之际，惠廷顿已有两篇关于伯吉斯节肢动物的专论问世，研究结果的古怪亦如出一辙。在现有的节肢动物类群当中，马尔三叶形虫和幽鹤虫无以归属。它们并非生命曙光到来之际的一些仅具基础特征的简单生物，它们是特征专化的动物。具有那些独一无二的特征，表明它们显然活得很好，而非像一些简单生物，在将来有更复杂、更具竞争力的后代可取而代之。

惠廷顿顾忌依旧，没有因这些疑点而改写幽鹤虫的正式分类地位。他依然将幽鹤虫属置于"类三叶虫纲"，不过这是最后一次，而且，处理也与之前有两处关键的不同：第一，在专论的标题中，没有出现斯特默拟定的这一类群名。第二，在正式分类表中，这一类群名之后，多了一个决定性的问号（Whittington，1974，4 页）。这两个不同之举，是对旧有秩序的首次公开挑战（图 3.19）。惠廷顿写道："我对幽鹤虫是否应置于类三叶虫纲存疑。"（Whittington，1974，2 页）问号在概念上显现出的威力，永远不要加以怀疑。

第二幕　1975：新观念生根——向欧巴宾海蝎致敬

哈利·惠廷顿在 1975 年欧巴宾海蝎专论的开篇语，应当作为最非同寻常的表态之一载入科学史册。"本文图 82[①] 的早期版本在牛津召开的一次古生物

---

① 本书原样照搬，即图 3.20。——作者注

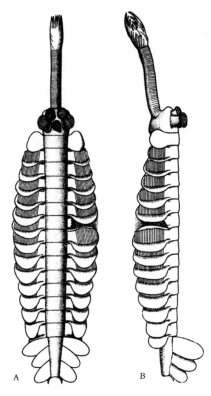

图3.20 惠廷顿复原的欧巴宾海蝎
（Whittington，1975a）。（A）顶视图，可见
头背面的五只眼。（B）侧视图，背面朝右，
可见尾鳍的朝向与身体的相对位置。

学协会会议上亮相时，曾被敬以热烈的笑声，那应当是向这种动物奇异之相的致敬。"（Whittington，1975a，1页）您是否会为我的断言感到困惑？这一不得罪人的句子有什么特别之处？它甚至未放弃科技写作中传统的被动语调。好吧，您如果了解哈利·惠廷顿，并沉浸于科技专论的行文传统风格之中，就不会这么问了。我已说过多次，哈利是一个保守的人。[1]我怀疑，在他多达数千页的著作中，是否曾有过个性化的表态，更别说是对某一透明事件的戏说。（即使在这次，他也只允许自己以被动的语调道出。）那么，是什么竟然说服了哈利·惠廷顿，在发表于《皇家学会哲学学报》的专论上，以讲述这种奇谈式的个人经历开头？对于惠廷顿而言，这样的开头就好比卡里姆·阿布杜尔－贾巴尔[2]到了小人国。一定是发生了什么不同寻常的事。

　　沃尔科特在1912年描述欧巴宾海蝎属时，也是将其当作一种鳃足类甲壳动物。欧巴宾海蝎前端有怪异的长鼻状结构（图3.21），这一特征使其在伯吉斯动物中显得最引人注目。多年来，对其复原的尝试不止一次，但论文的作者们无不在节肢动物的某个主要类群中为其觅一归属。欧巴宾海蝎是伯吉斯节肢动物中最

①　我认为，对于本书的故事整体而言，强调他的这一性格至关重要，也便于故事的讲述。因为，您可以从故事中了解到，惠廷顿对伯吉斯动物的重新诠释，完全源于证据的逐渐积累，水到渠成，而非由先入为主的欲望驱使，他从没想过以激进变革者的身份名垂青史。——作者注
②　卡里姆·阿布杜尔－贾巴尔（Kareem Abdul-Jabbar，1947—），美国职业篮球运动员，参加了20个赛季的美国男子职业篮球联赛（NBA），是常规赛得分的纪录保持者，在1996年入选NBA50大巨星，已于1989年退役。——译者注

令人疑惑的一员，对于惠廷顿而言，它既是挑战，从逻辑上讲，也是下一个研究目标。毕竟，在此之前的三篇相关专论，有两篇是关于在伯吉斯常见的属（马尔三叶形虫属与幽鹤虫属）的研究，一篇有关三叶虫足肢的结构研究。

图 3.21 欧巴宾海蝎，可见末端有爪的前端长鼻状结构、头部的五只眼、朝上一面着生鳃的体部，以及分为三节的尾节。（玛丽安娜·柯林斯绘图）

研究甫始，对于欧巴宾海蝎节肢动物的身份，惠廷顿没有丝毫怀疑。而且，之前研究马尔三叶形虫与幽鹤虫的经历，应该让他有了见怪不怪的心理准备。但很快，他便遇到有生以来的最大意外，之前见识之怪已是小巫见大巫。1972 年在牛津召开的古生物学协会（Palaeontological Association[①]）年会上，惠廷顿报告了自己对欧巴宾海蝎的首轮复原成果。

笑声是人类最模棱两可的表达方式，因为它所体现的，可以是相互矛盾的两种意味。同行们在牛津发出的笑声，惠廷顿认为是出于困惑，而非奚落。尽管如此，他还是受到很大的触动。他的两位高徒，西蒙·康维·莫里斯和德里克·布里格斯一致认为，那次在牛津的听众反应，是哈利的伯吉斯页岩研究发生转折的标志。他的动机很简单，他必须解决这个问题，平息那始料未及、格格不入的笑声。他必须征服同行们，因此，对欧巴宾海蝎的复原必须无可辩驳，这样，它所有的奇异之处才能作为事实被广为接受，再也不会让科学殿堂的清净为身负弥尔顿[②]《快乐的人》的灵魂所扰：

---

① 英国古生物学家的顶尖行业协会。这些古生物学家谐谑地自称 pale ass——"惨白的驴"。对于一个美国人而言，这般称谓显得更富有幽默感，因为在英格兰，这一名号只有"驴"这一种意思（他们那儿管您背后的顶端叫 your arse）。——作者注

② 即英国诗人约翰·弥尔顿（John Milton，1608—1674），其代表作《失乐园》（*Paradise Lost*）广为人知。《快乐的人》（*L'Allegro*）及其姐妹篇《幽思的人》（*Il Penseroso*）收录于《1645 诗集》（*Poems of Mr. John Milton，both English and Latin，compos'd at several times*），诗歌标题皆为意大利文。引用诗歌原文为 "Haste thee nymph, and bring with thee \ Jest and youthful Jollity, ...\\ Sport that wrinkled Care derides, \ And Laughter, holding both his sides"。——译者注

小仙女儿，你快快来，

带上风趣，还有年轻的欢快……

被老朽谨慎讥讽的嘲笑，

还有两手叉着腰的大笑。

　　虽然欧巴宾海蝎是一种罕见的动物，只有 10 件品相较好的标本（沃尔科特发现 9 件，加拿大地质调查局在 20 世纪 60 年代的工作中又发现 1 件），但沃尔科特将它作为对伯吉斯动物群诠释的中心，其重要地位随之确立。沃尔科特给予欧巴宾海蝎的重视，体现在排位上。在他对伯吉斯节肢动物的描述文字中，该属排在首位；在他的分类表中，该属亦排在最前（见表 3.1）。因为他认为，有体部细长、体节较多且无明显复杂附肢等特征，"十分容易产生联想，它就是环节动物的祖先"（Walcott，1912，163 页）。环节动物门（Annelida）由体节较多的蠕虫（包括陆生的蚯蚓和海洋多毛类动物）组成，被认为是节肢动物门的姐妹群。既然如此，一种集合两个门类动物特征的动物，应该与两者各自祖先的关系都很近，而且可以是联系这两大无脊椎动物类群的一环。对于沃尔科特而言，欧巴宾海蝎就是最原始的伯吉斯节肢动物，是将来所有类群真正祖先的最佳之选。

　　但是，沃尔科特认为欧巴宾海蝎有哪些节肢动物特征？他不会在意头部，在那儿，他未发现有附肢着生。前端的"长鼻"可以被诠释为合二为一的触角，眼的构型也与节肢动物一致（沃尔科特只注意到两只眼，但惠廷顿发现了五只，由两对和位居其中的一只组成）。沃尔科特坦言："没有一件标本的头部……有第二触角、第一触角、上颚或下颚的着生痕迹。如果这些附肢较大，它们便已脱落，如果较小，就有可能被挤扁压碎的头后部区域遮住。"（Walcott，1912，168 页）我认为这一表述显然是无意识地先入为主的一个实例，虽然看起来有趣，但在科学领域里，却是一种偏见。沃尔科特"早就知道"欧巴宾海蝎是一类节肢动物——是节肢动物，其头部必着生有附肢。既然他没有发现任何附肢，就必须给出理由——要么过大，因而总是断掉；要么过小，因而藏于头下。他甚至未提及显而易见的第三种可能——没见到，是因为它们并不存在。

（顺便提一句，在下一段可以见到，沃尔科特还犯了另一个错误。这一错误，或许仅仅是显得有些好笑，或者说有些离题，但也突出说明了一个严重问题。那就是，我们带着成见去观察，将结论局限于已知的范畴，因而对显而易见的真实视而不见。促使惠廷顿及其同事对伯吉斯动物加以订正的动因，可能是他们观察到一系列异常特征。但正如我们将要看到的，在1975—1978年间，全新观念的概念框架逐渐成形。它营造了新的语境，才使更多的观察研究得以实现。我不是在鼓吹相对主义[①]，因为伯吉斯动物是客观的存在，不会因我们而改变。但是，概念可以遮住我们的双眼，而对一般性特征的鉴定再精确，也不能保证对特有解剖学结构的认识一定正确。不过，概念一定能牵引我们的感知，在硕果累累的康庄大道上行进。）

抱着我们自古以来便有的性别偏见，沃尔科特发现了2件不见前端长鼻状结构的标本。（沃尔科特以为这些标本确实不曾有"长鼻"，但惠廷顿在后来解剖其中一件标本时，发现了参差不齐的断裂点，从而证明，"长鼻"并非不曾有，而是脱落了。）在一件标本本应着生"长鼻"的位置，沃尔科特发现了一个纤细的二叉状结构。（这实际是一类不相关的蠕虫的局部碎片，但沃尔科特把它诠释成欧巴宾海蝎自身的结构，就在其他标本着生长鼻状结构的位置。）于是，沃尔科特便得出结论，欧巴宾海蝎具有雌雄异形现象。粗壮的"长鼻"（自然）属于雄性，那纤细结构则属于更纤弱的雌性。他在论文中写道，这些所谓雌性"不同于雄性之处，在于前端的附肢纤细，呈二叉状，而非如雄性那般强壮"。他甚至把主动和被动的发现强加到他想象的区别中，说"长鼻""可能为雄性抱握雌性之用"（Walcott，1912，169页）。

沃尔科特认定欧巴宾海蝎是节肢动物，其主要理由在于对成对体节的诠释。他将这些翼状的结构解读为原始双枝型附肢的鳃枝。根据自己的观察，他以为在每翼基部有两到三个"长度较短的强壮关节"（Walcott，1912，168页），鳃就着生在与关节相接的阔叶状结构上。他希望也能发现内侧的足枝，

---

① 相对主义（relativism），按全国科学技术名词审定委员会审定的《心理学名词（第二版）》（2014）的相关解释，即"片面强调现实的变动性，夸大认识的主观性，认为心理学并不存在客观真理"。——译者注

但始终没得到能使自己信服的发现。他最后的结论是，步行足可能以"无关紧要或痕迹性状^①"的形式存在。

显然，沃尔科特认为，欧巴宾海蝎与节肢动物有亲缘关系的铁证未能保存下来。为此，他感到困扰。他甚至找来一些现代无甲类动物，将它们放到玻璃板之间挤压，以此模拟伯吉斯化石形成的环境。这是有意造成伤害的行为，但结果让他多少有所慰藉。因为采用这种实验处理，所有纤弱附肢存在的证据会毁于无形。他写道："在实验中，将鳃泳虫属（*Branchinecta*^②）和鳃足虫属（*Branchipus*）标本放到玻璃板之间压扁。通过研究实验结果，我发现，如果化石中附肢结构的特征保存得清晰可见，那会令人十分吃惊。"（Walcott，1912，169 页）沃尔科特施展其半路出家行当的专业技能——行政管理，用最好的一面遮住不利的方面。这样，欧巴宾海蝎仍是节肢动物。

在后来的有些重构中，欧巴宾海蝎被赋予越来越多的节肢动物特征。与下面这些越发"不知耻"的重构相比，沃尔科特的工作绝对算得上谨慎细微、面面俱到。1931 年，伟大的生态学家 G. 伊夫林·哈钦森跨界古生物学。无甲类动物偏好的生活环境如何从寒武纪的海洋变化到现代的淡水池塘，这个问题令人着迷。为了弄清这个问题，他也对欧巴宾海蝎进行了重构。他对重构的呈现，是无甲类动物游弋时标准的背部朝下姿势（图 3.22）。两侧的翼状结构被重构成刃状的附肢，正好着生在节肢动物壳的侧面。

这种自由想象传统的高潮，是 A. M. 西蒙内塔发表于 1970 年的重构^③。这一重构有其美学上可爱的一面，但也富有幻想，欧巴宾海蝎成了一种理想的

---

① 痕迹性状（rudimentary character），指没有功能的祖先性状。——译者注

② 原文在此处出现的是 *Brachinecta*，查过其引用的原文献（Walcott，1912，169 页）后可以确定是笔误，实为 *Branchinecta*。——译者注

③ 古生物学家 A. M. 西蒙内塔（A. M. Simonetta）来自意大利，其工作值得大提特提，远不止本书所限之篇幅。在沃尔科特之后，惠廷顿之前，他欲以一己之力，完成对伯吉斯节肢动物全面修订的庞大项目。他研究的是沃尔科特采集的标本，研究方法也与沃尔科特相同，认为这些化石实际上在岩石表面以膜的形式保存，而且也未曾打算对标本进行制备。因此，在他 20 世纪 60 年代和 70 年代发表的一系列文章里，存在着不少错误。但与此同时，他的工作较之前的不少研究有很大的改进。正是他全面的研究提醒了古生物学家——伯吉斯页岩的生物是多么丰富。既然科学是一个改正的过程，西蒙内塔所犯的错误，也是促成惠廷顿及其同事进行修订的重要原因。——作者注

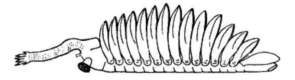

图 3.22 哈钦森按无甲类动物重构的欧巴宾海蝎，以前者现代类群游弋时背部朝下的姿势呈现。（Hutchinson，1931）

图 3.23 西蒙内塔按节肢动物重构的欧巴宾海蝎（Simonetta，1970），虽迷人，但又是错误的。(A) 顶视图，（B）侧视图。西蒙内塔向大家展示，前端长鼻状结构，是由触角合二为一而成。在体部各节的两侧，还绘有双枝型附肢。

节肢动物（图 3.23）。其前端长鼻状结构多出一条纵向的缝隙[①]（完全出于想象），表明那本是一对触角，现在合二为一了。西蒙内塔在头部还"发现"了另两对较短的节肢动物附肢，但实际上一对是眼，一对是壳上的突起。在重构图中，西蒙内塔为体部每节加上了强壮的附肢。这些附肢是典型的双枝型，刀状的鳃枝在上，虽小但结实的足枝在下。当惠廷顿着手研究那 10 件欧巴宾海蝎标本时，所面对的，就是这种未曾被挑战过的传统。

我现在就要呈现本书的支柱内容。在接下来的一两页里，我本想用大写或时髦的字体，或红色的字——但出于对图书美学传统的尊重，我最终打消了这个念头。我的克制还有其他原因，那就是我不愿为传奇故事拾柴添薪（伯吉斯页岩的发现传奇已广为流传）。我心中百感交集——这出戏的关键时刻即将到来。不过，我的讲述会恪守历史的原则——"关键时刻"在现实中并不存在，至少不像那些我们熟悉的传奇中说的那样。

"关键时刻"纯属小孩儿胡闹。您想，像这个故事，涉及那么多缠身于复杂智力攻关的人物，如何能宣称某一时刻就是唯一的焦点，或者说某一时刻最为重要？我好不容易掌握了所有的细节，并将它们以应有的次序整理妥当，

---

① 缝隙（suture），即缝，指节肢动物中两骨质结构间的膜质分界线。——译者注

走到现在，怎么能让这一切努力都浪费在"Eureka——我发现了"的迷思中呢？一个人可以在某一时刻发现某一物件，比如说"希望钻石"①，但即便是这样一件单纯的事件，事前也不可避免地牵扯到一系列因素，包括地质学经验的积累、政治阴谋、个人关系，以及好的运气。何况，我讲述的是生物观和历史意义的转变，它不仅影响深远，而且是抽象的。这样一个复杂的变化，在它发生前后怎么可能存在一个关键的时刻？自然选择学说、自由放任经济学、结构主义，还有圣母无染原罪②令教众可信的理由，或者其他复杂的道德或智识制高点，难道它们的形成都要归结到单个人、具体地点或日期吗？③

虽说如此，就像奥威尔讲的，在他那个暗喻苏联的农场里，有些动物就是比另一些动物更平等。④我们需要英雄的代表和关键的时刻来吸引我们的注意力——比如说砸到牛顿的苹果，还有伽利略没有从比萨斜塔上丢下过的东西。⑤就如鼓点的节奏一如既往地敲下去，尽管听起来差不多，我们或许还是能从中辨别高潮之所在。

我相信，在有关伯吉斯页岩的变革当中，确有某种一去不可回头的节点，

① "希望钻石"，即 hope diamond，世界著名钻石，历史悠久，涉及诸多传奇。现名从其 19 世纪收藏人之一的霍普家族，故也可称作"霍普钻石"。现收藏于美国史密森尼学会，在其所属的国家自然历史博物馆展出。——译者注
② 自由放任经济理论学（laissez-faire economics），即提倡经济贸易完全不受政府干涉的学说。结构主义（structuralism）学说认为，人类外在的具体不同表现（如不同的语言、文化等）有其内在的抽象共有基础，并旨在揭示这一基础及与外在表现构成的联系结构。圣母无染原罪（Immaculate Conception of Mary）的信众认为，耶稣的外祖母安妮在孕育马利亚时，因上帝的干预，致使马利亚生来便无"原罪"，因而确保了将来马利亚之子耶稣的圣洁。这一教义并非来自《圣经》，而是由天主教教皇庇护九世于 1854 年正式纳入，信众局限于天主教徒。—— 译者注
③ 针对我列举的最后一项，我的天主教朋友们可能会说——有，单个人即庇护九世（Pope Pius IX），具体日期为 1854 年 12 月 8 日。不过，教皇颁布的《莫可名言之天主》（Ineffabilis Deus）通谕不过是那一统治体系的正式决议，之前的争辩长达上千年，没人能从中挑出一个关键时刻。达尔文建立自然选择学说的过程漫长而纠结，霍华德·格鲁伯 1974 年的著作《达尔文论人》（Gruber, H. E. 1974. *Darwin on man: a psychological study of scientific creativity.* New York: Dutton.）中有更多的介绍。——作者注
④ 英国作家乔治·奥威尔（George Orwell, 1903—1945）1945 年发表的中篇小说《动物农场》（*Animal Farm*）中的典故。——译者注
⑤ 众所周知，在比萨斜塔进行自由落体实验是伽利略的假设。历史学家普遍认为，这一实验从未付诸实施。有关其亲自登塔抛球的传奇，最早出现在其秘书为其而立的传记中，那时他已去世多年。——译者注

一个分割之前和之后的关键发现，至少是在象征意义上。

现在，我们回到哈利·惠廷顿，全世界所有的欧巴宾海蝎标本就摆在他面前。在此之前，对这类动物的鉴定结果，从来都是节肢动物，但谁也没有发现它成其为节肢动物的铁证，即具有分成数节的附肢。不过，话说回来，在惠廷顿之前，谁也没有能从外壳之下觅得附肢的技术。就在几年前，哈利已经在核心方法上有所发现。来自伯吉斯页岩的化石（尽管是压平的，但）保留有立体结构，从上往下逐层解剖，就能揭示藏于顶层之下的结构。在研究欧巴宾海蝎之前，哈利已经用这种方法解析了马尔三叶形虫、幽鹤虫，以及一些三叶虫。

采用这种新的技术来完成这一重要的实验，几乎让欧巴宾海蝎"尖声抗议"。那是因为，若要寻找体部的附肢及着生处，须从壳表面一直解剖下去，而要找到前端的头部附肢，必须在头盾处向内一直解剖。哈利信心十足地去解剖，他坚信会发现具有关节的节肢动物附肢。剖开后，哈利发现壳下什么都没有。

欧巴宾海蝎不是一类节肢动物。而且，谁也说不出它属于哪一类已知的动物类群，这一点毋庸置疑。细细寻思，我们会发现，采自伯吉斯页岩的化石标本，实际上没有哪一类能纳入现代类群。虽说马尔三叶形虫属和幽鹤虫属在一大门类里孤孤单单，但至少它们还是节肢动物，可欧巴宾海蝎是什么动物呢？

惠廷顿的结论可能曾令人迷惑，但同时也有一些解脱的意味。欧巴宾海蝎不必符合节肢动物的要求，也无须与其他构型的动物相符。身为古生物学家，惠廷顿尽可能地做到帕西法尔[①]那般难以企及的完美——做一个完美的傻子，有一颗纯洁的心，不抱有任何先入之见。他可以单纯地如实描述所见，

---

① 帕西法尔（Parsifal），德国作曲家理查德·瓦格纳（Richard Wagner，1813—1883）同名歌剧的主角，源自亚瑟王传说中关于圣杯（Holy Grail）的故事，是"圆桌骑士"之一，原为 Percival，另作 Parsival。在歌剧的故事中，守护圣杯与命运之矛（Holy Spear）的安佛塔斯（Amfortas），即亚瑟王传说中的渔夫王（Fisher King），在命运之矛被夺后，反为矛所伤，终生痛苦。唯有遇到身心纯洁、在将来可经怜悯开启心智的傻子，由他为其夺回命运之矛，进而将其治愈。帕西法尔亮相时，就是这样一个单纯的孩子。瓦格纳采用 Parsifal 的原因，是当时对 Percival 词源的误读。该解读认为，这一名字源自波斯语，拉丁字母写法即 Fal Parsi，意为单纯的傻子。英国作曲家古斯塔夫·霍尔斯特（Gustav Holst，1874—1934）曾创作过一部名为《完美的傻子》（*The Perfect Fool*）的歌剧，其中对包括《帕西法尔》在内的数部剧作多有揶揄。——译者注

无论所见有多么奇怪。

欧巴宾海蝎的确特别，但并非难以了解。和其他动物一样，它两侧对称，有头有尾，有眼睛，也有从前至后贯穿全身的肠道。在急切的科学家眼里，它是一类理想的生物——诡异十足，令富有好奇心的人兴奋不已，又不至于难以理喻，令人发狂。

惠廷顿在专论开头批评之前那些研究的作者，认为他们的依据拘泥于节肢动物的构型，从不加以怀疑。因此，在研究过程中，他们对标本符合构型的期待，远胜过对标本本身的观察。惠廷顿写道："欧巴宾海蝎的热度持续不断，但对其严谨的研究还有所缺乏。因此，我们对这种动物的理解仍出于想象，而非基于事实。本研究旨在提供更合理的依据，为进一步思考打下稳固的基础。"接下来，惠廷顿以（其能写入英伦范式的个人倾向的）低调的风格写道："我对形态学特征做出的结论，使得这一复原在许多重要的方面异于前人成果。"（Whittington，1975a，3页）

这类动物体长只有43～70毫米（最长不及3英寸），如果将其放大到远超实际大小的尺寸，那些"许多重要的方面"会让它在科幻电影的场景中十分抢眼。看看惠廷顿复原的主要特征吧：

1. 欧巴宾海蝎没有"双眼"，不过，数数看——是五只眼！其中，四只成对地着生于短柄之上，第五只或许无柄，位于中线之上（见图3.20）。

2. 前端长鼻状结构既不是伸缩自如的吻突 [①]，也不是触角合二为一的产物（此为符合节肢动物特征的诠释中十分受欢迎的两种）。它生于头部前缘的下方，是一种柔韧的器官，长筒状，有纹路——看起来简直就像吸尘器的软管，或许也依相同的机理弯曲。其顶端纵裂，一分为二，之上各有一列长刺，朝向前后皆有。管体内或有充满液体的腔道贯穿其中。如此一来，就成就了一种很好的装备，它既能满足坚硬的质地，也能保证足够的柔韧性。

3. 其肠道仅为一管，位于体内中央，前后贯穿，达及身体全长的大部（见图3.24）。然而，在头部，肠道180度回转，形成一个U形弯曲。急转后，向外开口，形成方向朝后的口部。有趣的是，前端长鼻状结构的长度恰

---

① 吻突，即proboscis，在昆虫中通常被称为喙。——译者注

好使其能及至口部。该结构可以柔韧地弯曲，将食物转运到口中。惠廷顿提出，欧巴宾海蝎的取食方式，主要是以该结构前端长刺形成的"钳子"捕获食物，然后，"鼻管"向后弯曲，将食物送往口边。

4. 身体主干分为15节，每节着生一对薄质叶状结构，位于中线两侧，每侧各一。这些叶状结构相互重叠，朝外向下伸展（见图3.20）。

5. 除第一对以外，在每一叶状结构（朝上的）背面的基部，着生有一片桨状的鳃。尽管叶状结构的腹面是平的，但背面形成一组薄片状结构，薄片之间相互重叠，就像平摊开来的一副牌。

6. 体干的最后三节各有一对薄质的叶状刃形结构，向上朝外，形成"尾"（见图3.20）。

从凿开标本逐步解剖，兼顾不同身体朝向的标本，到将正模与负模作为一个研究整体，惠廷顿动用了自己所有的特殊手段，才将这类独特动物的形态特征解析清楚。他还发现，如果不采用这些手段，其结果，会利于得出节肢动物的结论。沃尔科特就是混淆了一件重要标本的正模和负模。他以为自己看到的是动物的腹面，实际上，他那时正以从上往下的方向，看着背面。帕西·雷蒙德[①] 接受了这种方向颠倒的诠释，所以得出

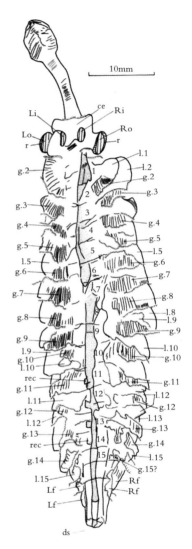

图 3.24　一件欧巴宾海蝎常见朝向标本的显微（投影）描绘图，为视角自上而下的顶视图。两侧的鳃（标为 g）与叶状结构（标为 l）清晰可辨，肠道的轨迹沿中线贯穿。有两对眼可见，"长鼻"自前端向前延伸。

---

① 　帕西·雷蒙德的相关研究发表于 Raymond, P. E. 1935. Leanchoilia and other mid-Cambrian Arthropoda. Bulletin of the Museum of Comparative Zoology at Harvard College. 76(6): 205-230.——译者注

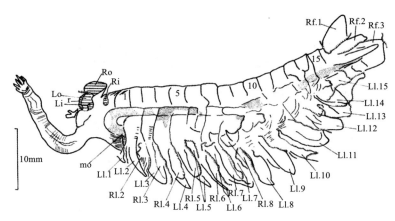

图 3.25 以非同寻常的侧面身体朝向保存的一件欧巴宾海蝎标本。可见左右两侧的叶状结构和鳃已经混为一团，难以分辨。但是，通过它，可以了解到许多在如图 3.24 所示的常见朝向标本中不可见的特征，如尾鳍（标为 Rf.1～Rf.3）相对侧面叶状结构的朝向、"长鼻"着生处，以及肠道前端的回折弯曲。

一个完美合理的推断——欧巴宾海蝎的鳃就位于外壳之下，如同节肢动物的标准构成方式，作为双枝型附肢靠上的肢节，鳃枝就在壳下。但是，当身体朝向正确时，欧巴宾海蝎的鳃位于体部叶状结构之上，其朝向也与节肢动物的完全不同。

图 3.24 至图 3.26，这三张惊艳的示意图，体现了惠廷顿所动用的手段的威力。他这些显微（投影）描绘图展现的 3 件标本，身体朝向各不相同，每一张都集合了同一标本在正模和负模上的特征。图 3.24 提供了一个自上而下的视角（所见为背面），可见眼睛和"长鼻"的位置，侧生叶状结构的全部，以及叶状结构上面的鳃。在图中，肠道呈管状，自上而下，贯穿于身体中央。图 3.25 是一张侧视图，可见许多从上往下看不到的特征。图中可见"长鼻"的着生位置，我们会注意到肠道开口处的"U"形弯曲，如何形成方向朝后的口部。（在顶视图里，弯曲以及回折的部分都落在一条线上，完全无法分辨。）顶视图也无法告诉我们侧生叶状结构与尾鳍的相对位置。但从如图 3.25所示的侧面观，可见侧生叶状结构的指向朝下，往外远离身体的方向，尾鳍向上高高耸起，两者恰好分别处于橹和舵的位置。

图 3.24 与图 3.25 展示了两个基本的身体朝向，但有些问题的答案仍不

能从其中找到，还需要更多的标本。例如两张图中都未能展示全部五只眼（它们过于纤弱，常被挤到一起，碎成一团）。图3.26弥补了一些关键缺口，五只眼分得很开，清晰可见，前端长鼻结构向后弯曲，直达口边。

对马尔三叶形虫属和幽鹤虫属的订正，都对"沃氏鞋拔"构成挑战，但这两属不过是在节肢动物门内找不到归属。而在订正了欧巴宾海蝎属之后，这场游戏升级到另一个层次，规则从此改变，再也没变回去。欧巴宾海蝎不属于地球上现有或曾有的任何动物类群。如果惠廷顿选择确立其正式分类地位，将其置于某一类群之内（他幸好明智地未如此选择），就不得不为此单一属新拟一个门类。五只眼、前端一管"长鼻"、生于侧生叶状结构上的鳃！——"沃氏鞋拔"断裂了。惠廷顿以其简约的风格，用被动的语调写道："欧巴宾海蝎不能被认为是一种具有三叶虫形态的节肢动物，也不能被认为是一种环节动物。"（Whittington，1975a，2页）惠廷顿是个慎重的人，但他知道欧巴宾海蝎对于伯吉斯动物群的其他成员意味着什么。他简洁地评论道："伯吉斯页岩还含有其他未描述的亲缘关系不能确定的分节动物。"（Whittington，1975a，41页）

我相信，惠廷顿1975年对欧巴宾

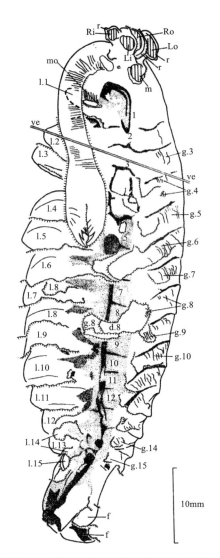

图3.26 第三件欧巴宾海蝎的标本，仍是常见身体朝向。一些在其他标本中不明显的特征可见于其中，如位于右上方的第五只眼（标为m，指代"中间的眼"）。我们可以看到，"长鼻"能弯曲至口部附近。

海蝎复原的专论，将成为人类知识积累历史上的伟大文献之一。有多少实证研究曾直接导致生命历史观的根本改变？暴龙（*Tyrannosaurus*）使我们充满敬畏，始祖鸟的羽毛让我们感到惊奇，在非洲发现的每一块人类骨骼化石碎片，都让我们欣喜若狂。但是，所有这些，没有哪一种能像那个叫欧巴宾海蝎的 2 英寸小小寒武纪"奇葩"那样，留给我们如此之多的有关进化本质的信息。

第三幕　1975—1978：订正铺开——团队的成就

制定探索普遍性的策略

英国传统民谣里的累积歌，第一句通常没有什么意义，比如说"一只山鹑，就在梨树上"，或者"一纸大头针"。《灯芯草绿油油》开头唱得最绝——"一是唯一，永远是一"①。

欧巴宾海蝎承载了伯吉斯页岩所赋予的新生命观的所有启示。它同伯吉斯页岩的其他生物一样，形态特征怪异，完全不同于现在的生物，但"一是唯一，永远是一"。化石记录里也有其他零星的怪异条目，比如说马宗溪的"塔利怪物"（见前文第 52 页）。彼时，欧巴宾海蝎的真相只是一个孤例。娓

---

① 作者此处所言的累积歌（accumulation song）也被称作 accumulative song，是英国传统民谣的一种形式。这种民谣从第二段开始，每一段皆在重复前一段唱词的基础上添加一句。因此，越往后，篇幅越长。作者举的三例，有两首比较典型，"一只山鹑，就在梨树上"（a partridge in a pear tree）出自《圣诞节的十二天》（*The Twelve Days of Christmas*），是"我的真爱"在第一天送的礼物。按 1780 年的版本，在第二段里，"圣诞节的第二天，我的真爱送给我，两只斑鸠，还有一只山鹑，就在梨树上"，以此类推，到第十二段，累积为"圣诞节的第十二天，我的真爱送给我，十二位雀跃的大人、十一位舞动的小姐、十位演奏的笛手、九位敲击的鼓手、八位挤牛奶的女仆、七只游水的天鹅、六只下蛋的呆鹅、五枚黄金的指环、四只乌鸫、三只法国母鸡、两只斑鸠，还有一只山鹑，就在梨树上"。《灯芯草绿油油》（*Green Grow the Rushes, Ho*）亦是从一累积到十二，列举的皆为《圣经》中所宣讲的物事，出现在首段的"一是唯一，永远是一"（One is one and all alone and ever more shall be so）之"一"指代上帝，末段出现的"十二"指代耶稣的十二门徒。"一纸大头针"（a paper of pins）出自同名歌曲。大头针诞生之初成本较高，通常别在纸上销售，当时有男士以此作为定情信物试探女方。歌曲后段重复前段大部分的唱词，但对前段的意见或建议给予否定，因而不算严格的累积歌形式。——译者注

娓道来，让人双肩一耸，仅此而已，因为它还算不上是具有普遍意义的生命发现。仅凭这个案例，还不能使其成为一种无可辩驳的新诠释。相反，它不过是暗示了一种值得探索的可能性，尤其是之前马尔三叶形虫和幽鹤虫的研究已经表明，它们所代表的（在节肢动物门以下无从归属）现象在伯吉斯节肢动物中可谓泛滥，在该背景下，这一暗示显得尤为明显。

自然历史上所有有趣的争议，都是相对频次的问题，无关孤例。在丰富多样的自然界中，什么事都会发生一次。但当不合理论的现象一再不期而至，我们就会期待它再次出现，最终，原有的理论就这样被推翻了。尽管欧巴宾海蝎分类地位的独特性在后来的生物圈中极其罕见，但在伯吉斯页岩动物群里，却是十分常见的。要等到人们认识到这一启示，我们才能为欧巴宾海蝎赢得新生命观发端或旗舰的地位。

若估测"奇葩"在整个伯吉斯动物群出现的相对频次，就得有更多的基础案例。对更多案例的需求，可以成就英雄的迷思，就是 B 级西部片风格那种。不过，那样显然不符合这个故事的原则。哈利·惠廷顿不是一名独行的执法官，单枪匹马，从一个酒馆到另一个酒馆，降伏所有的恶棍。研究马尔三叶形虫属，已耗费了他四年半的光阴。而仅把伯吉斯的节肢动物研究一遍，就得花上几辈子的时间。哈利·惠廷顿是像一辆沮丧的奔驰车那样哀叹，"行人太多，时间太少"[①]，还是找来一车队奔驰？他选择了后者，无论怎样，科学是一项集体合力的事业。

惠廷顿先选好自己将要专注研究的属，然后把剩下的节肢动物分成三组，每一组都能作为一个适于深入研究的项目，可由一位合作者负责完成。此外，在确定了欧巴宾海蝎与众不同，不属于任何已知门类之后，形势却变得越来越棘手，且越来越关键。但是，还有一些被沃尔科特归为环节类蠕虫的属类，尚未有人问津（Walcott，1911c）。如果"沃氏鞋拔"蒙蔽的一般性主题是分类的独特性，那么，这个故事从环节动物源起（若非爆出），或许较之从节肢动物要更加明晰。节肢动物有明确具体的定义特征，沃尔科特或许像用鞋拔

[①]　"行人太多，时间太少"（So many pedestrians, so little time）接下来的潜台词是"撞不过来"，可能源自美国喜剧表演家罗宾·威廉姆斯（Robin Williams，1951—2014）的笑话。多年以来，不时有人将这句话印到汽车保险杠的贴纸上，以示幽默。——译者注

一样,将他所认为的节肢动物一股脑儿强塞进该门类下的常见类群里。但是,它们中的大多数,至少确为货真价实的节肢动物(欧巴宾海蝎以及后面要讲的奇虾除外)。可是,任意身体柔软且有分节的两侧对称动物,都可以被称作蠕虫。所以,在沃尔科特的"环节动物"里,"奇葩"可能要多得多。

对于这三组节肢动物,各组是否为自洽的分类集合,惠廷顿抱有怀疑,不怎么相信。每一组都有一些表面上相似的特征,但马尔三叶形虫和幽鹤虫的教训在前——对外表要小心。尽管如此,如是分组是为研究之便,而分组是否自洽,就成为验证的中心问题。(后来的结果表明,这三组全是异质的——这一结论很重要,它证实伯吉斯节肢动物的分类地位与后来的动物群完全不同。)

这三组作为类群的分类地位,是曾被沃尔科特和斯特默认可的。它们分别为:(1)双瓣壳节肢动物,这是一个很大的集合,此前一直被认为是软甲类甲壳动物;(2)类肢口类物种,通常有卵圆形的体形,头盾大且不连续,看起来让人联想到一大类群——板足鲎类化石及其尚存的同辈鲎;(3)壳简单、未一分为二或两瓣、看起来像甲壳类的动物。

当惠廷顿在20世纪60年代晚期开始这项工作时,有两位年轻的同事同意承接这份名单上较小的项目。奥斯陆大学(University of Oslo)的大卫·布鲁顿分到了"类肢口类"(在本章早前的小节中介绍有关技术时,我已讨论过他对西德尼虫的研究。在后文第五幕里,我将以正确的时序展现其研究结论)。剑桥大学的克里斯·休斯挑战的是伯吉斯虫属与瓦普塔虾属,它们分别是伯吉斯第三和第四常见节肢动物,壳都很简单。在撰写本书之时,有关瓦普塔虾属的专论尚未问世,但休斯已于1975年发表了对伯吉斯虫属的研究结果。早先在马尔三叶形虫属与幽鹤虫属结论中显现出的模式正不断壮大,在这一研究结果中也得到了确认。伯吉斯虫有卵圆形的壳、长的尾剑(几乎是体部长度的两倍),它并非沃尔科特所认为的背甲类鳃足动物,而是另一类具备独特构型的节肢动物

图3.27 休斯复原的伯吉斯虫(Hughes,1975)。

"孤儿"（图 3.27）。休斯没有确立伯吉斯虫属的正式分类地位，他认为这一属就像一个特别的"什锦袋"，结合了众多特征，而这些特征分别属于不同的节肢动物类群。他得出如下结论：

> 当前对所有伯吉斯页岩节肢动物的重新研究，正揭示出这样一个事实：这些构型动物的具体形态学特征与之前的猜测有所区别。既然如此，笔者认为，对伯吉斯虫属的亲缘关系做进一步讨论，时机尚未成熟……本研究表明，伯吉斯虫属混合有多种特征……其中许多都能在现代节肢动物的不同类群中找到。（Hughes，1975，434 页）

节肢动物的故事正变得越来越不可名状。

导师与学生

通过"师徒授业"传承的传统行当中，幸存至今者，寥寥无几。在大学授予博士学位的专业里，就保留了其中之一。想起来，这该有多么反常。——从幼儿园到大学，您在这一阶段接受教育的经历，是逐步摆脱老师个人权力制约的过程（在一年级时得罪了老师，您可能在这一年里都如生活在地狱当中；上大学时惹怒一位教授，最坏的结果，也不过是仅仅一门课挂科）。现在，您已长大成人，决定延续自己接受教育的生涯，攻读博士学位，您该怎么做？您得找到一个其所从事的研究让您着迷的人（如果他愿意接受，并将资助您），跟他达成协议，让自己成为团队的一分子。

在有些领域，尤其是那些配备有空间宽敞且造价昂贵的实验室，并致力于解决某一问题的领域，您若想进入，就得彻底抛弃独立于老师的指望。然后，埋首于指定题目的毕业论文工作中（选择研究题目是博士后才有的一种奢侈）。若在研究氛围更友好、更个人化的领域，如古生物学，可供挑选专题的范围很广，挑选的结果或许会发展为您自己的项目。但无论进入哪一个领域，您毕竟是一名学徒，生活在导师的指尖之下。这种关系，比自小学低年级以来任何时候都要牢靠。如果您跟他不和，您可以撂挑子，或者卷铺盖走人，投到他人麾下。如果你们相处融洽，导师的学术地位稳固，您将取得您的学位。不仅如此，凭着他的影响，加上您已得到认可的造诣，您第一份体面的工作就到手了。

这是一个奇怪的体系，可以批评的地方很多，但它以其奇怪的方式运转自如。有时，通过课堂与书本已经不能让您进步时，您就得和研究做得好的人打成一片。（每天得随时随刻待命，准备学艺。要学习如何区分正模和负模，不能只是在每周四下午 2 点上课时才来一趟。）这一体系确实也有其恐怖之处：精于剥削的教授，将他人年轻的才干和热情改道，流进自己干涸的枯井，什么回报也不给。但当这一体系正常运转时（尽管缺少研究经费，但这种情况比怀疑者想象的更频繁），我想象不到更好的训练方法。

许多学生并不了解这一体系。在申请攻读研究生学位时，他们选择一所学校，往往是因为它有较高的综合声誉，或者是出于对学校所在城市的喜爱。这样就错了，完完全全错了，您申请的是与某一个人共同工作。导师与学生，就如在旧时同业工会的"师徒授业"体系中那样，受到相互责任的约束，可不是单向负责的关系。导师的重中之重是获得经费，为学生提供资助。（学术指导固然是根本，不过，在这个竞技场里，那简直是一种享受。真正的战斗，是寻求经费支持，许多顶尖的教授将至少一半的时间花费在为学生筹集奖学金上。）导师会有什么收获？这一回报更加微妙，不是我们这个圈子里的人，是理解不了的。答案是：对门户的忠心。这听起来也许有些奇怪，但的确如此。

因为我们通过师徒系谱来追溯学术传承，所以，研究生的工作结果永远是导师名声的一部分。我是诺曼·纽厄尔[1]的学生，在我有生之年，我所有的工作成果都会被解读为对其精神遗产的传承。（如果我搞砸了，他也会受到牵连，但不至于对他的名望造成实质性的伤害。这是因为我们认同这种必要的不对称分配——错误归自己，成果归师门。）对于这一传统，我欣然接受，并誓忠于斯。这一选择，不是出于想得到抽象的认可，而是因为，在这一古老

---

[1] 诺曼·纽厄尔，即诺曼·丹尼斯·纽厄尔（Norman Dennis Newell, 1909—2005），美国地质学家，师从沃尔科特同事兼"权威版本传奇"（详见第二章末节）的确立者查尔斯·舒克特及卡尔·邓巴（Carl Dunbar）。在哥伦比亚大学从事教学研究的 30 余年里，纽厄尔培养出包括本书作者在内的数位知名古生物学家。——译者注

的师徒传承体系里，已轮到我从下一代收获利益了。在哈佛大学的 20 年里，我最大的喜悦，是曾招收到数位才华横溢的学生。他们为我带来的最大收获，是当时为实验室营造的令人兴奋的工作氛围。但我也不会对传统无动于衷，我知道，他们在将来的成功，也会被解读为我的成功，即便是在我的成功中占很小的比重。

（顺便讲个话题。如今，在不少研究型大学里，本科教学的形势令人担忧。造成这一局面，师徒传承体系难辞其咎。学生传承的是研究生导师的谱系，非属本科授课老师门下。研究人员只要留意过自己的名声，就知道本科教学经历不会为自己增添任何优势。导师向本科生授课并无不妥，但不过是出于对讲课的热爱，或是尽职尽责罢了。研究生是导师的臂膀，而导师的名望与其教授的本科生无关。我希望这种状况能得以改变，但我甚至连一条建议都提不出来。）

这种体系在英国体现得更为夸张。在美国，您通过院系的渠道，申请与将来的导师共同工作。在英国，您直接向潜在的导师申请，然后，导师获取经费——这些经费几乎总是与具体的项目有关。哈利·惠廷顿深知，伯吉斯项目的最终成功有赖研究生的支持，不仅仅要对一些怪异的动物进行具体的描述研究，还得扩展到对整个动物群的理解。这里有两个元素。惠廷顿可以影响其一——获取经费。至于另一个——优秀学生对这一项目的兴趣，他就只有向幸运女神祈祷了。

在第一个元素方面，哈利尽到了自己的责任。他有两个大的（outstanding，确实，两个意思都有，既"重要"，也"有待完成"）项目——对双瓣壳节肢动物及蠕虫的研究。他为两个学生争取到资金，一份来自政府资助，另一份来自由其所在的西德尼·苏塞克斯学院[①]管理的私人捐助。在第二个元素方面，他获得幸运女神的眷顾（哈利自己在学术方面的成功也提供了助力，因为，导师若有引人注目的研究，就会受到学生的关注，并使其向自己靠拢）。优秀学生不是招收不到，只是每 5 年才会来一个（既然研究生学习研究的跨度通常为 5 年，在相当长的时间里，导师都不会同时有不止一个优秀学生）——

---

① 即英国剑桥大学所属 Sidney Sussex College，建院于 1596 年。——译者注

这是我的宝贵经验——"学术间隔假说"。然而，1972 年，正当伯吉斯研究进展到一个重要阶段时，所发生的事推翻了我的"假说"——哈利·惠廷顿，这个幸运的人儿，竟然同时收到了两名优秀学生的申请：一份来自德里克·布里格斯，一个刚从都柏林三一学院①本科毕业的爱尔兰人；另一名来自伦敦人西蒙·康维·莫里斯，他刚从布里斯托大学获得一等学位②（恰好哈利是该校的校外监审员③，对康维·莫里斯的毕业论文的审查，也经过其手）。从此以后，伯吉斯研究成为他们共同努力的对象，但他们日常接触的机会有限，工作风格各不相同，因而难以形成一个有凝聚力的研究团体。在这一过程中，他们之间的差距越来越小，很快就成为平等的研究伙伴——布里格斯、康维·莫里斯、惠廷顿（排名不分先后），三个人怀有的意图相同，采用的技术手段相同，但年龄的差距很大，而且，在科学研究方面采用的策略，以及对待生活的态度，都大不相同。

哈利·惠廷顿知道该怎么做，对结果也胸有成竹。在我们的谈话中，他重点强调——没有丝毫故作谦虚的意味，当他将布里格斯和康维·莫里斯收入麾下时，对伯吉斯动物群的订正就成为一个完整连贯的项目，而不仅仅是一系列专论工作。那时，他就可以打造一个能在有生之年完成的目标，而不是像中世纪大教堂的建筑师那样，只能绘制好蓝图，打好基础，从不指望看到建筑完工。

康维·莫里斯在沃尔科特标本柜的"野外工作季"：迹象成常态，变革正深化

性格不同的搭档已成为戏剧和喜剧的常客。有品位的保守派知识分子通常乐意接受生活方式稀奇古怪的激进学生，因为他们能察觉到才华横溢的光辉，至于其他方面如何，就显得无足轻重了。伯尼·库梅尔④在 1970 年时威

---

① 即爱尔兰都柏林大学所属 Trinity College，建院于 1592 年。——译者注
② 一等学位（first degree），即 First-class Honours degree，是英国本科学士学位最高的一个等级。——译者注
③ 校外监审员（external examiner），英国高等教育体系里来自校外的学位授予监督人员。——译者注
④ 伯尼·库梅尔，即美国古生物学家伯恩哈德·库梅尔（Bernhard Kummel, 1919—1980），以对早三叠世的研究著称。——译者注

胁激进的学生们，说要用高压水龙头将他们驱散。他还对怪异行为和奇装异服恨之入骨（且有所畏惧）。他却疼爱鲍勃·巴克①（当时是我们的学生，现在是恐龙研究新思想的先锋），视如己出，尽管后者发长及肩，对所有一切都抱有激进的看法。（伯尼的判断并不是一直都很准。曾几何时，他和哈利·惠廷顿同是哈佛大学古生物研究组的核心骨干。但他认为哈利太传统，当哈利选择离开，远走剑桥大学时，他感到高兴。随后，伯尼雇我补缺。我当时那么年轻，这可不是一桩划算的买卖。）

西蒙·康维·莫里斯告诉我，那时自己处处与人作对，就像一个十几岁的青少年，还常有反社会的冲动。沃尔科特的蠕虫是伯吉斯动物中最疯狂的挑战，当得知这个学生是该研究的最佳人选时，惠廷顿感到惊讶。西蒙在布里斯托大学的老师们曾向哈利如此描述这个学生——他是一个"披着斗篷，在图书馆角落里看书"的人。哈利回忆自己在当时的第一反应："无政府主义者，我还以为……哦，主啊！"但哈利也察觉到才华横溢——就如我刚说过的——其他方面如何就显得无足轻重了。

彼时，有关欧巴宾海蝎的研究已盖棺论定，项目需要大张旗鼓地寻找"奇葩"。对于项目而言，蠕虫蕴含着最大的希望，也最令人头疼。那是因为，如果"奇葩"大量存在，这些看起来"什么都不像"的动物，在过去大多会被研究者扔进古老的蠕形动物纲（Vermes②）——也就是蠕虫之下。这一阶元是分类学里的经典垃圾桶——就好比您想把室外的庭院修整得井井有条，而有些零碎（西蒙称它为"杂碎"）无以归属，但又必须移走，就把它们扔进的那个污物桶。早在林奈分门别类的时候，蠕虫就已扮演了这一角色。他将大量差别极大的生物塞进其定义的蠕形动物纲，那些动物来自多个不同类群，体形多为细长且两侧对称。也就是说，如果您看到一种生物符合这两个条件，又不知其为何物，就管它叫蠕虫。

哈利是一个十分和善的人，将一项棘手的项目指派给一个不懂拒绝的新

---

① 鲍勃·巴克，即美国古生物学家罗伯特·托马斯·巴克（Robert Thomas Bakker, 1945—），恐龙研究专家。与康维·莫里斯相似，他虽有激进的青春，后来成为知名古生物学家，但同时笃信宗教。此外，他还担任教职。——译者注
② 早已弃用。——译者注

手，这样的想法令他不安，担心会把学生的大好前程毁在开端。虽然虚惊一场，但最终得到极好的结果。时至今日，当他回忆起自己当时的决定时，仍几乎因不安而失态。他向我回忆道："满怀恐惧和惊惶，我建议西蒙选取这个题目……让研究生从一开始就承担如此可怕的任务，我于心不安。天哪！对别人做出这样的事，我是怎么下得了手的？尽管如此，冥冥之中，我仍觉得他可以胜任。"

西蒙乐于接受这一任务，从那时起一直干到现在。其项目的核心成果是两篇关于蠕虫的专论。这两种蠕虫实际上属于已知的现代门类，分别为曳鳃动物（详见 Conway Morris，1977d）和（大多数属于环节动物门的）多毛类（详见 Conway Morris，1979）。我在后面会对这些工作依次进行讨论，不过西蒙的工作并不是从这些常见的研究对象开始的。对于这样一个身披斗篷，连早咖啡时间的传统社交都不参与的人，您能指望他的工作有个传统的开端吗？

1973 年春季，哈利将布里格斯和康维·莫里斯一同遣往华盛顿（史密森尼），派他们手绘沃尔科特的"模式标本"（最初用于对物种正式描述的标本，无不标有沃尔科特的大名），并挑选一些借到剑桥大学。就如巴斯德说过的一句老话，"机遇偏爱有准备的人"[1]，西蒙就很有想法，他选择在哈利手下工作，为接受蠕虫作为研究项目的主题而感到欣喜，是因为他察觉到，伯吉斯可能给我们更大的启示。要揭示它，就得以对"奇葩"们的记录工作为中心。需要记录的信息，不仅包括"奇葩"的解剖学特征，还包括"奇葩"出现的相对频次。注意到欧巴宾海蝎的与众不同，对于哈利而言，是被动的。而西蒙完全相反，他是主动去寻找伯吉斯"奇葩"。西蒙告诉我："我天生倾向强调与众不同，发现一种产自北爱尔兰的新腕足动物，完全无法与发现一个新门类相比。"

想象一下当时的情形和机遇吧。西蒙所面对的，是沃尔科特采集的 8 万多件标本。它们当中的大多数从未被描述过，甚至未被端详过。在他之前，未曾有人抱着无类可归的"奇葩"比比皆是的预期，前去检视过这一宝藏。于是，西蒙采取了概念简单且显而易见的策略。这一策略与前人研究伯吉斯的方法大

---

[1] 即法国微生物学家路易·巴斯德（Louis Pasteur，1822—1895）的名言 fortune favors the prepared mind，法文原文为 "Dans les champs de l'observation le hasard ne favorise que les esprits préparés"。——译者注

不相同，因此，西蒙如此决策勇气可嘉。他就像前往一次悠长的钓鱼之旅，延长了自己在史密森尼逗留的时间，埋首翻弄存放伯吉斯材料的众多抽屉柜。他打开每一个标本柜，查看每一件石板，目标明确——就是要搜寻他认为最为罕见、最为特别的物事。回报可观，收获几近令人眩晕。起初，某一新的发现会令人雀跃，当如此发现一再发生时，人也会对之麻木。待到发现齿谜虫（见后文 151 页）时，他的反应不过是独自念叨一句："我晕，又一个新门类。"

惠廷顿与康维·莫里斯的行为方式太过不同，令我无法想象有什么反差较之更大（因而也为戏剧冲突埋下了更好的种子）。一边是年纪较长的保守系统分类学家哈利，他要启动的是毕生最庞大的项目。另一边，是初来乍到的激进学生西蒙，他一心想着的，是如何推翻现有的观点。哈利在研究之初极为谨慎，选择的研究对象是在伯吉斯最常见的动物。他发表的是一系列单属专论，从马尔三叶形虫属（Whittington，1971）、幽鹤虫属（Whittington，1974）、三叶虫的足肢（Whittington，1975b）到欧巴宾海蝎属（Whittington，1975a），还有在后文将要看到的娜罗虫属（Whittington，1977）和埃谢栉蚕属（Whittington，1978），每一篇都是他花费数年时间准备的结果。他将研究对象局限于节肢动物（或最初以为如此），因为那是自己最熟悉的类群。起初，他对伯吉斯生物分类的观点与传统没有两样，只是新的证据不期而至，使其意识受到冲击，这才改变了看法。与之相反，西蒙内心单纯如珠，技能也有待长足的提高[1]，却满怀着穆罕默德·阿里一如年轻的卡休斯·克莱[2]时的自信，为了能对伯吉斯动物的解剖学构型加以最激进的诠释，大张旗鼓地寻找证据。越少越好——西蒙发现的不少"怪异奇观"，便是基于对单一标本的复原。在 1976 年和 1977 年这两年时间里，康维·莫里斯以五篇篇幅相对较短的论文[3]，分别描述了五类解剖学构型独特、分属不同新门类的伯吉斯生

---

[1] 作者用分别虚构了两个人名的形式 Pearl Pureheart 和 Alvin Allthumbs 加以形容，前者曾为系列动画《太空飞鼠》（Mighty Mouse）采用，是主角老鼠女伴之一的名字，后者中的 allthumbs 意为指笨手笨脚。——译者注

[2] 卡休斯·克莱，即卡休斯·马塞勒斯·克莱（Cassius Marcellus Clay Jr.，1942—2016），拳王阿里（Muhammad Ali）的原名。——译者注

[3] 这几篇论文的篇幅多为 10 至 20 余页，相对动辄近百页的古生物学专论而言，确实较短，但较之不少研究型论文，其篇幅并不算短小。——译者注

物，从此开启了自己的职业生涯。①

这种反差应会滋生意见上的分歧，并演变为正面冲突，但这些全都未曾发生。不错，这是一出"理性之戏"，一场最有戏剧性的理性思辨，但其中并无大动干戈的刺激故事。不过，德里克·布里格斯的确记得哈利曾咕哝过——有的人还没学会走就开始跑。他还有一些私人感受，可能至今未曾对人提起。一个博士生在取得学位之前就发表了五篇短论文，不时基于单个标本开立新的门类。我问哈利对此有何感受，可他回答说："我让开大路，站到一边，微微一笑。我哪能打击学生研究的积极性，我做梦时都不敢。"

我知道接下来的评语是老生常谈，不过，陈词滥调通常也基于显而易见的事实——伯吉斯的变革最终促成于两种完全不同的工作方式的有趣配合。这两种方式，或是经过漫长的过程，逐渐面世的一系列描述性专论；或是在短期内迸发，一篇接一篇发表，有着激进主张的短论文。无论以哪种方式进行诠释，最终或许都会得到相同的结果。但是，没有什么能胜过左右夹击的组合拳，一边是耗时费力的长篇描述，步步设防，让人找不出破绽；另一边是不加掩饰的主张，它们如此少见，与传统的分歧如此之大，只会激起愤怒——因而引人注目。我知道，世间有些人事的发展轨迹毫无规律可言，也不可预见，这种组合出现其间，可谓"纯属巧合"。但上天若有司掌凡间认知进步之神，欲以最好、最明确的意图行事，也无非如此：将年轻与老练、慎重与无畏组合到一起，使之相互配合。

在此之前（介绍欧巴宾海蝎时），为了宣告一个关键时刻的到来，我曾将

---

① 牛津会议上因欧巴宾海蝎引发的笑声事件发生在1972年，既然西蒙和德里克就是从这一年起参与到哈利·惠廷顿的工作当中，我曾以为惠廷顿决定向前跨出一大步，断言欧巴宾海蝎的解剖学构型有自成一个门类的独特性，一定是受了这些学生的怂恿。剧本应当这么来写：冲动似火的年轻斗士们连拉带拖，将老顽固拽到令人兴奋的现代之光下。糟糕的剧本——它与复杂的现实大相径庭。西蒙的思想意识或许激进，但他绝对也精于描述解剖学。而且，谁要凭外貌就断定哈利是个"老顽固"，那么，他一定是个傻瓜，对天才气质的千姿百态一无所知。无论如何，三位主角都让我确信，哈利独自完成了对欧巴宾海蝎的诠释工作，在这一过程中，并没有激进者在一边恫吓或怂恿。导师对学生亦是如此，这当然也与剧本背道而驰。西蒙撰写那五篇论文时，哈利并未加以阻拦，也未通过频繁的指点予以协助。可以这么说，哈利在西蒙初试锋芒的过程中几乎没有扮演任何角色。他只记得自己出面干预过一次——那是在凿出怪诞虫体刺的过程中，哈利坚持让西蒙采用他的解剖技术，一直凿到刺在虫体上的着生处。这确为好到极致的建议，但不属于导师灌输的一般性教导。——作者注

讲述暂停过一次，对某一特别的构型加以强调。在后文中（介绍奇虾时），我还将暂停一次。在我阅读那些伯吉斯论文时，发现这个故事有三个重要的转折点，西蒙在史密森尼理首标本柜的"野外工作季"，就是其中的第二个。西蒙开始研究之时，欧巴宾海蝎的研究结果已暗示出一种奇怪的现象，但这一现象的广度如何，本质为何，没有人知道。我相信，当时的哈利仍倾向于接受"奇葩"为干群^①的解读，认为它们集合了多种特征，在后来分散到不同的现存门类中，而非解释为生命早期独特的多细胞生物构型尝试的结果，是没有为后世留下"子嗣"的独立谱系。在西蒙满怀着好奇心，将五篇系列论文发表之后，最初那一与众不同、尚不明朗的奇怪现象便豁然开朗，成为伯吉斯动物群中的常态。那些"奇葩"也不再被习惯性地看作是"原始形式"和"前体祖先"，取而代之的看法，是它们有不同于现代生物的解剖学构型，是各自独立的谱系。渐渐地，西蒙的发现让惠廷顿有所触动。他在回忆当时的情景时说："整个气氛都变了。我们所研究的，不仅仅是已知类群的祖先。事实的真相开始还原成形。"

西蒙发现的五个"奇葩"，在解剖学构型和生活习性方面都有很大的不同。它们的共同主题只有一点——与众不同。

1. 泳虾（*Nectocaris*）。沃尔科特的确注意到这一与众不同的动物，并对负模缺失的唯一标本拍了照。康维·莫里斯发现了这张照片，它与那件标本收藏在一起。照片如沃尔科特的其他拍照一样，曾经过修描，标本本身也曾经过精心制备。但沃尔科特并没有为此发表过论文，也没有留下任何说明。尽管信息极其有限，康维·莫里斯还是决定发表相关的研究论文，他的解释是："这一独特的标本保存完好，解剖学构型也与众不同，必然会引人注目"（Conway Morris，1976a，705 页）。

从"颈部"前方的结构看，泳虾大致像是一种节肢动物（图 3.28）。头部着生有一或两对向前伸的短小附肢，但显然没有关节（因而不像节肢动物的附肢）。往后，紧接着的，有一对较大的眼，可能分别着生于眼柄之上。头

---

① 干群（stem group）指在共同祖先类群与所有后代类群构成的一支中，先于现代类群、晚于共同祖先类群的相对原始类群。——译者注

图 3.28 令人费解的泳虾，看前部大致像是节肢动物，而后部像是有尾鳍的脊索动物。（玛丽安娜·柯林斯绘图）

后部由扁平的卵圆形外壳所围，可能还是双瓣壳。但身体的其余部分没有一点特征能让人联想起节肢动物，散发出奇特的气质更像是属于脊索动物——我们人类所属的门类。动物体部两侧扁平，由 40 余节组成（节肢动物以及包括我们所在门类在内的其他一些门类的共有特征）。节肢动物的定义特征是具有关节的附肢，康维·莫里斯没有在标本中找到该特征的一丝迹象。他发现的特征，是背腹两面（顶部和底部）都着生有一种连续的结构。至少从表面上看，它像是脊索动物中由鳍条 ① 支撑的鳍。（由于只有一件标本，研究只能止步于标本的表面，所以，这一关键问题几乎可以被认为是尚未解决的。）

泳虾不是节肢动物而更像脊索动物，可以通过鳍与鳍条的三项特征来证明：第一，这一质薄的连续结构在岩石上已成为一层颜色较深的膜，看似与一系列平行的短小坚硬的鳍条状结构相连。与之相反，节肢动物的肢是离散的。第二，背腹两面通体的鳍符合早期脊索动物的特征，而节肢动物的附肢着生于身体两侧。第三，泳虾体部各节具三根鳍条，而节肢动物的另一定义特征，即是各体节最初具一对附肢。（虽然体段划分，或节肢动物体节并合的特征之一，即为每体段的附肢不止一对，但泳虾体部分节过多，每节过短，难以将其解释为原始体段的融合。）

看前部大致像是节肢动物（尽管没有具关节的附肢），而后部与脊索动物（或者是一类构型未知的生物）大致相像——该拿这个杂合体怎么办？当标本仅有一件时，没什么办法。于是，康维·莫里斯写了一篇篇幅较短、具有挑衅意味的论文，将泳虾属扔进了分类学的大收纳箱——不明门类。分类学论文的标题通常会包含所述动物的大致所属类群名称，但康维·莫里斯显然有意规避这一传统，他的标题为《一种产自不列颠哥伦比亚伯吉斯页岩的中寒武世新生物——翼泳虾（*Nectocaris pteryx*）》。对于这类动物独一无二的分类

① 鳍条（fin ray），指鳍上支持鳍膜的条状结构。——译者注

地位，论文结尾没表现出一丝惊讶，而是向读者暗示，这种情况会越来越多，成为常态——"该生物的分类地位无法定论，这并不令人感到意外。本研究的后续进展显示，有许多采自伯吉斯页岩的物种皆无法归入任一现存门类"（Conway Morris，1976a，712 页）。[1]

2. 齿谜虫（*Odontognphus*）。康维·莫里斯在 1976 年发表了他的第二件宝贝，这让他沿着证据之梯又往上升了一级。尽管这一次他不仅找到了正模，也找到了负模，但它依然是件孤本标本。沃尔科特好歹看中过泳虾，将它分出来，加以拍照，以显其重要性。而对于齿谜虫，没有任何信息标注，正模和负模在沃尔科特的收藏中分置各处，这一次是实实在在地被发现了。康维·莫里斯为其所起之名恰如其分，意思是"有齿之谜"。文章开篇，康维·莫里斯用的仍是传统的被动语调，但这种风格掩盖不了他个人的骄傲和激情。

> 在浩如烟海的伯吉斯化石收藏里进行搜寻的过程中……一片被锯过的石板被我注意到，本文描述的标本就在其上。于是，这片石板被分出来，以便进一步研究。不久以后，其负模在收藏的另一处被发现。这件标本显然未曾被其他研究人员留意到，也未曾有同类的其他标本被发现过。（Conway Morris，1976b，199 页）

齿谜虫化石保存得并不好，能分辨出的结构很少，但这些很少的结构着实让人感到陌生。这类动物的身体极为扁平细长，呈卵圆形，体长约 2.5 英寸，从前端区域往后，有一系列间隔约 1 毫米的横向平行刻线。康维·莫里斯认为这些刻线是一种环纹，并不是真正分节的间隔。他没有发现附肢，也未发现有硬化的部位，因而他认为齿谜虫是胶质的。

可以被解析出的虫体结构只有两处，都位于头部腹面（图 3.29）。一处是

---

[1] 泳虾属已于 2010 年再次修订，基于 90 余件标本的复原形态与康维·莫里斯的结果有很大不同。订正的特征包括：背腹方向扁平、体部不分节、无矿质化的壳、头小、触手较长、颈腹面着生有中空的管状结构、轴向体腔内有一对鳃、两侧有鳍。详见 Smith, M. R. and Caron, J-B. 2010. Primitive soft-bodied cephalopods from the Cambrian. Nature. 465: 469-472.——译者注

图3.29　扁平的游弋动物齿谜虫。可见被触手所围的口部，以及头部底面的一对须。（玛丽安娜·柯林斯绘图）

位于前方两角的一对"须"（可能是感受器官）。它们是向内略微凹陷的圆形结构，由六层与身体平行的盘状组织组成。另一处特征更有吸引力，它位于"须"正前方的中线上，可能是口，周缘有一圈类似取食器官的结构。这一结构呈扁"U"状，"U"的开口朝前。在这一结构上，康维·莫里斯发现约25枚长不及半毫米的尖锥状"牙齿"。由于这些齿状结构个体过小、过于脆弱，不能用以咀嚼或撕咬。康维·莫里斯推测，在口的周缘，本有一圈用于揽取食物的触手，这些齿状结构就是支撑触手的基座。

触手环成一圈的特征与一种结构十分相似，那就是触手冠。触手冠是一种进食结构，见于一些现代门类，尤其是苔藓虫类（bryozoan）和腕足类动物。于是，康维·莫里斯将齿谜虫属暂时与所谓触手冠动物（lophophorate）的一些门类归到一起。[①] 但是，现代触手冠并无用于支撑触手的内部齿状结构。而且，除了这一结构之外，齿谜虫并不能让人联想到任一类触手冠动物的构型或组成结构。"有齿之谜"仍名副其实。

采取高风险策略，会带来成功，也会产生错误。在享受胜利喜悦的同时，若有错误，也得接受它带来的尴尬。西蒙做出发表罕见奇异标本的决定，并加以范围宽泛的诠释，几乎注定了重大错误的发生。不过，凡事有其利难免其弊，如此犯错也不会让人戴上耻辱的徽章。西蒙试图对齿谜虫进行更广义的解读，就像我们美国佬说的那样，对它进行"美容"。他显然注意到这种"牙齿"多少和牙形石（conodont）有些相似。在当时，牙形石是化石记录中最令人费解的一类。它是一类齿状结构，通常比较复杂，在从寒武纪到三叠纪漫长的地质年代（见表2.1）里都有形成，因而大量存在于相应的地层里。在用于校正地质年代的化石中，它们是最为重要的类型之一。但长期以来，其动物分类学

①　康维·莫里斯对其门类的定义为触手冠动物超门之下的未明门类（Conway Morris，1976b，200页）。——译者注

属性不为人所知，所以，在所有古生物学谜团中，它们也最为著名，久久未能被解开。显然，牙形石是某种软体构型动物的硬体结构。但是，它们的主人在过去从未被发现过，您又能从脱节的牙齿那儿了解到多少东西？

康维·莫里斯以为齿谜虫的"牙齿"应该是牙形石。或许，他以为自己发现了踪影难觅的牙形动物。他甚至为此冒险一试，将他的"有齿之谜"放到牙形纲（Conodotophorida[①]）里。发现隐藏得最深的秘密，平息一个世纪的争辩，对于一个初来乍到的小子而言，无异于潜在的夺权举动。但西蒙没有成功，他的猜测并不正确。软体构型的牙形动物在后来重见天日，牙形石无一不位于动物肠道前端的开口处。这类动物也是从博物馆的抽屉柜里发现的，那些化石收藏采集于 20 世纪 20 年代，来自苏格兰一处被称为格兰顿砂岩（Granton Sandstone）的石炭纪化石堆积库。现在的观点认为，牙形动物的年代晚于伯吉斯页岩，虽也属"奇葩"之列，但与齿谜虫没有一丝相似之处。第一件软体构型牙形动物是德里克·布里格斯参与描述的，他认为（尽管不能使我确信）牙形动物是一种脊索动物，与我们人类同在一个门类（Briggs，Clarkson，and Aldridge，1983)。[②]

3. 足杯虫（*Dinomischus*）。康维·莫里斯的第三类神秘动物将他往证据之梯上又送了一级。对于这种动物，沃尔科特也曾从收藏中分出，拍摄过照片，但仍是未为此发表论文，也未留下说明。不过，对于康维·莫里斯而言，这一次就好比置身证据的海洋，他获得 3 件标本——沃尔科特在华盛顿的 1 件、收藏在我们哈佛的 1 件，以及皇家安大略博物馆 1975 年在沃尔科特采石场的岩屑坡上采集到的 1 件。

我们前面讨论过的所有动物，皆为运动的两侧对称动物，而足杯虫代表另一大功能构型——固着（固定不移动）的辐射对称生物。这种构型让动物

---

① 牙形纲现为 Conodonta，Conodotophorida 的名称用于牙形目。——译者注

② 齿谜虫属已于 2006 年再次修订，基于 189 件标本的复原形态与康维·莫里斯的结果有很大不同。订正的特征包括：整体卵圆形、两侧对称、两侧平行。前后两端形状与大小相当，各呈半圆形。腹面有口，有两排分为两段的齿状结构，着生于舌齿膜上。肠道直，由较大的胃、较狭的肠和位于近末端的肛门构成。有肌肉发达的腹足，两侧及后缘为本鳃（ctenidium）所围。详见 Caron, J-B., Scheltema, A., Schander, S., et al. 2006. A soft-bodied mollusc with radula from the Middle Cambrian Burgess Shale. Nature. 422: 159–163.——译者注

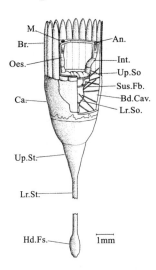

图 3.30 康维·莫里斯绘制的足杯虫原始复原图（Conway Morris，1977a）。图中萼的局部被剖开，以示生物内部解剖学结构。可见连接口部（标为 M.）和肛门（标为 An.）的肠道，以及将肠道悬吊于萼内壁的肌束（标为 Sub. fb.，为 "suspensory fibers" 的缩写，意为悬吊纤维组织）。

图 3.31　3 件有柄动物足杯虫的标本。其中一件朝我们的方向弯曲，以示同位于萼顶部的口与肛门开口。（玛丽安娜·柯林斯绘图）

如同海绵、珊瑚虫、有柄的海百合一般，适合从各个方向接收食物。足杯虫的整体长度不及 1 英寸，形态犹如与细长柄相连的杯子，长柄另一端有球根状的附着器，可以将动物锚定在底质之上（图 3.30）。

　　杯状的部分称作萼。萼的周缘着生有 20 枚苞片，它们是两侧平行的刃状细长结构。萼顶部的表面中央和边缘各有一开口，参考形态相似的现代生物的同功器官 [①]，它们可能分别为口和肛门（图 3.31）。萼内有膨大的胃，两头分别通往两个开口，形成 U 形的肠道。萼的内表面与从胃辐射出的线状结构相连，这些结构有可能是肌束，或是悬吊（肠道的）纤维组织。

　　从不同的现代动物身上，我们或许可以找到表面上与足杯虫相似的零星特征，但它们不过是功能构型相似的广义同功结构（如鸟类的翼与昆虫的翅

---

① 同功器官（analogy），指功能相同、外表类似，但来源和结构不同的器官。——译者注

互为同功结构），而非能构建系谱、有具体联系的同源结构。康维·莫里斯找到一个关系相对最近的小门类——内肛动物门（Entoprocta，在旧分类系统中与苔藓虫类归为一类），但足杯虫基本上是自成一体的异类。所以，在发表描述论文时，康维·莫里斯有所犹豫（Conway Morris，1977a，843 页），但他现在的最新观点十分明确：“足杯虫与后生动物没有明显的亲缘关系，可能属于某一已灭绝的门类。”（Briggs and Conway Morris，1986，172 页）

4. 阿米斯克毛颚虫（*Amiskwia*）。研究到阿米斯克毛颚虫，尽管标本极为稀少，但西蒙总算是遇上了一种主流伯吉斯生物。不仅已发现的标本数量达到 5 件，而且沃尔科特也已于 1911 年对该属进行过正式描述，将它当作一类毛颚动物（箭虫）。阿米斯克毛颚虫曾引发过一些争议，产生过一些相关的论文，但无一不在现代门类的共识框架之内。两篇发表于 20 世纪 60 年代的论文建议，将其分类地位从毛颚动物更换为纽形动物（nemertean）。两者皆非家喻户晓的名字，但同是现代分类学框架内的主要门类。

阿米斯克毛颚虫虫体扁平，可能为胶质，无外壳，确实摊平在伯吉斯岩石的表面。所以，这些化石恰好符合沃尔科特原本错误的预想。他曾认为，伯吉斯化石普遍以一层扁平薄片的形式保存。惠廷顿得以解析那些节肢动物，西蒙得以确认“奇葩”的独特地位，都是因为标本保存有立体结构。但是，阿米斯克毛颚虫没有，所以它没多少可解析的解剖学特征。不过，这些特征足以使其被拒于任一现代门类之外。

阿米斯克毛颚虫头部有一对触手，着生于腹面靠前的位置（图 3.32）。体干两侧和尾部各有一片水平的鳍，但既无鳍条，也无其他坚硬组织（支撑）。（毛颚动物通常在大致位置有鳍，所以沃尔科特如此归类。但是，毛颚动物的头部另有齿、钩等结构，还有可以将头部包住的褶皱，而且没有触手。但阿米斯克毛颚虫除了有鳍，并无其他能暗示与毛颚动物有亲缘关系的特征。即便有大致相似的鳍，也不过代表因相似的游泳功能而独立进化出的相似结果。）被泥石流吞噬的伯吉斯动物大多属于生活在水体底部的群落，而阿米斯克毛颚虫可能是少有的不属于该群落的动物之一。它可能是一类大洋（或游

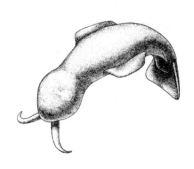

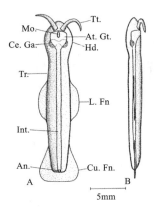

图 3.32 扁平的游弋动物阿米斯克毛颚虫，头部有一对触手，体后有侧鳍和尾鳍。（玛丽安娜·柯林斯绘图）

图 3.33 康维·莫里斯复原的阿米斯克毛颚虫（*Conway Morris*，1977b）。（A）底视图：可见触手（标为 Tt.）和口部（标为 Mo）的着生位置、肠道（标为 Int.）通往肛门（标为 An.）的走向，以及被解读为脑神经节的结构（标为 Ce. Ga.）。（B）侧面观。

弋型的）生物 [①]，生活在滞流盆地之上的开阔水域，而那一滞流盆地正好接收了伯吉斯泥石流。生活在与伯吉斯群落主体相离较远的开阔水域，恰好又处于该群落未来坟墓的上方，这种不同的生活模式或许可以解释，为何阿米斯克毛颚虫、齿谜虫及其他一些生活方式与之相同的生物在伯吉斯化石中的数量如此之少。泥石流泄入滞流盆地，形成一层沉积物，整个过程历经的时间很短。在坟墓上方水柱的动物，死亡并沉积到水底的，在数量上不会有很多。

动物头的内部有一双裂片状器官，它或许可以代表脑神经节。肠道笔直，呈管状，向前方追溯可至头内部膨大的区域，往后直通体部末端的肛门（图3.33）。纽形动物头部的显著特征为吻突，其中是充满液体且有肌肉内壁的空腔。阿米斯克毛颚虫头部并无这一特征，形态完全不像纽形动物，而尾鳍也只是在表面上相像而已（纽形动物的尾鳍呈双裂片状，肛门在体部的末梢）。此时的康维·莫里斯，面对具有新的解剖类型的动物，已经习惯了它们在高级别的分类地位与众不同的想法。他做出结论：

---

① 大洋生物（pelagic organism），又称远海生物，指生活在远海大洋水层区和海底区的所有生物。——译者注

可以肯定，箭形阿米斯克毛颚虫（*Amiskwia sagittiformis*）不是毛颚动物……也不能将这种蠕虫置于纽形动物之列。与（纽形动物）的相似之处仅停留在表面，不过是平行进化[①]的结果。相比之下，箭形阿米斯克毛颚虫也不与其他已知门类亲缘关系更近。（Conway Morris，1977b，281 页）

5. 怪诞虫（*Hallucigenia*）。在现代多细胞生命的历史长河中，如此之早，如此之快，就产生了数量众多的独特解剖学构型，且差异度高得惊人，这是伯吉斯页岩留给我们的启示。而伯吉斯的生物多样性太丰富，我们记不过来，得挑出有代表性的。如果必须从中选出一种，让它承载这一启示，怪诞虫属肯定能从化石爱好者那儿获得压倒性多数的选票（尽管我更倾向于欧巴宾海蝎或奇虾）。这一属赢得最多选票的原因有二：首先，拉丁学名借用了时下的语汇，这一举动显得很怪。其次，当我们言及符号时，如何称呼很重要。而西蒙为自己最奇异的发现取的名字的确非同寻常，也十分有趣。他将之称作怪诞虫，是承认"这类动物奇幻似梦的外表"，或许不只如此，这一命名还有可能是为了纪念那个无人惋惜、充斥着社会实验的年代。[②]

加拿大虫属（*Canadia*）是沃尔科特定义的主要多毛类属类，有七种伯吉斯物种被他归于其中。（多毛类动物属于环节动物门，是分节的蠕虫，陆生蚯蚓的海洋同类，也是在所有动物类群中最为多样和成功的一类。）据康维·莫里斯后来发表的文献（Conway Morris，1979）显示，沃尔科特对该属的定义，就好比让差异度极高的一些动物一同躲到一把撑得过开的伞下。根据康维·莫里斯最终的鉴定，沃尔科特定义的这七个"物种"，除了有分属三个属别的多毛类动物，还有一类是属于不同门类的蠕虫〔已重命名为瓶刷虫属（*Lecythioscopa*）的曳鳃动物〕，以及怪诞虫属动物。沃尔科特把伯吉斯最奇怪的动物误当成一种普通的蠕虫，将该"奇葩"命名为稀毛加拿大盾虫（*Canadia sparsa*）。

---

① 平行进化（parallel evolution），指具有共同祖先的两个或多个不同谱系的生物，因生活环境相似而获得相似性状的现象。——译者注

② 从 *Hallucigenia* 显然可以联想到 hallucinogen，即以 LSD（麦角酸二乙基酰胺）为代表的成瘾致幻剂，在 20 世纪 60 年代的反文化浪潮中对西方青年的影响巨大。——译者注

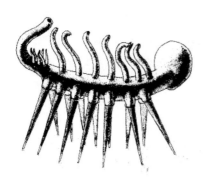

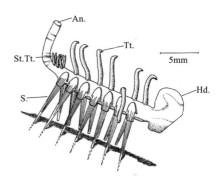

图 3.34 怪诞虫，由七对撑架支撑，立于海底。（玛丽安娜·柯林斯绘图）

图 3.35 康维·莫里斯绘制的怪诞虫原始复原图（Conway Morris，1977c）。

面对一种动物，如果你连上下和前后朝向都分不清楚，该如何去描述它。怪诞虫最大的标本长约 1 英寸，和大多数运动动物一样，为两侧对称。它也与许多门类动物的标准构型相似，具有重复的组成结构。我们识别了怪诞虫的这些特征，就好比经过字迹不能再模糊的熟悉路标，被推进一个迷失的世界（图3.34）。看大致的轮廓，怪诞虫有一个球根状的"头"，位于端部。这一结构在所有（约 30 件）标本中保存得都不好，因而无法被很好地解析。我们甚至不能确定这一结构是否能代表动物的前方朝向，称其为"头"只是为了方便起见。与这个"头"（图 3.35）相接的躯干长而狭，大致呈圆筒状。

在躯干两侧近底部的表面，生有七对尖锐的刺，下伸呈撑架状。这些刺不像节肢动物的附肢那样由数个关节连接而成，也无关节与体部相接。它们是坚硬的整体结构，基部似乎嵌于由体壁延伸而成的短鞘之中。在体部背面的中线上，生有七只触手，与底部的刺正对。触手朝上，末端二叉呈钳状。七只触手与七对刺着生的相对位置，以一种古怪而又一致的方式错开：（与"头"最近的）第一只触手下方没有相对应的刺，接下来的六只触手，都分别生于一对刺正对的上方位置，最后一对刺的上方没有相应的触手。另有六只长度短很多的触手集成一簇（或以三对的形式），着生于七只主干触手之后。躯干末端渐狭呈管状，并向上弯曲，回折朝前。

面对这种构型，分类学家该如何加以诠释？西蒙决定，必须先把动物的生活方式琢磨清楚，才能获得更多解剖学结构的线索。西蒙从同功器官入手，发现一些现代动物利用身体近底部的刺栖息或运动。例如"三足鱼"[①]能以侧刺和尾刺支撑身体，立于平面。有一类奇特的深海海参——平足海参[②]，能以底部细长的刺状管形足运动（Briggs and Conway Morris，1986，173 页）。而怪诞虫每对刺之间的夹角约 70 度，一系列这样的刺，形成的撑架十分适于身体的平稳支撑。这让康维·莫里斯认为，这七对刺可以使怪诞虫在淤泥底质栖息。这一假定既定义了生活模式，也确定了动物的身体朝向。康维·莫里斯写道："刺嵌入的是水底沉积物，根据这一假定，腹面和背面的方向即可得以确定。"（Conway Morris，1977c，625 页）

进行到此，情况还算不错，怪诞虫可以十分平稳地立于水底。但动物总不能像一尊雕塑立在那儿永远不动，而有头有尾的两侧对称动物几乎总是处于运动当中。它们的感受器官集中在前，肛门在后，因为它们需要知道去往何处，还得远离自己的排泄物。怪诞虫究竟是如何驾驭一套固定在体壁上的钉子来行动的？康维·莫里斯的确提出了一种可信的模型：在动物体壁的内表面与刺的基部之间，有呈条状或带状的肌肉组织，肌肉以不同程度扩张和收缩，使刺得以前后活动。七对刺协调运动，尽管看起来有些笨拙，但可以将动物整体向前推动。这种运动模式并不能让他满意，他因而提出："稀毛怪诞虫（*Hallucigenia sparsa*）可能无法在岩石或淤泥表面快速移动，或许大多数时候处于静止状态。"（Conway Morris，1977c，634 页）

如果对这些刺进行诠释都如此之难，那么，对其上方的触手又如何加以解读？何况，较之前者，寻找其现代同功结构的希望更渺茫。触手末端的钳状结构或许能抓住食物，但触手本身并不能到达头部。所以，若通过触手自后往前传递食物，就不能指望有效地进食。考虑到中空的管状触手内部可能与躯干内的肠道相连（尽管两者保存得都不好，难以激发如此联想），康维·莫里斯给出另一种十分吸引人的解释——或许怪诞虫根本就没有位于前方的口部结构。

---

① "三足鱼"（"Tripod" fish），指炉眼鱼科（Ipnopidae）动物，文中的刺应为侧鳍和尾鳍的鳍条。——译者注

② 平足海参（elasipod）为棘皮动物门（Echinodermata）海参纲（Holothuroidea）平足目（Elasipodida）动物。——译者注

或许每只触手独立揽取食物，再通过各自的食管，将收集的颗粒分别送入与之相连的肠道中——面对如此之怪的动物，不得不考虑古怪的解决方案。

怪诞虫是那么特别，它如何成长为一种生活自如的动物，是那么难以想象，我们才不得不考虑一种不同于以往的解决方案。或许怪诞虫并不是一种完整的动物，而是一种个体更大生物的复杂附肢，只是其他部位尚未被发现。怪诞虫化石的"头"端不过是难以辨认的暗色印迹，所有已知标本都是如此。可能那根本不是头部，而是一个断裂点，是附肢（被我们称作怪诞虫的东西）从（尚未被发现的）个体更大的主体脱落而形成的。这看起来或许令人失望——而怪诞虫本身构成的动物是多么奇妙。因此，我还是支持康维·莫里斯的诠释（但如果必须打赌的话，我会把赌注压在"附肢理论"那边）。不过，怪诞虫只是一只附肢的解释或许更有吸引力。那是因为，如果动物整体能被发现，而且得以诠释，其结果或许比现在对怪诞虫的解读还要特别。这种情况以前在伯吉斯发生过。奇虾（的一部分）（见第五幕）就曾被看作是一类完整的节肢动物，被当成节肢动物之下的一类十分无趣的甲壳动物。后来惠廷顿和布里格斯将它解析为取食附肢，而它的主人在伯吉斯动物中的奇异程度仅次于怪诞虫（Whittington and Briggs，1985）。我们显然尚未发现最后的伯吉斯惊奇，尽管那可能还是最大的一个。①

① 根据不断发现的新证据，怪诞虫属在后来再次经过修订，与康维·莫里斯的结果有很大不同。实际上，康维·莫里斯也没有正确识别动物的身体朝向。文中所指腹面实际上为背面，这一颠覆性的修订由中国科学院南京地质古生物学研究所与瑞士自然历史博物馆在研究我国云南早寒武世澄江动物群的过程中合作完成，详见 Ramsköld, L. and Hou, X.G. 1991. New early Cambrian animal and onychophoran affinities of enigmatic metazoans. Nature. 351: 225–258. 文中所述背面的一列触手，实际上是成对的，这是瑞士方作者后来前往史密森尼查看正模标本时发现的，在包括本书作者在内的研究人员的建议下，他发表了相关论文，另修正了 1991 年文中出现的几处问题，详见 Ramsköld, L. 1991. The second leg row of *Hallucigenia* discovered. Lethaia. 25 (2): 221–224. 怪诞虫足末（文中的触手）的钳状结构为一对爪，详见 Smith, M. R. and Ortega-Hernández, J. 2014. *Hallucigenia's* onychophoran-like claws and the case for Tactopoda. Nature. 514: 363–366. 怪诞虫的头亦被解析出，大致形态为细长状，有一对单眼，口内末端有辐射状骨化结构，前肠有针形齿状结构。在头部被解析之前，康维·莫里斯识别的前后朝向亦被颠覆，文中肛门方向实际为头的朝向，那一簇小触手，现在被认为是前三对纤细的足，未发现末端有爪状结构。根据目前的研究结果，怪诞虫属于有爪动物门，且属于这一类群的干群。详见 Smith, M. R. and Caron, J–B. 2015. *Hallucigenia's* head and the pharyngeal armature of early ecdysozoans. Nature. 523: 75–78，在该论文的在线附加材料中，有自沃尔科特 1911 年以来对怪诞虫标本研究的总结简表。——译者注

德里克·布里格斯与双瓣壳节肢动物：不那么炫目但不可或缺的告一段落

我必须向德里克·布里格斯道歉，并以此作为这一部分的开篇内容。是我的无知和轻率，无形中使他受到冷落。我在最初计划以时序讲述本书核心部分之时，也就是在详细阅读专论之前，犯了一个巨大的错误。我将伯吉斯变革的发生看作哈利·惠廷顿和西蒙·康维·莫里斯之间戏剧性的互动，一边是启动该研究的保守系统学家，而另一边是有想法的激进年轻人，一心想进行革命性的诠释，还把其他所有人都拖下水。我在前面已经指出，按照传统剧本的套路解读这一互动是错误的。

我还要坦白另一个错误，一个本不该犯的错误。对于缺乏日常研究工作的直觉，但又要从事科学写作的人而言，这是易犯的经典错误。可是，那些从事日常研究的人员，本该有更好的认识。新闻行业的传统让新奇和炫目的发现受到追捧，因为它们易于报道，也有新闻价值。如此一来，就形成了一种面向大众的标准陈述，但这种陈述不仅略过了科学的日常工作活动，而且，更不幸的是，形成了一种针对科研动力的错误印象。[①]

像伯吉斯修订这样的项目，有炫目的潜力，也注定不那么引人注目。这两点都很好理解。常规记者会传达时新的想法、耸人听闻的事实，所以怪诞虫会受到青睐，而伯吉斯的三叶虫则备受冷落。即使是伯吉斯的"奇葩"们，当化整为零时，也没有多少新闻价值。但作为动物群整体出现时，即具备了一般记者乐见的那些常规元素，它所暗示的，就是一个全新的生命观。所以，即使记录的是一般生物，也要以爱待之，勤勤恳恳，因为它们（与不一般的生物）对于揭示真相的全部同等重要。

德里克抽到的研究主题是双瓣壳节肢动物，那显然是伯吉斯动物群中最普通的一个类群。他完成了一系列有关这些动物的细致专论工作，有一些意料之外的发现，也确认了一些意料之中的预期。以前，我不认为布里格斯有

---

① 我这样说，没有批评、爆料或揭丑的意味。新闻报道的传统与新闻行业扮演的角色相符。我只是指出，以各自不同的策略打量一个整体，所见所闻可能各有各的局限。就如一个已沦为陈词滥调的比喻所言——盲人摸象——其中每个人都以偏概全，错得十分有喜感。——作者注

关双瓣壳节肢动物的工作在伯吉斯变革中扮演重要的角色。当我阅读德里克的专论时，便意识到自己的错误，并为之感到羞愧。我逐渐可以理解，哈利、德里克和西蒙是贡献相当的三人集体，每个人在整出"戏"中扮演的角色互不相同，但不可或缺。

在此之前，沃尔科特及其他一些研究者已经描述了约 12 个具有双瓣壳（通常将头的整体以及体部靠前的部分覆盖）的节肢动物属类。其中一些属的标本只有壳的部分，软体结构不存在，所以分类地位难以确定。其他的属，所受"待遇"与所有具双瓣壳的现代节肢动物相同，都被鉴定为甲壳动物，当时的研究者没有一丝迟疑。德里克·布里格斯在开始工作时也没有怀疑："当时需要开展一些重新描述的工作，我想，自己要研究的是一堆甲壳动物。"

在第一篇有关伯吉斯页岩双瓣壳节肢动物的专论中，布里格斯描述了两项重要发现。加上西蒙的那些"奇葩"和哈利的那些节肢动物"孤儿"，到了1978 年，对多细胞动物的生命如何进化的问题，已经有了清楚的全新叙述。

1. 鳃虾虫（*Branchiocaris*）——第一项发现。甲壳动物是一个种类繁多、多样性丰富的类群，小如全身被双瓣壳包得像蛤壳的介形虫，几乎借用显微镜才能看到，大如巨型的螃蟹，足展开后，整体宽达 1 米左右。它们都基于一个固有的基本构型，有明确的头部结构特征。甲壳动物的头由五节原始的分节以及眼组成，因而有五对附肢。这五对附肢有固定的着生方式，两对在口前（通常是触角），三对在口后（通常为口器组成部分）。[①] 既然现代双瓣壳节肢动物都属于甲壳类，布里格斯以为可以在伯吉斯研究对象上发现这些头部特征，但伯吉斯很快就显露出另一个意外。

早在 1929 年，沃尔科特在史密森尼的得意干将查尔斯·E. 莱塞尔曾描述过一件伯吉斯标本，并将其命名为珍原虾（*Protocaris pretiosa*）。原虾属（*Protocaris*）初拟于 1884 年，拟定人，即是远在去伯吉斯采集之前的查尔

---

① 对节肢动物口器组成的命名，与对脊椎动物大致相同结构的称呼一致，如下颚（maxilla）、上颚（mandible）等。与之相似，昆虫足的一些组成部分，也有着脊椎动物相应结构的名称，如转节（trochanter）、胫节（tibia）。不幸的是，这种命名有些混淆不清。那是因为，这些结构在两类动物中的功能无论有多么相似，相互对应的结构之间也没有进化的联系——昆虫的口器自足进化而来，而脊椎动物的颌由鳃弓（gill arch）进化而来。——作者注（昆虫的下颚、上颚、转节、胫节的英文名称在人体中分别指上颌骨、下颌骨、转子、胫骨。——译者注）

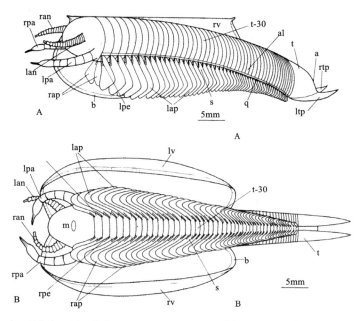

图 3.36　布里格斯复原的鳃虾虫（Briggs，1976）。（A）侧面观。（B）底视图，可见两片壳所围的腹面。注意成对的单枝型附肢，独一无二的"主附肢"（标为 lpa 和 rpa），另注意头部后的方位无附肢着生，这种组织方式不见于任一现代节肢动物类群。

斯·都利特·沃尔科特，相应的标本来自美国佛蒙特州的帕克板岩（Parker Slate），是一种寒武纪节肢动物。莱塞尔认为来自伯吉斯的这类动物也属于该属，而布里格斯不这么认为，并为其新拟一属，即鳃虾虫属。

　　布里格斯一共调用了 5 件标本——莱塞尔描述用的那一件、沃尔科特采集的另外 3 件，以及雷蒙德在 1930 年找到的第五件。正如在本章早些时候已讲过的暖心故事，最后那件标本的负模一直遗落在岩屑坡中，直到 1975 年，才在由皇家安大略博物馆领导的考察中被发现。鳃虾虫的双瓣壳覆盖了整个头部和体部前三分之二（图 3.36）。动物体部由 46 节短小的分节组成，其后是二叉呈钳状的尾节。在数量有限的标本中，附肢难以辨认，但可能属于双枝型——一枝较短，分为数节（可能与大多数双肢类节肢动物的步行足同源，但鳃虾虫的这一功能已相当退化）；另一枝较大，延伸呈刀状，可能为在近海底处游弋之用。

163

意外出现在头部，而且非常之大。头部有两对明显可见的短小附肢。这两对附肢呈触角状，指向朝前。第一对的形态相对平常，单枝型，分为多节；第二对的形态要特别得多，粗壮，分节不多，末端有爪状或钳状结构。布里格斯将第二对称为"主附肢"（principle appendage），这一处理，与惠廷顿之前的做法相似。那时，面对幽鹤虫的同功结构，惠廷顿疑惑不解，遂将其命名为"大附肢"。

两对附肢着生于头上部近侧面的位置。如果是甲壳动物，在头的腹面，应该另有三对附肢位于口部之后。然而，布里格斯一无所获。头的腹面，除了口，空空如也。既然头部只有两对附肢，鳃虾虫就不是一类甲壳动物。布里格斯做出结论："它不符合节肢动物任一现代类群的分类特征。"（Briggs，1976，13页）

所以，这里的双瓣壳节肢动物看似最有可能成为合理的自然进化类群，但实际上仍是一个人为定义的归类，其成员的解剖学结构有着意想不到的差异度。伯吉斯节肢动物构型的构成遵循的到底是一种什么样的规则？每一类的特征都是那么混杂，就好像从装有所有节肢动物特征的"什锦袋"中随机抓出一些，随心所欲拼凑而成。但三叶虫型的双枝型附肢是否能生在任一节肢动物上？双瓣壳是否能将任意解剖学结构覆于其下？规则何在，何以相宜。

2. 加拿大盾虫（*Canadaspis*）——第二项发现。看看伯吉斯节肢动物的故事在 1976 年结束时是个什么样子吧。马尔三叶形虫，本以为是三叶虫的亲戚，结果被发现是个"孤儿"。幽鹤虫，因为长了一对"大附肢"而与众不同，举目无亲，也不是谁的前体形式。伯吉斯虫，虽然名字随这一动物群，但亦是个"孤儿"。即便是鳃虾虫，铁定要当甲壳动物，谁知在双瓣壳之下有着一身独一无二的解剖学结构。而且，这四名"孤儿"的独特之处也各有不同，它们没有集合成一类的趋势。沃尔科特抄起他的"鞋拔"，把伯吉斯的节肢动物一股脑儿强塞进不同的现代类群，但它们是否会接受这一安排呢？

加拿大盾虫是在伯吉斯页岩第二常见的动物。在伯吉斯动物中，它的个头算是很大的（长可达 3 英寸），保存下来的标本略带醒目的红色。它有保存完好的双瓣壳，但布里格斯很快发现，在双瓣壳之下的解剖学结构与鳃虾虫完全不同。

　　布里格斯曾在 1977 年发表过一篇篇幅较短的论文。在论文中，他将两种双瓣壳节肢动物归入新拟的锐目虾属（*Perspicaris*）。他的重构虽然有令人兴奋之处，但鉴于标本数量稀少、保存质量不佳，并不能得出什么确切的结论。他无法证明这些动物的具体归属，不过，这两个物种无疑是甲壳亚门的动物。难道终于在伯吉斯标本中找到了一类能代表现代类群的动物？

　　布里格斯在 1978 年就回答了这个问题，不仅姿态优雅，而且是盖棺论定。他对保存完好的海量完美加拿大盾虫（*Canadaspis perfecta*）加以专论，终于将一类伯吉斯生物归入某个成功的现代类群。加拿大盾虫不仅是一种甲壳动物，在甲壳亚门下的具体地位也能确定。它是一类早期的软甲类甲壳动物，因而代表了后来蟹、虾及龙虾所处的一大类群。布里格斯在加拿大盾虫的解剖学结构中找到了属于软甲类的全部固有元素——分为五节、有眼和五对附肢的头部；分为八节的胸部（身体的中部）；分为七节的腹部，外加一尾节（身体的后部）。此外，头部附肢的着生方式也是那么正确——两对较短的单枝型触角位于口的前方，三对在腹面的附肢位于口的后方。[①]动物的腹节无附肢，但胸部各节均着生有一对标准的双枝型附肢，足枝靠内，较阔的鳃枝在外（图 3.37、图 3.38）。

　　上述描述虽短，但无损加拿大盾虫属在伯吉斯修订中的重要地位。古怪的动物需要更多篇幅才能使其独特性得到解释，而对于熟悉的生物，只须归纳为"跟无人不知的某某一样"即可。但是，在伯吉斯故事里，加拿大盾虫

---

① 我的这一句描述是多么简短！德里克·布里格斯在收到我寄给他的本书手稿以后，曾就本节内容回信给我。回信的内容有些意思，从中可以看出，在结论背后，历经的挣扎和付出的努力是多么艰辛。信中写道："加拿大盾虫是我们找到的第一类甲壳动物……而在那时，我们本已不大指望那些节肢动物在现代类群中有所归属。加拿大盾虫为研究带来的难题，是头部附肢的证据难以寻找。在千余件加拿大盾虫标本中，只有 3 件以侧面朝向保存的标本可见这些附肢（几乎毫无例外地不清楚，或覆于外壳之下，或被挤压得面目全非），其中以 USNM189017 号标本质量最佳。从专论（Briggs，1978）图版 5 可以看出，为了让这些附肢显露出来，前期的制备任务十分艰巨。在我看来，图版中的图 66 至图 69 代表了对正模和负模联合制备所能达到的最高水平。我费了好大力气，才说服西德妮·曼顿（哈利的节肢动物知识"上师"），让她确信，我真的找到了关键证据。我当时觉得，能说服她是一项巨大的成就。（在节肢动物高级别的分类方面，曼顿是世界上最伟大的专家，也是一位铁娘子。）这不仅仅是寻到一个标本证据，它还表明，在 10 对成系列的相似双枝型附肢中，尽管前两对与后面跟着的（胸部附肢）没有显著的差别，形态也很原始，但它们（前两对）属于头部，说明这一点是有必要的。"——作者注〔西德妮·曼顿，即西德妮·米拉娜·曼顿（Sidnie Milana Manton, 1902—1979），英国昆虫学家，皇家学会院士。——译者注〕

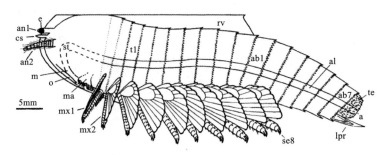

图 3.37　布里格斯复原的加拿大盾虫（Briggs，1978）。这一动物具有软甲类甲壳动物的典型结构——口前方两对附肢（标为 an1 和 an2），口后方三对附肢（标为 ma、mx1 及 mx2），胸部分为八节（从标为 t1 的一节开始），腹部分为七节（标为 ab1～ab7）。每一胸节着生有一对双枝型附肢。

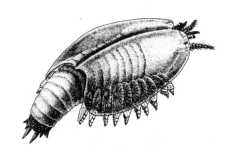

图 3.38　加拿大盾虫是一种真正的甲壳动物。分为五节的头部着生有两对触角和三对口后附肢，后两对与体部的双枝型附肢相邻，形态上亦与之相似。（玛丽安娜·柯林斯绘图）

既是一个关键，也是一根支柱，和西蒙发现的那些古怪奇观同等重要。假使每一种伯吉斯动物都是生活在某个被遗忘的世界里的古怪者，那么，我们会将它们看成一个什么样的整体？——那会是一个失败的实验；会是在后来现代动物群重建的过程中被完全回避的最初尝试，因而与后来生物的起源没有联系，提供不了任何相关的线索。但是，如果有了加拿大盾虫，加上具有现代解剖学构型的其他生物，所暗示出的，就是一个完全不同、更富有启发性的观念。伯吉斯动物群的确也包括现代类群的原型，因而成为一个普通的寒武纪动物群。但要揭示生命早期历史的模型哪一种最为重要，可能还得通过研究那些已大规模消失的构型来决定。

　　在德里克解析加拿大盾虫之时，西蒙已经完成他那旋风般的奇观发现，回到自己研究的主要对象——伯吉斯动物中真正的蠕虫，随后发表了两篇专论（Conway Morris，1977；1979）。他研究的结果完美地证实了加拿大盾虫复原结果所留下的启示。一些伯吉斯生物，甚至是动物群中具有软体结构的动物，竟也能很好地归到现代类群中。如此一来，"奇葩"作为常见类群补充的重要性得以凸显。1977年，康维·莫里斯从沃尔科特分散在三个门类（多毛动物、甲壳动物、棘皮动物）的标本中识别出六七个属类的曳鳃类蠕虫。曳鳃动物门的成员生活于海洋之中，是一个只有十余属的小门类，但在伯吉斯页岩的蠕虫中却占据着绝对的优势（伯吉斯曳鳃动物是我这个故事第五章的主要内容之一）。

1979年，康维·莫里斯已经整理好沃尔科特最为混乱的一类——伯吉斯多毛类蠕虫。沃尔科特曾把多毛纲（Polychaeta，环节动物门的海洋类群，是分为多节的蠕虫）当成"倾倒"伯吉斯奇异动物的垃圾场。在沃尔科特的多毛类里，康维·莫里斯发现了2属曳鳃动物，还有4属"怪异奇观"。不过，沃尔科特也鉴定出不少真正的多毛类动物。这一在现今海洋里优势如此之大的类群，在伯吉斯动物的时代，势头却远在曳鳃动物之下。但是，这两个类群显示出的基本启示相同——伯吉斯动物群中既有一般性的解剖学构型，也有独一无二的解剖学构型，而且都达到了相当的数量。

第四幕 1977—1978：娜罗虫和埃谢栉蚕 ——一个论证观点的完备与成为定式

在漫长的第三幕结束后，我们需要一幕简短的第四幕，摆出一个几乎仅有象征性意味的观点。在这一幕里，将要解析两个重要的伯吉斯属类，它们的与众不同不仅仅在于名字十分拗口，元音成串。

这出戏一开始，哈利·惠廷顿便让以前人人都以为属于已知类群的一些节肢动物成了该门类的"孤儿"（第一幕）。他变本加厉，向大家展示欧巴宾海蝎根本不是节肢动物，而是一类构型独一无二的奇特动物（第二幕）。他的学生和同事从整个动物群里记录到相同的模式，使这些异常成为伯吉斯及其时代的常态（第三幕）。当哈利·惠廷顿终于接受了新的诠释，开始将伯吉斯动物的解剖学结构别具一格作为优先假设，而非不得已的最后方案——

这个故事在逻辑上就到头了，伯吉斯的变革也已完成（第四幕）。从概念上看，剩下的可能就是收尾了，但这出戏里最好的故事要留到最后才讲（第五幕）。

在新观点的逻辑结构中，娜罗虫贡献了重要环节的最后一扣。这个我已提过好几次的伯吉斯物种，被沃尔科特描述成一类鳃足类甲壳动物。娜罗虫的壳由两片扁平光滑的卵圆形瓣片组成，两瓣一前一后，相接处呈直线状。在大多数化石中，这两瓣相互分离，闪闪发光，使得娜罗虫在伯吉斯生物中最为夺目，最具魅力，但也成为诠释工作的严重障碍。它们将整个软体结构覆于其下，大多数标本只可见撑到壳边缘之外的附肢远端末梢（图3.39）。可附肢（不可见）的近端特征才是主要分类依据，由它决定动物属于节肢动物的哪一类群。这些特征包括附肢的类型及其与身体的对接方式，没有这些信息，就无从对娜罗虫进行很好的诠释。

惠廷顿已发现伯吉斯化石保存有立体结构，对于他而言，上述两难境地随即得以化解。他意识到，可以凿开坚硬的壳，向下解剖，直至附肢的近端和着生的位置暴露出来。凿开娜罗虫的壳（图3.40），他观察到足够的附肢特征，确定了附肢的分节数，解析了附肢近端包括

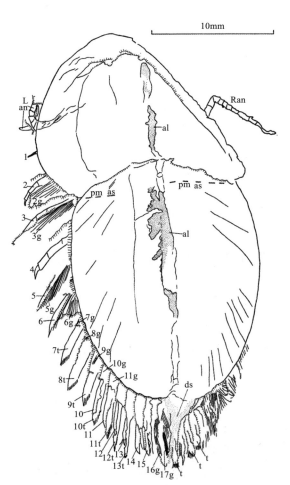

图3.39　一件出色的娜罗虫标本的显微（投影）描绘图（Whittington，1977）。两瓣壳将整个软体结构覆于其下，只可见撑到壳之外的附肢末梢。

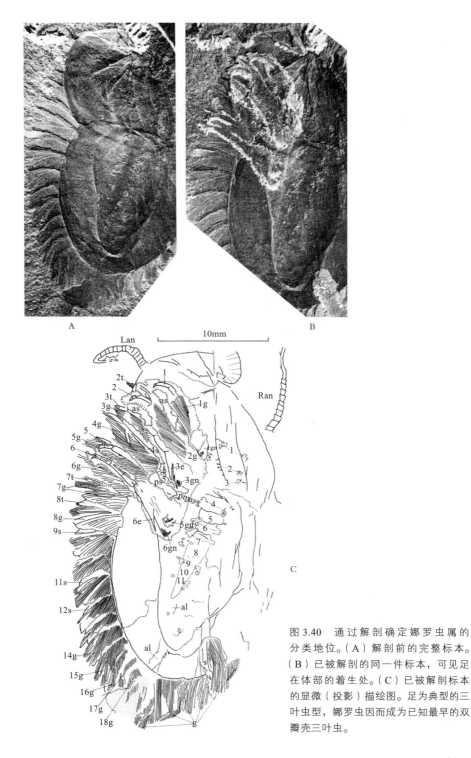

图 3.40 通过解剖确定娜罗虫属的分类地位。（A）解剖前的完整标本。（B）已被解剖的同一件标本，可见足在体部的着生处。（C）已被解剖标本的显微（投影）描绘图。足为典型的三叶虫型，娜罗虫因而成为已知最早的双瓣壳三叶虫。

颚基和取食沟在内的特征。此外，惠廷顿还收获了职业生涯的一大惊喜。他发现，自己正在观察的足枝，恰好来自自己最熟悉的动物——三叶虫。娜罗虫的大致轮廓与三叶虫确有些微相似，但它那（前后）双瓣壳与三叶虫的外骨骼却几无共性。大多数三叶虫的虫体分为三部分——头、胸、尾。〔与普遍以为的不同，这一从头到尾的划分不是"三叶虫"或"三裂片状"命名的来源。三叶虫的"三叶"（trilobation）是指纵向一分为三，形成由一中轴（轴叶）和被称为肋部（pleura，肋叶）的两侧组成的三个并排区域。〕

惠廷顿发现娜罗虫还具有三叶虫的一些其他重要特征。其中，又以头部分节为甚，符合三叶虫的定义。除此之外，头部口前有一对单枝型触角，腹面有三对口后型附肢。娜罗虫的外壳虽然奇怪，但它的确是一类三叶虫。由此，惠廷顿描述娜罗虫属时，在三叶虫纲下新拟一类，将之归入其中。他难掩喜悦之情，行文不同于平日的风格。为什么不呢？哈利可是世界级三叶虫专家，这是他的心肝宝贝，他刚向世界宣布了一个与众不同的炫目孩子的到来。

> 首次凿到……既令人吃惊，也激动人心……重构的动物形态与沃尔科特及其他人的复原差别甚大……其特征符合三叶虫的程度高于先前预期。我确实可以做出以下结论：娜罗虫是一类不具胸部的三叶虫。为此，我将其置于该纲之下一独立新目。（Whittington，1977，411 页）

分类地位从一个熟知类群移到另一个熟知类群，变化看起来或许不大，所以，在随伯吉斯重新研究而来的剧烈震荡和大量发现中，这似乎只是一个在概念上影响很小的事件。若如此认为，那就错了。娜罗虫分类地位的确定，就像是完成拼图游戏的最后一块满意的拼板，它证实了伯吉斯的基本模式——当时解剖学构型的差异度远甚于后来的研究，在每一分类级别都是如此。西蒙发现"怪异奇观"，是在动物的最基础构型、分类地位最高的门类级别鉴证了这个模式。惠廷顿之前发表的专论，是在低一个门类级别讲述同一个故事：节肢动物门下独立于现代动物的一个又一个类群，无不表明伯吉斯节肢动物的解剖学构型差异度之大远甚于后来，即便是后来节肢动物的种类大为扩增，仅昆虫一类，已被描述过的就有约 100 万种。这一次，哈利·惠廷顿是在门类之下（已知）主要类群之内的级别，一个差异度本是最低的级别，再一次证明了相同的模式。他发现的是一类在语义上明显自相矛盾的动物——具有两瓣硬壳的软体构型三叶虫。〔他在 1985 年还将描述第二种软体构型三叶虫——巨瓦皮盾虫（*Tegopelte gigas*），它是伯吉斯个体较大的动物之一，长达近 1 英尺。所以，娜罗虫在三叶虫类中不再是独树一帜。〕就像有些景象，无论仰首用望远镜遥望，还是俯首用显微镜细观，视野中的情形都一样。伯吉斯模型似乎在不同分类水平中都展示出这种恒定的"分形"① 特征——在伯吉斯的时代，曾有很高的差异度，但紧随其后的是抽灭，以及在少数幸存类群之内发生的分化。

对于惠廷顿而言，有关娜罗虫的专论是一个概念上的分水岭。他终于正式废除了（斯特默的）"类三叶虫纲"，那不过是一个人为定义的垃圾篓，无关进化。他也终于放下顾虑，将伯吉斯的节肢动物看作一个构型独一无二、差异度水平远超后来类群的集合。

> 类三叶虫纲（Trilobitoidea Størmer, 1959）为方便起见而立，便于将主要产自伯吉斯页岩、被认为形似三叶虫的不同节肢动物归为一类，与三叶虫纲同一级别。最近已发表的研究结果及在当前进展中获得的初步结果产生了大量信息，尤其是有关附肢的信息……类三叶虫纲不能继续被当作一个可用的概念。评价这些动物之间关系的新基础正在形成。（Whittington，1977，440 页）

哈利下一篇专论的主题是埃谢栉蚕。专论一开始，他就表达了对新观点的认同，而且十分高调："这一动物群落包括的节肢动物类型多得惊人。此外，还有一些具有奇异的构型，如作者和康维·莫里斯描述的那些动物。它们和埃谢栉蚕一样，不能轻易被归入高级别的现代分类阶元。"（Whittington，1978，166-167 页）埃谢栉蚕可能是最著名的伯吉斯生物，有关研究也最多。原因有些可笑，因为它属于"双 P"阵营（见前文 124 页），被认为是原始

---

① 分形（fractal）是一个数学术语，指将一个形状分割为若干个形状与其相同的更小部分。——译者注

的前体类群。沃尔科特将埃谢栉蚕描述成一种环节动物（Walcott, 1911c），但很快，同行们便激动地指出，这类生物至少在外观上与有爪动物几乎没有区别。有爪动物是现代无脊椎动物中的一个小类群，主要以名字可爱的栉蚕属（*Peripatus*）为代表。有爪动物集合了环节动物和节肢动物的一些特征，不少科学家认为它是连接这两个门类的罕见中间构型（若您愿意，也可以称之为"未能缺失的环节"）。不过，现代有爪动物为陆生，而从环节动物到节肢动物的实际过渡，或从一个共同祖先类群衍生出这两个门类，都必然发生在海洋之中。此外，自那个所谓中间构型的时代算起，现代有爪动物已历经5.5亿多年进化，不可能被看作是一个过渡的模型。若有来自寒武纪的海洋有爪动物，它就会被赋予至高无上的进化意义——埃谢栉蚕被如此诠释（Hutchinson, 1931），便成了伯吉斯的英雄。伟大的生态学家 G. 伊夫林·哈钦森完成了南非栉蚕属分类的重要工作，（1988 年 4 月的访谈中）他在 80 多岁时回顾自己漫长的学术生涯，依然把自己的埃谢栉蚕研究看得最重。他曾写道：

> 有埃谢栉蚕，我们就有了一类与生活在与现代物种所处生态环境完全不同的有爪动物。它存在的年代虽然久远，但外部形态一定与其现代代表极为相似。（Hutchinson，1931，18 页）

埃谢栉蚕躯干呈圆筒状，有环纹，在两侧靠底部的位置上，着生有 10 对有环纹的肢，方向朝下，应为运动之用（图 3.41、图 3.42）。前端与后方无间割，不形成明显的头部。前端仅着生有一对附肢，形态和环纹与后方附肢一致，但在两侧着生的位置偏高，方向朝外。口在前端最末（正好在头端部表面正中间的位置），为六七个乳突所围。前端附肢末梢有三枚刺状分枝，前缘另有三枚刺。体肢末端较钝，生有多达七枚的一组弧形小爪。体肢除了第一对以外，表面亦有刺，在第 2～8 对上朝前，

图 3.41　埃谢栉蚕可能是一类有爪动物。（玛丽安娜·柯林斯绘图）

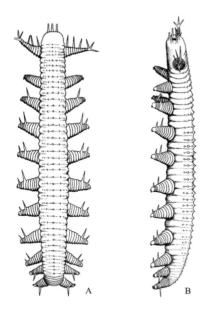

图 3.42 惠廷顿复原的埃谢栉蚕
（Whittington，1978）。（A）顶视图。（B）
侧面观：在图中顶部可见前端最末环围
口部的触手（乳突），背面朝右。

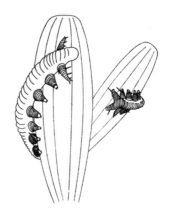

图 3.43 惠廷顿的重构图
（Whittington，1978），可见埃
谢栉蚕在海绵上生活、取食。

在第 9～10 对上朝后。

惠廷顿综合这些解剖学特征和其他数据，还原出埃谢栉蚕非同寻常的生活习性。19 件埃谢栉蚕标本中，有 6 件包含海绵的残余。这种联系几乎从未见于其他伯吉斯动物，惠廷顿猜测，埃谢栉蚕或许以海绵为食，并生活于其间，以求庇护（图 3.43）。体肢末梢的爪在淤泥中或许难以发挥作用，但应便于攀爬海绵，并固着其上。前端附肢或许难以将食物直接扫入口中，但之上的刺应能用来撕破海绵，以便吮食有营养的汁液和软组织。躯体后部体肢上方向朝后的爪刺应为固定之用，即使动物以奇怪的角度置身于海绵，也能固着其上。

但埃谢栉蚕是一种有爪动物吗？惠廷顿认为，两者的相似之处，在于前端附肢、末梢有爪的单枝型体肢，以及躯干与足有环纹等特征。但他也列举出一些不同之处，如无颚（而现代有爪动物有），虫体后端最末为一对体肢

（而现代有爪动物的体部延伸到了末对体肢之后）。

这些不同之处令人对埃谢栉蚕在当时的分类地位有所怀疑。依惠廷顿的判断，这些怀疑足以将其从有爪动物门移除。在最终确定归属之前，他暂时将其看作一属独特的独立类群。他提到其他属类的先例："因此，如同欧巴宾海蝎属、怪诞虫属、足杯虫属等其他采自伯吉斯页岩的动物，埃谢栉蚕属不能被轻易归入高级别的现存分类阶元。"（Whittington，1978，195 页）

我认为这句话至关重要——（它至少标志着）伯吉斯的变革业已完成。我如是表态有些讽刺的意味，因为，我认为这一次哈利可能把埃谢栉蚕看错了。我相信，若对上述证据进行权衡，会得出埃谢栉蚕应留在有爪动物门的结论。那些相似之处令人印象深刻，在解剖学特征方面相当有说服力，而不同之处流于肤浅，与进化没有很大的因果关系。颚的缺失是哈利指出的两处主要不同之一。不过，颚可能要到后来才会进化出来。因为，对于某一组成结构而言，只要它没有被某一生物祖先类群的解剖学构型排除在外，就可以在生物的进化过程中形成。这一现象至少在伯吉斯的一个重要类群中发生过。（寒武纪的）伯吉斯多毛动物原本没有颚，但在奥陶纪就会进化出来，之后再也未有缺失。至于体部应延伸至末对体肢之后，我觉得该特征的出现，不过是一种简单的进化所致。对于如有爪动物门那般繁杂的类群，特征会发生如此变化，完全是在合理范围之内。美国古生物学家理查德·罗比森（Richard Robison）列出的埃谢栉蚕与现代有爪动物的特征区别，比前人的要多得多。虽然如此，他还是认为埃谢栉蚕应属于该类群。他在论文中提及惠廷顿列出的第二处不同之处时写道：

> 陆生有爪动物身体突出至末对叶（状假）足（体肢）之后。这一特征不过代表一个较小的改变，将肛门略加移位，使卫生条件得以改善。对于生活在水中的动物而言，这一身体结构形式并不那么重要，因为，水流有助于有毒的排泄物远离身体。所以，身体后部的形状更多反映了动物对生活环境的适应，而非进化发育的关系远近。（Robison，1985，227 页）

为什么惠廷顿将埃谢栉蚕从有爪动物门分离出来，断言其分类地位独一无二呢？多年来，惠廷顿一直抵抗着将伯吉斯生物从熟知类群分离出来的诱惑，即使要分离，也是为证据所迫。因此，我们自然会以为，是直接来自埃谢栉蚕的新数据，促使他不情愿地下此结论。但细读惠廷顿发表于 1978 的专论，会发现他并未推翻哈钦森 [①] 对埃谢栉蚕的任何基本陈述。哈利罗列并讨论的不同之处与哈钦森所言相同，他的确展示出更多、更细致的细节，但实际上也肯定了哈钦森的杰出工作。但是，基于相同的数据，哈钦森将埃谢栉蚕归入有爪动物，而在后来，惠廷顿却做出了相反的结论。

那么，如果不是埃谢栉蚕的形态特征，究竟是什么促使惠廷顿扭转自己的看法？我们在此见证的，好比是一个对照设置得当的心理学实验。数据未变，结论的观点变了，这只能说明在实验之前预设的前提发生了变化。这个前提，即对伯吉斯生物分类归属的优先假定。显然，惠廷顿不仅接受了伯吉斯动物分类地位独一无二的观念，而且更垂青于此。他的转变就此完成。

还有很多迷人的属类要去描述，进程甚至尚未及半。但惠廷顿 1978 年的埃谢栉蚕属专论标志着新生命观已成为定式。1975—1978 年这几年的进展令人眩晕——先是发现欧巴宾海蝎既非节肢动物亦非其他已知类群，令人不安，后来有西蒙发现的一系列“怪异奇观”，到最后，伯吉斯动物分类地位独特作为优先假设被完全接受。3 年虽短，迎来的却是一个不同的世界。

第五幕　1979—世界末日（不知何时）：埃谢栉蚕之后的研究——一项研究项目结果成熟

从马尔三叶形虫（1971）到埃谢栉蚕（1978），研究方向在短短 7 年之间发生了巨大的转变。一个旨在对归于节肢动物已知类群动物重新描述的项目，转变为树立有关伯吉斯页岩和生命史的新概念。

---

① 哈钦森的相关研究除作者引用的 Hutchinson（1931），另详见 Hutchinson, G. E. 1969. *Aysheaia* and the general morphology of the Onychophora. American Journal of Science. 267: 1062–1066.——译者注

转变的路途并非平坦，亦非笔直，无不经历对证据的权衡，以及对论证的逻辑考量。智识的变革从来不是那么简单。诠释有如艰难行进的涓涓细流，时而曲折，时而迂回，也会暂时困于沼泽，缠身于终将被抛弃的各样假设（例如认为伯吉斯"奇葩"是已知类群的原始形式）。但最终，它还是会冲破一切，奔向结论——伯吉斯动物构型差异度之大有如大爆发。

到 1978 年，以惠廷顿对埃谢栉蚕的诠释为标志，新的观念已经定型。从此，大家对伯吉斯动物群的基本定位充满信心，便进入一个平静的新阶段，一直延续至今，我这出戏的第五幕即是讲述其间发生的故事。在这最后一幕里，情况不会急转直下，新的观念一直未变。因为信心有极为实用的价值，人不再时时对基本原则有所顾忌，得以朝着既定方向勇往直前。因此，在第五幕里看到的，将是对大量伯吉斯生物解析的成果。古老的谜团被一一破解，就像在游戏中，让对方的玩具士兵成建制地倒下。（继续借用这个比喻。）尽管没有儿戏那么容易，但有了坚实的基本框架加以引导，齐心协力，工作效率会高得多。在过去 10 年中，不少最为奇怪、最令人兴奋的伯吉斯生物得以复原，这让我迫不及待地想读第六幕（如果有可能的话）。

伯吉斯节肢动物的未完史诗

"孤儿"与特化构型

时至 1978 年底，软体构型节肢动物的"较量结果"已彰显了独特性和差异度的胜利。马尔三叶形虫属、幽鹤虫属、伯吉斯虫属、鳃虾虫属等四个属类成了节肢动物"孤儿"，不能归入该门类下任一现代类群。可以归入的，仅有加拿大盾虫属（或许还有锐目虾属）。娜罗虫被重新归入三叶虫类，但在该类群里独树一帜，极不寻常，是一个新目类的原始类型。欧巴宾海蝎被逐出节肢动物门，而埃谢栉蚕何去何从尚无定论。这个开局不错，但数目还不够分量。就如我在前文所说的，自然历史"重大"问题的解决，在于它出现的相对频次。所以还需要更多的数据，且须接近全体伯吉斯节肢动物的规模。现在，第五幕即在最大限度上满足了这一需求，修正的模式也经受住了考验。

1981 年，德里克·布里格斯的研究结果使更多双瓣壳节肢动物成为无以归类的类群（这让加拿大盾虫有如独秉孤烛，在伯吉斯独为真正甲壳动物的可能性越来越大）。奥戴雷虫是伯吉斯页岩体形最大的双瓣壳节肢动物（长可达6英寸），为了确定其归属，布里格斯研究了全部29件标本。奥戴雷虫的眼位于头正面，延伸至壳之外，在伯吉斯节肢动物中亦属最大（图3.44）。除此之外，布里格斯在头部仅找到一个组成结构——一对生于腹面口后的短小附肢。（这种没有触角、仅有一对口后附肢的组织方式独一无二，仅凭此，奥戴雷虫即可成为节肢动物中的"孤儿"。但是，覆于硬壳之下的头部保存得并不完好，布里格斯不敢肯定已解析出所有结构。）躯干全长的三分之二都包被于壳之下。躯干本身由45节组成，各节着生有一对体肢，除了前两对以外，皆为双枝型。

　　奥戴雷虫还显示出两处独一无二的特殊性状。首先，这种动物生有三叉状的尾（图3.45），两侧各有一尾叶，中间一叶生在背面。这种奇怪的结构会让人联想起鲨或鲸，而非龙虾，在节肢动物的其他类群中也没有相似的结构。其次，两瓣壳不为扁平状，而呈管状。此外，布里格斯认为相对较短的附肢无法伸出壳外。不仅如此，两瓣壳形成的管状结构（在腹面）的敞开程度，

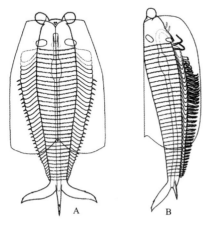

图3.44　布里格斯复原的节肢动物奥戴雷虫（Briggs，1981a）。（A）顶视图，将两瓣壳做透明处理，以示覆于其下的软体结构。可见眼凸出于壳的前方，以及体后三叉状尾的着生方式。（B）侧面观。

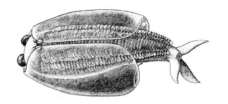

图3.45　游弋时背面朝下的奥戴雷虫。透过管状的壳，可见数目众多的双枝型附肢。另可见前方的一对大眼、体后奇异的三叉状尾，以及口后方的一对取食附肢。（玛丽安娜·柯林斯绘图）

可能也不足以使附肢从腹面方向伸出。显然，奥戴雷虫不会行走于海底。布里格斯写道："实际呈管状的壳、生有较大的尾叶，兼具这两项特征的生物，在节肢动物中独一无二。"（Briggs，1981a，542 页）

布里格斯对奥戴雷虫的功能进行了研究，通过结合两处特殊的性状，对其生活模式做出推测。他认为，奥戴雷虫游弋时背面朝下，以三叉形的尾部平衡和导向，而壳充当捕食的过滤腔。水从壳的一端进，附肢可以捕获水流中的食物颗粒，并将水流从壳的另一端导出。

布里格斯再次证明，伯吉斯节肢动物的标签是"独一无二的特化"，绝非"原始般的简单"。德里克写信给我，如是评价自己 1981 年发表的专论："原来，奥戴雷虫不仅分类地位特别，而且，在我看来，更重要的是，其功能也在节肢动物中独一无二。"

也是在 1981 年，大卫·布鲁顿发表了关于西德尼虫的专论。我们在前文第 83～92 页已就此做过讨论。对西德尼虫的解析，是伯吉斯节肢动物研究的一个重要里程碑，原因有两个。其一，长久以来，西德尼虫是该动物群被关注的焦点或标志。沃尔科特认为这一属代表了伯吉斯最大的节肢动物（我现在知道，软体构型的三叶虫类瓦皮盾虫，以及另外一两种双瓣壳节肢动物，其实比它更大），除此之外，他还另发现一边缘带刺的附肢，误以为是西德尼虫头的一部分（因为他不知还有其他哪类节肢动物大到足以着生如此附肢）。如此处理之后，西德尼虫不仅最大，而且最为凶猛。（我的一位心理学家朋友为我解释，为何我们这个社会对恐龙如此迷恋。他列出的原因很简练——"庞大、凶猛、绝种"。这三点，沃尔科特重构的西德尼虫全都符合。）在布鲁顿的修订中，西德尼虫仍是一类捕食动物，但（沃尔科特发现的）那对肢是奇虾的。西德尼虫的头部并无取食结构。

其二，在伯吉斯节肢动物最后一组潜在合乎逻辑的自洽类群——"类肢口动物"（merostomoid）中，西德尼虫是第一个被重新描述的动物。将伯吉斯原来的主要集群置于现代类群，当然已毫无希望可言，但"类肢口动物"是保持传统归类不变的最后一次机会，最后一线希望。肢口类是一类海洋节肢动物，包括现代的鲎，以及已成化石的板足鲎。它们与蜘蛛、蝎子及螨类聚为节肢动物的四大类群之一——螯肢亚门。板足鲎较鲎更能体现肢口类的基本体形结构——具有一顶坚实的头盾；躯干体节有数节较阔，与头部等宽；有较狭的尾，通常呈刺状。包括西德尼虫在内的一些伯吉斯属类，便具有这一基本构型。

　　布鲁顿的研究结果对保持传统归类不变的最后一线希望造成了很大的冲击。结果表明，西德尼虫不可能是肢口类动物的近亲或祖先类群。这类动物虽具有"类肢口动物"的体形结构，但这一特征并不能使其成为自洽的进化类群。它们之间的差别很大，只是因为具有（用我专业术语称作的）共同祖征①（或"共有的原始性状"），才被联系到一起。对于高级类群而言，共有的原始性状都属于祖先性状，因此，它不能被用来定义该类群下细分的亚类群。例如鼠、人，以及马的祖先不能因为都具有五趾，就聚为哺乳动物下的一个系谱类群（genealogical group）。具有五趾是所有哺乳纲动物都具有的一个祖先性状。有些生物保留着这一初始性状，而更多的其他生物在进化中发生了改变。具有"类肢口动物"的体形结构，是许多节肢动物类群的原始性状。相反，划分真正的系谱类群，根据的是共有的衍生特征，即自共同祖先分化形成的独特性状。

　　真正的螯肢亚门动物的头盾上生有六对附肢，无触角。在这个关键的方面，西德尼虫与之极为不符，其头部（图3.46）只有一对触角，无其他附肢。布鲁顿逐渐认识到，西德尼虫是一类杂糅了许多特征的奇异动物。其九节体节的前四节每节各着生一对单枝型步行足，符合肢口类的特征。但后五节上的是双枝型附肢，各肢分别由鳃枝和步行足组成。"尾节"由圆筒状的三节和一片扇状的尾组成，较之肢口类，外观更像甲壳类。布鲁顿在西德尼虫的肠道里发现介

图3.46 两个方向的西德尼虫视图：上方视图，以仰视的视角显示体肢的构成形式，以及眼与触角的着生方式；下方为俯视图。（玛丽安娜·柯林斯绘图）

---

① 共同祖征（symplesiomorphic trait，或 symplesiomorphy），指两个或两个以上共同祖先的分类阶元所共有的祖征（plesiomorphy，即与祖先特征相似的性状）。——译者注

形虫、软舌螺以及小型的三叶虫，因此将其诠释为一类底栖的肉食动物。但西德尼虫的头部无取食附肢，而足间又有齿状取食沟，由此，可以推测，其进食方式与许多节肢动物类群无异，将食物自后往前传送，而非自前方觅食，从前擒握。

对于伯吉斯节肢动物而言，1981年是关键的一年，剩下的那些"类肢口动物"保留原有分类地位的最后一丝希望完全破灭。在这一年，除了有关奥戴雷虫和西德尼虫的专论，惠廷顿的"收尾"专论《产自不列颠哥伦比亚伯吉斯页岩的罕见中寒武世节肢动物》（Whittington，1981a）也得以发表。这些（罕见的中寒武世节肢）动物在过去大多被归入"类肢口动物"（或符合归入的要求，只是未被发现）。但惠廷顿无法将它们中的任一成员重构成螯肢亚门的动物。它们全部成了"孤儿"，在节肢动物门内的分类地位独一无二，各不相同。

臼齿山虫（Molaria）的头盾背腹方向纵深较大，形如半个半球。躯干分为八节，尺寸向后逐渐递减，末节与圆筒状的尾节相接。尾节后生有一具关节的长刺，向后伸展的长度超过体部（图3.47）。这一构型确属"类肢口动物"无误，但其头部只有一对短触角，以及三对双枝型附肢。

哈贝尔虫（Habelia）的基本体形与臼齿山虫相同，但惠廷顿还描述了一系列相当明显的不同特征，有一些对其归属有重要的影响。例如覆于壳表的瘤状突起，虽为表面特征，但使其在外观上格外与众不同（图3.48）。躯干由12节组成，但其后并无尾节。后伸的尾剑上有钩状结构、脊状突起，不分节，但在往后三分之二处有一关节。头部有一对触角，除此之外，仅在腹面有两对附肢。躯干前六节着生有双枝型附肢，但后六节可能只生有鳃枝（而臼齿山虫体部八节皆着生有双枝型附肢）。

惠廷顿还发现一属新的节肢动物。它的结构复杂，但个体细小，长不及0.5英寸（图3.49）。这一被命名为帚尾虫（Sarotrocercus）的独特动物有一头盾，其后紧接九节体节，体末有一尾剑，末梢生有一簇刺。头盾腹面前缘有一对较大的眼，着生于眼柄上（而臼齿山虫与哈贝尔虫无眼）。除此之外，头部还生有一对粗壮的附肢，末节二叉呈钳状。惠廷顿还观察到另10对非常不同的附肢（一对位于头部，九节体节每节各一）。它们是呈长梳状的结构，可能为鳃枝，没有一丝足枝的明显痕迹。惠廷顿将帚尾虫复原为一类游弋时背

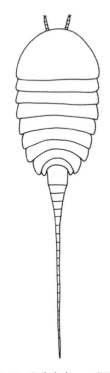

图 3.48　身覆瘤状突起的哈贝尔虫。（玛丽安娜·柯林斯绘图）

图 3.47　臼齿山虫，一类独特的"类肢口动物"型节肢动物（Whittington，1981a）。

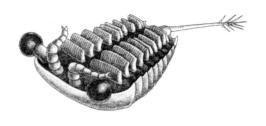

图 3.49　细小的节肢动物帚尾虫，游弋时背部朝下。可见一对大眼、粗壮的取食附肢，以及头后各体节上的鳃枝，可能用于游弋。（玛丽安娜·柯林斯绘图）

面朝下的大洋动物，可能与阿米斯克毛颚虫、齿谜虫等少数伯吉斯动物的情况相似，生活在接受泥石流的滞流盆地之上的水柱中。

对阿克泰俄斯虫（*Actaeus*）的重构基于一件长为 2 英寸的标本。阿克泰俄斯虫的眼叶[1] 位于头盾边缘，头盾后紧接 11 节体节，末节后有一三角形的细长尾板（图 3.50）。头部生有一对特别的附肢，基部一节粗壮，随后各节向下弯曲，并在末梢形成一组刺，由四枚组成。附肢末节内缘生有两根长鞭状的延伸结构，回折向后伸展。头部可能另有三对普通的双枝型附肢，位于这一结构之后。

---

[1]　眼叶（eye lobe，或 palpebral lobe），根据《古生物学名词》2009 年第二版，指固定颊上眼沟以外的近半圆形突起部分。——译者注

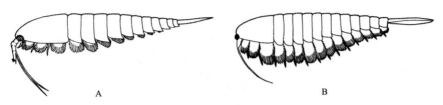

图 3.50　两类关系较近的节肢动物（Whittington，1981a）。（A）阿克泰俄斯虫。（B）始虫。

始虫（*Alalcomenaeus*）的外观与附肢组织方式与阿克泰俄斯虫相似（见图 3.50），两者或许有亲缘关系。其眼叶亦位于头盾边缘，头盾后紧接的体节为 12 节，末节后的尾板呈卵圆形。头部亦着生有一对较大的附肢，粗壮的基部一节之后即是细长的突出结构——虽然不如阿克泰俄斯虫复杂，但着生的方式和位置与之有相似之处。除此之外，头部另生有三对双枝型附肢。在一件标本的步行足内侧，还可见一组刺状结构，着生的位置适于其将食物（从后）转运至口部。惠廷顿写道："这些醒目的附肢表明，（始虫）可能是一类底栖腐食性动物，可以把尸体紧紧抓住，并将其撕碎。"（Whittington，1981a，33 页）[1]

除了阿克泰俄斯虫属与始虫属之间存在非常不确定的联系，其他五属的特征都很独特，结构组织方式各异，每一属动物皆呈现出高度特化的构型。惠廷顿做出的结论，已与我们现在熟知的伯吉斯故事相似：

> 很多意想不到的新特征得以揭示，（伯吉斯节肢动物）物种在形态方面的鸿沟由此被大大拉大。除了极少的例外，（这里描述的）每一种都集合了许多独有的特征。这些属丰富了节肢动物非三叶虫类群的形态特征类型，也使得独有特征的组合更加多样。（Whittington，1981a，331 页）

---

[1]　云南大学侯先光团队与日本和美国研究人员合作，对产自我国云南澄江早寒武世动物群的始虫化石标本进行计算机断层扫描，发现其神经系统特征与现代螯肢类相似。详见 Tanaka, G., Hou, X, and Ma, X, et al. 2013. Chelicerate neural ground pattern in a Cambrian great appendage arthropod. Nature. 502:364–367.——译者注

　　"致命一击"在 1983 年由布鲁顿与惠廷顿共同发起。他们描述了个体较大的翡翠湖虫与林乔利虫，它们是伯吉斯节肢动物的最后两类，也是斯特默不可信的肢口亚纲中余下的最后两个成员。

　　翡翠湖虫（*Emeraldella*）具有基本的"类肢口动物"构型，但同时另有一些独特的结构及组织方式。头盾十分典型，其上生有一对非常长的触角。触角朝上弯曲，并往后回折。触角后有五对头部附肢，第一对较短，为单枝型，后四对为双枝型（图 3.51）。躯干前 11 节较阔，向后逐节渐狭，每节各着生有一对双枝型附肢；后两节呈圆筒状，末节后接一向后伸展的无关节长尾刺。

　　林乔利虫（*Leancholia*）也有一些"类肢口动物"的基本外在特征。头盾呈三角形（前端略上翘，呈奇怪的"鼻"状），体节 11 节，第五节往后渐狭，弧度越来越大。尾刺较短，呈三角形，两侧边被有尖刺（图 3.52）。林乔利虫有 13 对双枝型附肢，头盾后部两对，每体节各着生一对。

　　但林乔利虫还具有伯吉斯节肢动物中最奇异、最吸引人的附肢。林乔利虫可能与阿克泰俄斯虫有亲缘关系，它的那对附肢好比后者头部正面结构的

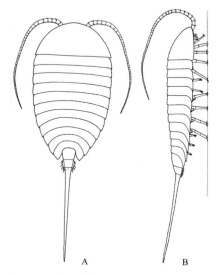

图 3.51　翡翠湖虫的顶视图（A）和栖于底部的侧面观（B）。双枝型附肢的鳃枝非常小，由此可推测，这种动物可在海底行走。

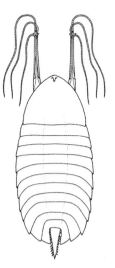

图 3.52　林乔利虫顶视图。可见头前大附肢上的三数鞭状延伸结构，以及体后的三角形尾刺。

夸张版本。由于没有合适的术语，布鲁顿和惠廷顿借用幽鹤虫一处结构的名称，简单地将其称作"大附肢"。"大附肢"基部分为四节：第一节方向朝下，其后弯曲 90 度，方向朝前。第二节与第三节末端有长鞭状的延伸结构，该结构从中间至末端有环纹。第四节是一渐尖的杆状结构，端部背面是一组三数的爪，腹面延伸成第三根具环纹的鞭状结构。根据不同身体朝向的标本，可推断出这对大附肢的基部如同合页（图 3.53），可以向前伸，便于动物栖于底质（图 3.54），也可以向后折回，可能是为了在游弋时减少阻力。双枝型附肢的特征进一步证明了这种游弋的生活模式。与翡翠湖虫的长步行足与短鳃枝不同，林乔利虫薄片状的鳃枝很大，向外延伸，相互重叠，将较短的足枝完

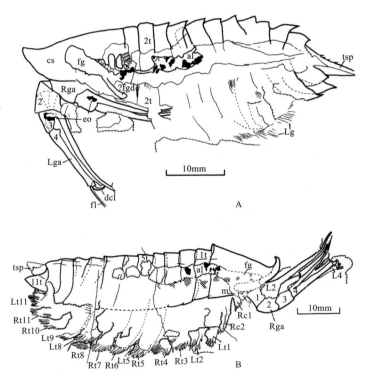

图 3.53　2 件林乔利虫标本的显微（投影）描绘图。"大附肢"标为 Lga 和 Rga，其上的数字为各主要分节的序号。（A）大附肢向后折回，可能是游弋时的姿势；图中右侧一肢（Rga）平贴于身体，左侧一肢（Lga）方向朝下，可见肠道（或消化道，标为 al）的痕迹，以及尾刺（tsp）。（B）"大附肢"向前伸展，为进食时的姿势。

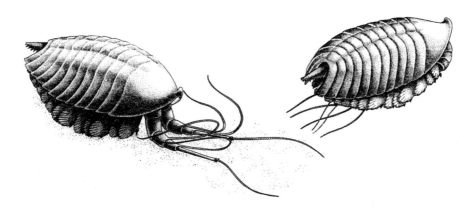

图 3.54　两个方向的林乔利虫视图：右边视图所示为游弋时的姿态，"大附肢"折回，鞭状触手结构向后伸展可延至身体之后；左边视图中，"大附肢"向前伸，便于动物栖于底部。（玛丽安娜·柯林斯绘图）

全覆于其下，像是一幕名副其实的帘子。

　　对"类肢口动物"所有属类的重新描述，促使布鲁顿和惠廷顿思量隐藏于相似外在构型之下的巨大差异——西德尼虫有一对触角，无其他附肢；翡翠湖虫也有一对口前触角，但在口后有五对附肢，一对单枝型，四对双枝型；林乔利虫无触角，生有非凡的"大附肢"，口后是两对双枝型附肢——多样程度仅从头部附肢的组织方式就可见一斑，而根据它可以推断出头部原有的分节模式，还有助于研究节肢动物的深层解剖学结构。[1]

　　伯吉斯曾历经的，是一个令人惊奇的实验尝试期。在那个时期，进化是那么灵活，从节肢动物"什锦袋"中抽取特征"把玩"的潜力如此之大，似乎所有可能的组合方式都可以拿来一试（并加以检验）。我们如今能识别区分明确的类群，是因为它们的形态之间存在着巨大的鸿沟。这些鸿沟的形成，正是因为那些实验尝试的大多数成果已经不复存在。"在后来，这些解决方案中的部分合并到一起，不再变化。而正因为如此，才使得现在的节肢动物可

[1]　此段引述原文献列举事实，但与原文献的引申不同。原文献保守地认为，尚不能确定上述三类动物的头部附肢数目是否能反映头部原有的分节模式，也无法推断在体段划分形成头部时失去多少分节，亦不可判断口前附肢的地位是主要还是次要（Bruton and Whittington，1983，576 页）。——译者注

划分为我们所见的类群。"[1]（Bruton and Whittington，1983，577 页）

一件来自"圣诞老爪"的礼物

被官僚系统牵绊固然令人沮丧，那种特有的滋味独一无二。但这种牵绊或许也会带来一个好处——人有时会被激怒，以至于另谋他路，反而在迂回中有所作为。就如古老的名言所训——莫为之失去理智，该寻思如何扯平[2]。迪斯·柯林斯曾对那种深深的牵绊报以最大的耐心，当得知到沃尔科特采石场发掘的许可申请最终还是被拒绝，仅获准在岩屑坡收集标本（且还有进一步的限制，手续几乎是没完没了地拖延）之时，他意识到，其实不必将兴趣死扣于伯吉斯，可以去他处[3]。

就这样，柯林斯开始在伯吉斯附近区域搜寻与之相似的地点，在那里，采集和挖掘是允许的。他的收获颇丰，在附近不止 12 处地方发现了软体构型动物的化石。大多数地点含有的物种也见于沃尔科特的采石场，但柯林斯也有一些十分出色的新发现。在沃尔科特采石场以南 5 英里的一处地点（Collins，1985），柯林斯从低 100 英尺的地层中收获了 10 年来最大的发现——一类头部有许多带刺附肢的大型节肢动物。柯林斯依野外工作的古老传统，为其取了一个昵称。就如沃尔科特管马尔三叶形虫叫"蕾丝花边蟹"，柯林斯管自己的发现叫"圣诞老爪"（Santa Claws）。他与德里克·布里格斯

---

[1] 作者在此引用这句话与原文意图略有不同。作者引用的原文上下文是 "… study also serves to illustrate the limited number of ways in which the Burgess Shale arthropods were equipped to solve the problems of feeding, locomotion and sensing. This makes recognition of distinct taxonomic groups difficult, since it was only later that certain of these solutions were fixed in combinations that allow the present arthropod groups to be recognized"（Bruton and Whittington，1983，577 页），意为伯吉斯节肢动物解决取食、运动、感受等问题的方案有限，这为类群的明确划分带来困难，因为这些解决方案在后来集合到了一起，才成为我们划分现存节肢动物类群的标准。——译者注

[2] "莫为之失去理智，该寻思如何扯平"（Don't get mad, get even），实际上出自美国前总统肯尼迪之父老约瑟夫·帕特里克·肯尼迪（Joseph P. Kennedy, Sr，1888—1969）之口。——译者注

[3] 我跟所有人一样，秉守"生态"（无论是从本义，还是从"让自然保持自然"的政治引申）的理念。国家公园的完整几近神圣，我当然也认为应予以尊重。但地面上的化石没有任何价值。化石不是仅拥有原始之美的物件，或者自然景观的一个永久组成部分（对于那些暴露于采石场壁上的化石尤为如此）。如果化石布于地面之上，它或许已经破碎，或在下个野外工作节到来时，就已因冻胀而消失得无影无踪。对于伯吉斯页岩，控制得当的采集和科学研究是应当的，无论是出于理智，还是出于道德伦理方面的考虑。——作者注

一道，在描述论文中为这一名称正名（Briggs and Collins，1988）。现在，"圣诞老爪"的正式命名为 *Sanctacaris*（多须虫），差不多是一个意思。①

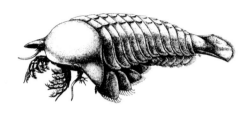

图 3.55　多须虫。（玛丽安娜·柯林斯绘图）

多须虫的头盾形如球根，阔度大于长度，并向两边延伸为扁平的三角形侧突（图 3.55）。其体部分为 11 节，前 10 节各着生一对双枝型附肢。体末是一叶阔而扁平的尾节。体部附肢具较大的薄片状鳃枝，体后有较阔的尾节——如此构型有助于身体的平衡，便于掌握方向。由此可以推测，多须虫可能更倾向于以游弋作为其行动方式，而非行走。

在多须虫头部，还有一套引人注目的头部附肢。前五对排列有序，协调一致，令人生畏。柯林斯为这一动物起的昵称，即源自这一特征激发的灵感。这些附肢为双枝型，各附肢外侧的一枝已退化成触角状的突起（无鳃的功能），内侧的一枝有关节，内缘生有一系列尖刺。这些在内侧的枝节集合到一起，在外观上便多了几分凶猛。它们是用于取食的枝节，第一对各枝分为四节，往后，长度逐渐递增，到第五对时，至少增为八节。第六对附肢与前五对十分不同，无论是从构成形式，还是从着生位置。它们着生在前五对之后较远的位置，而且生于两侧。尽管它们外侧的一枝在形式上也与触角相似，但较前五对取食附肢上的相应枝节要长出很多。内侧一枝较短，末端有一围呈辐射状的刺，令人印象深刻。这套附肢的鲜明特征表明，此类体形相对较大（长可达 4 英寸）的伯吉斯节肢动物主动捕食，为肉食性。

粗粗打量，可能会产生这样一个想法——哦，不过又一种"类肢口动物"，密生如林的头部附肢即是其独特的特化特征，就如哈贝尔虫有瘤状突起、西德尼虫有粗壮的步行足、林乔利虫有"大附肢"。想法虽然有点意思，

---

① *Sanctacaris* 前半部取自拉丁文 *sanctus*，意为"圣"，与昵称"圣诞老爪"相呼应，*caris* 指蟹或虾。"Santa Claws"与 Santa Claus（圣诞老人）同音，也有人将其译为"圣诞老人蟹""圣诞老人爪"等。——译者注

但配不上我标榜的"10 年来最大的发现"。

该想法并不正确，多须虫与众不同之处在于其分类学地位。这一概念令人震惊——多须虫似乎是一类真正的螯肢动物，且是这一支最早的成员，而这一支最终形成了鲎、蜘蛛、蝎子和螨类。多须虫具有这类动物所必需的六对头部附肢，但它们无一特化成独特的爪——螯肢。具有螯肢是该类群的定义特征，不过，某一类群在地质年代早期缺少某一结构，或许只意味着该特化结构还未形成，进化尚未发展到那一步。

除了头部附肢数目，布里格斯与柯林斯还指出其他几处属于螯肢类的衍生特征〔包括头部附肢与（螯肢类前）体部附肢的同源性，以及肛门的位置〕[①]，因而巩固了多须虫的分类地位。他们写道：

> 这些特征为螯肢动物所独有。然而，多须虫显然缺失所有螯肢动物都具有的高级特征——螯肢，除此之外，头部与躯干的附肢皆为原始的双枝型。这使得多须虫属在螯肢类中独立于其他所有类群之外，成为它们的原始姐妹群。（Briggs and Collins，1988）

现代螯肢动物的附肢为单枝型，头部附肢无外侧一枝（是的，蜘蛛的步行足全长在前体部，也就是头部），而躯干附肢无内侧一枝（不错，蜘蛛的鳃位于末体部，也就是身体部分）。在这一方面，多须虫包含了所有可能性，以待在后来特化谱系的形成过程中有选择地丧失，因而充当了这一大类群的结构前体。

但是，多须虫之所以令人兴奋，主要因为，在对伯吉斯节肢动物的根本性论证完结的过程中，它扮演了关键的角色。随着多须虫的发现，我们已在伯吉斯找到了节肢动物的四大类群——大量的三叶虫类、以加拿大盾虫为代

---

① 布里格斯和柯林斯认为多须虫应属于螯肢类的特征有六个方面：1. 至少六对头部附肢；2. 头部附肢的性质；3. 具有心叶（cardiac lobe）；4. 体段划分的性质；5. 肛门位置；6. 尾节的性质（Briggs and Collins，1988，793 页）。——译者注

表的甲壳类、以埃谢栉蚕为代表的单肢类[①]（我也接受罗比森的诠释），以及以多须虫为代表的螯肢类。它们都在那儿，但那儿还有至少13支形态同样独特的其他谱系（或许还有更多有待描述）。在这13类中，有特化程度最高的伯吉斯节肢动物之一（如林乔利虫），也有最成功的动物（如马尔三叶形虫），至少在数量上如此。我就不信，任找一位古生物学家，若能让他回到那个地质年代的伯吉斯海洋，且不受现在已知结果的影响，他会认为娜罗虫、加拿大盾虫、埃谢栉蚕、多须虫将会成功，而认定死神会把马尔三叶形虫、奥戴雷虫、西德尼虫、林乔利虫带走。将生命的记录带倒回重演，结果是否会和我们已知的历史一样？

"怪异奇观"的未完乐章

在过去10年里，有关节肢动物的研究结果令人满意，同时，还有两类"怪异奇观"被解析出来。这两类的解剖学构型独一无二、各不相同，若我们不觉得赋予单一物种高级别的分类地位有何不妥，就值得为它们分别新拟独立的门类（Briggs and Conway Morris，1986，列有尚未研究的类似伯吉斯生物的名单）。在整个伯吉斯修订的宏大项目中，这两项研究或许最雅致、最有说服力。它们适合作为我这出戏的结尾，因为它们既符合理性和美学的要求，还能确保这出特别的戏有可以预见的结局。

威瓦西虫

我曾问西蒙·康维·莫里斯，为何选择威瓦西虫，并为研究这种复杂的古兽辛苦多年。他似乎乐意回答我的问题，坦诚地对我说，哈利·惠廷顿和德里克·布里格斯都推出了各自的"巨作"，他想证明，自己也有能力写出"秉承

---

① 有爪动物可能是埃谢栉蚕分类学地位的归属，但其自身所处地位仍存在争议。许多专家认为它是一个完全独立的门类，与单肢类的关系远近，跟与其他节肢动物类群的关系没有两样。如果这种方案是正确的，我在这里给出的理由就错了。不过，另有两大方案支持我的理由：第一种，是有爪动物应列于节肢动物门单肢类之下；第二种（也可能是更占优势的一种），是有爪动物不属于任一节肢动物类群，但与单肢类的关系最近。（后一种看法假定，节肢动物四大类群部分或全体的起源与有爪动物的不同，然而在系谱中单肢类形成的位置离有爪动物最近。）——作者注

他人传统的严格意义上的专论"。（我认为他这番言语过于谦虚。西蒙在1977年和1979年分别发表的曳鳃动物和多毛类研究成果，都是内容详尽、货真价实的专论。但每一篇针对的都是多个属类，因而无法像惠廷顿对马尔三叶形虫那样，或像布里格斯对完美加拿大盾虫那样，针对某一物种展开详尽的探讨。）而西蒙最开始选择的都是些"怪异奇观"，以至于只能分别加以论述，以篇幅短小的论文发表，或许这让他感到壮志未酬。无论如何，他对威瓦西虫的专论是一篇精美之作。它也是最初激起我写伯吉斯页岩（Gould，1985b）的兴趣来源。为此，西蒙，我再次向你致以最诚挚的谢意。

威瓦西虫是一种个体较小，扁平卵形（让人想起溪水中圆圆的鹅卵石）的生物，长约1英寸，最长可达2英寸。虫体结构简单，满覆被称为骨片（sclerite）的板片和棘刺，唯有腹面裸露在外，以便威瓦西虫在海底匍匐行进的间隙栖于底质。沃尔科特曾把威瓦西虫强塞进多毛类蠕虫的范畴，他误以为这些骨片在表面上与一些海洋蠕虫的结构相似。那是一种为人熟知的海洋蠕虫，学名 *Aphrodita*（鳞沙蚕）[①] 和俗名 sea mouse（"海老鼠"）给人的印象都与实物不同。但威瓦西虫身体不分节，也没有真正的刚毛（多毛类蠕虫的毛状突起），因而缺乏该类群的两大定义性状。它和不少伯吉斯动物一样，解剖学构型自成一体。由于标本在地层中处于被压扁的状态，使得骨片散布于岩石表面，乱作一团，这为重构威瓦西虫的工作带来非常大的困难。图3.56是最完整的一件标本的显微（投影）描绘图，以最佳身体朝向呈现，它表明那些难题已经被克服。西蒙对威瓦西虫的解析，是伯吉斯研究项目伟大的技术成就之一。

威瓦西虫的骨片是重构的关键。它分为两种类型：一种是有平行脊纹的扁平鳞片，覆盖了身体的大部分；另一种是生于顶部表面的两列背棘，位于中轴两侧（图3.57、图3.58）。鳞片对称排列，井然有序，形式有三种：（1）顶部6～8列，大致平行且相互重叠（图3.57A）；（2）侧面分为两个区域（图3.57B），在靠上区域的两列，各板片方向朝上，靠下的两列方向朝后；（3）每侧最底部的一列骨片呈新月状，构成被包裹的身体上部和裸露的

---

① *Aphrodita* 取自 Aphrodite，即希腊神话中的爱神兼美神阿佛洛狄忒。——译者注

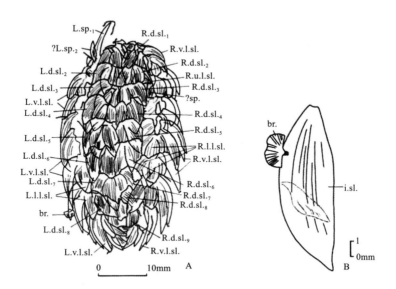

图 3.56 （A）一件完整威瓦西虫标本的显微（投影）描绘图。可见被挤压扁平的骨片混成一团。图中字母为骨片的标签，例如 R.d.sl.$_1$（右上角标签）指背部右侧第一列骨片之一（sl 代表骨片），L.sp.$_1$（左上角标签）指左侧的第一枚棘刺。（B）一枚格外有趣的骨片的放大图（在图 A 中位于左下方，与标签 br. 所指结构相邻）。一枚小的腕足动物（br.）附在骨片之上，在这只威瓦西虫生前即为如此。我们可以基于这一证据，重构出这一动物的生活模式。它不可能掘入底质，因为腕足动物不能在那种生活环境中存活。

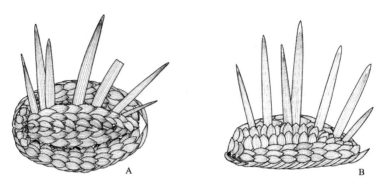

图 3.57 康维·莫里斯复原的威瓦西虫（*Conway Morris*，1985）。（A）顶视图：两列棘刺的一列已被略去（可见颜色略暗的着生处），以便更好地展示骨片。（B）侧面观：左侧为动物前端。

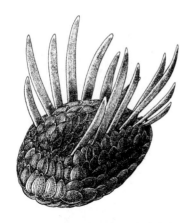

图 3.58　威瓦西虫的运动方式应为在海底匍匐前行。（玛丽安娜·柯林斯绘图）

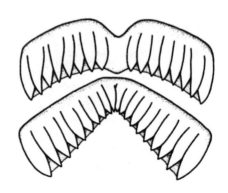

图 3.59　威瓦西虫的颚部器官（Conway Morris，1985）。

腹部之间的边界。

　　在两侧最上一列骨片与顶面骨片边缘之间，各生有一列 7～11 枚细长的棘刺。棘刺方向朝上，一些标本上的棘刺还有断裂（发生于动物生前，而非被埋以后），由此可见，这一结构可能用于防避捕食者。

　　若推测动物活着时的身体朝向，可以根据近腹面的笔直肠道、裸露的腹面，以及背面向上撑出的刺来判定。除此之外，西蒙从内部解剖学结构方面找不出其他证据。但有一种内部结构，无论是对威瓦西虫的了解，还是对伯吉斯动物群的一般诠释，都十分关键。在离前端约 5 毫米处，康维·莫里斯发现了两个弧形的条状结构，各生有一列锥形的齿，齿形简单，齿尖朝后（图 3.59）。靠前一条的两翼后缘各有七八枚齿，但前缘中间有一凹陷，后缘中央也没有齿状结构。靠后一条的弧度更大，前缘更平滑，后缘全是齿。这些结构或许与肠道底部相接，鉴于其形态以及处于动物前端的位置，将它们诠释为取食器官（如果您愿意，也可以将其称作颚部）似乎比较稳妥。

　　为了收集所有证据并加以整合，康维·莫里斯把研究内容扩展到基本解剖学结构以外的范畴。他从生长、伤痕、生态环境、化石保存等各个方面提取宝贵的信息，从中寻找线索。个体较小标本的棘刺，或相对较小，或完全没有。因此，威瓦西虫就成为一个虫形随生长发生变化的例子，在伯吉斯极为罕见。

有 2 件并置的标本，较小的一件呈皱缩状，被拉长，就好像大的个体刚刚爬出来，将旧皮——"空出来的外壳"留在身后。它们代表的似乎是一个个体的蜕皮行为，而非被泥石流叠加到一起的两个动物个体。在骨片上，偶尔会附有小型腕足动物的壳，这说明威瓦西虫曾匍匐于海底沉积物的表面，而非掘入其中，否则，它们身上那些搭永久便车的动物无法存活。从威瓦西虫棘刺的断裂方式可见，它曾遭遇捕食者，但有可能得以逃脱。小型棘刺偶尔也会出现在整齐一致的大型棘刺行列，说明棘刺在断裂后可以重生，或者有序地被替换（就如一些没有永久牙列的脊椎动物周期性地脱牙换齿）。威瓦西虫具有"颚"，表明它是通过刮挫海藻或在底质收集碎渣为食。

将所有的零碎线索拼合到一起，我们见到的威瓦西虫才成为一种完整的、生活自如的生物。它是一种植食动物，也有可能是杂食动物，在海底匍匐行进的过程中从沉积物表面收集的小型食物，以此为生。

但是，对于康维·莫里斯而言，那些信息可能引导他还原出威瓦西虫的生活模式，却没有让他从中发现说服力相当的类似线索，以表明威瓦西虫与其他类群生物有同源性。也就是说，不知其系谱关系如何。威瓦西虫既无刚毛[1]，身体亦无分节，所以既非节肢动物，亦非环节动物。有趣的是，颚与软体动物的一种叫齿舌（radula）的取食器官相似。但除此之外，威瓦西虫与蛤、蜗牛、章鱼以及其他现存或已灭绝的软体动物没有一丝相似之处。[2] 若威瓦西虫的颚与软体动物的舌齿同源，那么，较之其他现代门类，软体动物门或许与威瓦西虫的关系最近，但可能也不会太近——威瓦西虫是伯吉斯另一"奇葩"。

---

[1] 后来的研究发现部分骨片有刚毛的特征，但更多的新证据支持康维·莫里斯的看法。关于威瓦西虫的刚毛，详见 Butterfield, N. J. 1990. A reassessment of the enigmatic Burgess Shale fossil *Wiwaxia corrugata* (Matthew) and its relationship to the polychaete *Canadia spinosa* Walcott. Paleobiology: 287–303。关于分类地位的归属，详见 Smith, M. R. 2012. Mouthparts of the Burgess Shale fossils *Odontogriphus* and *Wiwaxia*: implications for the ancestral molluscan radula. Proceedings of The Royal Society B. 279: 4287–4295。——译者注

[2] 软体动物中有一类鲜为人知的小类群——无板纲（Aplacophora），其蠕虫状的细长身体有时也覆有板片或骨针，因此确与威瓦西虫有相似之处，不过，康维·莫里斯还是在专论中列表详述了两者的区别。——作者注

奇虾

要展现伯吉斯订正的威力，没有哪个案例的故事比奇虾的研究历史更好了。这个故事里有幽默、犯错、挣扎、挫败，还有犯更多的错，最后发展到高潮，精彩绝伦的解析将来自三个"门类"的"零部件"组合到一起，重构出寒武纪最大、最凶猛的一种生物。

奇虾的拉丁学名是 *Anomalocaris*，意为"奇异的虾"。它是一种软体构型生物，但也具有足够坚硬的组成结构，因而能在普通的动物群中保存下来，这样的生物在伯吉斯为数不多（威瓦西虫的骨针[①]是另一个例子）。这也使得对奇虾的命名先于伯吉斯页岩的发现。第一件奇虾标本在 1886 年发现于著名的筊石虫三叶虫化石层，该地层就暴露在伯吉斯页岩旁边的山上。1892 年，伟大的加拿大古生物学家 J. F. 怀特伊夫斯[②]在《加拿大科学记录》（*Canadian Record of Science*）上发表了对奇虾的描述论文。他把这件标本当成一具头部缺失的躯干，属于一种类似虾的节肢动物。沃尔科特接受了这一标准观点，即该标本代表的是一类甲壳动物的后部，长轴为躯干，腹面的刺为附肢（图3.60）。查尔斯·R. 奈特在其著名的伯吉斯动物群画作（见图 1.1）里继承了这一传统，将奇虾与吐卓虫组合到一起，构建出一种复合生物。吐卓虫是一种双瓣壳节肢动物的壳，相应的软体结构缺失，因而成为替补奇虾未知头部的上佳之选。

但是，这件正式身负奇虾之名的权威标本，不过是我们这个故事的一部分。另有三部分皆由沃尔科特命名的结构，它们扮演的，才是这个复杂故事的中心角色。

1. 西德尼虫是沃尔科特以其子西德尼命名的动物，是最先被正式描述的伯吉斯生物（Walcott, 1911a）。这类节肢动物头部生有一对触角，无其他附肢。沃尔科特还发现了一件单独的节肢动物取食体肢，后来（Briggs, 1979），

---

① 骨针（spicule），在此处指威瓦西虫的鳞片和棘刺，即骨片（Conway Morris, 1985, 566 页）。——译者注

② J. F. 怀特伊夫斯，即约瑟夫·弗雷德里克·怀特伊夫斯（Joseph Frederick Whiteaves, 1835—1909），但他生于英国牛津，19 世纪 60 年代才前往加拿大，实为英国古生物学家。——译者注

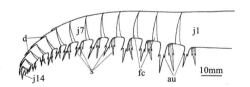

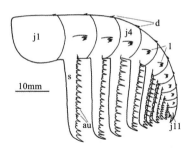

图 3.60　一种有分节的动物的局部，但在 1886
年，它被看作是奇虾（*Briggs*，1979）。多年来，
这件化石被认为是一种节肢动物的躯干和尾部，
直到现在才被更正，它是寒武纪最大动物的一对
取食附肢之一。

图 3.61　布里格斯重构的"F 附肢"
（*Briggs*，1979）。沃尔科特最初将其
描述为西德尼虫的取食附肢，布里格
斯的重新诠释认为它是一种巨大节肢
动物的附肢，而根据最近的研究显示，
"F 附肢"实际上是寒武纪最大动物的
一对取食器官之一。

德里克·布里格斯将之称作"F 附肢"〔feeding（取食）的 F〕（图 3.61）。依
沃尔科特的判断，西德尼虫是体形唯一大到能与这对附肢相配的伯吉斯生
物。这一结构显现出的捕食特征，也十分符合沃尔科特对西德尼虫的概念期
许——凶猛的肉食动物。就这样，沃尔科特在没有直接证据的情况下，就把
"F 附肢"与西德尼虫的头配到一起。布鲁顿在后来认定，西德尼虫的头盾没
有足够的空间用来安置这一结构（Bruton，1981）。

　　2. 沃尔科特第二篇论文（Walcott，1911b）的内容本与出自伯吉斯页岩
的水母和海参纲动物（棘皮动物门的海参）有关，但他对这些生物的归类并
不准确。他描述了五个属类。麦肯齐虫（*Mackenzia*）可能是一类海葵，因
而只是一类与水母同属一门的腔肠动物，但沃尔科特把这一属置于其他类
群——海参。第二类实际上是类曳鳃类蠕虫（Conway Morris，1977d）。第三
类，依尔东钵虫，在最新的重构中仍被当作一类特别的漂浮海参（Durham，
1974），但我敢打赌，它最终还将是另一类伯吉斯"奇葩"。

　　沃尔科特把第四类命名为拉根虫（*Laggania*），并根据单一标本，将之归
为海参。他注意到口部的存在，并认为这一结构为一圈板片所围。该标本的
保存状况不好，海参的显著特征已被抹尽。沃尔科特承认："动物的身体已
被完全压平，管足特征模糊，也不见腹面的鞋底状轮廓，同心环纹几乎被抹

平。"（Walcott，1911b，52 页）

3. 最后被沃尔科特命名的第五属动物，是伯吉斯唯一的水母——皮托虫（*Peytoia*）。他认为这一特别的生物由围绕着一个中心开口的 32 枚裂片组成。这一系列裂片可看作以四数排列，较大的裂片位于略呈方形的环形虫体的四角，相邻两角之间各有 7 枚较小的裂片。沃尔科特注意到，每瓣裂片朝开口中心方向有两个点状的突起，并将其解读为"口部附近结构（或为口腕[①]）的着生点"（Walcott，1911b，56 页）。除了呈辐射对称，沃尔科特找不到水母的其他定义特征，既无触手，亦无同心的环形肌肉。皮托虫更像是一片菠萝，而非水母的伞盖体，有这些特征的水母一定是万分奇异的水母，但真正的水母无一有此特征。尽管如此，沃尔科特的诠释被广为接受。对伯吉斯动物群最著名的一次整体重构，是在惠廷顿及其同事的订正工作开始若干年后，发表于《科学美国人》杂志的一张想象图（Conway Morris and Whittington，1979）。皮托虫在其中的形象，似飞盘，似飞碟，也似菠萝片，从图的西侧游入场景（图 3.62）。

现在，有谁想过，在一只虾的后部、西德尼虫的取食附肢、一只擀平的海参，以及中间有一个洞的水母之间有什么联系，即使是在梦中？显然，谁也没有。把这四件物体拼成奇虾，完全是突如其来的震惊。这是一个有待改善的混乱局面，不是成功的解决方案。在成功之前，有过许多尝试，它们基本上都存在错误，但每一次都在故事发展过程中发挥了重要的连接作用。

奇虾曾是近来伯吉斯研究的攻关难点。在这一生物的秘密最终被揭示之前，西蒙·康维·莫里斯和德里克·布里格斯都在处理不同组成部分时犯过大错。一个人只要希望在科学领域获得重要或原创性的成果，就必须接受在工作过程中难免出现重大错误的现实。不过，以下三步，无论方向曾偏离过多远，都确实往成功的方向推进了少许。

1. 1978 年，康维·莫里斯采用惠廷顿析出立体结构的技术，对拉根虫进行了研究。现在，拉根虫不再是一类海参，它成了一类海绵。他用微型牙

---

① 口腕（oral arm），指水母底面中部伸出的臂状结构，数目与胃囊相等。上有刺细胞，用以捕食，并将猎物送入体内。——译者注

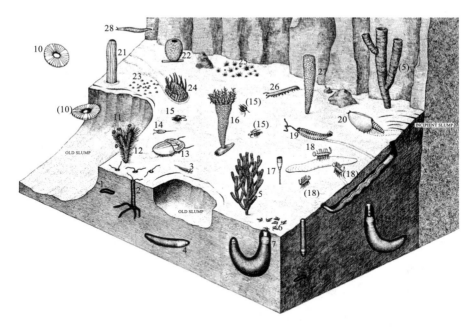

图 3.62　最为人熟知的伯吉斯页岩重构图，是康维·莫里斯与惠廷顿在 1979 年为《科学美国人》杂志撰文的配图。可见在掘洞的曳鳃类蠕虫，以及其他一些"奇葩"——包括足杯虫（17）、怪诞虫（18）、欧巴宾海蝎（19）、威瓦西虫（24）。其中存在一处重大错误，即从西边游入的两只像菠萝片形状的水母，它实为奇虾的口部结构。（选自西蒙·康维·莫里斯与 H. B. 惠廷顿的文章《伯吉斯页岩的动物》，1979 年《科学美国人》公司版权所有，保留一切权利。）

钻凿开这件独特标本的负模，在被沃尔科特鉴定为模糊不清的口部位置，发现了一"菠萝片"皮托虫。康维·莫里斯站在正确诠释的门槛上，但他做出了错误的估计。他也曾考虑过这种可能——这类被称作"海绵"的拉根虫并不是一种动物，而是皮托虫身体的一部分，这样，原来的皮托虫就成为一种奇怪水母的一个中心组成结构。但康维·莫里斯没有如此重构，因为他认为，几乎所有的伯吉斯生物都被完好地保存下来，不会处于支离破碎（组成结构分置于正、负模）的状态。他写道："绝大多数伯吉斯页岩动物化石得以完好保存，因此，有理由做出以下结论——寒武纪拉根虫（*Laggania cambria*）不是那托斯特皮托虫（*Peytoia nathorsti*）的一部分，两者没有联系。在这里，我将它诠释为一类海绵。[①]"（Conway Morris，1978，130页）他认为两者合到一起，不过是伯吉斯泥石流后发生在沉积过程中的一起意外事故。他写道："水母和海绵合到一起应是偶然发生的。叶足动物层由一系列浊积物沉积而成，有可能在位移停止后，两件标本沉积到一起。"（Conway Morris，1978，130页）

皮托虫和拉根虫之间的联系原出何因？康维·莫里斯对此做出了错误的估计。但他（名副其实地）牵上一线关键的联系，把构成奇虾的四件结构中的前两件联合到一起。

2. 1982年，西蒙打算揭开皮托虫的神秘面纱。他把皮托虫称作"寒武纪最特别的水母之一"（Conway Morris and Robison，1982，116页），甚至在标题里用了"enigmatic"（神秘）的字眼。尽管西蒙对这一古兽的解析并不正确，但他对它与水母之间的亲缘关系产生了怀疑，所以，质疑的大门仍是敞开的。关于动物的中心开口，康维·莫里斯与罗比森做出如下结论："这一特征不见于现存或已灭绝的刺胞动物，或许可以表明那托斯特皮托虫不是一种刺胞动物。它与其他门类的关系似乎更不明确。"（Conway Morris and Robison，1982，118页）

3. 在"分摊"伯吉斯页岩任务之初，当时的奇虾，也就是怀特伊夫斯"原版"诠释的虾后部，是分配给德里克·布里格斯研究的。毕竟，它在当时被认为是双瓣壳节肢动物的体部。

1979年，布里格斯发表了这项任务的成果，重构结果的挑战意味十足。其中有两处重要发现，有助于对奇虾的最终解析。

第一，他发现"奇虾"是内缘有成对刺的一件附肢，而非腹面边缘着生有附肢的整个躯干。如果"奇虾"是一种生物的躯干，那么，在上百件标本中，总该有肠道的迹象；而且，至少在少许所谓的附肢上，应该有节肢动物的关节才对。

第二，他认为"奇虾"和F附肢（沃尔科特认为的西德尼虫的取食附肢）

[①] 康维·莫里斯这篇论文的结论因此弃用拉根虫的学名，将之作为皮托虫的异名。把拉根虫的结构当作是一种海绵，并认为可能是沃尔科特命名的 *Corralio undulata*。——译者注

是同一基本结构的不同变形，或许就是一类。我们将看到，这一结论不那么正确，但布里格斯的辩词确实把与奇虾之谜有关的另两件结构集合到了一起。

布里格斯的重构虽然夺目，但除了这两点重要见解之外，基本上是错误的。他认为"奇虾"和 F 附肢皆为一类节肢动物的组成结构。据其猜测，"奇虾"为步行足，F 附肢为取食结构，而动物本身体形巨大，体长可能不止 3 英尺。他把论文的标题起作"奇虾，已知最大的寒武纪节肢动物"。

但是，这种重构甚至难以使布里格斯自己信服。还有很多谜团尚未揭开。没能找到能承载这些附肢的巨大体部，没有任何迹象，甚至连一丝痕迹都没有，为此他大伤脑筋。长达 3 英尺的结构会从软体构型动物群完全消失吗？布里格斯猜测，这些结构应以有机质薄片或薄膜的形式存在，但因缺乏可辨别的结构而被忽略。他写道："加拿大奇虾（*Anomalocaris canadensis*）体部表皮碎片在相当程度上无特征可言，它们个体较大，身份从未被确认过。但几乎可以肯定，它们就在斯蒂芬峰的碎石坡上，有待我们去发现。"（Briggs，1979，657 页）布里格斯丝毫没有意识到，奇虾的体部早已被发现，在沃尔科特的时代就已被命名，只是身负拉根虫属"海参"之名，后来还被诠释为顶着水母的海绵。

在（惠廷顿参与的）加拿大地质调查局主导的考察中，有一件奇异的化石在雷蒙德的采石场中被发现，就位于沃尔科特的叶足动物层上方。这件巨大的标本身份不明，也可以说没有任何特征。惠廷顿将它收进抽屉，我想他大概是希望将之永久搁置，应和那句古老的陈词滥调——"眼不见，心不烦"。但他总惦记着这件特别的化石，它比伯吉斯页岩的其他生物大太多了。"我那时常打开抽屉，紧接着又关上。"惠廷顿如是向我解释。1981 年的一天，他决定把这件化石凿开，希望能解析结构的一些细节。当凿入动物的一端时，他惊呆了，一件"奇虾"标本显然着生其上，明确无误（图 3.63）。哈利把自己的发现告诉德里克·布里格斯，让德里克简直无法相信。凿开的对象确为奇虾，但是，西蒙曾做出水母（皮托虫）叠加于海绵（拉根虫）之上的诠释，或许这件标本也是泥石流将"奇虾"与其他什么动物缠到一起的意外结果。

此后不久，惠廷顿与布里格斯对借自沃尔科特收藏的一系列标本进行了研究。这些石板上的模糊印迹和薄片，在相当程度上无特征可言，所以从未引起注意，即使标本包括顶有"皮托虫"的"拉根虫"体部。在研究期间，他们迎来关键时刻发生的一天。约 10 年前，曾有过另一个关键时刻，那是惠廷顿切开欧巴宾海蝎的头部（头盾）和（壳的）侧面没有发现任何（附肢）结构之时。这次就好像是那次的副本（counterpart，日常意思的副本，不是术语"负模"）——他们俩凿开标本，发现皮托虫和 F 附肢都是一种大型生物个体的器官。

他们从这伯吉斯最大的惊喜中平静下来，不断从其他石板上发现在一起的"皮托虫"和"F 附肢"。哈利·惠廷顿和德里克·布里格斯逐渐意识到，他们通过一种生物解决了一众问题——皮托虫不是水母，而是一大古兽的口，

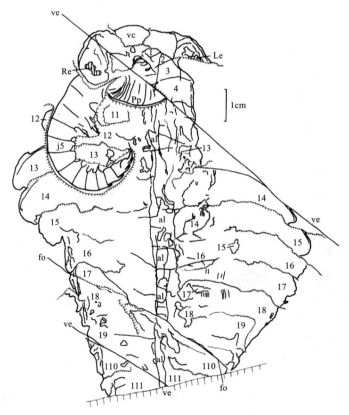

图 3.63　经哈利·惠廷顿解剖而显露出奇虾实质的标本。在这张显微（投影）描绘图顶部的中央（标为 Pp），是口部，沃尔科特曾将它错当成水母——皮托虫。该结构上部的斜线（标为 ve）表示岩石的裂痕。位于口部左边，中间一节标为 j5 的结构，在最初被称作"奇虾"，但实为可弯曲的取食附肢。图中还可见位于中央的肠道，或消化道（标为 al）。

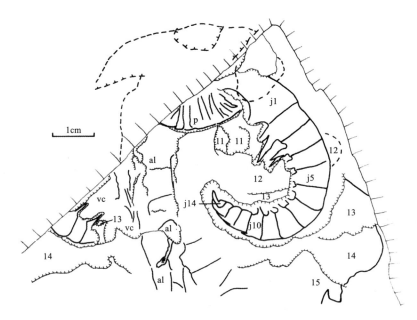

图 3.64　经进一步解剖而显露出成对取食附肢的关键奇虾标本。这是另一块石板（正模），因而是如图 3.63 所示标本（负模）的镜像。可见口（标为 p）和先前发现的一只附肢（标为 j1-j14）。但现在发现了第二只附肢，这一结构在图中位于左下侧，在代表岩石裂痕的斜线之下。

着生于其腹面靠近前端的位置；F 附肢不是一种节肢动物一系列重复的体肢中的一员，它们是单对取食器官的一部分。这对器官由两件"F 附肢"组成，着生于这种新动物底部的前端，口部前方的位置。

　　但对于惠廷顿藏于英国的标本，在前方相应的位置着生的是（怀特伊夫斯的"原版"）"奇虾"，而不是"F 附肢"（图 3.63）。他进一步解剖这件标本，不仅发现了"皮托虫"的踪迹，还发现了另一只"奇虾"。这样，就形成了一对取食器官，着生位置与华盛顿标本的那对"F 附肢"一致（图 3.64）。

　　所有拼板终于拼合到一起。四种反常的现象——一类没有头的甲壳动物、一对不合尺寸的取食附肢、一片中心有一孔的水母，还有一页被擀平的薄片，分类地位从一个门类变到另一个门类——它们被惠廷顿和布里格斯重构到一个属——奇虾属，成为两个物种。"拉根虫"就是那被擀平、扭曲的体部；"皮托虫"是由一圈有齿板片环围的口部，而非一系列有钩状结构的裂片；"奇虾"是一个物种（加拿大奇虾）的一对取食器官；F 附肢是另一物种〔那托斯特奇虾（*Anomalocaris nathorsti*），该名沿袭了那托斯特皮托虫的种加词〕的取食器官。生物命名的规则不容妥协，尊重最早的命名，所以 *Anomalocaris* 仍为整个奇虾属的正式命名，肯定怀特伊夫斯 1892 年最初发表论文的贡献。不过，对于这个例子而言，强加的，是一个多么合适、多么有喜感的名字——"奇异的虾"，名副其实！

把原来叫"奇虾"的那件器官伸张开，长度即可达 7 英寸。既然如此，整个动物的长度，会比伯吉斯页岩其他所有动物都要多出很多。据惠廷顿和布里格斯估计，最大的奇虾标本近 2 英尺长，到目前为止，是最大的寒武纪动物。最近一张对整个动物群重构的图（Conway Morris and Whittington，1985），基本上可以作为 1979 年《科学美国人》版本（图 3.62）的更新。在其中，原图里从西侧进入的形似菠萝片的皮托虫，被威猛的大型奇虾代替，而且被故意地安排从东侧进入（图 3.65）。

图 3.65　最近对伯吉斯页岩动物群的重构图（Conway Morris and Whittington，1985），可见新近诠释的奇虾（24），其体形远大于其他生物。还可见一些"怪异奇观"，如欧巴宾海蝎（8）、足杯虫（9）、威瓦西虫（23），以及一些节肢动物，如埃谢栉蚕（5）、林乔利虫（6）、幽鹤虫（11）、加拿大盾虫（12）、马尔三叶形虫（15）、伯吉斯虫（19）。

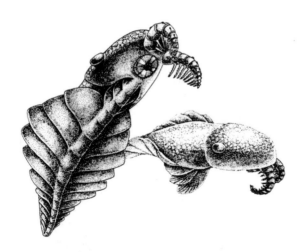

图3.66　已知的两种奇虾：位于左边的是那托斯特奇虾，从仰视的视角，可见曾被沃尔科特误当作水母的奇虾口部，以及一对取食附肢；位于右边的是加拿大奇虾，从俯视的视角，可见其游弋的姿态。（玛丽安娜·柯林斯绘图）

图3.67　奇虾底视图，显示取食附肢将食物送入口中的方式（Whittington and Briggs，1985）。图中头部腹面左侧部分被略去，以显示着生于头部后三节之上的鳃。

　　1985年，惠廷顿和布里格斯发表了对奇虾的专论。为20世纪古生物学最重要、最杰出的系列专论胜利地画上句号，这篇专论可谓般配。奇虾的头部呈长卵圆形，背面靠后两侧有一对大眼，生于略短的眼柄之上（图3.66），腹面靠前的位置有一对取食附肢，其后位于中线的位置，是口周缘的圈状结构（图3.67）。构成圈状结构的板片可以使口部有相当程度的开合，但无法使之完全闭拢（无论惠廷顿或布里格斯以何种方向重构，情况皆是如此），所以，口部可能是永久张开的，至少在一定程度上是。惠廷顿和布里格斯推测，奇虾的口或许如同坚果钳，待附肢将猎物送到开口（图3.68），便利用它将食物的结构钳碎。"皮托虫"口部圈状结构的板片内缘全部有齿，惠廷顿和布里格斯在一件标本中还发现了另外三排，它们叠在一起，与圈状结构上的齿平行。这三排齿状结构可能也与板片圈状结构相接，但也有可能是食道壁的延伸结构。如果是后一种情况，奇虾就好似配备了一套强有力的"武器"，在口和肠道前端皆有"部署"（图3.69）。

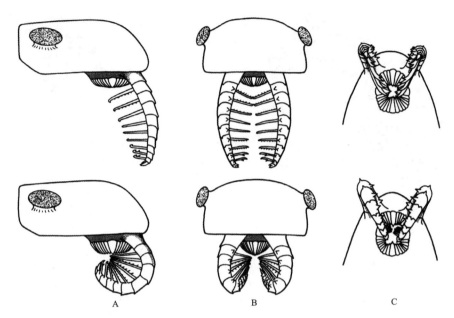

图 3.68　奇虾进食的可能模式。（A）那托斯特奇虾侧面观，上图为取食附肢伸展的姿态，下图为附肢卷曲，将食物送入口中的姿态。（B）同一姿态相应的正面观。（C）取食附肢卷曲，将食物送入口中的底视图，上图为那托斯特奇虾，下图为加拿大奇虾。

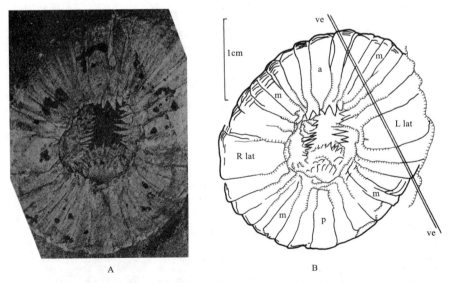

图 3.69　被沃尔科特误当作水母皮托虫的奇虾口部。可见数排齿状结构从口中央延伸而出，它们可能是食道向前突出的结构。（A）标本照片。（B）同一标本的显微（投影）描绘图。

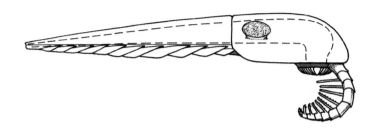

图 3.70　奇虾游弋姿态的重构侧面观（Whittington and Briggs，1985 ）。

在头部腹面口后的位置，还生有三对高度重叠的叶状结构（见图 3.67 ）。头后的躯干由 11 片叶状结构组成，各片大致呈三角形，顶角位于中线，方向朝后。该结构的尺寸以躯干中间的最大，并沿着前后两向逐渐递减。这些叶状结构的排列与头后方的三对相似，也是高度重叠。在每一结构顶面，生有若干层叠的片状结构，可能是鳃。躯干末尾短钝，无叶状结构，也无刺状结构。

没有体部附肢，就无法在底质行走或匍匐行进。惠廷顿与布里格斯重构的奇虾，是一类游弋能力很强的动物，但它并非"极速狂魔"，而是通过身体叶状结构协调的波浪状运动向前推进（图 3.70 ）。因此，在功能上，重叠的侧面叶状结构与一些鱼类动物具有的大型单片侧鳍十分相似。现代蝠鲼（魔鬼鱼的一种）通过宽阔连续的鳍掀起波浪，使其在水中泳动，奇虾的运动方式可能与其相似。

人们可以对威瓦西虫和欧巴宾海蝎的行为方式做出合理的推测，对奇虾也不例外。毕竟，生物取食和运动的方式就是那么多种多样。但是，这种奇异的动物在系谱上的位置如何？它的取食附肢被当作节肢动物的组成部分，长达一个世纪。这对附肢有分节，也能让人联想到具关节足肢动物所属的巨大门类。奇虾的一系列叶状结构与取食附肢，是重复和分节等特征的体现。不过，这些特征并不局限于节肢动物，回想一下，环节动物、脊椎动物，甚至是软体动物活化石——新碟贝（Neopilina），它们都有。而且，从奇虾的其他特征，也看不出它与节肢动物有什么联系——体部无分节的附肢，口部的结构更为独特，不仅不闭合，而且有板片环围而成的圈状结构，跟节肢动物门下哪一类都不像。即便是取食附肢，虽有分节的特征，但若细细比较，会发现它远远不同于节肢动物附肢的任一原型。惠廷顿与布里格斯在对奇虾的结论中写道，它是"一种有分节的动物，有一对具关节的附肢、一圈独特的颚板。我们不认为它是节肢动物，它代表的，是一个迄今未为人知的门类"。[①]（Whittington and Briggs，1985，571 页）

尾声

有关伯吉斯的研究工作还会继续进行下去，还有许多属类有待重新审视（不错，已有大量对节肢动物的专论，但那不过是已知"怪异奇观"的大致一半）。然而，出于种种原因，哈利、德里克，还有西蒙，他们都不再专注于这一主题的研究。上苍赋予我们从事某一职业的时间实在太短——如果从研究生攻读阶段开始算起，若身体保持健康，大概会有 40 年；如果走运的话，会达到 50 年。而魔鬼又夺取得过多——主要是政务缠身，除了处心积虑避而远之的人之外，谁也无法避免。（学术研究的世俗回报是加官晋爵，但同时也断绝了将来从事学术研究的一切可能。）一个人也不会将整个生涯耗在一个项

---

① 迪斯·柯林斯后来根据对新采集标本的研究，认为上文中的那托斯特奇虾并非奇虾属动物。其口部特征、眼的着生位置、体部叶状结构的内部构成以及尾部特征与加拿大奇虾有很大的不同。他将这一物种的命名恢复为寒武纪拉根虫，并认为两种动物都属于节肢动物，为之新拟一纲——Dinocarida（恐蟹纲），向下拟定一目 Radiodonta（辐齿目）。到目前为止，这一物种不同于奇虾的观点已被广为认同。不过，尽管两种动物有一些节肢动物门的特征，但按目前的观点，这些动物仍不属于节肢动物门。在对赫德虾属（Hurdia）的一些研究中，三类动物的化石得到了细致的比较，并得出结论，奇虾的取食方式可能并非利用取食附肢猎食，而是吸食。在这些研究中，那托斯特奇虾的命名被恢复为那托斯特皮托虫。尽管这一命名合乎物种命名的惯例，且被广为接受，但柯林斯的处理不无道理。拉根虫属与皮托虫属由沃尔科特在同一篇论文中拟定，但在文中拉根虫属正式定义的位置较皮托虫靠前（Walcott，1911b）。在由皇家安大略博物馆维护的伯吉斯页岩化石网站上，该物种仍置于寒武纪拉根虫的名目之下。有关柯林斯的重新诠释，详见 Collins, D. 1996. The "evolution" of *Anomalocaris* and its classification in the arthropod class Dinocarida (nov) and order Radiodonta (nov). Journal of Paleontology, 70(2): 280–293. 关于口部特征的比较及对取食行为的推断，详见 Daley, A. C. and Bergström, J. 2012. The oral cone of Anomalocaris is not a classic "*peytoia*". Naturwissenschaften, 99, 501—504. 有关相关类群的系统发生及分类地位，详见 Van Roy, P., Daley, A. C., and Briggs, D. E. G. 2015. Anomalocaridid trunk limb homology revealed by a giant filter-feeder with paired flaps. Nature. 522: 77—80; Vinther, J., Stein, M., and Longrich, Nicholas N. R., et al. 2014. A suspension-feeding anomalocarid from the Early Cambrian. Nature. 507: 496–499.——译者注

目上，无论它有多么重要、多么激动人心。哈利在古稀之年拾起他最初的兴趣，主持修订《古无脊椎动物学大纲》的三叶虫卷。西蒙在古生物学领域迅速崛起，他后来研究过一两个伯吉斯页岩的项目，但把主要兴趣推向更早的时期——寒武纪生命大爆发本身。德里克不断拓展的研究议题，则围绕着晚于伯吉斯时期的"怪异奇观"和软体构型动物群。

尽管科学时进时退、有盛有衰，但它毕竟是一项积累性的事业。这一代的伯吉斯页岩研究历程将由他人接着跑完。届时，会迎来带着新观点、配备新技术的下一代。布里格斯、康维·莫里斯、惠廷顿细致的工作显现出推动观念变革的巨大威力，正因为如此，只要人类最珍贵的传承——代代相传的智识血脉不断，他们的努力就会一直为后人纪念。

没有一种生物，或一句诠释，可以作为这出戏的收尾词，但我们必须对一个人某项工作的完结致以敬意。这出戏的收场白属于哈利·惠廷顿。言及伯吉斯专论，他在给我的信中，以其简洁直接的典型字句写道："这些难免枯燥无味的论文或许流露出些许发现的兴奋之情——在标本制备的过程中，不时有新结构不期而至，那一时刻令人雀跃，也使这一研究引人入胜。"（1988年3月1日）"它是我曾参与的最激动人心、最引人入胜的项目。"（1987年4月22日）

对伯吉斯"动物经"的总结陈词

基本定调——差异度登峰造极，抽灭紧随其后

在伯吉斯页岩，如果软体构型动物从未被发现，在那儿构成的，不过是一个稀松平常的中寒武世动物群，全部物种加起来，仅约33属。其中，海绵（Rigby，1986）和藻类还算丰富，其他的，仅包括7种腕足动物、19种具有硬体结构的普通三叶虫、4种棘皮动物，以及一两种软体动物和腔肠动物（Whittington，1985b，133–139页，其中列有完整名录）。加上软体构型生物，那个生物群的物种即增至约120属。这些具有软体结构的动物，有一部分属于主要已知类群。惠廷顿列出的曳鳃动物，确定的就有5种，另有两种疑似。此外，还有6种多毛类动物和3种具有软体结构的三叶虫（一种属于瓦皮盾虫属，两种属于娜罗虫属）。

然而，在刚刚收场的五幕戏剧里，着重强调的，是一个不同的主题。这个主题给我的启示，全部基于软体构型的动物。在伯吉斯页岩出现过的解剖学构型，有着很高的差异度，这一高度在后来再也没有被达到过，即使将如今全世界的海洋生物加起来，也无法与之匹敌。多细胞生命历史的主流是抽灭，在寒武纪生命大爆发迅速形成巨大的生物规模之后便开始了。在过去5亿年中发生的故事，是构型的减少，后来物种的规模壮大，不过局限于几种固有的构型。这一特点与我们偏爱的图说——"多样性不断丰富的圆锥"所暗示的有所不同，因为，构型的类别并没有变多，复杂性也没有增加。在新的图说中，多种构型先迅速形成，后来遭受抽灭，而且在各分类级别都有发生，因而显现出一种分形的特征。惠廷顿及其同事对伯吉斯页岩生物的订正，

体现在自下而上的三个层次：

1. 门以下的类群。就无脊椎动物化石而言，没有哪一类群的相关研究比三叶虫的多，或像它那样广为人知。三叶虫化石的骨骼一般已矿质化，骨骼本身虽多种多样，但全都符合同一基本构型。正因为如此，这轮研究的结论几乎是意想不到的——原来，该类群在早期有很多种构型。尽管娜罗虫具有软体结构，但根据头部一系列附肢的显著特征（口前一对触角、口后三对双枝型附肢），以及体部附肢"正确"的类型和分节数目，它无疑是一类三叶虫。但娜罗虫具有两瓣壳，与该类群常见化石的构型相去甚远。

2. 门。要想体会一件事有多意外，首先得知晓所有可预见的常规情形——我们得有一条可供参考的基线。我发现，伯吉斯节肢动物的故事就十分满足这一评判条件。因为，新构型的发现，也使得该门类主要常规类群尽数到齐，就如旅店客房"客满"——一个都未空缺，因而构成一条完整的基线。所以，那些在节肢动物门下无以归属的伯吉斯节肢动物固然夺目，但该门类常规类群的伯吉斯代表也同等重要——"意料之中的如期而至，另有更多意外"，它应了这一主题的前半段。最近发现的多须虫，使得这一指派角色的花名册得以完成。节肢动物的四大类群在伯吉斯页岩都有了相应的代表：

> 三叶虫类——19 种普通物种，外加 3 种软体构型物种
>
> 甲壳类——加拿大盾虫，或许锐目虾也算
>
> 单肢类——埃谢栉蚕（如若被正确地鉴定为有爪动物）
>
> 螯肢类——多须虫

但是，在伯吉斯页岩，还曾有过更多的解剖学构型尝试。它们形式独特、功能完备，只是与体现后来多样性的生物无关。它们之间有一些虽有联系，如阿克泰俄斯虫与林乔利虫有相似的前端附肢，但更多的，在分类地位上独一无二，特征不为其他物种所具有——它们是节肢动物门下的"孤儿"。

经过惠廷顿及其同事的专论研究，已有 13 种独特的节肢动物构型得以确认（表 3.3），这些我们已在前文按专论发表的时序——讨论过。但尚未描述的还有多少？惠廷顿在其"不可置于任何门类或节肢动物门下任何纲类"名

表 3.3　伯吉斯之戏：剧中角色（以出场序）

	重新描述年份	属名	属名汉译	沃尔科特科界定	订正界定	订正人
第一幕	1971	*Marrella*	马尔三叶形虫属	与三叶虫亚纲相近	独特节肢动物	惠廷顿
	1974	*Yohoia*	幽鹤虫属	鳃足类甲壳动物	独特节肢动物	惠廷顿
	1975	*Olenoides*	拟油栉虫属	三叶虫（称作那托斯特虫属）	三叶虫	惠廷顿
第二幕	1975	*Opabinia*	欧巴宾海蝎属	鳃足类甲壳动物	新门类	惠廷顿
第三幕	1975	*Burgessia*	伯吉斯虫属	鳃足类甲壳动物	独特节肢动物	休斯
	1976	*Nectocaris*	泳虾属	（未知）	新门类	康维·莫里斯
	1976	*Odontogriphus*	齿谜虫属	（未知）	新门类	康维·莫里斯
	1977	*Dinomischus*	足杯虫属	（未知）	新门类	康维·莫里斯
	1977	*Amiskwia*	阿米斯克毛颚虫属	毛颚类蠕虫	新门类	康维·莫里斯
	1977	*Hallucigenia*	怪诞虫属	多毛类蠕虫	新门类	康维·莫里斯
	1976	*Branchiocaris*	鳃虾属	软甲类甲壳动物	独特节肢动物	布里格斯
	1977	*Perspicaris*	锐目虾属	软甲类甲壳动物	（疑似）软甲类	布里格斯
	1978	*Canadaspis*	加拿大盾虫属	软甲类甲壳动物（称作膜虾属）	软甲类	布里格斯
第四幕	1977	*Naraoia*	娜罗虫属	鳃足类甲壳动物	软体构型三叶虫	惠廷顿
	1985	*Tegopelte*	瓦皮盾虫属	（未知）	软体构型三叶虫	惠廷顿
	1978	*Aysheaia*	埃谢栉蚕属	多毛类蠕虫	（疑似）有爪动物或新门类	惠廷顿

续表

重新描述年份	属名	属名汉译	沃尔科特界定	订正界定	订正人
第五幕					
1981	Odaraia	奥戴雷虫属	软甲类甲壳动物	独特节肢动物	布里格斯
1981	Sidneyia	西德尼虫属	肢口类	独特节肢动物	布鲁顿
1981	Molaria	白齿山虫属	肢口类	独特节肢动物	惠廷顿
1981	Habelia	哈贝尔虫属	肢口类	独特节肢动物	惠廷顿
1981	Sarotrocercus	帚尾虫	（未知）	独特节肢动物	惠廷顿
1981	Actaeus	阿克泰俄斯虫	（未知）	独特节肢动物	惠廷顿
1981	Alalcomenaeus	始虫属	（未知）	独特节肢动物	惠廷顿
1983	Emeraldella	翡翠湖虫属	肢口类	独特节肢动物	布鲁顿、惠廷顿
1983	Leanchoilia	林乔利虫属	鳃足类甲壳动物	独特节肢动物	布鲁顿、惠廷顿
1988	Sanctacaris	多须虫属	（未知）	螯肢类节肢动物	布里格斯、柯林斯
1985	Wiwaxia	威瓦西亚虫属	多毛类蠕虫	新门类	康维·莫里斯
1985	Anomalocaris	奇虾属	鳃足类甲壳动物	新门类	惠廷顿、布里格斯
	(Laggania)	（拉根虫属）	海参	奇虾体部	
	(Peytoia)	（皮托虫属）	水母	奇虾口部	
	(Appendage F)	（F 附肢）	西德尼虫的取食附肢	那托斯特奇虾的取食器官	

目下罗列的物种有 22 个（且在不经意中遗漏了马尔三叶形虫）（Whittington，1985b，138 页）。如此一来，产于伯吉斯页岩的节肢动物，除了涵括该门类的四大类群以外，以最乐观的估计，还有至少 20 类独一无二的构型。①

3. 全体多细胞动物。节肢动物的故事有其尽善尽美的理性，尤其在基线的完全形成及随之对"奇葩"出现相对频次的肯定评判等方面。尽管如此，让我们极尽着迷的，却是伯吉斯页岩的"怪异奇观"。马尔三叶形虫、林乔利虫或许外观赏心悦目，令人惊喜，而欧巴宾海蝎、威瓦西虫、奇虾则是令人生畏——外观让人感觉不适，但也一样令人兴奋。

伯吉斯修订工作还确认了八种不属于任何已知动物门类的解剖学构型。按发表先后为序，所属动物分别是欧巴宾海蝎、泳虾、齿谜虫、足杯虫、阿米斯克毛颚虫、怪诞虫、威瓦西虫、奇虾。这份清单离完成尚远，种类当然也没有已发表的节肢动物类"奇葩"那么多。产自伯吉斯页岩的"怪异奇观"，已描述过的，最多也只有大致一半。这是一个无比"清奇"的范畴，有两个来源的清单，罗列了所有可能归为其类的生物。一份来自惠廷顿，他列举的"其他动物"有 17 种（Whittington，1985b，139 页），我认为依尔东钵虫应被加入其中。另一份来自布里格斯和康维·莫里斯，他们列举的"产自不列颠哥伦比亚中寒武世的问题种类"有 19 种（Briggs and Conway Morris，1986）。由于不知这些"怪异奇观"之间系谱关系如何，也不知在解剖学构型方面有何联系，他们只有将这 19 种生物按学名的字母顺序罗列。

---

① 如果我想扮演魔鬼的代言人，与我自己的框架作对，我会说，我们断言 20 种失败者和 4 种胜利者所依据的标准，是错误的以今论古。从体段划分的模式看，现代节肢动物的差异度确实远远低于伯吉斯的时代，但为什么要以体段划分为基础，来定义节肢动物高级别类群的分类呢？几近微观的介形虫、陆生的等足类、浮游的桡足类、缅因的龙虾、日本的王蟹，把它们集合到一起，无论从个体大小，还是从对生态环境的特异适应比较，即使将伯吉斯的节肢动物全部算上，多样性也无法与现代节肢动物匹敌。而这些现代节肢动物全部属于甲壳纲，具有这一纲类固有的体段划分特征。如果让一位古生物学家生活在伯吉斯的时代，他应会认为节肢动物不够多样，因为他没有任何理由将体段划分的模式看作一项重要的特征（体段划分用于区分主要谱系的功效在后来才变得明显，而到那时，大多数谱系已经被抽灭，幸存的少数谱系具有高度的差异度，固有模式从此在它们之中形成）。

我认为这一辩词的力量很弱。如果以过于以今论古为由拒绝将体段划分作为分类标准，那么，有其他什么标准得出伯吉斯差异程度不高的推断吗？我们定义高级别类群，不是根据对生态环境适应的分化（蝙蝠与鲸皆为哺乳动物），而是基于基本的解剖学构型。根据这一标准，在伯吉斯，几乎每一属都自成一类。体段划分的模式在伯吉斯之后的时代的确稳定下来，但附肢的类型和着生方式亦是如此，而在伯吉斯时代，无论根据节肢动物构型的哪种主要特征界定，都得不到广泛稳定的类群。——作者注将来，伯吉斯页岩还会为我们带来什么样的惊喜呢？值得考虑的，有班夫虫（*Banffia*），其名取自同名国家公园，该地比伯吉斯页岩所在的幽鹤国家公园名气更大。它是沃尔科特定义的一类"蠕虫"，前部有环纹，后部呈囊状，两部分差异如此之大，几乎可以肯定是一件"怪异奇观"。[①]或者波特尔虫（*Portalia*），这是一种体部中轴生有二叉触手的细长动物。或者波林格虫（*Pollingeria*），一种鳞片状的化石，顶面有曲折的管状结构。沃尔科特将其诠释为一种大型生物的覆被板片，与威瓦西虫的骨片类似，而曲折的管状结构为与其共栖的蠕虫。不过，布里格斯与康维·莫里斯认为，这一化石所代表的是一种完整的生物。伯吉斯故事的基本形式到现在已基本清楚，但沃尔科特采石场的奇特宝藏并未全部重见天日，尚有更多有待发现。

---

① 对缩锥班夫虫（*Banffia constricta*）的描述已于 2005 年发表，详见 Caron, J-B. 2005. *Banffia constricta*, a putative vetulicolid from the Middle Cambrian Burgess Shale. Transactions of the Royal Society of Edinburgh, 96: 95-111.——译者注

对伯吉斯生物系谱关系的评价

　　这本书的篇幅已经够长，我不能让它成为有关进化推断原则的抽象定义文本。不过，古生物学家是如何根据解剖学描述，构建出可能存在的系谱关系的？就此，我的确有必要再给出一些明确的解释。这样一来，大家才能理解，我那么多有关的言辞是有据可依的，并非孤立的权威指令。

　　伟大的动物学家路易斯·阿加西斯[①]创立的机构，不仅是我现在的工作单位，也是收藏雷蒙德采集的伯吉斯页岩化石的地点所在。阿加西斯为这个机构起的名字显得很特别，一直保留至今，让我们引以为豪。这个名字就是——比较动物学博物馆。（有如其同时代的人渴望流芳百世，他甚至明确要求，自己选的名字得永久保留，在他死后也不要变。）阿加西斯认为，实验和控制干预或许是科学的固有形象。但是，历史的产物极其复杂，不可重复，研究方法必然有所不同。对自然历史的重构，必须通过分析海量独特产物的异同来完成，换言之，即是以比较为手段。

　　进化和系谱推断基于对异同的研究及其内在的意义。然而，这项基础工作既不简单，也不明确。如果我们可以汇集一长串特征，看比较的对象之间有多少特征相似，多少不相似，然后鼓捣出一个数字，代表整体相似的程度，

---

① 路易斯·阿加西斯，即让·路易斯·鲁道夫·阿加西斯（Jean Louis Rodolphe Agassiz，1807—1873），美籍瑞士生物学家、地质学家，对冰川研究有巨大贡献，是冰川学的奠基人。在动物学方面，他精于鱼类的分类，是哈佛大学比较动物学博物馆创立者，但因坚持神创论，反对达尔文的进化学说，提倡多祖论（polygenism，即认为各大洲的现代人由当地的直立人进化而来的假说），宣扬种族主义，而被后人诟病。——译者注

那就将进化关系与可测量的相似性等同起来，那么，我们就几乎能够启用"自动驾驶"模式，把一切基本工作全托付给一台计算机了。[①]

不过，这个世界从来就没有那么简单——幸好如此，谢天谢地！否则，无论如何，那种世界都会是一个令人失望的地方。相似性的表现有多种形式，有的会引导对系谱的推断，得出可信的结果，有的会引入陷阱，甚至危险的境地。有两种相似性存在根本的不同，我们必须严格加以区分：一种是从共同祖先那儿继承的共有特征；另一种是经不同进化路径产生的相同功能。我们把第一种相似性称作同源性（homology），通过它，可以追溯亲缘关系。我的颈椎数目与长颈鹿、田鼠、蝙蝠相同，（显然）不是因为我们头部活动的方式相同，而是颈椎七数为哺乳动物的祖先特征，几乎被现在所有的主要后代类群保留（树懒及其近缘类群除外）。第二种，我们将之称为同功性（analogy），它是追溯亲缘关系的障碍，最不可信，也最危险。鸟类、蝙蝠和翼龙的翅膀具有相同的空气动力学特性，但它们是独立进化形成的，因为这些动物任两类的共同祖先都不具有翅膀。区分同源性与同功性是系谱推断的基础工作。我们的原则很简单，只有一条：将同功性特征严格排除在外，只基于同源性特征构建系谱。所以，蝙蝠是哺乳动物，不属于鸟类。

谨守这一基本原则，我们就可以对伯吉斯页岩有更好的理解。奥戴雷虫尾部的叶突，在功能上与一些鱼和海洋哺乳动物极为相似，但奥戴雷虫显然是一类节肢动物，不是脊椎动物。奇虾或许可以利用侧部重叠的叶状结构掀起波浪而游弋，这跟有些鱼利用结构连续的侧鳍，或利用扁平的身体边缘相似。功能虽然相似，但结构的解剖学基础完全不同，因而对系谱关系的构建没有任何启示。奇虾仍是一类"怪异奇观"，跟脊椎动物的关系，不比与其他已知生物的更近。

不过，将同源性和同功性的特征区分开还远远不够。我们必须进一步，对同源性结构本身进行划分。鼠类和人都有毛发和脊柱，两种结构都是同源的，皆继承自共同祖先。如果我们要找一条标准，将鼠类和人在哺乳动物的

[①]　作者在此段对定量的讽刺已略显过时，定量分析已在该领域扮演相当重要的角色，手段的广度和深度都已远非当时可想象。——译者注

系谱上聚为一群，可以用毛发这一特征，而脊柱根本帮不上忙。为什么呢？毛发作为标准有效，是因为它属于共同衍征[①]，作为脊椎动物的特征，仅局限于哺乳动物之内。脊柱帮不上忙，是因为它是共同祖征[②]，为所有陆地脊椎动物的共同祖先所具有，不是只有哺乳动物有，鱼类大部分也有。

如何将适当局限的同源性（共同衍征）与过于广泛的同源性（共同祖征）区分开，是我们在现代研究伯吉斯生物时所遭遇难题的核心[③]。例如许多伯吉斯节肢动物具有双瓣壳，还有许多具有"类肢口动物"的基本构型，即头盾宽阔，体部由很多短而宽的体节组成，末尾有一根尾刺。这两种特征，确实都算得上是节肢动物的同源特征——双瓣壳谱系的动物不是随随便便就独立地、缓慢地形成相同的复杂结构。但无论是具有双瓣壳，还是"类肢口动物"构型，都不能使那些伯吉斯节肢动物成为一组自洽的系谱类群，因为，这两种特征都属于共同祖征。

图 3.71 可以清楚地解释为何在构建系谱时应排除共同祖征性状。图中进化树所代表的谱系，到虚线所代表的年代时，已分化为三大群，分别标作 I、II、III。图中的星形标志代表该处存在同源性性状。这一性状继承自年代久远的共同祖先（A），比如说前肢具有五趾。在不少分枝中，这一性状或已失去，或有所改变，难以识别。性状失去的发生，在图中以双箭头表示。可见在图中划定的年代，有四种（1～4）仍保留共同祖征性状。如果我们将这四种聚为有系谱关系的一群，就会犯最严重的错误——使得三个真正的类群被全部忽略，而从中抽出一些成员构建成一个错误的组合。因为，可能物种 1 代表马的祖先，物种 2 和物种 3 代表早期的啮齿类，物种 4 代表灵长目（包括人在内）的祖先。基于共同祖征性状聚类的谬误显而易见。[④]

---

① 共同衍征（shared-and-derived character），即 synapomorphy。——译者注
② 共同祖征（shared-but-primitive character），即 symplesiomorphy。——译者注
③ 此外，沃尔科特许多更低级的错误，犯在更基础的层次——没能区分功能性和同源性。例如，将威瓦西虫的骨片与多毛类的刚毛混淆，将欧巴宾海蝎侧面的翼状结构当成节肢动物的体节。——作者注
④ 这样，我们就可以朝着伯吉斯生物谱系解析的方向走出几步。首先，可以将基于同功性的相似性状排除掉，例如多毛类的刚毛与威瓦西虫的骨片。还可以将不能定义系谱类群的共同祖征性状排除，如具有双瓣壳、"类肢口动物"构型。但对共同衍征性状的确认，至今仍未尽如人意。不过，以前端附肢为共同衍征，或许能将林乔利虫与阿克泰俄斯虫聚为一类（或许包括始虫）。两侧有下表面着生鳃的翼状结构，或许是欧巴宾海蝎和奇虾的共同衍征，它们也因此成为唯有两种存在系谱联系的"怪异奇观"。——作者注

但伯吉斯的问题可能会更严重。我在五幕编年史中，常提及装有很多节肢动物特征的"什锦袋"（grabbag）。假使像"具双瓣壳"那样的共同祖征所表现出的，与图3.71中标为星形的性状有所不同，并不构成连续传承的谱系；假使在这些无与伦比的尝试发生的早期，基因不稳定，那些性状可以在任一新的节肢动物谱系中重复产生——而不是经过缓慢的独立进化，形成相同的功用（如果是那样的话，就成为典型的同功性性状了），而是由于所有早期节肢动物的基

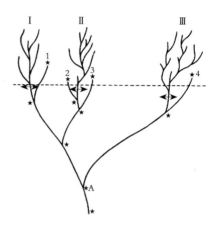

图3.71　一株假想的进化树，用于解释在定义系谱类群时要将共同祖征性状排除的原因。图中具有共同祖征的谱系和分枝点标为星形，双箭头代表该性状丧失。

因潜能，使得各谱系都能征用，并付之以外在表现。如此一来，在节肢动物的进化树上，像"类肢口动物"构型和双瓣壳那样的性状就会（在多支谱系上）一再出现。

我怀疑，这种奇怪的现象的确在伯吉斯页岩的时代普遍发生。重构伯吉斯生物的系谱如此不成功，我想是因为那里每一种物种的形成，都跟（远在四川菜馆风行美国，雅痞有机餐的出现以及其他美食革命发生之前）拿着一本巨大的老式中国菜单点菜一样困难——A栏的点一种，B栏的点两种。但像这样的栏目有很多，且各栏之下的名目也有很多。我们之所以可以将后来的节肢动物划分成不同的自洽类群，有两个原因：第一，在现存的谱系中，那种原始的基因潜能已失，因而也无法再形成潜在的主要特征；第二，大多数谱系已经灭绝，只有少数幸存者，在它们之间形成了巨大的断层（图3.72）。而这些少数幸存的谱系经过辐射[①]（生物多样性大为丰富，但构型的差异度未变），形成互不相同的类群，即我们今天所知的门类和纲类。

我认为，当德里克·布里格斯在写到伯吉斯节肢动物分类之难时，也曾

———————————

① 辐射（radiation），在此指同一谱系不同成员的分化形成。——译者注

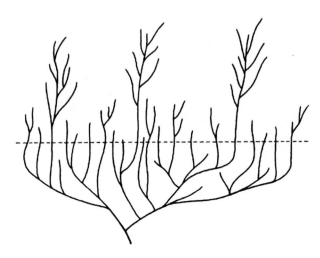

图 3.72　一株假想的进化树，所反映的生命历史观，源于对伯吉斯动物群的重新诠释。大多数类群因灭绝而不出现在虚线上部的空间，在幸存类群之间形成巨大的形态学断层。虚线代表的，就是伯吉斯页岩的时代。在那时，差异度的水平登峰造极。

想到过这种模型——"每一（伯吉斯节肢动物）物种都具有独一无二的特征，而那些共有的特征又过于一般化，许多节肢动物都有。因此，这些物种之间的亲缘关系远不明朗，它们可能的祖先形式也不得而知。"（Briggs，1981b，38 页）[①]

　　我还认为，这种"什锦袋"模型不只能解释伯吉斯节肢动物，还可以运用到对所有类型伯吉斯动物的解释中。否则，我们如何解释奇虾的取食附肢？它们的构成方式看似节肢动物，但从身体其他部分，看不出它和这个庞

---

①　技术脚注——已曾有过一些构建伯吉斯节肢动物支序图的尝试（Briggs，1993；待出版），但迄今为止，都十分失败，因为得出的可能结果不止一种。它们互不相同，不能自圆其说。如果"什锦袋"模型是正确的话，那么，每一新谱系的各个主要特征，皆源自一个由（形成特征的）潜在可能因素（基因型）组成的集合，它们的形成是相互独立的。因此，在那些（相似）特征的（外在）表现型之间，并不存在连续的传承联系。当然，把有些特征归结到一起，可以成为一个层层相套的（镶嵌或巢式）集合，它们之间可能确实存在一定的连续性。但它们是否为合适的（能构建系谱的共同衍征）特征，就很难判断了。——作者注〔括号中文字为译者附加。支序图（cladogram），根据《古生物学名词》第二版定义，即采用分支系统学原理和方法，以共同衍征为依据所得出的一种直观的等级分支图解。——译者注〕

大的门类有什么亲缘关系。或许它不过是与节肢动物体肢功能相同的结构，是独立进化而来的，实际上没有节肢动物具关节结构的基因背景。不过，也可能是伯吉斯"什锦袋"里不仅仅有一个门类的特征，或许具关节结构的共同基因基础不限于节肢动物门。或许这种结构不过是可征用的大量潜在结构之一，不受限于后来现代门类之间难以逾越的鸿沟。所以，该结构可以出现在他处。根据这一结构，也推断不出该生物与节肢动物有近缘的系谱关系。如此一来，威瓦西虫的颚部（容易联想起软体动物的齿舌）和齿谜虫的取食器官（容易联想起许多门类动物的触手冠）的存在就容易解释了——它们可能都来自（有跨门类特征的）"超级什锦袋"。

　　"什锦袋"模型是分类学家的噩梦，但也为进化学家所爱。试想这样一种生物，它由 100 种基本元素组成，每种元素又有 20 种不同的类型。现在有一个"什锦袋"，其中有 100 个分隔，每个分隔内有 20 种互不相同的珠子可选。一种新的伯吉斯生物形成，就像是一个"大串珠匠"的活计，只需从各个分隔随机抽取一粒珠子，然后穿到一起——搞定。简简单单，即能获得很多成功的尝试，就如只要一个音阶，便可谱写出许多上口的曲调。[①] 然而，在伯吉斯之后，就不再如此了。在后来，"大串珠匠"用的是互不相同的几个"什锦袋"，上面分别标着"脊椎动物构型""被子植物构型""软体动物构型"等。而袋中分隔里的珠子比以前少得多，或许 1 号袋里的珠子也能出现在 2 号袋中，但这样的珠子不会有几个。从此，产生的新物种更有规矩，但不再像早期那么有意思，也不会有什么惊喜。"大串珠匠"不再是个属于多细胞的勇敢新世界的"熊孩子"，不会再像当时，在奇虾上藏点节肢动物的物料，往威瓦西虫上喷点软体动物的迷雾，把节肢动物和脊椎动物的特征整到泳虾上。

　　这跟古老的故事一样，合乎宗教的经典传统——年轻的刺头跟从理智——成为稳定构型的门徒。但从前的火花并没有完全熄灭，不时有新的热火在严格的遗传边界之内燃起。但或许他屈服于与生俱来的虚荣，或许他不

---

① 我为了表明观点，在此有所夸大。自然遵循井然有序的规则，不是任何可以想象到的组合都是合理的。而且，由于后生动物胚胎发育的限制，不是任意组合都能发育形成。我使用这个比喻，只是想说，伯吉斯蕴含着巨大的可能。——作者注

能忍受这样一个念头的折磨——精彩绝伦的戏，如果演得太久，就会让写编年史的人失去兴趣。于是，他伸进标有"灵长类"的袋子，从 1 号分隔中取出代表脑部更大的珠子，组装出这样一个物种——会在拉斯科岩洞壁上绘画，制作出沙特尔教堂里的玻璃，最终能使伯吉斯页岩的故事得以破解。[①]

---

① 拉斯科（Lascaux）是位于法国西南部多尔多涅省（Dordogne）的一个洞窟。窟内壁上和顶上有距今约 17 000 年前的旧石器晚期岩画 600 余幅。沙特尔（Chartres）为法国北部厄尔·卢瓦省省会，以沙特尔主座教堂闻名于世。教堂的蓝色玻璃颜色独特，被称为沙特尔之蓝（bleu de Chartres），制作方法现已失传。包括伯吉斯页岩（现与加拿大落基山公园群一起）在内，三处皆被联合国教科文组织列为世界文化遗产。——译者注

从伯吉斯页岩看寒武纪常态

伯吉斯页岩之所以令人着迷，主要在于人类认知的自相矛盾。在这个故事里，最夺目、最有新闻价值的部分，与最奇异、最陌生的生物有关。奇虾，身长 2 英尺，张开形同水母的圈状大口，要将三叶虫钳碎——这样的动物赢得头条，可谓实至名归。不过，人类的思维立足于熟悉。伯吉斯留给我们具有普遍性的教训，也扭转了我们惯常的生命观，正是因为该动物群的很多方面让人感受到鲜明的常规格调——其中的生物以平常的方式取食、活动；在生态学家的眼里，整个群落的功能构成与现代的无异；动物群的关键元素在他处也有。这让我们认识到，伯吉斯所代表的，是寒武纪的世界常态，而非只在不列颠哥伦比亚才有的怪异海洋洞穴。

在我的五幕编年史里，从头至尾，我都在强调，要全面诠释伯吉斯页岩，发现常规生物（甲壳类和螯肢类）和重构"怪异奇观"同等重要。如果我们把视界开得更阔，将该动物群看成一个整体，一个具有功能的生态群落，那么，这个主题甚至显得更加突出。对于伯吉斯动物群而言，只有将它看作一个整体，置于常规生态环境的背景之下，以全球范围的尺度考量，它那些奇异构型才有其意义。

捕食者与猎物：伯吉斯节肢动物的功能世界

1985 年，布里格斯和惠廷顿联合发表了一篇精彩的论文，总结他们对伯吉斯节肢动物的生活模式和生态学的看法。（而他们过去几乎所有的专论工作都以解剖学和系谱关系为中心。）他们将这个动物群的所有节肢动物集合到一起，与现代动物群相比较，认为两者在一系列行为和取食方式方面是相当的。他们将伯吉斯的属类分为六个主要范畴：

1. 捕食性与腐食性底栖动物。（底栖动物生活在海底，很少或根本不游弋。）这一大类群包括三叶虫，以及一些"类肢口动物"的属类，如西德尼虫属、翡翠湖虫属、臼齿山虫属、哈贝尔虫属等（图3.73D、F～K）。它们的体部都具有双枝型附肢，附肢的步行枝粗壮，第一对足枝的内缘具刺，朝向位于两足之间的取食沟。消化道（若能辨别的话）在前端开口方向向下回折，由此可见，食物从后向前传送，与大多数底栖节肢动物无异。强壮的刺表明，动物捕获的猎物或觅得的尸体相对较大，（有这种结构，才能更有效地将食物）向前传送至口边。

2. 沉积物摄食性底栖动物。（沉积物摄食性生物汲取水底沉积物的细小颗粒。它们一般通过处理大量的淤泥来获取食物，不选择大型食物，也不主动猎取。）能划入这一范畴的属类有好些个，例如加拿大盾虫属、伯吉斯虫属、瓦普塔虾属、马尔三叶形虫属等（图3.74E、H～J），主要在于它们的取食沟内缘刺状结构较弱，甚至缺失。这些属类中的大多数可能在水底沉积物上行走，或在其上的水柱中轻缓游弋。

3. 腐食性及可能为捕食性的游泳底栖动物（nektobenthos）。（游泳底栖动物生活在海底，既能行走，也能游弋。）这一范畴内的属类，如鳃虾虫属和幽鹤虫属（图3.74D、F），生活习性不以"底栖"为主，因为它们的双枝型附肢不具粗壮的步行枝。幽鹤虫头部有三对双枝型附肢，但体部的附肢可能是只有鳃枝的单枝型，用于呼吸和游弋。鳃虾虫体部有双枝型附肢，但步行枝短而羸弱。这些属类动物的附肢缺乏强壮的内枝，说明它们可能不从后向前传送食物。不过，这两属的头部有较大的附肢，其末梢有爪状结构。它们可能将零散的食物从身体前端直接送入口中。

4. 沉积物摄食性和腐食性游泳底栖动物。林乔利虫属、阿克泰俄斯虫属、锐目虾属、丰虾属属于这个范畴（图3.74A～C、G）。它们与前一范畴的属类相似——体部附肢或无内枝，或羸弱，说明它们鲜于行走，也不从后向前传送食物；有适于游弋的强壮外枝；头部附肢可以直接获取食物。不过，

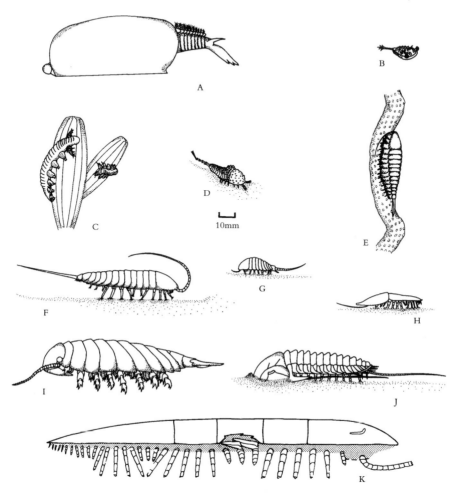

图 3.73 伯吉斯节肢动物，各图比例尺相同，以示各种之间的相对大小（Briggs and Whittington，1985）。（A）奥戴雷虫、（B）帚尾虫、（C）埃谢栉蚕、（D）哈贝尔虫、（E）始虫、（F）翡翠湖虫、（G）臼齿山虫、（H）娜罗虫、（I）西德尼虫、（J）三叶虫类的拟油栉虫、（K）个体较大的软体构型三叶虫类——瓦皮盾虫。

由于前端附肢末梢并无强壮的爪状结构，它们可能不捕获大型食物，因而被认为有可能以沉积物为食。

5. 悬浮物摄食性游弋动物。这一范畴很小，由奥戴雷虫属与帚尾虫属组成（图 3.73A～B），它们是伯吉斯节肢动物中真正的游弋好手。它们的体部附肢或无步行枝（如帚尾虫），或具很短的内枝，不能撑出壳外（如奥戴雷

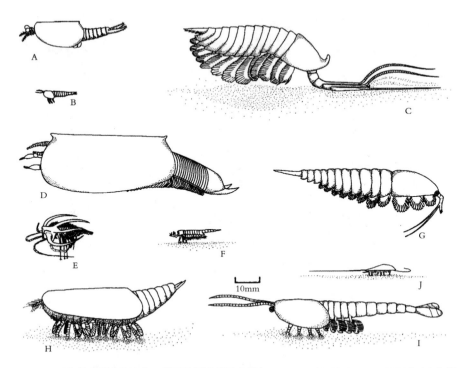

图 3.74 更多伯吉斯节肢动物，各图比例尺相同（引自 Briggs and Whittington，1985）。（A）锐目虾、（B）丰虾、（C）林乔利虫、（D）鳃虾虫、（E）马尔三叶形虫、（F）幽鹤虫、（G）阿克泰俄斯虫、（H）加拿大盾虫、（I）瓦普塔虾、（J）伯吉斯虫。

虫）。它们的眼在伯吉斯动物中是最大的。或许两个属类都是猎捕小型猎物的滤食性动物。

6. 其他。在分门别类时，最后一个范畴总会留给非同寻常的成员。埃谢栉蚕（图 3.73C）可能是一类寄生动物，生活在海绵之上，并以之为食。始虫（图 3.73E）的每一对步行足内缘都生有强壮的刺，不仅仅局限于第一节上的附肢，与取食沟相邻。布里格斯与惠廷顿推测，这些刺或许被始虫用来抓取藻类，或在腐食的过程中用以撕裂尸体。

在布里格斯与惠廷顿的这篇论文中，还插有两张精彩绝伦的总结图（图 3.73、图 3.74）。图中展现的每一属都位于各自可能的生境中，对它们的呈现遵从统一的比例，因而可以看出各属动物之间大小的实际差异。

以上六种类型，每一类都包含有来自不同谱系的成员，而这些范畴与现代海洋节肢动物的生态环境和生活模式相重合。因此，伯吉斯节肢动物构型巨大的差异度，并不是对早期环境简单响应的结果。出于某种原因，在机会基本等同的情况下，当时引发的解剖学构型尝试，规模要远远超过现存的类型。相同的生态环境，十分不同的进化响应，这一状况成就了伯吉斯之谜。

伯吉斯动物群生态学

1986 年，在关于威瓦西虫的专论问世一年之后，西蒙·康维·莫里斯发表了他另一种类型的"巨作"——对整个伯吉斯群落的综合生态分析。文章一开始，就列出一些有趣的事实和数字。从伯吉斯页岩采集的石板有 33 520 块，包含的标本约有 73 300 件。约有 90% 的标本藏于（首都）华盛顿，是沃尔科特藏品的一部分。标本中，87.9% 为动物，其他的几乎全是藻类。14% 的动物具有贝壳状的骨骼，其他的皆为软体构型。[①]

这个动物群包含 119 属 140 种生物，37% 的属类属于节肢动物。康维·莫里斯从中归纳出两类主要组分：（1）底栖或在近底部生活的物种，它们占绝大多数，是被泥石流带进这个滞流盆地的。大量的藻类需要光才能进行光合作用，康维·莫里斯由此推断，这一集群原本生活在浅水之中，水深或许还不到 100 米。他将这一组分称作"马尔三叶形虫 – 奥托径虫集群"，向在那儿最常见的两种动物致敬——最常见的行走于底质的动物（节肢动物马尔三叶形虫），以及最常见的潜穴动物（曳鳃类蠕虫奥托径虫）。（2）持续游弋的生物，数量要少得多。它们生活在滞流盆地之上的水柱中，因泥石流的到来，才与被带进的生物同埋一处。康维·莫里斯将这一组分称作"阿克泰俄斯虫 – 齿谜虫集群"，向自己发现的两类游弋型"怪异奇观"致敬。

他发现，伯吉斯的属类尽管奇异，解剖学构型的差异度也大，但若要按

---

① 实际上，该论文并未在一开始即罗列数字，毕竟这些数字是该研究的结果之一，它们一般不出现在论文开头。尽管论文摘要的开头确有罗列数字，但并不是作者在此列出的准确数字。另外，沃尔科特的收藏在当时所占的比例约为 89%。藻类在所有标本中的占比为 11.3%，不明材料的占比为 0.8%（Conway Morris，1986，434 页）。——译者注

取食方式和生活环境来划分，它们都可以被归到常规的划分类别中。他将其依次分为四个主要类别：（1）沉积物摄食性收集者（大多为节肢动物），占标本数量的60%，占属类总数的25%～30%。（这一类别包括马尔三叶形虫和加拿大盾虫，它们是在伯吉斯页岩最常见的两种动物，因而从数量上看，极具代表性。）（2）沉积物吞食者（多为具有硬体结构的软体动物门动物），占标本数量的1%，占属类总数的5%。（3）悬浮物摄食者（多为海绵，从水柱中直接摄取食物），占标本数量的30%，占属类总数的45%。（4）肉食性及腐食性动物（多为节肢动物），占标本数量的10%，占属类总数的20%。

传统的认识带有"进化即进步"的偏见，反映到图说上，即是多样性不断丰富的圆锥。在它的影响下，寒武纪的群落被认为不如后来者那么复杂，而且，相对而言，更加泛化。寒武纪的动物群被打上生态不够特化的标签，因而又被认为能占据广泛的生态位。其营养结构也被认为比较简单，以摄食碎屑和悬浮物的动物为主导，捕食者要么稀少，要么完全缺失。因此，如此重构的群落具有耐受广泛的环境压力、地理分布广泛、边界模糊等特点。

那是一个相对简单的世界——类似的种种看法在以前被广为接受。康维·莫里斯没有将它们完全推翻，他确实也发现伯吉斯捕食动物的攻击性和机动力不强。他写道："看来，（伯吉斯页岩动物群的捕食者）在捕食（寻找并攻击）和威慑的方式方面，或许确实显著弱于相对较晚的古生代动物群。"（Conway Morris，1986，455页）

尽管如此，他这篇论文的主要启示，使伯吉斯页岩的生态状况显得更为平常，更像是世界在后来地质年代的样子。所以，一次又一次，每当要以软体构型的多寡来评判整个群落时，康维·莫里斯总会发现，这个群落比之前想象的要更丰富、更复杂。摄食碎屑和悬浮物的动物的确占据主导的地位，但它们占据的生态位并非高度重叠，并不是所有物种都简单地汲取可见的所有可食资源。实际上，大多数生物有特化的食性，对取食对象的大小和类型都有要求，且局限于特定的环境。悬浮物摄食者并非汲取水柱所有层次中所有类型的颗粒。和后来的动物群一样，不同的物种以阶梯式分层，形成多个互作繁杂的集群。（随着群落的分化，不同的生物类型特化到不同的阶梯式分层中，在水柱中形成低、中、高三个层次。）最令人惊奇的是，捕食者在伯吉斯群落中扮演了主要的角色。生态金字塔的顶层不仅被其牢牢占据，而且发挥了应有的作用。早期的构型如此丰富，不能再说早期是个安逸的世界，选择压力低。所以，也不可能不存在奋力求存的达尔文竞争，因此也为稀奇古怪或者权宜之计的尝试打开了大门。康维·莫里斯认为，伯吉斯动物群"明确地显示，海洋后生动物在进化的早期，就已形成了基本的营养层次结构"。（Conway Morris，1986，458 页）

康维·莫里斯得出的有关伯吉斯生态状况的结论，与布里格斯和惠廷顿关于（伯吉斯）节肢动物生活模式的结论相同。伯吉斯页岩的"生态剧场"是很平常的，康维·莫里斯写道，"现在或许已清楚，叶足动物层与相对较晚的古生代软体构型动物群，两者在群落结构构成上没有根本上的差别"（Conway Morris，1986，451 页）。那么，为什么早期的"进化剧"又是那么与众不同呢？

从伯吉斯看早期全球广布的动物群

没有什么比取得辉煌成果更能有效地激发科学研究工作。最近有关伯吉斯页岩令人兴奋的研究成果，就激发了针对软体构型动物群和早期多细胞生命历史的研究热情。伯吉斯页岩在中寒武世沉积形成，紧随早寒武世著名的生命大爆发之后。但它只是不列颠哥伦比亚的一个小采石场，如果伯吉斯页岩动物群仅限于该地特有，且仅代表那一巨大（生命爆发）事件之后短短一刻，那么，伯吉斯页岩体现出的生命历史，就无关生命的全体。不过，过去10 年里最令人兴奋的进展，即在于伯吉斯的属类在世界各地被发现，甚至出现在更早的岩层里。在我撰写此书之时，这一进展仍在继续，进展速度也越来越快。

最早的新发现显而易见，就发生在家门口。如果有一场泥石流从一个不稳定的山坡滚滚而下，形成了伯吉斯页岩，那么，在大约同一时期的附近区域，一定也发生过其他的泥石流。在前文中，我已讨论过，皇家安大略博物馆的迪斯·柯林斯率先前往该地，寻找与伯吉斯相当的地点，收获颇丰。在

1981 年和 1982 年两个野外工作季里，柯林斯在最初采集地（沃尔科特采石场）40 千米半径范围内的区域里，发现了不止 12 处与伯吉斯页岩相当的地点。布里格斯与康维·莫里斯都参加了 1981 年的采集，布里格斯还参加了 1982 年的采集（详情参考 Collins，1985；Collins，Briggs，and Conway Morris，1983；Briggs and Collins，1988）。

这些新发现的地点并非如同伯吉斯的复印件。尽管它们含有的生物基本相同，但组成比例往往相差很大。例如在最初的沃尔科特采石场中，马尔三叶形虫是最常见的物种，而在一个新地点，则踪迹无存。在这个新地点里，冠军是始虫，而在（最初的沃尔科特）叶足动物层，它是最罕见的生物之一，人们只采得 2 件标本。柯林斯还发现了一些新物种。其中包括多须虫，如前文所述，其特别重要之处，在于它是迄今已知最早的螯肢类节肢动物。还有尚未描述的一件标本，是"足上有毛的具刺动物，分类地位不明"[①]（Collins，1985）——又是一种"怪异奇观"。

最重要的是，柯林斯为沃尔科特的重大发现补充了最为难能可贵的主题——多样性和可比较性。在他新发现的地点里，包含有五个集群。它们之间，无论从种类组成，还是从数量考量，区别都较为明显，称之为互不相同的集群，可谓名副其实。在这些新地点的发现，还大大地扩展了富含化石的地层数量。当然，新增添的四个地层全都与叶足动物层的地质年代相近，不过，这些发现的重要启示是，伯吉斯动物群所代表的，是一个稳定完整的独立实体，而非早期进化巨变中的一个不可重复的时刻。

有一些基本上算是软体构型的伯吉斯物种，具有略微骨化的组成结构。这些结构可以在常规情况下形成化石，最典型的例子是威瓦西虫的骨片，还有奇虾的取食附肢。在相距甚远的别处，在不同地质年代的地层中，这样的物种已被发现过数次。但它们过于零星，不足以成为集群。不过，随着新的

[①] 这一物种被称为"柯林斯怪物"（Collins' Monster）。它与在我国发现的早寒武世澄江动物群的啰哩山虫（Luolishania）、小石坝生物群的柯林斯虫（Collinsium），在美国犹他州发现的 Acinocrinus，以及在澳大利亚南澳州鸸鹋湾页岩（Emu Bay Shale）发现的类似"柯林斯怪物"动物同属叶（状假）足动物类的啰哩山虫科（Luolishaniidae），详见 Hou, X. G., Siveter, D. J., and Siveter, D. J., et al. 2017. The Cambrian Fossils of Chengjiang, China: The Flowering of Early Animal Life, Second Edition. Hoboken: Wiley-Blackwell, pp. 150。——译者注

软体构型动物集群在远离不列颠哥伦比亚的美国爱达荷州和犹他州被发现，伯吉斯动物群作为一个完整的独立实体已是确凿无疑（有关皮托虫，详见Conway Morris and Robison，1982；有关奇虾，详见Briggs and Robison，1984；Conway Morris and Robison，1986）。在这个集群中，有节肢动物、海绵、曳鳃类、环节动物、水母、藻类及其他未知生物，共计40余属。它们大多尚未被正式描述，但约75%的属类在伯吉斯页岩也有。许多物种曾被认为在时间长河中仿佛只存在过一刻，在广袤的空间里就像是一个点。现在，我们发现，它们地理分布广泛，在相当长的时间内曾稳定地持续存在过。康维·莫里斯和罗比森在写到最常见的伯吉斯曳鳃动物时，如是评论："有一种动物，从前被认为具有独一无二的地理和地层分布，而如今在这两个方面皆已有了显著的扩展……丰奥托径虫在中寒武世大多数时期（可能约有1 500万年）内都有发生，而且形态变化很小。"（Conway Morris and Robison，1986，1页）

不过，更令人兴奋的是，在年代更早的沉积地层中，也能发现不少伯吉斯动物群的组成类别。伯吉斯页岩形成于中寒武世，而现在生命起源的著名（生命）大爆发，就发生在之前的早寒武世。我们打心底里想知道——伯吉斯的差异度是否在大爆发的过程中就已达到？

即便在最近的一系列发现之前，就已有些发现可以支持肯定的回答。具代表性的，有在美国宾夕法尼亚州金泽斯（Kinzers）发现的早寒武世软体构型动物群，其中有类似伯吉斯动物的组成类别。另有在澳大利亚发现的一种疑似"怪异奇观"，在1979年发表的正式描述论文中，它被看作是一种环节动物。1987年，康维·莫里斯联合几位研究者发表了一篇论文，是对一个早寒武世中晚期动物群的初步描述。该动物群发现于格陵兰岛北部，与伯吉斯动物群极为相似，也是以不同于三叶虫类的节肢动物为主。数量最多的生物只有约0.5英寸长，具半圆形的双瓣壳。最大的动物长达6英寸，与伯吉斯的软体构型三叶虫——瓦皮盾虫相似。现存的标本质量不佳，而且用我们的行话讲，这个地区"难以到达（difficult of access）"。不过，康维·莫里斯明年将会去那儿，新的智识探险指日可待。现在，他与其合作者经过至关重要的考察，确认"伯吉斯现象"就形成于寒武纪生命大爆发过程之中："至少有几种与伯吉斯页岩（生物）相似的分类阶元，它们的地层分布范围有所扩大，其生存的地质年代可回溯到寒武纪早期。这一事实也暗示，这些阶元是后生动物最初分化形成的一部分。"（Conway Morris，Peel，Higgins，Soper，and Davis，1987，182 页）

我的同事菲尔·西尼奥雷（Phil Signor）知道我对伯吉斯感兴趣。去年，他寄给我一篇来自中国同行的论文单行本（Zhang and Hou, 1985）。我不可能读懂（中文）标题，但其中的拉丁名让我眼前一亮——*Naraoia*（娜罗虫）[①]。中国出版物上的照片通常效果不佳，不过，这篇论文所附的图版显示的标本明确无误，确为一种具有双瓣壳软体构型的三叶虫——伯吉斯的一个关键组分已经在半个世界之外被发现了。远远较之更为重要的是，张（文堂）与侯（先光）将化石的年代确定为早寒武世的早期。

这样的生物，虽然只发现一种，但已足以诱人速下结论。不过，要使结论更可靠，我们要发现能作为一个整体的动物群。在这里，我可以高兴地告诉大家，它（中国同行的收获）有可能是自沃尔科特以来最令人兴奋的发现，而在那之后，侯（先光）及其同事已经发表了 6 篇有关这个新动物群的论文。如果我前文（第 50 页）所述寓言里的精灵在 5 年前回来，答应让我挑选一个伯吉斯式的动物群，不分形成的时间、地点，那么，我想不出哪个能比它（在中国发现的新动物群）更好的了。在中国发现的动物群与不列颠哥伦比亚相隔半个世界的距离，由此可见，"伯吉斯现象"是全球性的。更关键的是，回溯新发现的形成年代，似乎可以深入早寒武世的初期。回想一下寒武纪生命大爆发的大致阶段：最初的时期（的地层），称作托莫特阶（Tommotian），这个时期只有一些骨骼化的零碎——"小壳形动物群"，三叶虫尚未形成；接下来是大爆发的主要阶段，（相应的地层被）称作阿特达板阶（Atdabanian），以三叶虫及其他寒武纪常规动物的出现为标志。在中国发现的动物群形成于阿特达板时期的第二三叶虫带，正好处于该时期的中心，接近寒武纪生命大爆发主要发生时期的

[①] 我国云南澄江寒武纪生物群第一个被描述的物种长尾娜罗虫（*Naraoia longicaudata*）已被修订为长尾周小姐虫（*Misszhouia longicaudata*）。——译者注

开端！[①]

　　侯（先光）及其同事所描述的，是一个类别丰富，保存完好的集群，其中有曳鳃类及环节动物门的蠕虫，一些双瓣壳节肢动物，以及三个具有“类肢口动物”构型的新属类（Hou，1987a，1987b，1987c；Sun and Hou，1987a，1987b；Hou and Sun，1988）。[②]

　　进一步，“伯吉斯现象”可回溯到寒武纪生命大爆发之初。有一篇初步报道的论文（Dzik and Lendzion，1988），描述了在东欧地区的地层中发现的类似奇虾的动物，以及软体构型三叶虫。尽管地层的年代不能十分确定，但已能回溯到普通三叶虫出现之前。由此，我们确信无疑，沃尔科特在晚些时期的不列颠哥伦比亚地层中发现的，即是寒武纪生命大爆发本身的产物。那个时期离寒武纪生命大爆发开始，不过短短的三四千万年，而伯吉斯生物的差异度已经高得惊人。这个阶段相对较短，我们甚至不能认为这种差异度是逐渐累积的结果。爆发的主要过程就发生在早寒武世——如果在中国发现的动物群的种类确实如初步描述所暗示的那样丰富，那么，或许在那个时期，伯吉斯的所有类群即已形成。[③]伯吉斯页岩代表的，是寒武纪生命大爆发稍后稳定时期的产物。但是，是什么导致了后来的抽灭，形成了现代生命的模式——有限的解剖学构型之间的鸿沟，犹如被孤立岛屿之间的距离，而多样性的丰富只局限于岛屿之内？

---

①　寒武纪形成的地层现分为四统（series），距今从远到近分别为：纽芬兰统（Terreneuvian）、第二统（Series 2）、第三统（series 3）、芙蓉统（Furongian）。其中，纽芬兰统和第二统处于早寒武世，第三统和芙蓉统分别与中寒武世和晚寒武世相对应。此外，寒武纪可细分为 10 阶，例如，第二统即由第三阶和第四阶构成。但另有地层细分系统，将寒武纪分为 11 阶。在这一系统中，第二统分为三阶，分别为阿特达板阶、波托米阶（Botomian）和图央阶（Toyonian）。文中提到的我国澄江生物群，其发现地帽天山页岩形成于阿特达板阶，即属于（早寒武世）第二统、第三阶；更早的托莫特阶则属于（早寒武世）纽芬兰统、第二阶；伯吉斯页岩的年代属于（中寒武世）第三统、第五阶〔莫洛多阶（Molodian）〕。三叶虫带（trilobite zone）是以三叶虫为标志化石（index fossil）对寒武纪的断代划分。——译者注

②　截至 2015 年，澄江化石堆积库中已鉴定的物种已不止 250 种，涵括了众多主要动物类群，详见 Hou, X. G., Siveter, D. J., and Siveter, D. J., et al. 2017. The Cambrian Fossils of Chengjiang, China: The Flowering of Early Animal Life, Second Edition. Hoboken: Wiley-Blackwell, pp. 288。——译者注

③　澄江生物群包含在伯吉斯页岩发现的所有类群，因此，这一假设已得到证实。——译者注

伯吉斯页岩的两个重大难题

对伯吉斯页岩动物订正的结果，暴露出生命史的两个重大难题。两个难题一前一后，把伯吉斯动物夹在中间，一副对称的势态。通常认为，进化是一个漫长平稳的现象，那么，第一个难题——差异度何以迅速地提升到伯吉斯的程度？如果现代生物是伯吉斯生物历经抽灭的后果，那么，第二个难题——是解剖学特征的哪些方面、功能的哪些属性、什么样的环境变化，决定生物孰存孰亡？简而言之，第一个问题有关起源，第二个有关生存及繁衍的命运不一致。

从种种角度看，对于进化理论而言，第一个难题要有意思一些。先不论其他，如此差异度能得以形成，本身就是一件不可思议的事。它是如何形成的呢？至于那些谱系在后来是否能枝繁叶茂，相比之下，已显得不那么重要。不过，第二个难题才是本书的主题。因为，伴随伯吉斯动物群遭受抽灭，一个新的问题显现出来，而我希望借由这个问题阐述历史的本质。我的假想实验是倒（生命记录）带重演生命，每次重演之前，先倒回伯吉斯时代。那时，抽灭尚未发生，伯吉斯动物群如当初一般完整，差异度处于最高的水平。我要考察的问题是，每次重演从同一起点开始，经过若干次相互独立的抽灭，留下的类群是否与现实中的相同，构成的生命历史是否与我们这个星球所目击的一致。因此，我应该无所顾忌地绕开第一个难题——不过，如果不是因为该难题潜在答案的一个方面对（事关不一致命运的）第二个难题的解答至关重要，我也不会（在下面）简要地给出解决前者的可能方案。

伯吉斯动物群的起源

伯吉斯动物群的差异度极高，是生命大爆发所致。大爆发的成因，从进化学的角度解释，主要有三种。第一种较为常见，见于几乎所有发表的有关论述中，不是因为它有多在理，而是在很多时候没有更好的解释。后两种观点代表了近来的进化思潮，且具有共同之处。要把问题解释清楚，这三个方面都得涉及，对此我没有多少疑问。

1. 生态之桶首次装盛。依达尔文的理论，通常是"谋事在生物，成事在环境"。生物以基因变异为内在形式，提供原材料，外在表现为形态学特征的差别。对于一个种群而言，如此差别在任一时间都不大。而对于上述基本理论而言，更重要的是，这些差别没有明确的倾向性。[①]（与简单的变异相反，生物）进化式的改变，由外部环境（既包括所处的物理环境本身，也包括与其他生物之间的互作）导致的自然选择所驱动。既然生物只提供原材料，而且，生物若以达尔文理论提出的那等速率发生改变，这种（基因变异的）原材料往往又是绰绰有余，那么，环境就成了调控进化速率及广度的马达。如此一来，既然寒武纪生命大爆发时的（进化）速率达到了最大，按照通常的理论推断——当时环境必有异常。

是什么样的环境异常导致了寒武纪生命大爆发的发生？我们会想到一种显而易见的解释——寒武纪生命大爆发是生态之桶首次装盛多细胞生命。那是一个机会多得无与伦比的时期，几乎什么都能在其中找到一个位置。生命在空阔的空间里尽情辐射，犹如一个细菌细胞落在一皿琼脂培养基上，可以以对数速率增殖。那是一个独一无二的时期，躁动且充满活力，唯有那次，（对不同构型的）尝试主宰着一个完全没有竞争的世界。

依达尔文的理论，竞争是一个重要的调控因素。达尔文将世界比作一根

---

① 在生物学教科书里，变异常被认为是"随机"的。严格地讲，这并不正确。变异不是随机的，它不具有"随机"字面义体现出的在所有方向机会均等——基因变异不会让大象长出翅膀。不过，随机表现出的这层含义是至关重要的——遗传学不认为生物的变异是有倾向性的适应结果。即使环境的变化对相对小型的生物有利，基因突变也不会偏向使个体变小。换言之，变异本身不具倾向性的属性。自然选择是进化的动因，生物的变异不过充当了原材料的角色。——作者注

满插一万枚尖劈（wedge）的木头。每一枚尖劈代表一个物种，它们被并排锤入木中，将木头占得严严实实。如果一个新的物种想进入那个拥挤的世界，就只能钻入缝隙，步步为营，将已存在的一种挤掉——多样性因而得到自我调控。寒武纪生命大爆发，就好比用尖劈占满一根（新）木头，后来所有改变的发生，不过是一个缓慢的竞争置换过程。

达尔文的这种观点同时也表明，空桶模型显然不能用来解释寒武纪生命大爆发的原因。自寒武纪以来，生命经受过数次惨烈的大灭绝事件。在二叠纪的灾难中，至少95%的海洋物种从此灭绝。然而，伯吉斯现象再也没有发生过，生命的差异度没有爆发性地增长。的确，在二叠纪大灭绝之后，生命的种类很快又多了起来。但是，没有新的门类出现。在腾空的地球上，重新占满它的，是解剖学结构局限于既有类型的生物。毕竟，寒武纪早期和二叠纪以后的状况有很大的不同。5%的幸存率或许不算高，但是，在二叠纪的灾难中，并没有哪种生命模式完全灭绝，也没有哪种基本类型的生态环境完全消失。那根木头上还有尖劈，即便是劈尖的角度变得更钝，或者两两之间的间隔变得更远。换个比方，就是在那时的生态之桶里，所有的大球都还在，只是它们之间的空隙需要用小石子重新填满。寒武纪（大爆发之前）的生态之桶则有所不同，它完全是空的，或者说，那根木头丝毫未损，伐木人的锤子还未落下，情人的小刀也尚未在上刻画（另见Erwin，Valentine，and Sepkoski，1987，其中有对这一基本议题有趣的定量性讨论）。

这一常见的观点在所有关于伯吉斯的文献里都有提及，并不是作为一个可以被伯吉斯的证据明确支持的热议论点，而是作为所有人都会对传统解释致以的应有敬意，在对一个不会引起我们强烈关注的议题加以旁注时用上。"不太激烈的竞争"成为如此诠释的中心词。例如惠廷顿就写道：

> 假使那时的海洋环境多样，食物和空间充足，头回被这些新来的动物占据，而且，与后来的时期相比，竞争不太激烈。在这样的情况下，会进化出许多新的方式，涉及感受环境、获取食物、运动、形成硬体结构，以及行为（如捕食与腐食）。因此，不同特征的多样组合是

有可能形成的。奇怪的动物由此会产生，在伯吉斯页岩所见的那些在我们分类系统中无以归属的动物，即是它们当中的一些所留下的残迹。（Whittington，1981b，82 页）

康维·莫里斯也支持这一传统观点。在与他的交流中，我为（在后文将要讨论的）非传统的其他见解辩护。他对此做出回应，在其中写道："我认为，生态环境可能已足以致使我们所见的形态特征多样性形成……所以，或许可以将寒武纪大爆发看作'生态开放'的一个巨大实例。"（1985 年 12 月 18 日通信）

这一论点太在理，实在推翻不了。"生态空桶"是形成伯吉斯高差异度的主要贡献因素，在生物满斥的世界里，那种生命大爆发从不可能发生。对于这些观点，我没有丝毫的怀疑。但是，若要说外在的环境状态能解释（生命大爆发）这一现象的全部，我一分钟也不相信。我对自己这一直觉的辩词立足于尺度。寒武纪生命大爆发的尺度太大、太与众不同，而且太特别。如果生物一直都有形成如此多样性的潜力，那么，我简直不能相信，只有在早寒武世的奇异生态环境里，它才获许成为现实，而在伯吉斯之后，再也没产生过新的门类，连一个都没有。不错，世界再也没有像那样空阔过，但在局部，还是有过相似的情形。从大海里新隆起的陆地如何？头回被新类群入侵的岛屿大陆又是如何？它们不是大空桶，但至少算是小空碗。我不得不相信，寒武纪时期的生命和环境与现在大不相同。我同时也认为，要解释生命大爆发和之后沉寂的原因，生物内在有机潜能的变化与外部生态环境的改变同等重要。

在各自进化变迁方向的形成过程中，生物自身发挥着积极的作用（而非仅仅为自然选择的马达提供原材料），这样的观点在近来日益流行。传统达尔文主义的严格范式已有所松动，但其巨大影响和正确性并未被动摇。进化是内在和外在因素的对话，不是生态环境将可塑的结构推进一个运行良好的世界里，让它们在其中占据可适应的位置。在随后的两部分里，将要描述两种主要理论，有机结构在其中发挥的作用更为积极。

2. 遗传体系有趋向性的历史背景。依传统的达尔文观点，形态过去的历史背景会限制其将来的发展，而遗传的物质基础不会"衰老"。形态变化的速率不同，模式亦不尽相同。环境的分化改变了原有的自然选择压力，那些形态变化的不同表现，正是不变的物质基础（基因及其表达）对这种环境分化做出的响应。

但是，或许遗传体系在某种意义上也会"衰老"，（J. W. 瓦伦丁①对这个问题有过漫长深刻的思考，引用他的话说，就是）"对结构组成的重大调整"变得"不那么宽容"。或许，无论生态机遇有多大，在现代生物的基础上，都无法快速形成大量根本意义上的新构型。

对于这种遗传体系"衰老"的潜在性质，我没有更深刻的引申可做。我不过是把这样一种不同的看法罗列出来，请求大家对其加以考虑。随着我们对基因表达机制和个体发育的理解突飞猛进，不出 10 年，就会出现能将这一概念发扬光大的事实和观点。瓦伦丁也提到了一些可能的线索。寒武纪时期的基因组是否更简单、更灵活可塑？有许多基因在进化过程中形成多个拷贝，其分化促使形成一系列相关的功能。是否这些拷贝的进化将基因组结织成互作的网，无法轻易扯破？早期基因的互作是否较现在少？是否在远古生物中，自基因（翻译）形成产物的过程更为直接，使得组成结构可以互换、发生改变？最重要的是，生物的日趋复杂，以及自卵至成体发育过程的定型，是否像刹车一样，使潜在大幅度变化的车轮停下吗？这些不过是粗略的初步引申，但在眼下，我们只能止步于此。

要拒绝这些想法，转而接受常规的外部环境控制论，自有惯用的理由。不过，我可以通过一个很好的论证加以反驳。许多互不相关的谱系在某一时间（对环境）的响应方式相同，当进化学家观察到这一现象时，他们通常会假定，是无关遗传体系的外部力量激发了这种相同的响应（因为这些谱系的遗传体系太不相同，相似的外力推动似乎是最合理的共同原因）。我们一向如此坚定地认为，构成寒武纪生命大爆发的生物之间是互不相关的。毕竟，它们几乎涵括了所有现代门类的代表。而且，有什么比一种三叶虫、一种蜗牛、

---

① 即詹姆斯・W. 瓦伦丁（James W. Valentine），美国进化生物学家，任教于加利福尼亚大学伯克利分校。——译者注

一种腕足动物和一种棘皮动物之间的差别更大呢？它们所代表的形态学构型，在寒武纪时期互不相同，在如今一样如此。所以，我们假定，它们的遗传体系是互不相同的。因此，我们也假定，体现在所有类群的相同进化活力，反映的一定是来自共同生态机遇的外部推动。

但是，这一论证以过去的一种观点为假定，即在寒武纪生命大爆发中进化出骨骼结构的生物，在前寒武纪时期有着漫长的历史，尽管这段历史未为人知。然而，前寒武纪时期埃迪卡拉动物群的组成表明，作为最早的多细胞生物集群，它很可能不是现在动物类群的祖先（详见后文 341～342 页）。因此，就意味着——尽管寒武纪的动物在构型上有很高的差异度，但是，它们由前寒武纪末期的共同祖先分化形成，历经的时间可能并不长。若分化果真是在很短时期之内完成的，那么，分化时间的局限或许赋予了所有寒武纪动物相似的基因机制。维系关系的纽带没有哪种比遗传的束缚更紧。换言之，寒武纪生物的相似响应所反映的，可能不仅仅是在应对同一外部动因时所体现出的同功性，可能还包括具有广泛共同基础且灵活可塑的遗传体系的同源性。当然，生命的分化需要生态机遇作为外部动因，但生命对外部环境响应的表现，或许意味着它们拥有共同的基因遗产——只是这种遗产现已耗尽。

3. "先分化，后固化"是一个系统属性。我在宾夕法尼亚大学的朋友斯图·考夫曼[①]建立了一个模型。该模型表明，伯吉斯现象的发生方式（动物群在差异度迅速达到最高后随即遭受抽灭）是系统的一般属性。单凭这一点，就可将伯吉斯现象解释清楚，无须特别的假说，如早期竞争不激烈，或遗传材料有趋向性的历史背景。

想想接下来的这个比喻。把生命历史的可能阶段想象成一种复杂的地貌，好比有着数千座山峰，海拔各不相同。生物所处的海拔越高，代表越成功。这种成功可以以生物在自然选择中的价值、形态的复杂程度衡量，或是依您选择的任何标准评判。在最开始，试将一些物种随机散布到这一地貌的群峰之中，让它们自主繁殖，改变位置。改变可大可小，但我们在此不关注小幅

---

① 斯图·考夫曼，应指美国理论生物学家斯图尔特·艾伦·考夫曼（Stuart Alan Kauffman, 1939— ）。——译者注

度的垂直挪位，因为那只会使生物向着所处山峰的更高处攀爬，不会产生新的体形结构类型。新体形结构形成的机遇，在不多见的"大跳跃"中产生。我们将"大跳跃"定义为生物的横向位移，落到的新地点距离原来的山峰如此之远，以至于环境与从前没有丝毫关联。"大跳跃"的风险相当大，鲜有成功，但一旦成功，回报相当丰厚。如果落在的山峰高于之前的海拔，生物的繁衍即可呈现出欣欣向荣、枝繁叶茂的景象；若生物落到更低的山峰，或是坠入山谷，就没戏了。

我们现在要问的是，通过一次"大跳跃"获得成功（产生新体形结构）的频次有多高？考夫曼证明，成功的概率在开始时甚高，但迅速下降，很快归结为零——这与生命的实际历史相似。这一模式也与我们直觉期待的相吻合。少数基础物种被随机地散布到这种地貌当中，这意味着跳跃的结果，有一半落在更高的山峰，而另一半落到更低。因此，一次"大跳跃"获得的成功机会约为50%。但如此一来，成功的物种已立于高峰之上，而较之更高的山峰也越来越少。几次成功的"大跳跃"发生过后，未被占据的高峰所剩无多，连可位移的机会都大幅减少。实际上，如果"大跳跃"频繁发生，所有的高峰在博弈早期就已被全部占据，谁都将无处可去。所以，胜利者就此落地生根，进化形成的发育系统与所处的山峰息息相关，即使当"大跳跃"的机会再次出现时，它们也不再求变。如此一来，它们要么牢守山头，要么消亡。这是一个艰难的世界，大多数的命运是后一种，并非由于生态环境如同达尔文那根插满尖劈的木头，而是因为即便是随机的灭绝事件，都能让许多空间变得不可接近。

考夫曼甚至可以对"大跳跃"成功概率的迅速下降做出量化估计。每次成功之后，等待下一次更高峰出现的时间在前一次的基础上翻倍。（斯图·考夫曼告诉我，海量的体育项目数据显示，每打破一次纪录，距离下次打破的平均时间就会翻倍。）如果您取得第一次成功需要的尝试次数平均为两次，要取得第十次成功，您得尝试1 000次以上。很快，已没有去更好地方的机会。毕竟，地质年代虽然漫长，但亦非漫无止境。

伯吉斯动物群的抽灭

要对我们传统的生物观进行改造，所需要的，最多不过是接受伯吉斯显现出的模式，即"差异度登峰造极，后来遭受抽灭"。新的图说（见图3.72）不仅改变了惯常的模式，还将其中多样性不断丰富的传统圆锥倒了个个儿——多细胞生命在开始时，不再如圆锥颈部那般狭窄，而是已达到最大的幅度，后来亦非如圆锥那般向上不断拓展，而是因抽灭的发生，只有少数构型得以幸存。

不过，这种倒置的图说虽然可观，本身却不具备革命性的影响力。因为，它也有可能倒向传统，而这一退路并没有被切断。还记得是什么岌岌可危吗？——是我们对生命史寄予的最为珍视的期望，包括进步和可预见性的概念。要将之放弃，我们可能万般不舍。人类意识产生得如此之晚，在新观点的影响下，这一事实迫使我们做出如下诠释——意识的产生是进化怪戏中的一次意外添补。这让我们深受刺激，因此，我们更加坚守固有立场，认为我们之前所有生命的形成都依循合理的次序，这种次序的方向直指意识的最终产生。这一观点受到的最大威胁在于，历史有无数种可能，每一种都有实可据，因而皆具合理性，但每一种在开始时都不可预测。而且，只有一种（或极少的）途径通往如我们自身之高的地位。

我们对这种次序有所期望是在所难免的。但是，对于这种期望而言，伯吉斯生物"差异度登峰造极，后来遭受抽灭"的观点是最糟糕的噩梦。假定生命在开始时只有几种简单的构型，然后向更高级别发展。我们（将生命记录带）倒回最初那几种（的时代），对过程进行重演。重复数次后，我们发现，每次之间，无论细节有多么不同，历经的途径却大致相同。但是，如果在生命开始时就已形成全部构型，而后来的历史仅基于少数幸存者，那么，我们就得面对一个令人不安的事实。假使所有构型"战胜一切"的机会均等，但只有几种能得以实现，那么，任意幸存组合形成的历史都是合理的，然而形成的世界天差地别。如果人类意识只是一种组合的产物，那么，我们自身的进化形成或许不遵循抛硬币那样的随机概率，而是巨大的历史偶然性的产物。即便将生命的记录带倒回去重演千次，我们也不会再次出现。

但是，只需一个浅显的常见论证，就可以让我们从噩梦中醒来。不错，大规模灭绝发生了，最初的构型只有少数几种幸存。不过，我们不必假定灭绝如掷花旗骰 ① 一般。我们可以假定，幸存者"战胜一切"有其原因。早寒武世是一个实验尝试的时期，就像让一群工程师把一切试个遍，结果大多无效，"一钱不值"——伯吉斯失败者在解剖学构造方面有所缺陷，灭绝是命中注定。胜利者为最能适应者，按达尔文理论的解释，即为占有优势，幸存是百无一失。那么，即使在早寒武世涌现出 100 种构型的尝试，或者 1 000 种，又有什么关系呢？它们当中，只要有半打能在艰难的世界中适应，那 6 种就可以成为后来生命的根源，无论将生命的记录带倒回去重演多少次都是如此。

这种幸存有因的看法基于解剖学构造体现出的灵便性，或者说复杂性，用术语表述，即具有"优势竞争力"（superior competitive ability）。大家乐于用它来解释伯吉斯差异度在后来的衰减，当然还有生命历史中的每一次灭绝插曲。实际上，这种解释尚未被动摇。这种传统的解释与我们对伯吉斯差异度形成的惯常看法——"生态空桶装盛"——有着紧密的联系。"空桶"是个宽恕之处，它的空间如此之大，甚至是有灾难性缺陷的解剖学构型，也能在夹缝中安顿求存，可以不与具解剖学优势的强者直面竞争。但这种融洽的局面很快就不复存在，桶一满，其中所有成员都会被卷入达尔文竞争的旋涡。在这"非我皆敌的战争"中，苟延残喘于相对平静时期的低效幸存者迅速出局。只有强大的"角斗士"才是赢家——让"解剖学构型优秀的"活！

这样的解释见于教科书和科学期刊论文，甚至伯吉斯页岩所在地的官方简报（1987 年版）《幽鹤国家公园简讯》（*Yoho National Park Highline*）。在"幽鹤的化石具有世界性意义"的标题下，我们可以读到——"最早的动物所迁入的环境没有竞争。后来，随着环境的改变，进化的发生，主导地位一次又一次被更有效力的生物形式占据。"当加拿大公园管理局（Parks Canada）在 1998 年发布第一份介绍该国最负盛名的化石的旅游宣传册（《伯吉斯页岩的动物》）时，他们将所有不属于现代门类的生物（就是我说的"怪异奇观"）描述为"（它们）似乎是进化的死路，注定被适应能力更强或更有效力的生物

---

① 花旗骰（craps 或 crap shoot）又称双骰，用骰子赌博的一种。——译者注

替代"。

直到最近，惠廷顿和他的同事都没有挑战这一舒心的观点。它太有说服力了。例如康维·莫里斯在威瓦西虫专论的总结陈词中，大张旗鼓地将两种传统情形——空桶装盛（作为差异度高的原因）和随后的严酷竞争（作为后来灭绝发生的根源）——联系到一起：

> 分化可能不过反映了这样的事实——当时存在一个几近空旷的生态空间，其中的竞争水平很低，使多种多样的体形结构得以进化形成，但在日后的地质年代中，只有部分在竞争不断激烈的环境中幸存。（Conway Morris，1985，579 页）

布里格斯向法国大众读者表达过相同的观点：

> 或许这（差异度高）是寒武纪海洋缺乏竞争、生态位未被占满的结果。这些节肢动物大多迅速灭绝，毫无疑问，是因为适应能力最不好的动物被更好的其他动物取而代之。（Briggs，1985，348 页）[1]

惠廷顿也将幸存与适应优势几近自动地加以等同：

> 或许是大量后生动物随后遭遇的灭绝，以及适应能力最强的构型辐射的结果，才使我们（在重新审视后所）认同的门类得以形成。（Whittington，1980，146 页）

对于这个问题，康维·莫里斯与惠廷顿在为《科学美国人》撰写的文章中表述得最为直接，而这篇文章有可能是关于伯吉斯页岩的最佳阅读材料。

---

[1]　在这里，我把它翻译回英文，希望不会重复我曾遭遇过的最大尴尬之——弥尔顿的《失乐园》曾被翻译成德文，作为海顿清唱剧《创世记》（Creation）唱词的一部分，接着，又被翻译回蹩脚的英文，用于英文版本的演出。该版本要保留海顿的音乐价值，也无法采用弥尔顿的实际文字。——作者注

很多寒武纪动物似乎是众多后生动物类群史无前例的尝试，它们注定在一定时期之后被适应能力更强的生物取代。寒武纪辐射发生过后的趋势，表现为数量相对较少的类群获得成功，物种数大为增加，但以其他许多类群的灭绝为代价。（Conway Morris and Whittington，1979，133 页）

文字有着微妙的力量，我们意在描述的字句，会背叛我们的行为动机及根本意图的表达。我想，西蒙·康维·莫里斯和哈利·惠廷顿以为自己在这一段文字里只是对一个模型进行表述，但想想看，像"注定被取代"和"以……为代价"的字眼，分量该有多重。是的，生物中的大多数烟消云散，也有一些欣欣向荣。我们的地球向来依循古老的原则运作——招来一大群，留下极少数。但是，仅考量生死，并不能为"幸存者直接淘汰失败者"的观念提供任何依据。胜利的根源多样而神秘，就如我们不甚了解的四种令人大为称奇的现象——鹰翔长空之道，蛇行磐石之道，船航大海之道，男女相处之道〔《箴言录》（30:19）〕[1]。

有的论证推崇，适应优势是幸存的基础。这样的论证有陷入典型的循环论证（circular reasoning）错误风险。幸存是欲解释的现象，因此，它并非证明幸存者比遇难者"更能适应"的依据。这个议题在达尔文理论的是非场里被争论了一个多世纪。它甚至被冠以一个称谓——"重言论证（tautology argument）"。有评论认为，被我们奉为圭臬的"适者生存"就是一种无意义的重言表达，因为，"适者"因得以"生存"而被定义为"适者"，自然选择的定义即被简化成空洞的"生存者生存"。

神创论者甚至以大肆宣扬这一论调而闻名。他们把它当成否认进化论的一个证据（Bethell, 1976；我的回应详见 Gould, 1977），好像因为套用三段论逻辑时产生的一个小错误，就可以将一个多世纪的数据推翻。实际上，这个所谓的问题有一个简单的解决方案，达尔文自己就已意识到，而且还提了

---

[1] 引自《圣经》，原文为 "the way of an eagle in the air, the way of a serpent upon a rock, the way of a ship in the midst of the sea, and the way of a man with a maid.–Proverb 30:19"。——译者注

出来。所谓"适者"，在此即指具有适应优势。不能因为有"生存"之实，就将其定义为"适者"。通过对构型、生理学或行为学加以分析，生物的适应优势必须是在遭遇挑战之前即可被预见到。如达尔文所辩称，在危险的捕食者世界里，跑得更快，能跑得更远（通过对骨、关节和肌肉的分析所知）的鹿可以（较其他动物）生存得更好。得以更好地生存是预测出的结果，是否有效，还有待验证——它不是用来定义适应能力的。

这种处理同样适用于伯吉斯动物群。如果我们希望断言，伯吉斯在遭受灭绝事件后，保留下来的，是最好的构型；出局的，是可预见为失败的构型，那么，我就不能简单地将得以幸存当作具有优势的证据。从原理上讲，我们必须确认某一生物在解剖学和竞争方面具有相当的优势，才能认定它是赢家。理想的情形，是我们得"回到"伯吉斯动物群的鼎盛时期去考察。在那时，所有的元素欣欣向荣。我们将具有显著结构优势的物种挑出来，认定它们注定会成功。

但是，若坦诚地面对伯吉斯动物群，我们必须承认，没有任何证据，甚至是一丁点，能断定大抽灭中出局者的构型在适应能力方面弱于幸存者。任何人都能在事实的基础上编出合理的故事。例如奇虾虽然是寒武纪最大的捕食者，但它没有成为赢家。因此，我可以辩称，它那坚果钳似的独特大口不能完全闭合，只能靠挤压而非撕碎的方式处理猎物。而更常见的颚（或颌）由两部分组成，能合拢。相比之下，奇虾这种结构的适应能力的确无法与之相比。原因或许确为如此，但我必须诚实地考虑相反的情形。假使奇虾活得好好的，那么，我是否能抵挡住诱惑，在其他条件不变的情况下，说奇虾幸存是因为其独特的口太好用吗？如果是这样，我没有理由认定奇虾是注定失败的。我只知道这种生物已灭绝了——而最终我们都会。

对伯吉斯属类的修订专论工作还在继续，哈利、德里克·布里格斯和西蒙的技艺也越发精湛，将那些非同寻常的生物重构得富有机能。渐渐地，他们对伯吉斯"奇葩"解剖学结构的完整、取食及运动的高效越来越重视。在专论里，有关构型"原始"的论述越来越少，强调伯吉斯动物功能特性的内容越来越多，如奥戴雷虫的尾（Briggs，1981a）、威瓦西虫的保护性棘刺（Conway Morris，1985），以及对奇虾游弋模式的推断（Whittington and

Briggs，1985）。有关适应能力差而预计出局的内容少了，转而开始承认，我们不知道为什么多须虫是一现存主要类群的近亲，而欧巴宾海蝎成为凝固在岩石中的记忆。在后来的论文中，谈及好运的内容越来越多。布里格斯对自己之前有关"幸存是因为具有适应优势"的断言加以补充，"……同时，毫无疑问，也因为某些物种比其他物种更幸运"（Briggs，1985，348 页）。

三位科学家也都开始强调这样一个主题——若让观察者置身于伯吉斯的时代，他不知哪些生物注定会成功。如此强调，并非因为苦苦不能确定伯吉斯生物适应能力的程度，因此承认失败，而是对一个有价值的观点加以肯定。多细胞生物的成功故事中，最精彩的当数昆虫，惠廷顿在言及埃谢栉蚕为昆虫潜在近亲时写道：

> 在伯吉斯页岩的时代展望未来，很难预计何种会是（幸存者）。在海绵群中缓缓蠕动的埃谢栉蚕，看上去让我们很难想象，它会是勇猛征服陆地的多足类和昆虫的祖先。（Whittington，1980，145 页）

康维·莫里斯写道，"假使在寒武纪有一位观察者，他应该无法预测哪些早期后生动物注定在系统发生中取得成功，体形结构的地位从此稳固，又有哪些难逃灭绝的厄运"（Conway Morris，1985，572 页）。接着，他直白地评论循环论证的危险性。假定威瓦西虫的颚部与软体动物的齿舌同源，且两者的亲缘关系最近，但各自代表着伯吉斯不同的可能走向。那么，既然灭绝的是威瓦西虫，活下来并分化出多种多样的是软体动物，有人可能会禁不起诱惑，辩称威瓦西虫的周期性蜕皮不如软体动物不断增长的生长效率高。但康维·莫里斯承认，如果活下来的是威瓦西虫，灭绝的是软体动物，我们可能会鼓捣出能说服人的理由，辩称蜕皮的好处。

尽管如此，蜕皮作为一种生长模式普遍存在于数个门类的动物，其中包括节肢动物和线虫。而两者所属的门类，被认为是所有后生动物门类中最成功的两个。所以，如果时间可以倒转回过去，让后生动物的分化在前寒武纪时期和寒武纪之间的交界重新来过一次，从最初的进化爆

发中产生的成功体形结构，似乎有可能包括威瓦西虫，而非软体动物。（Conway Morris，1985，572 页）

如此一来，伯吉斯修订的三位规划师皆从持有传统观点开始——能克服困难成为赢家，是因为有适应优势可以利用。到最后，得出的结论却都是——毫无证据表明成功与可预见的更好构型有联系。相反，在三位心中都产生了一种强烈的直觉，认为（假定的）伯吉斯观察者挑不出赢家。伯吉斯遭遇的抽灭可能的确好比一场彩票抽奖，不像美国与格林纳达之间的战争或让 1927 年的纽约洋基队对阵"霍博肯过时队"的结果那样尽在预料之中。[①]

对伯吉斯节肢动物的研究记录是一件极需耐心的工作，我们现在可以充分感受到它的力量。惠廷顿和他的同事重构了 25 种基本体形结构类型，其中 4 种类型在后来获得巨大的成功，其类群包括在现今世界里占据优势的动物，而其他类型无一有"子嗣"传承，已全部灭绝。不过，除了三叶虫以外，每一类幸存者在伯吉斯只有一种或两种代表。从哪个已知的角度看，它们都不带有成功的印记。与其他类群相比，它们的数量并不是更多，也没有更高的效率，或者更灵活可塑。一个（假定的）伯吉斯观察者怎么会选中仅存 6 件标本的多须虫？如惠廷顿所言，在海绵上匍匐行进的埃谢栉蚕，不仅少见，而且怪异，（假定的）伯吉斯实力评估者怎么会对它加以首肯？为什么不将赌注押到头盾刺状结构长及体末的马尔三叶形虫？它不仅光彩夺目，而且很常见。为什么不押到具有精巧尾叶的奥戴雷虫？为什么不押到具有复杂前端附肢的林乔利虫？强壮的西德尼虫虽无奇特之处，但也生得端端正正，为什么不押到它呢？如果生命的记录带可以倒回伯吉斯的时代重演一次，为什么就不会得出一个截然不同的赢家组合呢？这一次，或许所有幸存谱系的体肢发育模式都局限于双枝型，适于在水中生活，而非成功登上陆地。如果是这样

---

① "美国与格林纳达之间的战争"，指 1983 年美国干预加勒比海岛国格林纳达（Grenada）内政的入侵战争。该国不足 400 平方公里，当时人口仅约 9 万人，国防力量与美军兵力相差很大。美国新泽西州霍博肯是 1845 年美国现代棒球的起源地，所谓"霍博肯过时队"（Hoboken Has-Beens）应为作者对棒球发展之初的调侃。而 1927 年是著名的纽约洋基队（New York Yankees）历史上赛绩最辉煌的一年，不仅是美国职业棒球大联盟世界大赛史上首次冠军横扫对手（匹兹堡海盗队）的赛季，还创造了多项纪录，也是传奇运动员贝比·鲁斯（Babe Ruth）和卢·贾里格（Lou Gehrig）的竞技顶峰时期。——译者注

的话，或许那另一种世界不会有蟑螂和蚊蚋，但也不会有蜜蜂，所以最终也就不会有美丽的花出现。

将这一主题扩展到节肢动物以外的伯吉斯"怪异奇观"——为什么没有选到欧巴宾海蝎和威瓦西虫？为什么不能是一个属于身覆骨片（而非身负蜗牛壳）的海洋植食性动物的世界呢？为什么没有选到奇虾，不能是一个属于前端有擒握附肢、另有坚果钳状大口的海洋捕食性动物的世界吗？为什么在一部史蒂文·斯皮尔伯格的电影里，将一位脾气暴躁的海员吸入口中，慢慢收紧，将其挤压至死的，不能是一个口如圆筒、牙齿成排并延伸至食道的海怪？①

当然，我们不能肯定伯吉斯遭遇的抽灭就如彩票抽奖一般。不过，要说赢家具有适应优势，或者说幸存者由那个时代的（假定）实力评估者选定，我们也没有证据可以支持。我们有的，是从 20 世纪最细致的古生物学专论中了解到的内容，而伯吉斯出局者在其中的形象，皆是特化充分，能力超群。

抽灭如同彩票抽奖，注入这种想法，伯吉斯页岩的新图说便转变为一种激进的观点，事关生命历经的途径，以及历史的本质。我这本书即致力于探索这种观点导致的后果。我们所属的物种，形成并非必然，着实可怜。愿我们在自己新发现的脆弱和好运中找到可喜之处！一个人，只要有丁点的冒险精神，或对理性抱有一丝敬意，都会乐意用无边的传统精神慰藉作为交换，一瞥奇异且美妙——而又如此真实的东西——就如欧巴宾海蝎。不是吗？

---

① 应为调侃史蒂文·斯皮尔伯格（Steven Spielberg）导演的美国电影《大白鲨》（*Jaws*，1975）结尾的情节。——译者注

第四章

——

沃尔科特的视界与自然本质

沃尔科特固守多样性圆锥的基础

生平小注

如果查尔斯·都利特·沃尔科特只是泛泛之辈，他对伯吉斯页岩的影响就不会如此之大，他"鞋拔式"的根本性错误最多不过作为一个脚注被提及。但是，沃尔科特是在美国历史上最非同寻常、权力最大的科学家之一。此外，他产生的影响完全源于自身对于生命和道德极为保守的传统视角。因此，如果我们能理解他紧握伯吉斯"鞋拔"不放的复杂原因，就会收获一些基本领悟，领悟到社会和概念对科学创新的制约。

的确，沃尔科特的大名现在已不为人所熟知，即便对美国科学史大体熟悉的人，也会觉得陌生。但是，他从公众意识中淡出，不过是我们对科学史所持看法失之偏颇的一种反映。由于这种态度，一些人物的重要性必定不能在其所处的时代被正确认识到。我们看重创新与发现，这点当然很对。所以，反映我们知识进步的族谱，就成为一份按时序排列的先驱者名单——即便这些科学家毕生没有享有过任何名望，而且，在他们的时代，也没有对所在行业产生过明显的影响。不过，这些人提出了极好的想法，只是待到后来才得到正确的评价，进而被推崇。例如格雷戈尔·孟德尔（Gregor Mendel）因卓越的洞察力令我们铭记在心，但可以说，他的研究工作几乎没有对遗传学的学科发展产生影响——除了最终被视作遗传学的灯塔和象征。他的成果在当时被忽视，直到后来被他人重新发现，才变得有影响力。

那些生前在一个领域占有统治地位的权威科学家，也因这种极具回顾性

的评估方式 ①，在后世被排除到公众意识之外。这些科学家的影响可能曾惠及上百个人的研究生涯，也可能促成过上千个概念，只不过它们为传统观点服务，而那些观点在后来被认为并非正确。但是，如果我们将这些人遗忘，又怎能领悟科学作为一种社会进步的属性？如果我们忽视凌驾于创新之上的反对者，就脱离了创新的背景，又如何能将应有的注意力集中到孤独的创新者？查尔斯·都利特·沃尔科特就是一位遭受如此忽视的人物，也是最重要的一位。他是一位伟大的地质学家，工作起来孜孜不倦；他是一位有名的理论综合家，位居美国科学社会等级的权力中心。但从根本意义上讲，他不是一个富有知性的创新者。

沃尔科特从我们记忆中抹去，还有另一个原因，但该原因基于一个悖论。许多学者厌恶行政管理工作（虽然对行政管理者并无敌意），我也不例外。这当然是一种自私的态度。但生命短暂，一个人不应陷入郁郁寡欢和庸碌无为的境地，将生命白白浪费。然而，这两种境地，大多数尝试行政管理的学者都会遭遇到。既然历史由学者书写，对行政管理技能的着墨自然不多。但是，没有科学机构，何来科学发展？单枪匹马的天才，虽不乏浪漫的神话，但凭借一己之力，通常成事无多。

更糟糕的是，伟大的管理者通常因双重原因被历史排除在外。首先，是因为科学管理很少被学者选为写作主题。其次，是因为管理技能越好，隐蔽性则越强。对于不合格或不诚实的管理者而言，关于其羞耻的记录长篇累牍，他们因而被载入史册。而运作良好的科学机构以流程顺畅为标志，管理看起来轻而易举，也不施加限制，几乎是自动的。（有多少人记得当地银行总裁的名字？除非他因挪用资金被告上法庭。）当然，行政管理者被他们的下属或受惠人所熟知。因为，为了保障日常学术工作能正常运行，我们必须找上司，争取办公空间和经费的支持。但是，对于一个好的行政管理者而言，一旦离开岗位，他的名字就被遗忘了。

查尔斯·都利特·沃尔科特是一位优秀地质学家，但更是一位卓越的

---

① 原文为 "curiously prospective style of assessment"，译者认为 prospective（前瞻性的）应为 retrospective（回顾性的）的笔误。——译者注

行政管理者。在人生最后 20 年，沃尔科特是美国权力最大的科学管理者，他有关伯吉斯页岩的所有工作也完成于这一时期。他不仅从 1907 年起主持史密森尼学会的工作，直至 1927 年去世，还参与——或者说插手——华盛顿所有重要科学事务。他与从西奥多·罗斯福到卡尔文·柯立芝的每一位总统相熟，同有些还有私交。[1] 无论是说服安德鲁·卡内基建立华盛顿卡内基学院（Carnegie Institute of Washington），还是说服伍德罗·威尔逊成立国家研究理事会（National Research Council），他都起到了关键作用。[2] 他曾担任美国国家科学院（National Academy of Science）院长和美国科学促进会（American Association for the Advancement of Science）会长。他是美国航空事业发展的先锋，也是支持者和促进者。

沃尔科特一人身兼数职，但应付得体，技巧堪称完美。我发现，凡是对史密森尼的历史有所了解的人，都对沃尔科特有这样一个共识——认为在自创始人约瑟夫·亨利到最近退休的行政管理天才 S. 狄龙·里普利之间的所有会长当中[3]，他是最胜任的。1920 年，沃尔科特年届七十，身处有生以来的权力顶峰。在那一年日记末尾，他写下一段简要的总结。从中，可以看出他在当时的这一情形：

> 我现在是史密森尼学会会长、国家科学院院长、国家研究理事会副主席、华盛顿卡内基学院执行委员会主席、国家航空咨询委员会（National Advisory Committee for Aeronautics）主席……实在太多，但无论是哪个组织的工作，一旦深入其中，都难以脱身。

---

[1]　存于史密森尼学会的沃尔科特存档中，最感人的文件，或许是在他第二任妻子意外去世后，罗斯福发给他的私人唁词。——作者注

[2]　西奥多·罗斯福（Theodore Roosevelt，1858—1919）为美国第 26 位总统（任期 1901—1909）。卡尔文·柯立芝（Calvin Coolidge，1872—1933）为美国第 30 位总统（任期 1923—1929）。安德鲁·卡内基（Andrew Carnegie，1835—1919），美国著名工业家，即所谓"钢铁大王"。伍德罗·威尔逊（Woodrow Wilson，1856—1924）为美国第 28 位总统（任期 1913—1921）。——译者注

[3]　约瑟夫·亨利（Joseph Henry，1797—1878），美国科学家，史密森尼学会第一任会长（任期 1846—1878）。S. 狄龙·里普利（S. Dilon Ripley）即西德尼·狄龙·里普利（Sidney Dilon Ripley，1913—2001），美国鸟类学家，史密森尼学会第八任会长（任期 1964—1984）。——译者注

沃尔科特的生平可谓是一个美国成功故事。他生于 1850 年，在纽约州由提卡（Utica）附近一个勉强维持温饱的家庭里长大。他在当地的公立学校接受教育，但从未拿到一纸高等教育文凭（尽管在后来的生涯里，他获得过无数名誉博士头衔）。在当地一个农场干活期间，他收集到三叶虫化石，并将标本卖给路易斯·阿加西斯，美国最伟大的自然历史学家。由此，他跨出了迈向科学职业生涯的第一步。（对于沃尔科特后来的伯吉斯工作而言，这个故事里包含有一个难得的讽刺。阿加西斯对沃尔科特加以赞赏，并买下他的标本，是因为三叶虫的附肢被他首次发现。而沃尔科特之所以有此发现，是因为他能识别该标本保存的立体结构，并指出足就在壳之下。沃尔科特之于伯吉斯的最大失败，在于将这些化石看作平展的薄片，而惠廷顿正是通过揭示这些标本的立体结构，才使现代修订工作得以开展。）

沃尔科特希望进入哈佛大学，接受正式的古生物学教育。但阿加西斯于 1873 年去世，这个希望因而被打破。1876 年，他成为纽约州政府地质学家詹姆斯·霍尔（James Hall）的助理，开始了他的科学生涯。1879 年，他加入美国地质调查局（United States Geological Survey），成为一名最低级别的野外地质调查人员。1894 年，他已升任局长，将坚定地引导该机构度过财政危机最严重的时期，并高调地进行重组。他在这个岗位上一直工作到 1907 年。那一年，他被任命领导史密森尼学会。

在那些年里，沃尔科特仍一直积极地从事寒武系地层地质学和古生物学方面的野外研究和论文发表工作，而且成果斐然。寒武纪生命大爆发的难题让他着迷。他对分布于全球各地的前寒武纪时期和寒武系地层进行研究，希望能找到一些经验性的解决办法。当沃尔科特在 1909 年发现伯吉斯页岩时，他不仅是华盛顿权力最大的科学家，还是世界上最重要的三叶虫化石和寒武系地质学专家之一。查尔斯·都利特·沃尔科特绝非泛泛之辈。

沃尔科特失败的现实原因

身为行政管理者，沃尔科特不仅谨慎，而且保守，却无意中为后世的历史学家留下一份极其宝贵的礼物。他复写了每一封书信，将函件一一留存，日记一天不落，什么也没扔掉，甚至在人生最低落的一刻也是如此。1911 年 7 月 11 日，沃尔科特的第二任妻子在火车事故中丧生。在当天的日记里，他直白地记录下事实经过："凌晨 2:30，康州布里奇波特发生火车相撞事故，海莲娜丧生。到下午 3 点才收到消息。下午 5:35，出发前往布里奇波特……"〔沃尔科特可能确为过于谨慎，但请不要认为他没心没肺。7 月 12 日，他满怀悲痛，写下这样的话："她因太阳穴（右侧）被击中身亡……回到家里，我感觉海莲娜还活着，无处不在。我的爱——我的妻——我 24 年的伴。感谢上帝，让我这些年来有她为伴。她最终的命运竟然如此，此时此刻，我无法理解。"〕

　　所有这些材料被归置在 88 个大盒子里，存于史密森尼学会档案，所占空间，按官方报告所言（Massa，1984，1 页），有"11.51 延米①的货架空间，外加一些尺寸过大的材料"。没有什么文件可以准确记录下一个人难以捉摸（或想象中）的"本质"，但沃尔科特的材料丰富多样，有野外工作笔记、日记、私人草记、正式函件、业务账目、全景照片、应第三任妻子要求完成的未出版"权威"传记、完税收据、名誉学位证书、给女儿伴游的信件，以及给在法国战时墓地为其子守墓之人的信件。这些使我们能构建出一个生活在公共权力走廊②，却极为注重隐私的人的真实形象。

　　我查阅沃尔科特存档，并不是抱有为其立传的意图。我只有一个目标，它已多少让我有点痴迷。我想知道为什么沃尔科特会犯他那"拔鞋式"的根本错误。我觉得，找到这个问题的答案，伯吉斯页岩讲述的那个更大的故事就完整了。因为，如果沃尔科特犯错并非因为他个人与众不同，而只是由于固守传统的观点和价值，那么，我就可以展示，惠廷顿的修订——"彩票抽奖式"抽灭的主题——是如何将以我们自身文化为中心的旧有成见推翻的。我把所有盒子搜了个遍，发现不少线索，它们指向一系列复杂因素，但全都清楚地表明，是沃尔科特本真和信仰的核心驱使他操起"鞋拔"。沃尔科特将自己公式化的生命观强加于伯吉斯的化石。在当时，创新的技术尚未出现，

---

① 延米（linear meter）指用长度表达面积或体积的非正式衡量方式。——译者注
② "公共权力走廊"派生自"权力走廊"（corridors of power），指左决策的政府和权力中心，源自英国作家 C. P. 斯诺（C. P. Snow，1905—1980）于 1964 年发表的小说《权力走廊》（*Corridors of Power*）。——译者注

独立的检验研究还未开展，化石没有"顶嘴"。在当时，要延续多样性圆锥图说的传统，又能作为一种概念工具，以维持"不断进步和人类意识注定进化形成"的观念，采用这种"拔鞋式"的处理是一种常规手段。

我这一断言给许多读者的印象，可能是怪异、玩世不恭，何况它所针对的还是科学理论。不过，大多数人不至于天真得相信那个古老的迷思——科学家是不带偏见且信奉客观的典范，对所有可能性都公平以待，仅凭证据的分量和论证的逻辑得出结论。我们知道，在探索发现的过程中，偏见、偏好、社会价值观和所持心态都扮演着重要的角色。然而，我们也不能滑向对立面，彻底玩世不恭，认为——客观证据不发挥作用；对真实的认知完全是片面的；科学结论不过是另一种形式的审美偏好。现实中的科学是数据与先入之见之间的一种复杂"对话"。然而，我辩述的是，"沃氏鞋拔"的功用实际上不受制于伯吉斯数据。因此，我不认为在他的这个案例里有通常的"对话"发生。此外，我这一断言所针对的，是一流科学家最伟大的发现，不是外围参与者人生中的一段小小插曲。不过，这种成见强加于证据的单向独白非同寻常。它有发生的可能吗？

在通常情况下，答案是否定的。化石会"顶嘴"，就如欧巴宾海蝎告诉哈利·惠廷顿"我的壳下没有足"，或如奇虾惊呼："那个叫皮托虫的水母实际上是我的口。"但是，伯吉斯动物留给沃尔科特的话寥寥无几。原因有两个，他的"鞋拔"也因此成为意识形态约束的突出例子。第一个原因，他的先入之见发自其社会价值观和禀性的核心，根深蒂固。第二个原因显而易见，简单得出奇，往往在我们寻找"深层"意义时被忽略，即——化石没有回应，是因为沃尔科特从未能挤出与之对话的时间。人一生的时间有限，行政管理工作的负担最终毁了沃尔科特身为研究型科学家的一面，他根本找不出研究伯吉斯标本的时间。沃尔科特在1911年和1912年发表过两篇初步研究的相关论文。在他去世以后，其合作伙伴查尔斯·E.莱塞尔于1931年将他的相关遗稿整理发表。在沃尔科特忙碌人生的最后15年，他还发表了关于伯吉斯海绵和藻类的专论，但再也没有有关世界上最重要的动物群化石的著作问世。

第一个原因（先入之见根深蒂固）是本书启示的支撑之柱，第二个原因（行政管理负担异常繁重）即沃尔科特的与众不同之处。然而，我的讨论还得从沃尔科特的不同之处开始。在聆听沃尔科特亲口之词前，我们必须了解他是如何错过化石之"言"的。

沃尔科特要做的事很多，它们之间还存在着严重的冲突，他内心的压力随之而来。既然行政管理者通常从步入中年的成功研究人员中选拔而来，沃尔科特的故事所反映出的，是广大科学机构负责人发自内心的一再哀叹。行政管理者当初之所以被选中，是因为他们深谙研究，这就意味着他们不仅热爱研究工作，还能把它干好。这个故事就像他钟爱的寒武系丛山一般古老。故事开始时，一个人便对自己许下诺言——我将不会有从前那么多时间投入研究，但我会更有效地安排；别人为此荒废了业务，但我不会；我永远不放弃自己的研究，我会坚持工作，尽多地发表论文专著。渐渐地，行政负担不可避免地加重，它执拗地取代了初衷，支配着一切，研究工作从事得越来越少。他从未放弃理想，或是最初的喜好。等这一领导任期结束以后，等退休以后……便着手恢复被中断的研究。有些行政管理者的确可以在老年回归学者的身份，并乐享其中。但更多时，死亡介入其中，就如沃尔科特的情况。

沃尔科特让我感到惊奇。他的行政负担繁重，非同寻常，但在生命后期，他却依然能切切实实地不断发表论文。从发表第一篇有关伯吉斯页岩的论文的 1910 年算起，直至 1927 年去世，他发表的论著总共有 89 篇之多（列于参考文献 Taft[1] et al, 1928）。其中，53 篇为原始描述论文，是基于数据的技术性文献，其中包括分类学和解剖学领域的主要论著，有一些还是他在忙碌的年份里完成的——有关寒武纪腕足动物的论文，长达上百页，发表于 1924 年；有关寒武纪三叶虫的论文，长达 80 余页，发表于 1925 年；有关三叶虫类的新凸镜虫（*Neolenus*）[2]的解剖学结构论文，亦长达上百页，发表于 1921 年。但上天让一日只有 24 小时，这使得沃尔科特的希望和计划受到极大的制约。大多数研究工作被搁置一边，其中最重要的，当数对伯吉斯页岩化石的研究。沃尔科特为此感到愧疚，并对最终将回到自己最爱的化石身边充满期

---

[1]　不错，这篇文献的作者正是当时已卸任的（美国第 27 位）总统，时任联邦首席大法官的威廉·霍华德·塔夫脱（William Howard Taft, 1857—1930）。他在（该文献所指的）那次沃尔科特追思会上致开幕词。——作者注

[2]　即油栉虫（*Olenoides*）。——译者注

图 4.1　23 岁时的查尔斯·都利特·沃尔科特，那时还是个英俊的小伙子。摄于 1873 年。

图 4.2　一张摄于 1915 年前后的肖像照。史密森尼的存档里有许多类似的肖像，但我格外喜欢这一张，因为它不仅很好地表现了沃尔科特的强大气势，还流露出他在那些年里因家庭变故而承受的巨大悲伤。

待和欣喜，这些情绪也成为他通信的一贯主题。我认为，沃尔科特有意将伯吉斯作为退休之后的研究工作重点，他大量收集伯吉斯标本，是在特意为之做准备。但他死在任上，享年 77 岁。

沃尔科特存档之全面异乎寻常。从朝气蓬勃、满怀抱负，到日薄西山、抽身其外，整个在所难免的转变，整个令人熟悉的过程，在其中皆有迹可寻（图 4.1、4.2）。1879 年 6 月 2 日，年轻的沃尔科特写信给伟大的地质学家克拉伦斯·金恩（Clarence King），希望能在美国地质调查局获得第一份正式工作。

> 我愿意从事自己力所能及的任何工作，并为之倾尽全力。我渴望追求的事业是地层地质学，（具体工作）包括标本采集及古无脊椎动物学（研究等）……我渴望为之奉献一生……我诚挚地希望能获得一次试用的机会，然后再根据工作成绩（由您）决定我的去留。

7 月 18 日，金恩给出了言辞亲切的肯定答复：

我（为你）安排了一个职位，它位于阶梯的最低一级，你得凭自己的实力向上晋升……没有什么比在将来肯定你良好的工作成绩更能让我感到欣喜。

沃尔科特的工作成绩不只是良好，因而屡屡获得晋升。1893 年，他在局里的地位已接近最高一级，对古生代早期岩层的实证研究也已成为他毕生奉献的事业。就在这一年，他拒绝了芝加哥大学提供的教学职位，为的是继续自己的研究，不受其他负担拖累。他向芝加哥大学的著名地质学家，身为管理者的 T. C. 张伯伦① 致歉："您很清楚，我的渴望和抱负是完成对（北美）大陆古生代早期岩层的分组研究，为地质学家提供地质分类和填图② 的依据。"

但就在第二年，1894 年，单位内部发生了变化，他肩负起行政职责，得缩减手上的研究工作。沃尔科特在写给母亲的一封信中述说了自己矛盾的心情——受到赏识的自豪之情、渴望尽责的迫切之情，夹杂着失去研究时间的焦虑之情。所有这些感受，将使其余生纠结于心。

亲爱的母亲：

我已肩负起这个优秀调查局的领导职责。这让我多少有些不适应，可它已成为现实，就摆在我的眼前。这并非我所期待，我仍渴望继续我从前的工作。但我很高兴您能看到我获得这一职位，同时也希望您在有生之年能目睹调查局在我的管理下欣欣向荣。

爱您的

查理

1894 年 10 月 25 日

---

① T. C. 张伯伦，即托马斯·克劳德·张伯伦（Thomas Chrowder Chamberlin，1843—1928），美国地质学家，有关（已被抛弃的）太阳系形成的"张伯伦－莫顿假说"的提出者。他曾任威斯康星大学校长，也曾负责美国地质调查局冰川分局的工作。1892 年，他接受芝加哥大学的任命，筹建地质系，并留任至 1918 年。——译者注

② 填图（mapping），即地质填图，指将实测的地质信息填绘于地图之上的过程。——译者注

从此以后，行政管理职责和对研究的渴望之间的冲突，渐渐成为占据沃尔科特思绪的主题。1904 年，沃尔科特仍在地质调查局的领导岗位上，尚在发现伯吉斯之前，但已在为失去大量研究时间而哀叹。他在 1904 年 6 月 18 日致地质学家 R. T. 希尔① 的信中写道：

> 我曾经的个人抱负只有一个，至今未变。它对我的影响深远，那就是完成寒武系地层及动物群的研究工作。我在多年前就已着手研究，但在过去这些年里几乎将它搁下了。我希望能在今年夏天抽出一点时间专注其中，并在以后尽可能地利用好零散的时间，以期将之完成。若我能做出明智的选择，我会心甘情愿地将行政职责移交给他人，好捡起我在 1892 年放下的研究工作。

3 年之后，沃尔科特走上一生中最后一个岗位——史密森尼学会会长。在这个年头之末，他发现了伯吉斯页岩。尽管沃尔科特叹声连连，但在方方面面因素的共同促使下，他承担的社会职务越来越多，本应投入认真研究伯吉斯化石的大量时间也一并被剥夺，而这些也有来自他自身的积极推动。

存档中有大量篇幅较短的文书，让我们从方方面面一瞥首席行政管理者琐碎而耗时的日常事务。他得为朋友出面办事，例如在 1917 年提议赫伯特·胡佛为美国哲学会会员。② 他得鼓励同事，例如在 1923 年写信给 R. H. 戈达德③："我相信，您的'火箭'研究进展得令人满意，当前难题迎刃而解之时指日可待。"他得为科学家谋福利，例如在 1926 年致信给州际商务委员会（Interstate Commerce Commission）会长，辩称研究人员"与专事慈善或

---

① R. T. 希尔，即罗伯特·托马斯·希尔（Robert Thomas Hill, 1858—1941），美国地质学家，专注于得克萨斯中部白垩纪沉积岩的地层学研究。——译者注
② 赫伯特·胡佛（Herbert Hoover, 1874—1964），即美国第 31 位总统（任期 1929—1933），在斯坦福大学学习期间转为地质学专业，暑期在美国地质调查局实习，毕业后在多个国家从事矿务工作，曾于世纪之交任职于开平煤矿，并在义和团运动被镇压后，伙同他人骗取开平矿务局所有资产，并担任总办。美国哲学会（American Philosophical Society）为本杰明·富兰克林（Benjamin Franklin）等人于 1743 年仿照英国皇家学会成立于费城的美国科学团体。——译者注
③ R. H. 戈达德，即罗伯特·哈钦斯·戈达德（Robert Hutchings Goddard, 1882—1945），美国物理学家，第一枚液体燃料火箭的发明人。——译者注

施舍事业者同属一类",搭乘火车应享受免票待遇。他得成天忍受无尽的琐碎事务,例如1924年史密森尼首席人类学家阿莱斯·赫尔德利奇卡(Aleš Hrdlička)请求他能抽出时间,补量先前漏掉的一些尺寸。

> 大约一年前,我为国家科学院备案,有幸测量了您的身体尺寸。当时,我没有测量手、足、头及其他少数部位的尺寸。之后,我对传统美国人[①]的数据进行了分析,结果显示,上述身体部位的尺寸极其重要……如果您能光临我的实验室一次,驻足两三分钟,容我完成测量,我将不胜感激。

不过,我发现一件文书,没有什么比它更具标志性,而且还具有极为实用的价值。这份文书是他在1917年向一所银行提交的一份书面证明,以确认更改签名:"我随函附上您要的书面证明。我过去一直将姓名签为 Chas. D. Walcott(查斯·D. 沃尔科特),但当有大量文件或信函需要签名时,我发现写全这些字母要花费太多时间。所以,我现在签名只用姓名首字母。"

对于沃尔科特而言,这些高级行政管理的"平常"压力或许还不足以使其研究泡汤。但从1910年到1920年,也就是他完成伯吉斯页岩全部野外工作的10年间,他一再遭受家庭不幸,接连失去了第二任妻子和三个儿子中的两个(图4.3)。儿子小查尔斯患有结核病,沃尔科特搜寻每一家疗养院,每一种休养、膳食或药方,一一进行评估——之后,发现它们不过是心理安慰或是江湖庸医之术。最终,小查尔斯于1913年去世。1917年,另一个儿子斯图尔特在法国的空战中牺牲。沃尔科特写信给朋友西奥多·罗斯福[②],他已失去一个弟弟,牺牲的情形与斯图尔特相似。

---

① 传统美国人(Old American),解释见后文第264页内容。——译者注
② 应指沃尔科特的朋友,美国第26位总统——西奥多·罗斯福长子西奥多·罗斯福三世(Theodore Roosevelt III, 1887—1944)。第一次世界大战中,西奥多三世与另一兄弟阿奇博尔德也前往法国作战,并双双负伤。第二次世界大战中,他与儿子西奥多四世、科尼利厄斯及昆丁二世皆上战场,他本人在诺曼底登陆后不久因心脏病突发去世。——译者注

图 4.3　1907 年的沃尔科特全家福，摄于犹他州普罗沃（Provo）。站立者，自左向右，分别为西德尼（15 岁）、小查尔斯（19 岁）、查尔斯（57 岁）、海莲娜（42 岁）、斯图尔特（11 岁）、席地而坐者为海伦（13 岁）

斯图尔特是您的弟弟昆丁在华盛顿西部高中的同学，他已长眠于阿登高地（Ardennes）的一个山坡之上。他在与德国鬼子[①]的空战中被击中，牺牲的情形几乎与昆丁完全相同。他与被其击落的两个敌人同埋于一处，他的墓前立着一尊体面的十字架，上面写有他的名字与生卒年日。德国鬼子在离开之前，将附近的农舍焚毁殆尽。因此，前面的举动流露出他们多愁善感的一面，而后面的行为暴露了他们野蛮的本性。

如前文所述，1911 年，沃尔科特的妻子海莲娜死于火车相撞事故，女儿海伦在一位名为安娜·霍尔西的伴游陪同下，被送往欧洲壮游，好从震

① 　德国鬼子，原文 Hun 本义指亚洲的匈奴人，后演变成为一种对德国人的蔑称，在两次世界大战期间使用得较多。——译者注

惊中纾缓过来。沃尔科特几乎每天都与她俩保持联系，时常以家长的身份介入，做出"有体统"的决定，以保证美丽而幼稚的女儿免受"有失体统"的侵蚀。沃尔科特频繁的干预得到霍尔西女士的高度认可。例如她在1912年6月18日的信中写道："您的来信让她意识到女性吸烟多么令人反感。我时常如此相劝，她却认为是我老套得不可救药。"但霍尔西女士仍然很担心，她在1912年7月17日写自巴黎的信中警告道："她的美貌如此动人……但她渴望来自男性的仰慕和注目，衣着太为光鲜，在将来一段时间里，若不加以系统的监督，或许会导致很大的不幸。"此外，她在寄自意大利的一封信中声称："这儿真是不安全，海伦同所有17岁的女孩儿一样，富有生趣，渴望冒险。她单纯、无知，可能只为好玩，就会被引诱到外面，与男性见面。"

除了这些意想不到的个人悲剧，家庭和生意的日常事务也蚕食着沃尔科特的时间。他向特柳赖德电力公司（Telluride Power Company）投资数百万美元，同时，又向一家地方性银行建议，强调限制儿子信用额度的重要性。

犬子 B. S. 沃尔科特 [①] 是普林斯顿（大学）的一名大一学生。他有生活费，且已养成及时结清账单的习惯。然而，（如果能代表银行）我不会给他及其他男孩30日以上的还款期限，此外，仅提供有限的信用额度。赊账对男孩的影响很坏，容易带来麻烦。

强加和必须处理的事务繁多，会令人疯狂。在这样的环境里，重压之下，有关伯吉斯页岩的工作怎么可能顺利开展？沃尔科特需要让自己的暑期在加拿大落基山脉采集标本中度过，即便只是作为疗休。但在华盛顿，他从未能找出时间对标本进行细致的科学研究。沃尔科特逐渐意识到自己所处的困境，这种自觉的明显标志，可以从有关伯吉斯化石的一系列坦诚的书信中找到。这些是他与从前的助手查尔斯·舒克特之间的书信，此时的舒克特已是耶鲁

[①]　B. S. 沃尔科特，即后来牺牲于第一次世界大战的本杰明·斯图尔特·沃尔科特（Benjamin Stuart Walcott, 1895—1917）。——译者注

大学的教授，美国古生物学学术带头人之一。1912 年，沃尔科特缠身于委员会的工作，但他仍期望，不用等多久，就可以将舒克特寄来的一些三叶虫标本稍做研究。

> 至于三叶虫，在下周得空将它们全部研究一遍之前，我不会发表意见。过去的 10 天里，我一直忙于国会委员会的工作，还有其他一些事务，没有任何研究的机会。

到了 1926 年，他承认失败。对舒克特关于三叶虫解剖学结构的论证加以考量，要耗费的时间远少于研究标本，但也被他无限期延迟了："哪天得空时我将看一下您关于三叶虫结构的评论。目前，我的行政管理工作太多，实在太忙。"

沃尔科特生命后期的一些言辞，清楚地展示出内心的冲突、希望，以及未能对伯吉斯标本进行正式研究的在所难免。1925 年 1 月 8 日，他告诉法国古生物学家查尔斯·巴鲁瓦（Charles Barrois），自己将逐步卸去行政管理的职责，以便研究伯吉斯化石。

> 我希望重新捡起对一大批伯吉斯页岩化石的研究工作，它们十分有吸引力，只是从未被发表过。准备好的绘图和照片已有 100 余幅，它们尚未面世，全因我将时间耗费在行政管理职责和我们科学组织的有关事务之上。我正从后者之中脱身，已于 12 月 29 日发表了卸任美国科学促进会会长的演说，也不再是国家科学院理事会的成员。我计划辞去三个组织的理事会理事职务，虽然这些工作十分有吸引力，而且极有价值，但我认为自己的职责已履行完毕。

在 1926 年 4 月 1 日致 L. S. 罗（L. S. Rowe）的信中，沃尔科特将对研究的真挚之爱和对行政管理一本正经的断言放到一起。我认为断言不甚真诚，他说行政管理既无趣，（与学术研究相比）也没那么重要，自己不过是履行职责罢了。（我不相信大多数人会自我牺牲到这种程度，将一生中最好的时光耗费在他们可以随手放弃也不失颜面的事情上，除非是因为有权可用。科学道德要求行政管理给公众的印象是履行职责，不过，身居其位之人，乐于承担职责，发挥影响力的，当然也不在少数。）

　　过去 15 年里，我在西部群山之中采集了大量数据，但我的研究止步于登记造册。如能继续研究，我会感到极大的幸福。行政管理的职责并非令人厌恶或失望。尽管在有问题要解决时，应招去解决的人当然得全力以赴，但我把这些职责看作是短暂的差事，不是严肃的事业。

一周以后，他写信给伟大的鱼类学家大卫·斯塔尔·朱尔敦（David Starr Jordan）。朱尔敦曾任斯坦福大学校长，在卸去行政管理负担方面，他比沃尔科特更成功。

　　您很明智，让自己从行政管理职责中解脱出来。我希望自己到时也能如此，可以自由地做过去 50 年中一直梦想的事。梦想在过去曾让我愉悦，在实验室里工作的每一小时都是欢乐的。

1926 年 9 月 27 日，沃尔科特为实施这一梦想采取行动。他写信给安德鲁·D. 怀特（Andrew D. White）：

　　我非常希望与您会谈，商讨史密森尼学会及我的退休事宜。1927 年 5 月 1 日，我积极履行会长职责的时间将满 20 年，届时，我将退出机构决策和行政管理的所有工作。亨利、贝尔德、兰利 [1] 在任上去世，但于公于私，我都不认为自己继续任职是明智的举动。我有很多文字工作要做，即便倾尽全力，到 1949 年才能完成……若能目睹民主进化到 1950 年，

---

[1]　亨利即史密森尼学会第一任会长约瑟夫·亨利；贝尔德，即第二任会长（任期 1878—1887）斯潘塞·富勒顿·贝尔德（Spencer Fullerton Baird，1823—1887），美国物理学家、天文学家；兰利即第三任会长（任期 1887—1906）萨缪尔·皮尔庞特·兰利（Samuel Pierpont Langley，1834—1906），美国自然学家。沃尔科特是第四任会长。——译者注

会是多么有趣。目前，我不指望能看到 1930 年以后是个什么样子。28 岁时，我曾被告知命不久矣，在 38 岁和 55 岁时我又被告知如此，但我一向固执己见，拒不听命。

1927 年 2 月 9 日，查尔斯·都利特·沃尔科特在任上去世。他注解繁多的伯吉斯化石遗稿于 1931 年发表。

"沃氏鞋拔"更深层的原因

沃尔科特没能对伯吉斯化石进行足够的细致观察，这使他在诠释时享有很大的自由。过程中鲜有疑问，工作势如破竹。标本实际的古怪解剖学结构几乎不成其为问题，沃尔科特以自己根深蒂固的生命观去解读伯吉斯页岩，化石标本因而也成为一面反映其先入之见的镜子。沃尔科特就是这样一个保守的死忠——一个顽固的传统主义者（archtraditionalist），他的固守，并非如条件反射般不经思考的反应，而是出于深思熟虑后的肯定。因此，以我愚见，他是体现传统信仰的最好象征。[①]

要解开"鞋拔"之谜，我们必须从三个层次认识沃尔科特的传统主义理念，按特异性升序，依次为——其政治和社会信念的基本框架、对生物及其历史的看法、对寒武纪具体问题的解决方式。

沃尔科特的人格

沃尔科特来自农村，有着纯正的盎格鲁-撒克逊血统，算是一个"传统美国人"。他成为富人，主要得益于对电力公司的精明投资。在生命中的最后 30 年里，他跻身华盛顿社交圈上层，与多位总统有交情，也与美国最大的

---

① 我不喜欢将智识的议题作为抽象的普遍性概念加以讨论。我认为人们接受和理解构想，是通过理解它们在个人观点和自然物体中的体现来实现的。因此，我为沃尔科特倾倒，并对之着迷。我很少"遇见"生命观与我如此不同之人，在熟悉他的存档以后，我觉得自己与他相识。沃尔科特的正直以及研究和行政管理的超常精力让我无比崇敬。我并不是特别喜欢他（好像我的观点很重要似的），但我还是因为他对我的专业有所贡献而感到非常高兴。——作者注

产业大亨们相熟，其中包括安德鲁·卡内基和约翰·D. 洛克菲勒①。他信仰保守，政治从共和党，是一个虔诚的长老会②信徒，从未错过（或日记的记录从未漏过）一次周日礼拜。

前文引述的书信中已折射出他传统的社会态度，如对儿子与女儿区别对待、注重节俭和责任。存档还揭示出他这种性格的许多其他方面。我在此节选一小段，让读者"感受"一下，在美国最后一个笃信神权万能和道德至上的时代，一个强大保守思想家所抱有的态度，会给人留下什么样的印象。

1923 年，沃尔科特写信给约翰·D. 洛克菲勒，谈到信仰：

> 我在纽约州由提卡长大，是母亲和姐姐把我抚养成人。她们是对宗教信仰从一而终的基督教妇女。我也一直属于长老会的教会，因为，我相信基督教的宗教精义，我还相信，与信任教会效力的人们齐心合力，将精义发扬光大，是人类保全自身和发展的一种方式。

下面引述沃尔科特〔1923 年 10 月 6 日致 W. P. 伊诺（W. P. Eno）〕关于饮酒的观点，不是出于我认为它古雅或过时的原因（实际上，我赞同沃尔科特的个人选择，只是对他在第二段中预想的政治后果有所怀疑），而是因为其行文语气极好地反映出其个人性格及抱有的基本态度。

> 40 年前，我初来华盛顿时，常和一班年轻人一起，在下午谈论共同关注之事。我们通常喝的是啤酒，也有人如其所愿，喝白兰地或鸡尾酒。我对任何酒精饮料都没多少兴趣，可以下结论说，我能做到滴酒不沾。随着时光流逝，即使那些朋友摄入的是少量酒精，长此以往，它的影响也会逐渐显露出来。他们的性格、意志、行事效率出现一定程度的恶化，在大限的通常年龄远远到来之前，他们就因肝、肾、胃出现的种种问题，再也没有能醒过来（作者注：他是指去世，而非醉晕过去）。他们当中仅

---

① 约翰·D. 洛克菲勒（John D. Rockefeller，1839—1937），美国著名工业家，即所谓"石油大王"。——译者注
② 长老会（Presbyterianism），基督教新教加尔文宗的一支。——译者注

有一人至今健在，他在 20 多年前就已放弃"抿一口"了。

我相信，如果能将所有酒精饮料完全禁止，只需一代或两代人的时间，人类的进步水平和福利就会得到很大的提高，个人或集体遭受的苦难、道德败坏、堕落随即消失。

在政治方面，沃尔科特摇摆于拥护极端爱国主义的保守极端和尊重个人机会完全平等的自由看法之间。在后者方面的表现，例如他拒绝将整个种族或社会阶层打上生理上低人一等的标签，倡议平等享有受教育的机会，如此一来，来自社会各层的天才总会脱颖而出。1913 年 6 月 30 日，他在致罗素·塞奇夫人 ① 的信中写道：

> 我对您的教育事业尤为关注。因为我相信，只有通过教育，才能使普罗大众的生活标准提高到健康、卫生的水平。
>
> 能人与天才在一个社会阶层里出现的频次，与在另一个社会阶层里出现的频次相同，在劳工阶层的孩子里出现的频次，与在生活富足阶层的孩子里出现的频次相同。数个世纪以来，多数伟人出自安逸阶层，这一事实恰好证明了（受教育）机会的强大威力。

在第一次世界大战中，沃尔科特的一个儿子牺牲于空战，他极端爱国主义的一面，在对德国的愤恨中显露得极为突出。1918 年 12 月 11 日，他拒绝了普林斯顿大学校长的邀请，没有出席校方为阵亡学生举行的追思仪式（沃尔科特经常使用他那一代人对德国人的称谓——"德国鬼子"）。

> 我已回避了所有的追思集会和仪式，因为它们会激起我对"德国鬼子族群"及其同伙的深深恶感，使我在精神和道德上无法自持。我心生

---

① 罗素·塞奇夫人（Mrs. Russell Sage），应为因投资铁路暴富的美国著名金融家罗素·塞奇（1816—1906）的第二任妻子，慈善家玛格丽特·奥利维娅·斯洛克姆·塞奇（Margaret Olivia Slocum Sage，1828—1918）。——译者注

的这种恶感形成于他们侵入比利时之时，他们击沉"路西塔尼亚号"[1]以及在战争中犯下的累累罪行，使这种情绪变得更加强烈。自签订停战协定以来，已举行过多次活动，但到现在，它们仍不能使我释怀。

如存档所揭示的，沃尔科特最恶毒的怨恨，在 1920 年对杰出人类学家弗朗茨·博厄斯（Franz Boas）发起的非同寻常的迫害攻势中宣泄得淋漓尽致。博厄斯是出生于德国的犹太人，政治"左"倾，同情心向着德国，这些属性从方方面面激起沃尔科特的偏见。1919 年 12 月 12 日，博厄斯在《国家》杂志上发表了一篇题为《充当间谍的科学家》（*Scientists as Spies*）的短文章[2]，指控一些人类学家在战争中利用科学的豁免权，获取禁区和保密信息的访问权限，为美国搜集情报。他辩称，政客、商人或军人秘密搜集情报可以令人接受，因为其职业的日常即为口是心非，然而，这种欺诈行为对于科学的原则而言，是极其邪恶的，具有毁灭性。博厄斯的这封公开信在如今不会激起多少涟漪，大多数人可能会将之解读为一种近乎幼稚的行为，其本意不过是为科学理念疾呼。

但是，在第一次世界大战之后的美国，极端爱国主义的氛围强烈，反应必然不同。对于沃尔科特而言，博厄斯的公开信好比压死骆驼的最后一根稻草，是来自一贯不忠诚的祸害外国佬的致命一击。他声称，博厄斯是在直面谴责威尔逊总统撒谎，因为威尔逊说过："只有独裁政权才豢养间谍，民主政权不需要。"沃尔科特还将这封信解读为对美国科学界整体诚信的责难，因为一小撮从业者或许是"双重间谍"——获取知识，又获取情报。

沃尔科特以其夸大的解读为基础，发起声势浩大的运动，以求官方针对博厄斯作出正式的谴责声明，或许也希望将博厄斯逐出美国科学界。沃尔科特立即采取行动，断然取消了博厄斯在史密森尼的荣誉职位，然后，写信给自己位居高位的保守同行们，就如何惩罚博厄斯征求建议。例如他在 1920

---

① 路西塔尼亚号（Lusitania），英国著名远洋邮轮，始航于 1907 年，一度是世界上最大的客轮。于 1915 年 5 月 7 日被德军潜水艇击沉，致使 1198 人丧生。——译者注
② 《国家》（*The Nation*）杂志，美国著名政论周刊，创刊于 1865 年，至今仍在运营。博厄斯的这篇著名读者来信撰写于 1919 年 10 月 16 日，12 月 20 日见刊，作者在此的表述有误。——译者注

年 1 月 3 日致哥伦比亚大学校长尼古拉斯·默里·巴特勒（Nicholas Murray Butler）的信中写道：

> 博厄斯博士在史密森尼学会的有关职位，是兰利会长在 1901 年专门为他设立的，现已被取消。
>
> 博厄斯博士发表在《国家》杂志 12 月 20 日号上的文章中显露出某种品质，它让我觉得，抱有这种态度的人不适合与史密森尼有正式的关系。我宁可要百分之百的美国人。思想败坏的布尔什维克类型，无论是俄国人还是德国人，无论是犹太人与否，于公于私，我都觉得百无一用。我深知与德国的斗争已经结束，但有些因素可能会散布不信任的情绪，激化内部矛盾，并最终摧毁美国所代表的一切。与这些元素的战斗，才刚刚打响。

许多同行给予沃尔科特合理的建议，劝他冷静下来，只要能做到，风波很快就会烟消云散。也有人和他站在一起，一如麦卡锡的疯狂。哥伦比亚大学的迈克尔·普平 ① 希望如旧日一样（战斗），男人像个男人，团结到一起，共同铲除这等祸根。他写信给沃尔科特：

> 他（博厄斯）袒护德国，攻击美国，居然还被允许教育我们的后辈，享有国家科学院院士的荣誉。每念及此，就让我渴望回到旧日绝对主义的美好时光，随时有办法清除像弗朗茨·博厄斯那样的祸害。（1920 年 1 月 12 日信）

沃尔科特打心底里赞同这一看法："感谢您 1 月 12 日的来信。您对博厄斯一事的总结相当有力度，我十分满意。"

---

① 迈克尔·普平，即马哈洛·艾德沃斯基·普平（Mihajlo Idvorski Pupin，1858—1935），美国物理学家、化学家、发明家，是沃尔科特兼任主席的美国国家航空咨询委员会的创立成员之一。他出生于奥地利帝国，塞尔维亚族，第一次世界大战之前曾被塞尔维亚王国任命为荣誉驻美公使，第一次世界大战后，曾在巴黎和会上为南斯拉夫争取到更多版图。——译者注

沃尔科特在华盛顿人类学学会（Anthropological Society of Washington）率先发起一项申斥博厄斯的提议，并在 1919 年 12 月 26 日获得通过，只有一人投反对票。四天之后，美国人类学学会（American Anthropological Association）在马萨诸塞州（波士顿）剑桥举行会议，以 21 票赞成 10 票反对的投票结果，通过了谴责博厄斯的决议，并把反对者打上"博厄斯团伙"的标签。这项决议开出一服如下引述的有趣药方，以为可解博厄斯攻击真实民主之毒。

> 以美国主义的名义抗击非美国主义，（决议）进一步尊重地请求，对于博厄斯博士，以及在决议中投反对票——支持其不忠诚行为的十名美国人类学学会会员，应禁止其参与任何事关效忠美国政府的工作。

那是一个极端爱国主义的时代，但每个时代都有每个时代的极端主义者，以及那个时代的精神守护者。

沃尔科特对于生命史和进化的一般立场

沃尔科特自视为达尔文的追随者。这一忠诚的表态，依大多数现代解读，应暗示着他强烈认同进化路径上充满着变数和机遇，并深信生命的故事有关对局部环境不断变化的适应，而非总体的"进步"。但达尔文是个复杂的人，其大名的标签可以贴到数种不同的生命观上。这些生命观，有些是相互矛盾的，而且，自达尔文的世纪到现在，关注点也发生了变化。

生命并不意味着全无自相矛盾或模棱两可。学者常错误地以为，对伟大的思想家进行解读必能得出自洽的结果。但伟大的科学家可能一生挣扎于某些问题，却从未找到答案。他们或许为相互冲突的诠释所吸引，并同时屈服于双方。他们的挣扎不一定能得出自洽的结论。

达尔文内心长期为是否认同"进步"而斗争。他发现自己限于困境，不能自拔。他知道，自己在有关进化机制的基本理论——自然选择的论述中，并未言及"进步"。自然选择只能解释生物如何随着时间的推移逐渐适应，以应对所处局部环境的不断变化——按达尔文的话说，就是"兼变传衍"（descent with modification）。达尔文认为这种"否定整体进步但接受局部调

269

整"的观点是自己理论里最激进的部分。他在 1872 年 12 月 4 日致美国古生物学家（也是我的办公室曾经的主人）阿尔菲厄斯·海厄特[1] 的信中写道："经过长期的思考，我不可避免地肯定，逐渐进步的必然趋势并不存在。"

达尔文身处英国帝国扩张和工业辉煌达到顶峰的维多利亚时代，他是那个时代的批评者，但也是其受益者。"进步"的字眼在他所处的文化和日常生活中无处不在。它体现了时代的主流，而且吸引人，达尔文无法拒绝这种说法。因此，纠结于常规的舒心观点与"变化是局部调整"的激进观点之间，达尔文也表达出接受"进步"的意愿，并将其视作生命史的主题之一。他写道："世界历史上每个时期的生物，都在为求生存的竞争中击败了之前时期的生物。在某种程度上，它们在自然中的等级更高。这或许可以解释许多古生物学家尚未成形且定义不明的看法——作为一个整体，生物进步了。"（Darwin，1859，345 页）

在这些显然矛盾的立场之间，或许可以找到调和的余地，使其勉强自圆其说。因为，我们可以辩称，存在其他的基本因果过程，随时可以发生，会产生次要的后果。而达尔文眼中的进步，就是这些次要后果不断累积形成的产物。（局部调整的途径之一，是解剖学结构的改进。若由此能产生更优的整体构型，就能使生物在地质年代中存在的时期更长，进步或许就能通过这条间接路径实现。）面对达尔文的冲突观点，批评家们通常会给出这种存在问题的调和说辞。我自己也是如此，但我认为，更体面的处理，在于简单地承认，矛盾是实际存在的。进步的概念实在太庞大、太令人费解、太强势，不适合作为一个清晰明了的结论。依循理论的逻辑，结论往一个方向发展，而受社会先入之见的影响，则向着另一个方向。达尔文两边都想固守，因此，他从未走出这一两难的境地，无法使自己的言论自洽。

达尔文成为科学的一大圣人，一代宗师，到现在已经有一个多世纪。既然上述两种观点都出自其真诚的思考，对于后辈而言，只要达尔文思想的哪一方面与他们希望拥护的事实或改革协调一致，他们便倾向于接受哪一方面。我们所处的时代离在广岛展示的"进步"不是那么遥远，工业与武器带来的

---

[1] 阿尔菲厄斯·海厄特（Alpheus Hyatt，1838—1902），美国动物学家、古生物学家，师从沃尔科特的事业指路人及本书作者工作单位的创立人路易斯·阿加西斯，但也是新拉马克主义（Neo-Lamarckism）的拥护者。——译者注

灾难使我们深陷其中。因此，我们倾向于接受达尔文"变化是局部调整，进步是社会幻想"的观点，以求安慰。然而，在沃尔科特的时代，尤其对于一个十分成功并带有传统倾向的人而言，达尔文固守的"进步为生命之出路"观点应是进化论者的中心信条。沃尔科特以达尔文主义者自居，他表达出的强烈信念即是这种信条的体现。他坚信，自然选择确保占优势的生物得以生存，并保证生命沿着意识可预见产生的道路不断进步。

沃尔科特的文字很少言及对生命历史的一般看法，或者说——"哲学"态度。要解开他紧握伯吉斯"鞋拔"的谜团，从他发表的著作中，我们找不出所需的明确线索。幸运的是，他的存档再次提供了重要的文件。沃尔科特注重隐私，习惯待在幕后，但那是个没有碎纸机和越洋直拨电话的世界，而他事无巨细，把什么都记了下来。

他一直强调生命历史的进步性和计划性，在这些文件中，我发现有两件特别能揭示这些主张。第一件是一篇附注繁多的打字稿。它是为一次科普讲座准备的，讲座的题目是"寻找生命的最初形式"，时间显然在1892—1894年间 [1]。沃尔科特告诉他的听众，达尔文已经给出解读生命历史的钥匙，那就是"某种有序的进步"。

> 如果能获得（生命历史中的）所有记录，我们会发现，在地球上自生命之初形成的所有生物之间，存在着如此紧密的联系，从最低级到最高级，可以形成一条完美的生命之链。

接着，沃尔科特对古生物学揭示的次序进行了具体说明。下面这段文字体现出他"拔鞋式"先入之见的关键。

> 早期的统治者是头足纲（Cephalopoda）动物。后来，是甲壳类站到

---

[1]　沃尔科特在这篇讲稿上所具的头衔是"来自地质调查局、国家博物馆古生代化石部名誉负责人"。他从1892年起担任这个名誉负责人职位，一直到1907年接受任命成为史密森尼学会会长为止。我认为，在举行讲座时，他尚未被任命为调查局局长，否则，在所具的头衔中会有所体现。既然他在1894年成为局长，讲座的日期因而一定在1892年到1894年之间。——作者注

前台。然后，可能是鱼类占据了主导地位，但它们被蜥蜴类（Saurian）迅速取代。这些陆生和海洋爬行动物盛极一时，直到哺乳动物出现。从此，无疑进入一个争夺霸权的时期，直到人被创造出来。然后，发明的时代到来，开始是燧石和骨器、弓箭与鱼钩，接着是矛盾、刀剑和枪炮、火柴、铁路、电报。

这段话寥寥数字便汇集了进步论者的全部信条，但我觉得其中有三个方面十分醒目。第一，在末行提到的通信和交通技术产生之前，推动进步的完全是武力。盛极一时的动物凭借的是力量和肌肉，人类凭借的是更强大的战争工具。第二，沃尔科特所言的进步，无论是生物的，还是社会的，都是那么连续平稳，甚至两者之间也没有间隔。我们沿着生物的等级阶梯不间断地往上攀爬，并直接转入人类技术的线性提升阶段。第三，沃尔科特对进步基于征服和取代的观点如此坚持，以至于没能发现自己举例阐述的不准确之处。他的链条并非如他暗示的那样，是在永恒的战场上基于（表述为武器的）解剖学结构优势的不断取代过程。爬行动物没有取代鱼类，它代表鱼类的一个类群在全然不同的陆地环境里发生的奇异改变。在海洋脊椎动物中，鱼类的主导地位从未被取代过。但沃尔科特将通过战斗实现进步的线性等级与分类学中罗列脊椎动物的惯用顺序相等同，他是如此肯定，进而忽视了这个根本性缺陷。

这一观点基于"取代通过征服实现"的原则，将生命看作一条单一的进步之链，从有机体构型的更替，平稳地延伸到人类技术的更新。这种观点怎么可能容得下我们对伯吉斯动物群的全新诠释？对于沃尔科特而言，伯吉斯（动物群）是那么久远，一定包括后代改进类群的简单前体，而且范畴局限。在这种生命观的影响下，"差异度登顶，随后彩票抽奖式抽灭"的现代主题不只是不能被接受，它简直是不可理解，甚至永远不能上升到作为可供参考选项的高度。对于沃尔科特而言，伯吉斯的生物必须简单，范畴必须局限，必须是祖先形式——换言之，必须是"鞋拔"概念的体现。沃尔科特的这一逻辑推断是他的先入之见使然，如果您对这一断论还有所怀疑的话，可以看看同一讲稿的另一段。其中，他明确地将过去所有的生物种类局限于几个主要谱系的范围之内，保证进步注定发生："几乎所有动物，无论是现存的，或是已灭绝的，都归属于几个主要类别或形态类型。"①

如果这一文件还不足以揭示沃尔科特对进步和伯吉斯"鞋拔"的需求，我们接着看第二件，它从道德和宗教等方面加以补充。其实，沃尔科特对进化路径的简单描述本身，便可作为他有"鞋拔"在手的确证，并将酝酿出"彩票抽奖式抽灭"想法的任何可能排除在外。不过，如果相信自然也是道德准则的体现，步伐稳重的进步和可预见的结果是伦理的基础，那么，内心对"鞋拔"的需求就会无限地放大。描述（description）的说服力已足够强大，而规范（prescription）的力量可以是压倒性的。沃尔科特在 1926 年 1 月 7 日致 R. B. 福斯迪克②的信中谈到进化中有序进步的道德价值：

　　一些年来，我觉得科学有劫持人类进化有序进步并导致灾难的危险，除非找到某种方法，使利他主义，或如有些人认为的心灵之性——发展到一个更高的程度。

第二件有关道德与"鞋拔"的文件，代表了沃尔科特对 20 世纪美国社会史上一段关键插曲的由衷回应。这一插曲是反进化论原教旨主义者的卫道，

①　这是一个注重隐私而专断的人罕有的一次公开演讲。在离开这个案例之前，我来摆出一个题外的观点。沃尔科特的写作，思路是清晰的，但缺乏活力。很多专业人员错误地以为，科学普及，尤其是有关自然的写作，必须抛弃直白明了的风格，转而采用辞藻华丽、激情四射的描述。华兹华斯或梭罗〔分别指英国著名诗人威廉·华兹华斯（William Wordsworth, 1770—1850）和美国作家亨利·戴维·梭罗（Henry David Thoreau, 1817—1862），两人皆以自然写作著称。——译者注〕级别的文学家游刃有余，但绝大部分博物学家不能胜任，无论他们对户外的感情有多么强烈。他们也不应尝试，以免无意中沦为拙劣的模仿。而且，受众无须此等助力——"聪明的门外汉"多的是，他们不需要特别照顾。自然的光辉会自然流露。不过，无论如何，带着些许尴尬，在这里，我向您呈现查尔斯·都利特·沃尔科特笔下的日落（科罗拉多）大峡谷之景：
　　西部的天空火红一片。疏落的云朵和波浪似的卷云，像是捕捉到战场的杀气，闪耀出橙黄和猩红的光彩。黄色的光束穿过彩云间的缝隙，平行地斜射下来，落在角楼和高塔之上，落在山顶的巅尖和伸出悬崖的岩架之上，照到处亮亮堂堂，恰到好处，色彩与西边云中的火红相似。最顶层是璀璨的黄色，接着往下，是淡蔷薇色，但广阔的山体本身是亮丽的深红色。现在，高潮来了——阳光倾泻到无垠的亮红表面上，接着被反射到峡谷深处，与蓝色的雾霭混在一起，调上尊贵的色调，好似一片紫色的海洋。无论地域多么广袤，形态有多么宏伟，点缀显得多么华贵，是这些壮丽的色彩，让大峡谷至高无上的荣光显现出来。——作者注
②　R. B. 福斯迪克（R. B. Fosdick），应为雷蒙德·布莱恩·福斯迪克（Raymond Blaine Fosdick, 1883—1972），国际联盟（League of Nations）第一任副秘书长，与威尔逊总统相熟，曾长期担任洛克菲勒基金会会长，并推动洛克菲勒家族向国联及联合国捐赠。——译者注

在 1925 年"斯科普斯审判"[①]时达到了顶峰。威廉·詹宁斯·布赖恩是美国最伟大的演说家，三次败北的总统候选人（详见 Gould，1987c），虽年事已高，仍宝刀不老。在他的领导下，圣经直解论者说服数州，立法禁止在公立学校讲授进化论。

科学家在过去和现在抱有的基本态度，以及最终于 1987 年为我们在最高法院争得胜利[②]的辩述，都认为科学和宗教的传播同等合法，但不可共处一室。这种"分开主义"宣称，将自然机理和现象交给科学家，将伦理的定夺基础交给神学家和人本主义者。用过去的简短诙谐语说，就好比"岩石年龄"（the age of rocks）对"万古磐石"（the rock of ages），或者"天堂如何运转"（how heaven goes）对"如何去天堂"（how to go to heaven）。[③]为了能自由地探究自然的每条路径，科学家抵制住诱惑，没有将世界的物理存在作为道德推断和评判的基础——这一做法再好不过，因为自然事实无论何时都不体现道德主张。

在沃尔科特看来，这种"分开主义"的观点极其可憎。他渴望直接从自然中找到道德的答案——他想要的那种可以证明自己对生命和社会的保守看法的答案。他希望将科学与宗教合为一体，而不是双方达成"一刀切开，各据一方"的共识。实际上，他对"分开主义"的论述有所微词。他对这种论

---

① 斯科普斯审判（Scopes Trials）即著名的"猴子审判"。1925 年，美国田纳西州颁布巴特勒法（Butler Act），禁止公立学校讲授《圣经》以外的人类起源学说。同年，该州代顿（Dayton）的高中代课老师约翰·托马斯·斯科普斯（John Thomas Scopes，1900—1970）因讲授进化论，故意以身试法，自愿成为被告。威廉·詹宁斯·布赖恩（William Jennings Bryan，1860—1925）为公诉律师，被告辩护律师为无神论者克拉伦斯·苏厄德·达罗（Clarence Seward Darrow，1857—1938），是当时的著名律师。审判轰动一时，庭审历时八天，数位科学家与包括公诉律师在内的宗教专家出庭做证，是围绕科学与宗教教义展开的公开辩论。陪审团最终裁判被告有罪，经上诉，一年后判决被推翻。圣经直解论（Biblical literalism），即严格按《圣经》叙述的字面义理解的思想。——译者注

② 路易斯安那州有立法，要求讲授进化论的公立学校必须也要讲授神创论。美国最高法院于 1987 年判定该法律违宪。——译者注

③ "万古磐石"（the rock of ages），18 世纪英国基督教赞美诗名。作者奥古斯塔斯·蒙塔古·托普雷迪（Augustus Montague Toplady，1740-1778）是英国圣公会著名传教士，创作源于他一次在石缝躲雨的经历。"万古磐石"是他躲雨的石头，位于英国西南部萨默塞特郡（Somerset）的巴灵顿谷（Burrington Combe），在诗歌中与《圣经》典故里"击打磐石出水"的何烈山之石〔《出埃及记》（17:6）〕与"耶稣之死"中长矛刺入耶稣身体水血涌出〔《约翰福音》（19:34）〕联系起来。关于"天堂如何运转"（how heaven goes）和"如何去天堂"（how to go to heaven）的议题，来自伽利略的《关于托勒密和哥白尼两大世界体系的对话》（*Dialogo sopra i due massimi sistemi del mondo*），也是伽利略被教廷审判的一大原因。——译者注

调加以指责，认为它让人们怀疑科学的真实意图是将宗教完全除掉（而让宗教不染指自然不过是出于实际的权宜之计），从而助长了布赖恩反智的气焰。由此，沃尔科特决定向布赖恩及其同伙宣战。他发表了一篇声明，有关科学与宗教的联系——尤其是在进化演变的路径中有上帝亲力亲为的林林总总。同署声援的人和他一样，都是受人尊敬的保守主义者。在游说朋友同署签名的信中，他写道：

> 不幸的是，科学界和宗教界里一些极端分子的行动，已经让具有像威廉·詹宁斯·布赖恩那般思想的人看到，教授进化论的事实正对宗教构成极大的威胁。
>
> 现有一篇有关科学和宗教的关系的声明，为求获得更多宣传，我已向众多保守派科学家和神职人员发出署名的请求。

这一声明发表于 1923 年，距离斯科普斯审判尚有两年时间。沃尔科特是第一署名人，同署人包括赫伯特·胡佛，以及像亨利·费尔费尔德·奥斯本、埃德温·格兰特·康克林、R. A. 密立根[①]和迈克尔·普平那样的学科带头人。声明的意见认为："在最近的争议中，有将科学与宗教的关系刻画为不可调和、思想对立的倾向……（然而，）两者是互为补充的关系，并非要取代或反对对方。"

沃尔科特的声明接着辩述，大多数美国人将宗教真理视作个人内心安宁与社会结构构成的基础，要平息原教旨主义者的攻击，只能通过展示科学和宗教真理可以合二为一来实现。（他认为的）这种合二为一的主要证据，在于生命历史具有有序、可预见、逐渐进步的特点——因为进化的路径即展现了上帝对众生的仁慈和关爱。在"自然选择导致进步"的原则下，进化便代表了上帝通过自然展现自己的方式。

---

① 埃德温·格兰特·康克林（Edwin Grant Conklin，1863—1952），美国动物学家，曾任美国博物学家学会会长、美国科学促进会会长，当时任教于普林斯顿大学。R. A. 密立根，即罗伯特·安德鲁斯·密立根（Robert Andrews Millikan，1868—1953），美国著名物理学家，因测定基本电荷与光电效应，于 1923 年获得诺贝尔物理学奖，时任加州理工学院执委会主席，履行院长职务。——译者注

这是上帝的一个宏伟构想，它由科学来完成。在将地球建造成人类安身之所的时代，在不断赋予肉体以生命，并在具有心灵之性和类似我主之能的人类出现时达到顶峰的时代——当它代表他，在无数时代里展现其存在之时，它与宗教的最高理想完全一致。

在这关键的一段话里，"鞋拔"变成了上帝的工具。如果生命历史所展现的，是直接来自上帝的仁慈，使得一切井然有序地朝着人类意识的产生行进，那么，存在着上10万种可能情形（且没有几种会产生有自我意识的智能物种）的"彩票抽奖式抽灭"，就根本不可能成为诠释化石记录的选项。（那么，）伯吉斯页岩的生物必须是未来有改进后代的原始祖先类型。伯吉斯"鞋拔"不只是舒心的惯常生物观的基石，它还是一件道德武器，几乎是上帝的旨意。

伯吉斯"鞋拔"与沃尔科特对寒武纪生命大爆发的纠结

即便在发现伯吉斯页岩之前，沃尔科特从未碰到过一块寒武系的岩石，他的人格以及对进化的一般态度也会让他形成"鞋拔"式的成见。但是，除了前述两个方面以外，沃尔科特还有一些十分特殊的原因。这些原因基于他一生对寒武纪研究的执着，特别是对寒武纪生命大爆发之谜的痴迷。

我用本书整整第一章揭示图说对概念的影响，在其中展示了两类基本图像——"进步的阶梯"和"多样性不断丰富的圆锥"，分析它们如何迎合人类的希望，并以之为基石，形成对生命的一般性观念；如何强迫地将伯吉斯动物诠释为原始的前体。在本节的前两个小节，我向您展示了沃尔科特的人格及其对进化的一般态度，引出了阶梯。（本小节将展示）他关于寒武纪更特殊的辩述，则基于圆锥。

将进化树作为系统发生的标准图说，是德国形态学家恩斯特·海克尔在19世纪60年代提出的。（也曾有其他人借用植物的形态，绘制过抽象的分枝图，作为展示生物间相互关系的一般向导。达尔文也不例外，他的《物种起源》中就有一张类似的图绘。但海克尔创建这类图说，是为了展现进化关系。他绘制过很多可见树皮纹路和扭曲分枝的树状图，图中每个小枝都对应一类真实存在的生物。）对于以英语为母语的人而言，海克尔的名字不像托马斯·亨利·赫胥黎那样为人熟知，但他的确是最坚定、最有影响力的进化论推广者。在沃尔科特学习和教授古生物学的年代里，那些树状图是常见的教学材料，以张扬的方式处心积虑地体现出"阶梯"和"圆锥"的主题。

首先，海克尔所有树状图的分枝表现为向上、向外的不断扩展，形成一个圆锥。（海克尔有时允许次级圆锥的外围分枝在顶部向内收拢，留出足够的空间，以便容纳所有的类群——但值得留意的是，他在每次采用这种手段时，都是那么处心积虑地使绘图给受众一种向上、向外的总体印象。）海克尔对类群的排列方式强化了"位置越低越原始"的严重误解，因而将"圆锥"和"阶梯"这两个中心主题合二为一。

举个例子，下面来看看海克尔如何看待脊椎动物的系统发生〔见图4.4。文中所有由海克尔绘制的示图选自其1866年出版的著作《普通形态学》（*Generelle Morphologie*）〕。图中的树整体向外、向上分枝，形成两部分，上部的多样性要丰富很多。下部容纳的是鱼类和两栖动物，显然赋予了较为局限的扩展性和原始的属性；而上部容纳的是爬行动物、鸟类和哺乳动物，意味着更丰富、更高级。然而，无论鱼类和两栖动物起源于何时，它们至今依然存在——鱼类仍是迄今种类和形态类型最为丰富的脊椎动物。海克尔的哺乳动物进化树状图（图4.5）显然将生物在图中所处的较上位置与高级混为一谈。当小枝末梢全权代表其所属类群的进步水平时，相关的多样性就可能会被曲解。偶蹄目动物（牛、羊、鹿、长颈鹿及其近缘种类）多样性十分丰富、形态学特征高度特化，但全拥挤在树的下部；相反，灵长类是个规模相对较小的类群，却占据了上部近一半的空间，且位于文化上更受青睐的右方；而哺乳动物中多样性最丰富的类群——啮齿动物，则被挤压在泡泡大小的空间里，夹在上下两部分之间，上下难辨。那是因为，顶部没有空间让它得见天日，那儿已被海克尔最喜欢的两个类群——肉食类（代表勇猛）和灵长类（代表机智）占满。

其次，棘皮动物的硬体结构保存完好，在海克尔的时代，它们已得到充分的研究。实际上，它们的故事与伯吉斯页岩相同——差异度早早达到最高，随后遭受抽灭。因此，棘皮动物可以作为检验树状图说体现是否得当的一个

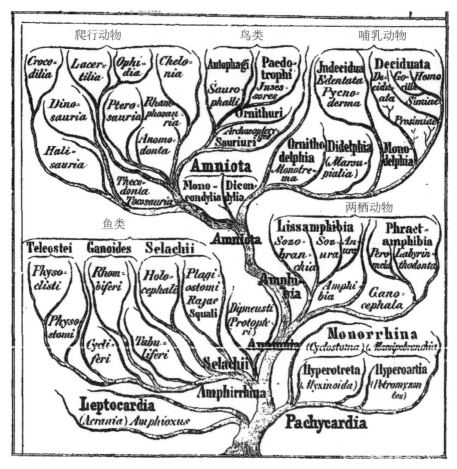

图 4.4　海克尔的脊椎动物进化树状图（Haeckel，1866）。鱼类的差异度实际上比其他脊椎动物加起来还高，但这幅错误的图说以"多样性不断丰富的圆锥"的原则为基础，使得这一类群局限于下部的分枝，且幅度随着向上的方向不断增加。（图中中文为正文中提及的类群。——译者注）

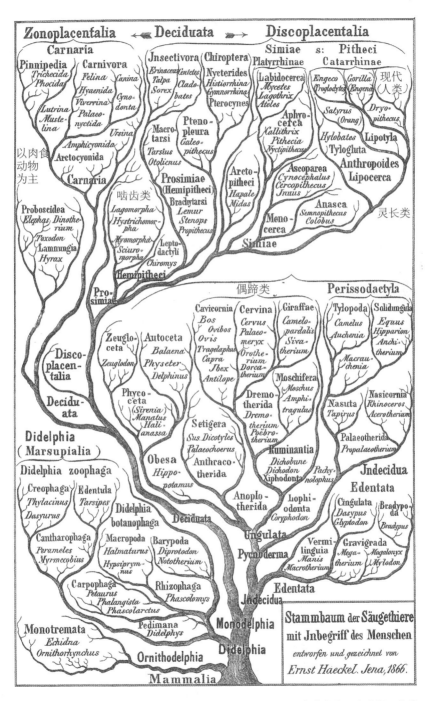

图 4.5　海克尔的哺乳动物进化树状图（Haeckel，1866）。（图中中文为正文中提及的类群。——译者注）

案例。如图所示，在地质年代早期，主干即已分出众多主要枝条（图4.6），可见海克尔已认识到差异度在早期即已达到最高。然而，"圆锥"的信条规定，树状图必须向上越展越开。所以，这些早期类群位于下部，空间遭到挤压，狭小得无关紧要。剧烈的抽灭结束后，在树的现代部分，几乎所有的多样性都体现在两个构型严格局限的类群——海星和海胆上。不过，海克尔这幅图说给人的印象，仍是（多样性的）规模不断扩增。

最后，来看看海克尔的环节动物和节肢动物进化树状图（图4.7）。我们重新诠释的所有伯吉斯动物，都被沃尔科特置于这个框架当中。这幅图中的树以最大限度显现出向上和向外的趋势，沃尔科特将所有伯吉斯节肢动物置于其中位于下部的两个相邻分枝：一个是海克尔的Poecilopoda（与鲎及板足鲎一类），容纳西德尼虫及相关类群；一个是鳃足动物－三叶虫分枝，容纳几乎所有的其他构型。

绘制伯吉斯生物系统发生图并将之发表，沃尔科特仅尝试过一回。那是三幅树状表图，全都依循（海克尔）图说的所有常规，见于沃尔科特关于伯吉斯节肢动物的主要论文（Walcott，1912）。它们在论文中的出现顺序，也充分说明了图说的思想局限性。第一幅（图4.8）的描述十分简单，是以系统发生为背景的"地层分布"图。即使在这种图里，"圆锥"和"阶梯"的传统仍一道将伯吉斯生物的全体差异度局限于少数几个被接受的主要类群之中。由五属"类肢口类"组成的一组动物挤在一条线上，形成一个"阶梯"。它们在线上排列的先后顺序（从下往上）为哈贝尔虫、臼齿山虫、翡翠湖虫、阿米虫（Amiella）、西德尼虫，以板足鲎及鲎祖先的形式呈现。这些属生于同一时期，而沃尔科特要让它们给人一种依时序演替的印象。

根据"圆锥"的原则，其他属类全部被强行归入两大类群——鳃足类及三叶虫－肢口类谱系。这些属类的动物（只是）生于同一时期，但沃尔科特用两条垂直的（点）线为整幅图镶了侧边，暗示后来的差异度（／多样性）与伯吉斯时代的规模相当——尽管没有直接证据支持这一假定。值得特别注意的是，左边界线不与任何生物相对应——这条线只是一个附加的图示手段，好让圆锥的形状一目了然。若没有这条线，就可能意味着差异度在伯吉斯达到最高，随后显著降低。永远不要怀疑一个像这样貌似无足轻重的

图 4.6　海克尔绘制的棘皮动物进化树状图（Haeckel，1866），符合"多样性不断丰富的圆锥"的原则。这一类型显现出的，实际上是"差异度早早达到最高，随后遭受抽灭"的伯吉斯模式，但海克尔的图说给人的印象，仍是多样性不断丰富，规模不断扩增。（图中中文为正文中提及的类群。——译者注）

细微举动！可以说，这垂直一划，即优雅地概括了我在本书里试图要讲的话——加上的这一笔，代表的是对生命的一种哲学看法，而非对生物的实际记录。

　　沃尔科特在图中采用的另一手段也没有数据作为支撑，只是用来支持传统的诠释。他将伯吉斯属类的起源划入前寒武纪时期（末）的一个间隔期，

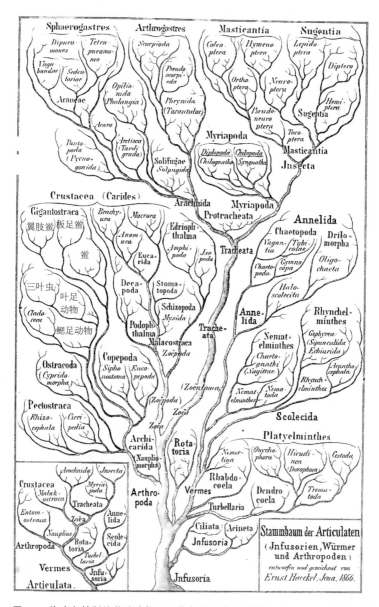

图 4.7　海克尔绘制的节肢动物及近缘类群的进化树状图（Haeckel，1866），再一次符合"多样性不断丰富的圆锥"的原则。（图中中文为正文中提及的类群。——译者注）

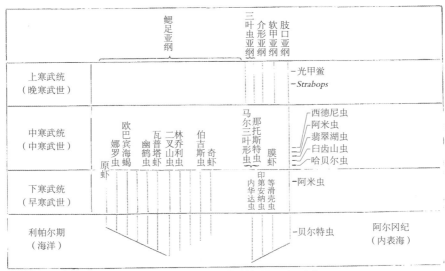

甲壳纲五亚纲初期代表性属类的地层分布

图 4.8　沃尔科特展示伯吉斯节肢动物系统发生的第一幅表图（Walcott，1912，156 页）。沃尔科特凭猜测绘制出数条辅助（点）线，它们回溯到他假定的利帕尔间隔期，朝着共同祖先的方向汇聚。由此，他的数据被加上"圆锥"和"阶梯"的特征。此外，他还将伯吉斯差异度本身的爆增程度弱化至最低，具体表现为：将实为同时期的五类动物排成一列（最右），呈现出明显的先后顺序；在最左虚拟一条边界线，暗示差异度（/多样性）在伯吉斯时代之后保持不变，然而并无依据。〔内表海（epicontinental sea），即海平面下降或地壳隆起而形成的内海。阿尔冈纪（Algonkian），指前寒武纪时期的一个阶段（Walcott，1912，4 页）。——译者注〕

并将之称为利帕尔期（Lipalian），生命在其间的起源也是有先有后。他用两条斜线将这些不同的源头连接起来，直指整棵生命之树在前寒武纪时期的远古祖先。这一手段使这一树状图有了根，并将其设定在差异度局限的早期。但是，伯吉斯节肢动物的这种进化顺序是否存在？沃尔科特根本没有证据，而且，直到现在，我们也没有。

　　沃尔科特的第二幅图（图 4.9）以更醒目的方式展现出"圆锥"的巨大威力。沃尔科特声称，伯吉斯节肢动物中可明确识别的谱系有五个——一个属于已灭绝的三叶虫类，其他四个分属如今生活在水中的优势类群。他又一次采用上述两种手段，将差异度较高的伯吉斯类群挤到"圆锥"细狭的一端。首先，他让五个谱系看似往底部的方向集聚（其中四个不明显，可能是因为他觉得，全无证据支持便下此论断，有些难为情，所以放不开；但对于肢口类一系，这一处理就显得大张旗鼓，线条曲弯呈明显的角度，因为他有一些证据可以引述——在下文即可见到）。其次，他将所有这些来自同一时期的化石分置于诸分枝垂直方向的不同位置。这一举动暗示，它们所代表的，是多样性随时间推移的逐渐丰富。在肢口类的分枝上，他依次罗列了八个属类（其中五个仅生活在伯吉斯页岩的时代），在肢口类和甲壳类之间生造出一丝假定的联系："有诸如哈贝尔虫、臼齿山虫、翡翠湖虫等属构型的存在，鳃足亚纲与以西德尼虫和后来板足鲎为代表的肢口亚纲之间的缺口，即得以弥合。"（Walcott，1912，163 页）最后一幅，如图 4.10 所示，可见沃尔科特对伯吉斯节肢动物系统发生理论性最强的最终看法。甚至是更大的类群，也被排列到垂直的分枝线上。对整棵树回溯，可汇集到以鳃足类为祖先的根部。

这些系统发生图，把沃尔科特对伯吉斯节肢动物的诠释和之前 30 多年研究生涯的焦点——寒武系地层研究及寒武纪生命大爆发难题——联系到一起。沃尔科特为什么会不可避免地以"鞋拔"为手段诠释伯吉斯化石？将伯吉斯和沃尔科特对寒武纪生命大爆发的看法联系起来，便可得到这个问题更具针对性的最终解释。

简而言之，沃尔科特将伯吉斯节肢动物看作五个主要谱系的成员，在寒武纪早期即已稳定，并具备一定规模。但如果生命在那时就已在现代谱系的框架中分化得如此之好，那么，根据化石证据的记录，这五个谱系一定在寒武纪大爆发开始之时就已经存在——因为，进化是个缓慢渐变的过程，不属于多样性忽然跃升、疯狂爆发的概念范畴。进一步说，如果这五个谱系在寒武纪之初即各为分化如此之好的类群，那么，其共同祖先必出现在遥远的前寒武纪时期。这样一来，寒武纪生命大爆发一定是因化石记录不完全而形成的假象。用达尔文的话说，前寒武纪晚期的海洋一定已然"生机勃勃"（Darwin，1859，307 页）。

如果是这样的话，在前寒武纪时期必然有丰富多样的生物存在。然而，我们缺乏证据。沃尔科特以为自己发现了缺乏的原因。换言之，他以为自己在达尔文的"正统"框架之内解开了寒武纪生命大爆发之谜。将伯吉斯节肢

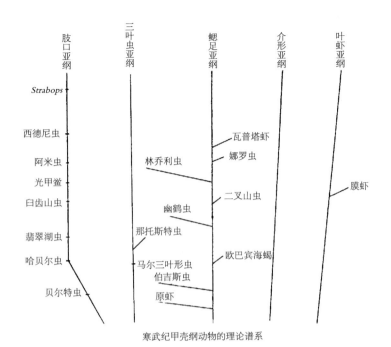

寒武纪甲壳纲动物的理论谱系

图 4.9 沃尔科特展示伯吉斯节肢动物系统发生的第二幅表图（Walcott，1912，161 页）。所有谱系又一次朝着一个假定共同祖先的方向汇集。在左侧和中间的线条上，一些同属一个时期的构型再一次以类似阶梯的次序排列。

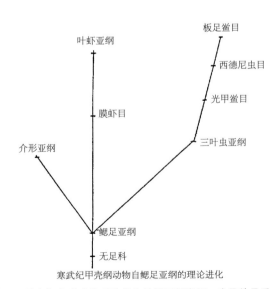

寒武纪甲壳纲动物自鳃足亚纲的理论进化

图 4.10 沃尔科特展示伯吉斯节肢动物系统发生的第三幅表图，也是他最后一次尝试（Walcott，1912，164 页）。在这幅图里，谱系汇集至一点。主要类群位于在三个分枝中的一个枝条，且由下至上，依次排列。

285

动物归入五个熟知的稳定类群，更是巩固了他的解决方案。

> 寒武纪甲壳动物群表明，五个主要支系或主干……存在于寒武纪之
> 初，而且，它们在利帕尔期已经出现，或者，在寒武纪之前海洋沉积的
> 时期就已出现，只是这些地点不在如今的大陆之上。（Walcott，1912，
> 160—161 页）[①]

我们必须牢记，寒武纪生命大爆发不是一个普通的谜题，因此，得到潜在答案不是小菜一碟，其难度与寻找圣杯[②]更为相似。如之前（在第二章里）已提及的，达尔文曾公开表达过自己的烦恼，"这个问题现在无法解释，或许还会被当作有力的论据，用来抨击此处提出的观点"（Darwin，1859，308 页）。

对于前寒武纪时期祖先证据的缺乏，有两种不同的解释：一个是"假象理论"（祖先的确存在，但化石记录没有得以保留），另一个是"快速过渡理论"（它们确实不存在，至少不存在能与后代轻易联系起来的复杂无脊椎动物。现代解剖学构型的进化形成实现得如此之迅速，已威胁到我们对演进变化步伐稳重的一贯看法）。有关两者的争论已持续了一个多世纪。

达尔文将从容渐变的进化与自然选择导致的改变混为一谈，他的这一特征鲜明（且错误）的举动使他随即拒绝了"快速过渡理论"。他坚持认为，任一复杂的寒武纪生物在前寒武纪时期必有一大批基本构型相同的祖先："令我无可怀疑的是，所有的志留纪（现在所说的寒武纪）三叶虫皆自某一种甲壳动物演变而来，而且它在志留纪（寒武纪）之前一定已存在过很长的时期。"（Darwin，1859，306 页）

因此，达尔文试图寻找一个令人信服的"假象理论"版本。最终，他提出，在前寒武纪时期，我们如今立足的陆地，可能是清澈的广阔海洋。在如此水域里，没有陆地间或出现，鲜有或不会有沉积物产生。所以，在前寒武

---

① 作者引述 "...of which no known part is present in on the existing continents" 有误，实为 "...of which no known part is present on the existing continents"。——译者注
② 圣杯（Holy Grail），即亚瑟王传说中的重要道具，常与《圣经》典故里耶稣在最后的晚餐上使用的圣杯（Holy Chalice）混为一谈。——译者注

纪晚期动物群存在的关键时期，当前的陆地没有得到任何的（生物）地层积累，而产生沉积物的浅水区域，如今藏于海洋深处，不可到达。我们现在可以见到的所有岩层，全都在当前的陆地之上。

沃尔科特一直坚守"假象理论"。它是他对寒武系地质学及寒武纪生命的整体态度的基石。他从未怀疑这样的观点——寒武纪生物之所以复杂多样，是因为它们在前寒武纪时期漫长的岁月里各有一大批构型相似的祖先。他在早期的一篇论文中写道："在小油栉虫（*Olenellus*）之前的海洋里，生命个体较大、类型多样。这一点，即使有可疑之处，疑点也不会有多大……这只是一个如何寻找、在何等有利条件下发现的问题。"按当时的定义，小油栉虫是最古老的寒武纪三叶虫。所以，"小油栉虫之前"意味着前寒武纪时期。在他后期的一篇论文中，有如下叙述："一些已知最早的构型在当时已处于成形的高级阶段，因此，几乎可以肯定，远在前寒武纪时期，它们就已存在了。"（Walcott，1916，249页）

沃尔科特还一直守护着"假象理论"的一个特别方面，然而，在伯吉斯涌现的新门类会对之有所危及。若使"假象理论"成立，就需要许多现代类群在前寒武纪时期有漫长的历史，但又不会留下相应的化石。这样一来，就只能通过后来有记录的生命历史的一些方面，来推测前寒武纪时期生命的存在。因此，沃尔科特从稳定性的概念入手，为"假象理论"寻求支持。如果在整个有记录的生命历史中，基本构型的数目未发生过改变，那么，这种稳定性必定在有记录的历史之前也存在。您想，一个在数亿年中如此稳定的系统，会产生于地质学尺度瞬间的一闪吗？持久的稳定性必然意味着，在遥远的前寒武纪时期的迷雾之中，深藏着一个共同祖先；后来类群的产生，是一个漫长而稳定的过程，而非如紧贴寒武纪边界之下，于新纪元起点，打了一个巨大的生命爆发之嗝。

到这里，我们便可以理解，为何沃尔科特采用伯吉斯"鞋拔"几乎是出于被迫。在伯吉斯之前，他耗费了（大多数时候感到沮丧的）30年，只为证明"假象理论"。鉴于此，他对这一新动物群的诠释，是作为一个地质学家，向达尔文致以的终极敬意。尽管在现在看来，伯吉斯生物的独一无二是显而易见的，但在当时，他不能如此定性。因为，如果确定有新的门类涌现，他最珍视的信念就会受到威胁。若进化能使 10 个新的门类在寒武纪迅速形成，而后又同等迅速地将其抹除，那么，对于幸存的寒武纪类群，该如何解释呢？为什么它们该有源远流长的尊贵前寒武纪时期血统？为什么它们就不能在寒武纪开始之前一刻起源，何况根据化石记录可以得出如此解读，而且符合"快速过渡理论"。如此论证，自然会敲响"假象理论"的丧钟。

如果他不如此定性，转而将所有的伯吉斯生物硬塞入现代类群，如同拔鞋一般，那么，就能为"假象理论"提供最强有力的可能支持。因为，将差异度如此缩减，可以提高现代类群在生命历史记录之初的代表比重，随着时光流逝，其主要构型的外在稳定性就能得到极大的提升。显然，沃尔科特全力以赴，满怀欣喜，选择了这一条道路。毁灭，还是巩固——面对这一抉择，能怎么选？

沃尔科特从地质学年代的两个方向探讨"假象理论"：一个是从寒武纪向前回溯，通过伯吉斯"鞋拔"实现；另一个是从前寒武纪时期往后的方向。教科书对某些历史的回顾典型地一反平常。通过这种方式，沃尔科特有关前寒武纪的辩词，反而成为其最持久的精神遗产。大多数教科书包含篇幅为 2～3 页的绪论部分，涉及学科的历史。这种形式既是传统，还几乎带有强制性。然而，它们是对学术的扭曲。对于过去的一些优秀思想家，它们只用一两行文字介绍其过失，而且通常解读失当。通过这种鄙视，它们想表明过去的那些人何等愚蠢，炫耀如今的我们变得何等有见识。查尔斯·都利特·沃尔科特是美国科学史上最有影响力的人物之一，然而，就此随便问一个地质学专业的学生，即便有肯定的回复，可能都类似——"哦，是的，生造出一个不存在的利帕尔间隔期来解释寒武纪生命大爆发的那个蠢蛋。"我第一次听说沃尔科特，就是在这种情况之下，远在知道伯吉斯页岩之前。历史可以开启心智，也可以让人觉得残酷。然而，回想上面有关伯吉斯和"假象理论"的讨论，我觉得，我们终于可以恰当地理解利帕尔间隔期的故事——认识到沃尔科特的这一提议尽管错得离谱，但在他抱有的一般理念范围之内，确实是一个合理的推论。

"假象理论"是沃尔科特所持科学理念的中心。他对伯吉斯动物群的结论支持这一理论，但他需要从前寒武纪时期入手论证，找到更为直接的原因。

前寒武纪时期的动物都到哪儿去了？曾有过一些见解，例如广泛存在的变质作用（在热力和压力的作用下，岩石的性质发生变化）使所有前寒武纪时期的化石荡然无存；又如，前寒武纪时期的生物没有可以形成化石的硬体结构。沃尔科特否定了变质作用理论，因为他发现过许多未发生改变的前寒武系地层。对于硬体结构理论，他认为或许没错，但不能解释整个现象。

究其根本，沃尔科特是个精于寒武系岩石，有过野外实地工作经历的地质学家，有着所有野外工作人员都有的癖性。随着对寒武纪生命大爆发难题的兴趣不断浓厚，他的应对方式也显而易见——从前寒武纪时期最末形成的地层中搜寻寒武纪化石渺无影踪的祖先。为此，他在美国西部、（发现伯吉斯的）加拿大落基山脉、中国工作了很多年，但并未发现前寒武纪时期的化石。因此，他试图重构前寒武纪晚期的地球地质及地形历史，使之能解释那令人沮丧的证据缺失情形。

沃尔科特最终得出与达尔文的猜测相反的结论，但大体上又是一致的——存在含有大量前寒武纪时期化石的岩层，只是难以到达而已。达尔文曾提出，前寒武纪时期的海洋广阔无边，没有就近的大陆作为沉积物的来源。沃尔科特辩称，前寒武纪晚期是一个地壳隆起的造山时代，大陆远比如今辽阔。既然如沃尔科特和其他人所言，生命在海洋中进化，彼时尚未在陆地或淡水中定殖，那么，在前寒武纪时期的那些辽阔大陆上，虽然有如今我们可以达到的区域，但不可能发生海洋沉积。（沃尔科特所言的时代远在大陆漂移理论被接受之前，他从未对大陆方位永久不变产生过疑问。所以，他辩称，如今可以进行地质学观察的区域，在前寒武纪时期，是更辽阔大陆的中心。前寒武纪晚期的沉积物或许就在位于大海中数英里之下的深处，可是还没有现成的技术，能让此等潜在珍宝重见天日，甚至只是零星取样。）

声名狼藉的"利帕尔间隔期"，即为沃尔科特对前寒武纪时期未发生沉积的阶段的称谓。沃尔科特提出，在可追溯的海洋沉积历史中，存在一个全球性的空白期，而这个间隔正好是现代类群在前寒武纪时期的祖先生活的关键时期。1910 年 8 月 18 日，在斯德哥尔摩召开的第十一届国际地质学大会上，他发表了一次著名的演说。在其中，他讲道：

在过去18年里，我一直留意有助于解决前寒武纪时期生命难题的地质学和古生物学证据，并研究了一系列寒武纪及前寒武纪时期的地层。这些地层有的来自北美东部——从（南）亚拉巴马到（北）拉布拉多（Labrador），有的来自北美西部——从（南）内华达、加利福尼亚远至（北）艾伯塔、不列颠哥伦比亚，还有来自中国的。我试图从中寻找生命的证据。渐渐地，我不得不得出这样一个结论——在北美大陆上，我们没有发现包含有机残迹的前寒武纪时期海洋沉积物；寒武纪动物群的突然出现是地质环境造成的，与生物环境不成因果关系……简而言之，我的想法是，阿尔冈纪（Algonkian）（前寒武纪晚期）……是一个大陆隆起的时期，陆相沉积主要发生在非海洋水体，同时，也是一个在广泛的区域内以大气和溪流为介质沉积的时期。（Walcott，1910，2—4页）

他还补充道：

在此提出利帕尔期，指代未知的海洋沉积时期……早寒武世动物群的（貌似）突然出现……可以解释为，在我们当前的陆地附近没有（利帕尔期的）沉积，因此，也就没有利帕尔期的动物群（被发现）。（Walcott，1910，4页）

沃尔科特的解释或许听起来有些牵强，目的性太强。但它实为挫折的产物，而非出于发现的喜悦。然而，不存在的利帕尔期并不像我们的教科书上通常展示的那样——是傻瓜的论埋。它是在令人焦虑的进退两难之下，对地质学证据进行综合的可信结果。若沃尔科特被拍砖是"罪有应得"，请把板砖对准他因为坚持自己偏爱的思考方向——"假象理论"，而没有考虑其他选择的举动；另要对准他那被古老的渐变论偏见左右的错误假定——认为进化就意味着任何复杂生物都有一长串连续的祖先。即便在现有的地质学信息背景下，利帕尔期假说有一定的道理，其有效性仍取决于科学家可采用论据中最不可靠的一种——证据缺失（negative evidence）。这一点，沃尔科特很清楚，他承认："我完全清楚，上述结论主要基于阿尔冈纪地层中海洋动物群的缺

失。"（Walcott，1910，6 页）

而且，就如证据缺失的案例常会出现转机，地球终于有了回应，地质学家发现了大量的前寒武纪晚期海洋沉积物，但仍不见复杂无脊椎动物的化石。利帕尔间隔期最终被扔进了历史的垃圾堆。

像沃尔科特那般紧握伯吉斯"鞋拔"的现象，科学家有一个偏爱的术语，那就是超定（overdetermined），这是由多方面因素决定的。"差异度达到最高，后来遭受（或许是彩票抽奖式的）抽灭"的现代概念在沃尔科特那里从未有过一丝产生的机会。因为，在来自经历和思想的诸多元素的共同作用下，他必然会接受与之相反的"鞋拔"观念。这些元素中，任意一种的作用可能已经足够。合在一起，便对其他选择构成压倒性的优势，"超定"了沃尔科特如何诠释他最伟大的发现。

我们了解到：首先，在思想和行动上，沃尔科特是个"顽固传统主义者"，这种人格不会使他对人生任何层面的非传统解释垂青。其次，他对生命历史和进化的一般态度，是生命沿着可预见的路径稳步发展，其路径如同进步的阶梯和多样性不断丰富的圆锥。这种发展模式还含有道德意义，是上帝意图的展现——生命在经历了向上奋斗的漫长历史之后，将由上帝注入意识。再次，寒武纪生命大爆发之谜是沃尔科特在整个研究生涯关注的关键问题，他采用的针对性的策略倾向于这样一种看法——在伯吉斯时代存在的，是少数几个界限明晰的稳定类群。这样一来，就能肯定曾有漫长历史的前寒武纪生命存在，解释寒武纪生命大爆发的"假象理论"也得到了支持。最后，即使沃尔科特有意彻底扔掉"鞋拔"，鉴于伯吉斯页岩的数据矛盾重重，他的行政管理负担也不会允许他有足够的时间专注研究伯吉斯化石。

我将沃尔科特的诠释及其根源的种种细节一一呈现，因为我知道，没有什么手段能更好地展现科学史的最重要启示——数据的诠释和观察的视角被理论左右，微妙且不可避免。现实不会客观地向我们讲述，也没有科学家能免受心理和社会的影响。科学创新的最大障碍，通常是概念之锁，而非事实之缺。

从沃尔科特到惠廷顿的过渡，是这个主题最典型的实例。新观点的形成是一个重要的创新，是古生物学对我们理解生命及其历史前所未有的贡献，而沃尔科特跟它不沾边。惠廷顿与他的同事研究的是沃尔科特的标本，用的是在沃尔科特时代即已存在的方法，完成的，却是激进的修订。他们不是自觉的革命者，没有事先形成的新观念，也不可能高举它的大旗发起冲锋——他们的成功不是一场主动的革命。一开始，他们的工作以沃尔科特的诠释为基础，但在相互制衡的理论与数据两头都走到了前面——因为他们花时间与伯吉斯化石进行了充分的对话，因为他们愿意聆听。

从沃尔科特到惠廷顿的过渡是一座里程碑，其重要性几乎无法逾越。有关伯吉斯页岩的新观点成为解读生命进化的首选原则之一，完完全全是历史本身的胜利。

伯吉斯页岩与历史本质

　　我们的语言里尽是表现科学最糟糕、限定性最强的固有形象的习语。当朋友为棘手的问题所挫，我们会苦口婆心地相劝，要"科学"以待——意思是要冷静、要分析。我们谈论"科学方法"，把它当作了解自然知识最有效的唯一途径传授给学童，就好像只需一个公式，就可解开经验性现实①里五花八门的全部秘密。

　　"科学方法"不仅涉及反复被提及的追求思想解放，还另有一套概念和流程，量身打造出一种形象——穿着白大褂的人，在实验室里拨弄控制旋钮——实验、定量、重复、预测，将复杂的现象化简为几个可操控的变量。这些方法威力强大，但它们不能驾驭自然的一切。一些非常复杂的事件细节繁多，可能只发生一次。当科学家必须解释这种历史结果时，他们该怎么做？在一些大的自然领域，如宇宙学、地质学、进化，必须以历史为工具进行研究，适用的方法以叙事为中心，而非我们常会想到的实验。

　　历史不可简化，所以，在"科学方法"的固有形象中，没有它的位置。自然的法则不会随空间和时间而变化。可控实验的技术、以简要的普遍原因解释自然的复杂性，都假定时间因素是恒定的，而且可以在实验室里被充分模拟。寒武纪的石英和现在的石英一样——都是硅氧各键相互交连的四面体。

---

① 经验性现实（empirical reality），基于感知认识到的可观察的现实，与宗教信仰宣扬的"真理"（或"真相"）相对。也可理解为"经验的现实性"，与唯理论（rationalism，即理性主义）及"先验的观念性"（transcendental ideality）相对。——译者注

在实验室可控的环境下确定了现代石英的性质，就可以借波茨坦砂岩 ① 解释寒武纪沙滩上的沙子是什么样子。

但假使想知道恐龙为何灭绝，或为何软体动物风生水起，而威瓦西虫烟消云散，该如何去解释？在这一方面，实验室工作并非无用武之地。通过模拟实验，能获得重要的认识。〔例如有多种理论认为，环境的改变导致了白垩纪大灭绝的发生。我们可以检测现代生物（甚至是恐龙"模型"）对环境改变的生理耐受性，进而获得那次大灭绝中让我们感兴趣的信息〕但那时的地球气候和大陆位置与如今大不相同，由于技术的局限，"科学方法"不能触及那次单一事件的核心。对历史的解析，必须根植于对过去事件本身的重构，以其独特现象的叙事证据（narrative evidence）为基础还原本来面貌。不存在让威瓦西虫注定灭绝的自然法则，但在一系列复杂事件的共同作用下，它在劫难逃——如果运气好，有足够的证据蕴藏在我们散碎的地质学记录之中，我们或许能找到原因。（例如尽管作为证据的化学印记一直存在于相应地质年代的岩层中，但直到 10 年前，我们才知道，白垩纪大灭绝与一个或数个地外物体和地球的可能相撞在时间上是一致的。）

历史解释在很多方面与常规的实验结果不同。它不涉及重复验证。因为，我们试图解释的，是细节的独一无二。根据概率的法则和不可逆的时间之箭 ②，这些细节不会再次同时出现。我们诠释叙事对象的复杂事件，不是将其简化为自然法则的简单结果。历史事件当然不违背物质和运动的一般原理，但它们的发生属于偶然性细节的范畴。（万有引力定律告诉我们苹果如何从树上落下，但不会告诉我们为何牛顿正巧坐在那儿，为何苹果在他灵感将至之时熟透落卜。）固有形象的中心元素——预测，也不会进入历史叙事。我们可

---

① 波茨坦砂岩（Potsdam Sandstone），即波茨坦群（Potsdam Group），以美国纽约州波茨坦镇（而非德国波茨坦市）命名，形成于寒武纪中晚期，石英含量极高，分布于美国纽约州北部、佛特蒙州北部及加拿大魁北克、安大略等省。——译者注

② 时间之箭（time's arrow），即 arrow of time，亦称为"时间箭头"，是英国天文学家亚瑟·埃丁顿（Arthur Eddington，1882—1944）提出的概念，涉及微观的时间反演对称性（time reversal symmetry）和宏观的时间单向性。但此处应指本书作者在另一著作《时间之箭，时间之环》（Time's Arrow, Time's Cycle，1987）中讨论的比喻。在书中第一章末节开篇，作者以"时间之箭"指代历史本身的不可逆转、不可重复，以"时间之环"指代周而复始的不变秩序和规则框架。——译者注

以在一个事件发生后对它做出解释，但偶然性排除了它重复的可能，甚至是在与起始时刻等同的条件下。（在卡斯特最终导致其军队孤立无援的 1 000 个事件之后，他的末日已定。但如果能从 1850 年从头再来一次，他或许从未到过蒙大拿，更不用说遭遇"坐牛"和"疯马"。①）

若以"科学方法"限定的固有形象为评判标准，上述不同之处，就使得历史解释或叙事解释处于不利的地位。这样一来，与历史有关联的学科地位下降，落到很低的位置，不那么受待见。事实上，学科的地位排序已成为一个如此为人熟悉的主题——从位于最高的、过硬的物理学，到垫底的、带有主观性的羸弱学科，如心理学和社会学——这种评级本身就已形成一种固有形象。这些区别进入我们的语言和比喻——"硬"科学对"软"科学、"扎实实验性的"对"区区描述性的"。一些年前，哈佛大学有过一次非同寻常的教学创新。它推出一种新的概念，以程序化的风格组织科学，而不像常规那样，在核心课程之内进行。对于物理学和生物学，它没有如通常那样一分为二，而是认同了刚讨论过的那两种风格——"可用实验预测的"和"历史的"。它用字母编号而非名称来指定各个范畴。② 猜猜哪个属于"科学 A"，哪个属于"科学 B"？我开的关于地球及生命的历史的课程，编号是"科学 B-16"。

这种线性评级最可悲的一面，可能在于垫底者对卑劣名号的逆来顺受，并一直企图模仿位居阶梯更高处学科的可能有效的方法，尽管那些方法并不适合自身。这种等级本身应受到严肃的质疑，对多元和平等才该大张旗鼓加以肯定。然而，许多历史科学家的所作所为好似模范囚徒，只在意自己的蝇头小利，维护权威和保持服从的现状比狱监还积极。

因此，历史科学家通常也带上几分"硬"科学过于简化版本的讽刺漫画形象，或是简单地对地位更高的学科言听计从、卑躬屈膝。许多地质学家接

① 卡斯特，即美国军官乔治·阿姆斯特朗·卡斯特（George Armstrong Custer，1839—1876）。1876年 6 月 25 日，卡斯特率领的陆军第七骑兵团在蒙大拿领地（Montana Territory）小巨角河（Little Bighorn River）与印第安部落联军遭遇，伤亡惨重，五个连被全歼，卡斯特战死。这次冲突被称为小巨角河战役，是印第安部族的重大胜利，"疯马"（Crazy Horse，约 1840—1877）和"坐牛"（Sitting Bull，约 1831—1890）是领导战斗的著名印第安首领。——译者注
② 美国大学的课程编号通常为开课院系所代表学科的简写与三位数字的组合。同一学科内，第一位数字越大，代表难度或级别越高。——译者注

受开尔文勋爵最后一次对地球年龄的估计。那一估计的局限性是最大的，地球的年龄被低估，而化石和地层的数据早已清楚地表明，地球的历史更加久远。（开尔文的估计有着数学公式的威望、物理学的厚重。其前提是，地球内部当前产生的热量记录了地球从最初的熔化状态冷却下来的过程，而那一状态并不是很遥远的过去。但很快，放射性的发现推翻了这一前提。[1]）甚至有更多地质学家拒绝接受大陆漂移学说，因为物理学家宣称，大陆不可能横向移动——尽管大量客观数据显示，现在的大陆在从前是相连接的。查尔斯·斯皮尔曼[2]滥用因子分析的统计技术，将智力归结为脑袋瓜里可测量的单一物理存在，接着就为生理学喝彩，因为"这个科学里的灰姑娘身价大增，比肩荣耀的物理学真身"（Gould，1981，263页）。

但历史科学并不（像科学的固有形象那样）更糟糕，更有限定性，或者不能取得坚实的结论。因为，基于恒定自然法则的实验、预测及包摄[3]，皆非历史科学的研究手段。它采用的，是一种不同的解释模式，根植于对（非实验）数据观察和比较的大量积累。我们无法目睹过去发生的事件，但科学通常基于推断（inference），而非如面面俱到的观察（您看不见电子、引力或黑洞）。

科学需要谨守的原则，重点在于能可靠地验证，而非能亲眼看见。对于有着固有形象的学科如此，对于历史学科也是如此。我们必须有能力对自己的假设做出判断，看是绝对错误，还是可能正确（我们把肯定正确的断言留

---

① 在第一章"'进步'图说：阶梯和圆锥"节末，作者在脚注中已提及开尔文勋爵对地球年龄的估计。开尔文的估计基于热力学原理，但由于当时人类认识的局限性，对地内温度及热导率不能确定，对反射性衰减产生热量、核聚变等的认识都尚未形成，导致其估算远非准确。但他是一代学术泰斗，其观点是当时的主流。此外，他同本书的各位主角——从保守的沃尔科特到"激进"的康维·莫里斯一样，都有深厚的宗教信仰情结，对生命起源的看法有一定的"神创"倾向。——译者注

② 查尔斯·斯皮尔曼（Charles Spearman，1863—1945），英国心理学家，对统计学有相当大的贡献。他率先在心理学领域采用因子分析（factor analysis），提出一般智力因素（general intelligence factor），即 g 因素理论，用于智力评估。本书作者反对这一概念，另著有《对人类的误测》（The Mismeasure of Man，1981）对其加以批判。该著作享有盛名，也引起巨大争议，多年来出现大量驳斥数据及观点，但作者在生前并未改变看法，甚至在该著作的 1996 年增补版中，也未有实质性的回应。——译者注

③ 包摄（subsumption），在此指证明研究对象实为三段论（syllogism）推理中大前提的小前提，即证明对象为大前提的"包摄命题"。大致含义是，因为小前提是大前提的具体化，所以小前提符合大前提的引申。——译者注

呼吁提高自然史学的地位 ①————————————→

　　没有什么比错误地对学科排座次更能让我理解一个奇特的现象。这个现象使我产生了撰写本书的初衷，它就是为何伯吉斯修订没有被大众及其他领域的科学家注意到。的确，我可以理解，科学写作者不会从《伦敦皇家学会哲学学报》中寻找线索。对于没有经过专业术语训练的人而言，长达上百页的解剖学专论令人生畏。但我不能责怪是惠廷顿及其同事把好新闻藏着掖着。他们另有论文发表于科学写作者愿意阅读的综合性期刊——主要有《科学》和《自然》；他们为科学界的同人们写过六篇重要的"综述论文"；他们为普通读者创作过大量作品，包括发表在《科学美国人》和《自然历史》杂志上的文章、为加拿大公园管理局编写的一本受欢迎的游览指南。他们知道自己的成果意味着什么，他们已尝试把消息传开，其他人也有帮忙（我为《自然历史》杂志写过四篇有关伯吉斯页岩的专题文章）。为什么这个故事没有为人熟知，或被认为意义重大呢？

　　它与另一事件形成的反差或许可以提供一些线索，那就是将白垩纪大灭绝与来自地外物体撞击联系起来的阿尔瓦雷茨假说（Alvarez theory）。我认为两者同等重要，讲的故事基本相同（都是展示生命历史的极度不确定性和偶然性——若伯吉斯遭受不同的抽灭，我们就不会进化形成；若那些彗星进入不致危害的轨道，地球则依然被恐龙统治着，包括人类在内的大型哺乳动物不可能产生）。我认为两者的证据都很充分，伯吉斯修订的证据或许比阿尔瓦雷茨声称的更加充分。然而，吸引公众的关注度惊人地不对称。阿尔瓦雷茨的撞击假说荣登《时代周刊》封面，出现在多部电视纪录片中，每当科学的成就激起严肃的讨论时，

———————————

① 　natural history 在如今多被译作"博物学"或"博物"，但如本书及本节的标题所示，在此讨论的话题有关发生在过去、不可重复的"历史"之本质。所以，译者在此采用传统的称谓"自然历史"，即"自然史学"。——译者注

它都可成为被拿来当作评论和引发争议的话题。听说过伯吉斯页岩的非专业人士极其之少——使得本书的诞生势在必行。

我的确理解，两者吸引的关注度有所不同，部分原因在于我们对庞大和凶猛元素的狭隘迷恋。恐龙注定比 2 英寸的"蠕虫"吸引更多关注。但我相信，主要因素，尤其是让科学写作者决定避开伯吉斯页岩的原因，在于科学方法的固有形象，以及对学科排座次的错误倾向。路易斯·阿尔瓦雷茨 [1] 是诺贝尔奖获得者，20 世纪才华横溢的物理学家之一，简而言之，他是一位居常规等级最高处的科学王子。他已于我撰写本书期间去世。其假说的证据产生自实验室的常见事物——使用昂贵仪器精确测量痕量的铱（iridium）。撞击假说有着公众为之喝彩的一切元素——白大褂、数字、诺贝尔奖的威名、阶梯之顶的地位。而在另一边，对伯吉斯动物的重新描述，给不少旁观者留下的印象，是"一件接着一件的有趣玩意儿"——不过是把过去被冷落的、来自生命历史早期的古怪动物描述一下。

我爱路易·阿尔瓦雷茨，他为我的研究领域注入了活力。我们私交不错，因为我是少数从一开始就喜欢其观点的古生物学家之一（尽管回想起来，不是一直如此，我有我的理由）。虽说 de mortuis nil nisi bonum——"勿恶言逝者"，然而，我必须说，路易也是这个问题的一部分。我理解他的沮丧，太多古生物学家拘泥于渐变论和陆地成因的传统，从不正视他给出的证据。然而，路易迁怒于整个学科，甚至是整个历史科学。例如他在接受《纽约时报》采访时的表态就已造成不良影响："我不喜欢说古生物学家的坏话，但他们真的不是非常好的科学家。他们更像是集邮爱好者。"

我认可路易的勇于直言，他道出了许多有着固有形象的科学家出于

---

① 路易斯·阿尔瓦雷茨，即路易斯·沃尔特·阿尔瓦雷茨（Luis Walter Alvarez, 1911—1988），美国著名物理学家，成就斐然，对粒子物理学贡献巨大，发现共振态（强子），并因此获得 1968 年诺贝尔物理学奖。他曾参与曼哈顿计划，与物理学家唐纳德·格拉泽（Donald Arthur Glaser, 1926—2013）研制出液氢气泡室，与其子地质学家沃尔特·阿尔瓦雷茨（Walter Alvarez, 1940— ）等人于 1980 年提出小行星撞击地球导致白垩纪大灭绝的阿尔瓦雷茨假说。其名"路易西"为西班牙语发音，但在日常几乎所有人以昵称相称，即后文出现的路易（Luie）。——译者注

维护和谐而不敢说出口的心声。然而，将历史解释与集邮联系到一起的说法，体现的是一个领域典型的傲慢，对历史学家专注于比较细节的不理解——这些细节可是截然不同的。分类工作不等同于舔舔胶水纸，将小小的彩纸固定到定位册中指定的位置上。[①] 历史学家专注于细节——"一件接着一件的有趣玩意儿"——因为对它们进行比较、综合，可以让我们归纳融通，（如果证据好的话，就）满怀信心解释过去，就像路易·阿尔瓦雷茨有信心通过测量化学物质就能确定小行星。

我们要打破对学科排座次的固有传统，认识到不同形式的历史解释与物理学或化学的成就价值等同。否则，我们永远不能体会科学的全部范畴和意义。当我们在科学领域实现这种新的多元组织安排，那时，只有在那时，伯吉斯页岩的重要性才会显现出来。我们才会理解，"人类为何能论理？"的答案，既在偶然性历史的离奇路径上，也在神经元的生理学特征中，广度（以及深度）相当。

---

① 　与集邮有关的比喻。文中的胶水纸（hinge）也称背贴，用于在集邮册上邮票的固定，可以轻易移除；彩纸指邮票；定位册是一种集邮册，但指定了具体的邮票及其固定位置。在我国最为常见的定位册，即每年的年度《中华人民共和国邮票》。——译者注

给牧师和政客）。历史的厚重使我们采用了不同的验证方法，但可验证性也是我们的标准。我们有丰富多样的数据，它们记录了过去事件的后果。我们充分利用它们，并没有因为不能在过去亲眼看见事件本身而唉声叹气。我们寻找反复出现的模式，证据是那么丰富、那么多样，其他的综合诠释方法无法胜任。但是，将它们分开，各自又不单独构成结论性的证据。

19 世纪的科学哲学家威廉·休厄尔（William Whewell）创造了 consilience（"融通"）一词，意思是"结论一致"（jumping together），指许多独立来源的证据"一道"证明某一历史模式。他将这种对多个渠道贡献的各式结果进行综合的策略称作"归纳融通"（consilience of induction）。

我认为达尔文是最伟大的历史科学家。他不仅为进化提供了确信的证据，使其成为生命历史的综合原则，还为历史科学创立了一种完全不同但同等严谨的方法论，并有意识地将之作为自己所有论著的中心主题——从蠕虫、珊瑚、兰花的分类纲要，到大量有关进化论的巨著（Gould，1986）。达尔文根据信息保存的丰富程度，探索出不同的历史解释模式（Gould，1986，60-64 页），但其中心论证基于休厄尔的融通。我们知道，进化必为生命秩序的基础，因为，没有其他解释，能将来自胚胎学、生物地理学、化石记录、残迹器官①、分类关系等不同类型数据综合起来。有一种观点，虽幼稚却被广为接受，即原因必须直观，以便作为一种科学解释。对此，达尔文明确拒绝。在谈及恰当地检验自然选择的文字中，他道出了以融通作为历史解释手段的想法：

> 现在，这一假说或许能通过一种手段加以验证。在我看米，这是考虑该问题唯一公平合理的方式——考察该假说是否能解释更多、较大类别的独立事实，例如生命在地质历史长河的演替、其当前和历史分布，以及相互间的亲缘关系和同源性。如果自然选择的原则能解释这些，以及其他大量事实，它就应该被接受。（Darwin，1868，第一卷，657 页）

---

① 残迹器官（vestigial organ），也称痕迹器官（vestigiality），即在进化的过程中失去功能但余有结构残迹的器官。——译者注

　　但历史科学家们不能止步于简单的展示——展示其解释经得起有别于"科学方法"固有形象但同等严谨的手段的检验。他们必须走得更远，而且必须说服其他科学家，这种历史类型的解释既值得玩味，也蕴含相当丰富的信息量。如果我们将"历史本身"① 确立为可接受的唯一完整解释——解释所有人认为重要的现象，例如人类或地球上任何具有自我意识的生命的智力之进化成因——到那时，我们就胜利了。

　　历史解释采用叙事的形式。例如，E 代表待解释的现象，它因之前 D 的发生而起，而在 D 之前，还有 C、B 及 A 等阶段。如果早期任一阶段没有存在过，或是发生的事件有所不同，E 就不可能存在（或者可能以形式有较大改变的 E'显现，需要不同的解释）。因此，E 的存在有其道理，可以将之严谨地解释为从 A 到 D 产生的后果。但是，不存在偏爱 E 的自然法则，如果之前的阶段有变，产生的任一种 E' 一样可以得到解释，尽管形式和效果会大不相同。

　　我不是说（E 作为自 A 及 D 阶段的结果有其）随机性，而是强调所有历史的中心原则——偶然性。历史解释不依赖基于自然法则的直接推导，而是在于现象发生之前的一系列不可预测的状态。任一阶段发生任何较大的变化，都会改变最终的结果。因此，最终结果依赖于，或取决于之前发生的所有一切——这是不可抹除的决定性历史印记。

　　许多科学家和非专业的爱好者拘泥于"科学方法"的固有形象，觉得上述偶然性解释不够吸引人，或者不够"科学"，甚至是在不得不承认这种解释的适用性及本质上的正确性之时。在南北战争结束之前，当好几百个特别的事件发生过后，如皮克特冲锋② 失败，林肯赢得 1864 年总统选

----

① "历史本身"（just history），并非术语或约定俗成的用法，而是作者常用的一种表达，字面义为"只是历史而已"。关于这一话题，作者在《时间之箭，时间之环》中写道："Time's arrow expresses the profundity in a style of explanation that many people find disappointing, or maximally unenlightening——the argument that 'just history' underlies this or that phenomenon (not a law of nature, or some principle of timeless immanence)."意为："时间之箭表达出的深意有着解释的意味——'历史本身'（而非自然法则，或某种永恒的固有原则）是这样或那样现象背后的原因，但这种解释让人们觉得失望，或者毫无启发。"——译者注

② 皮克特冲锋（Pickett's charge），指在美国南北战争转折点葛底斯堡战役（Battle of Gettysburg）最后一天（1863 年 7 月 3 日）下午，南方联盟军在乔治·爱德华·皮克特（George Edward Pickett，1825—1875）等三位指挥官的率领下发起的旨在夺取墓园岭（Cemetery Hill）高地并控制道路的进攻。这次进攻是战役的高潮，南军到达整个战争的最北点，但冲锋的伤亡惨重，导致南军在宾夕法尼亚州攻势的失败。——译者注

301

举……南方的失败无情地在所难免。但如果将美国历史的记录带倒回路易斯安那购地案 ①、德雷德·斯科特案判决 ②，或者只倒回萨姆特堡 ③，只进行一些小小的明智改动（加之导致的一连串后果），再重演历史，或许会产生不同甚至相反的结果，同样无情地不可改变。（我过去相信，北方的人口和工业优势几乎从一开始就决定了结果。但我已被最近的学术观点说服——如果战争不是为了征服，而是寻求被承认，那么，带有此目的的少数派会取得胜利。南方并没有想着征服北方，他们不过为了确保自己宣布的边界，作为独立的国家被承认。而对于多数人而言，甚至是在占领期间，就已是对战争足够厌倦，倾向于以打游击的形式，坚定不移地叛乱脱逃。④ ）

那么，假使我们有一系列历史解释，它的证据与常规科学一样充分。然而，其结论并不能经由任何自然法则推导而出，甚至是在更大的系统里，有或普遍或抽象的属性（如具有人口或工业优势），也不可预测出。可是，我们又怎能否认如此解释与常规科学结论一样吸引人，一样重要？我认为我们必须给予其同等地位，基本原因有三个：

1. 可靠性问题。以大量记录证据为依据，排除其他诠释为手段，提高接近事实的概率——这些策略可能与传统科学里的任何解释一样具有结论性意义。

---

① 路易斯安那购地案（Louisiana Purchase），指美国于 1803—1804 年自法国拿破仑政府购得法属路易斯安那 214 万平方千米的土地，南自今路易斯安那州，北及蒙大拿州以加拿大北部。由于之前法国的黑人法令（Code Noir）有别于美国其他地区，该区域在当时不仅有大量黑奴人口，也有大量自由有色人（包括自由黑人）。购地之后，自由有色人失去自由的地位。因此，该购地案可谓后来南北战争爆发的缘起之一。——译者注
② 德雷德·斯科特案判决，即 1857 年裁决的斯科特诉桑福德案（Dred Scott v. Sandford）。德雷德·斯科特（Dred Scott，约 1799—1858），美国黑奴，因随奴隶主美国军医约翰·艾默生（John Emerson，?—1843）出入于蓄奴州和自由州，致使奴隶主在后者境内蓄奴违法。而且，斯科特有女儿出生在自由州，应属自由人。但在奴隶主去世后，奴隶主遗孀拒绝斯科特赎买全家人自由的请求，斯科特因而自 1847 年始上告法庭以求自由。最终，最高法院判决以蓄奴州的法律裁判，斯科特败诉，并裁定自由州实行的国会法案，即规定北纬 36°30′以北区域禁止蓄奴的"密苏里妥协"（Missouri Compromise）违宪。这一判决是导致后来南北战争爆发的重要事件之一。——译者注
③ 萨姆特堡（Fort Sumter），是位于美国南卡罗来纳州查尔斯顿（Charleston）的海岸堡垒。1861 年 3 月 4 日，林肯就职总统，不承认南方联盟政府，南方议和企图破灭。4 月 12 日清晨，联盟军炮击联邦军驻守的萨姆特堡，美国南北战争爆发。——译者注
④ 作者大致是从假设的角度，暗示南方主和派本可不战或不扩大战争以达到目的，北进适得其反，因而决胜关键并非在于北方。——译者注

2. 重要性问题。历史偶然性解释能产生（与传统科学解释）一样大的影响，这一点难以否认。南北战争是美国历史的焦点，也是转折点。诸如种族、地域主义（regionalism）、经济水平等中心问题，它们在如今的模样，都归因于那次并非注定发生的重大事件。如果生命当前的分类状况和多样性现状更像是"历史本身"的结果，而非基于进化普遍原则的潜在推理，那么，是偶然性确定了自然的基本模式。

3. 心理学问题。到目前为止，我已辩护得太多，甚至带上自觉低人一等的口吻——一开始时把"历史解释或许不够吸引人"当作前提，然后为其争取平等地位而强烈抗争。其实，我没有必要做这些辩护。历史解释本身的魅力即已无穷无尽，在很多方面，它比自然法则的无情后果更能牵动人类的神经。吸引我们特别注意的事件，并不是注定会发生的。而且，其发生有原因可查，但又让我们百思不得其解。相反，对立的两头，不可避免和完全随机，通常对我们的情绪影响较小，因为它们不受制于历史的主体和客体，因而要么按既定路线发展，要么于无序中挣扎，没有多少回头的希望。但是，有了偶然性，我们被吸引进来，参与其中。无论是成功，还是悲剧，我们都感同身受。当我们意识到结果不能确定，过程中任何一步的任何改变都会引起连锁变化，进而导致一条不同的发展路线，我们便领会到其中单个事件的因果威力。我们为每一细节争辩、叹息或雀跃，只因它们都具有导致变革的力量。偶然性是对突发事件决定成败的肯定——缺少一颗马蹄钉可致失去一个王国[①]。南北战争是一个令人特别心酸的悲剧，因为，若能倒回过去重演，会有成千种理由，使得五十万条生命得以挽救——我们就不会在传统美国的乡下每一片绿地，每一所县法院前，找到一座基座上刻着阵亡名单的士兵塑像。我们自身的进化是一个令人欣喜的奇迹，因为这不可思议的连锁事件的发生虽十分在理，却可能不会再度发生。偶然性是参与历史的许可证，我们从心理上接受了它。

偶然性的主题不为科学理解，学界鲜有探索，但在文学当中却是常客。

---

① 原文为"the kingdom lost for want of a horseshoe nail"，出自民谚《只因少了一颗钉》（*For Want of a Nail*）。大致意思是缺少一颗马蹄钉，导致无法钉牢马蹄铁，进而影响到马、骑马的人、所送的情报，战斗因此失败，以致亡国或国王失去王位。——译者注

如果我们在这里有所留意，或许能在艺术与自然之间的错误藩篱上开一个口子，甚至能让文学对科学有所启发。偶然性是托尔斯泰所有伟大小说的基本主题，也是许多优秀的悬念作品气氛紧张激烈、情节引人入胜的根源。这一点在最近露丝·伦德尔（以笔名芭芭拉·薇安发表的）的一部杰作——《致命老屋》（1987）①里体现得尤为明显。这是一本令人惊悚的小说，讲的是一个小社区里的悲剧，随着一系列事件的发生，所有人及其未来都被卷入其中。那些事件微不足道，但每一件都有其特别之处，且难以置信（尽管完全可行），并各自引发了一系列甚至更为离奇的后果。《致命老屋》是伦德尔最优秀的作品，它的情节设计是那么精巧复杂，我必须将之看作作者对历史本质有意识的文本表达。

过去五年中，有两本流行小说以达尔文理论为主题。我为之吸引，而且很高兴见到，两者都接受了偶然性的理念，并探讨了它作为达尔文理论的主要后果对人类未来走向的影响。这是一个正确的选择，在对进化更深层含义的理解方面，斯蒂芬·金和库尔特·冯内古特超过了许多科学家。

金的《绿魔》（1987）②一反科幻小说传统，没有将来自地球之外的"更高智能"塑造为至高无上的形象，或更睿智，或更强大。在小说里，它们不过是诡诈的奴才，且亦形成于达尔文式适应的巨大博弈之中，得益于某种环境之下的生殖分化。（金将这种固守称为"愚蠢的进化"，我简单地称其为"达

---

① 《致命老屋》（*A Fatal Inversion*，1987），英国著名悬疑小说作家露丝·伦德尔（Ruth Rendell，1930—2015）以笔名芭芭拉·薇安（Barbara Vine）发表的获奖小说，题名中的 inversion 指主角将年轻时继承的乡间豪宅老屋称为 someplace 的倒置 ecalpemos。一个汉译版本将题名译为《真相的故事》（李春江译，2007，群众出版社）。——译者注

② 《绿魔》（*The Tommyknockers*，1987），美国著名悬疑小说作家斯蒂芬·金（Stephen King，1947— ）的一部小说。据小说前言，标题中的 Tommyknockers 指因饥饿而死但仍敲门乞食求援的矿工鬼魂。在小说中，Tommyknockers 至少指外星飞船施加于当地居民的一种神秘影响。译者在此采用同名电视剧改编（1993）的片名汉译之一。另有译名为《燃烧森林》，应取自故事虚构的森林地名 Burning Woods。金在前言中特别感谢本书作者，提到了下文"作者注"所涉话题，如本书作者的意见、"愚蠢的进化"及棒球队球迷等，并戏称该小说原本与本书作者上一本文集《火烈鸟的微笑》（*The Flamingo's Smile*，1985）同名。另外，故事开头即有上文引用的民谚《只因少了一颗钉》。然而，本书的主旨可能与两位作者当时声称的都有所不同，其中的情节虽涉及偶然性，但与进化和适应无关。尽管该书是 20 世纪 80年代畅销一时的小说，但由于作者个人生活的原因，创作过程拖沓，出版仓促，对质量有一定影响。而且，多年以后，作者本人对该书亦持不认可的态度。——译者注

尔文主义".① ）这种难以理解的成功凭借的是不间断的即时调整，它催生了偶然性事件发生的环境。这也是《绿魔》的中心主题，在故事中，外星人针对地球的计划失败，主要归功于一个行事效率通常低下、玩世不恭的嗜酒英语教授——他的行动避免了正面冲突。对于一系列偶然性事件的本质，以及它们在不同尺度背景下的重要性程度，金念念有词：

> 有些话可能不该由我跟你们讲——在这个宇宙里，没有哪个星球不是一大团飘浮在太空里的死灰——只因最初在一个洗衣店里因某某是否霸用太多烘干机而起的纷争，最终升级为星球的灭顶之灾。无人曾确知终结何时到来——如果有终结的话……当然，或许有一天，无须外部力量，我们也会毁灭这个世界。而究其原因，我们会发现，以光年的尺度评价，它们不过是些鸡毛蒜皮。无论苏联是否侵入伊朗油田，或者北约是否决定在西德部署美制巡航导弹，从围绕银河系旋转的小麦哲伦星云② 遥遥望去，其重要性跟轮到谁为五杯咖啡和同份丹麦糕点买单没什么区别。

库尔特·冯内古特的《加拉帕戈斯》（1985）③ 甚至是作者对进化的意义更

---

① 尽管我们所用的词语不同，但对这一主题的看法是一致的。它让我们看到希望，即使是最不相容的不同见解，无论有关个人风格，还是道德根源，在这个最重要的智识山头上，它们也能产生共识——即便斯蒂夫〔Steve（本书作者对金的昵称。——译者注）〕是红袜队（Red Sox）最狂热的球迷，而我的心属于（纽约）洋基队。——作者注

② 小麦哲伦星云（Lesser Magellanic Cloud），即 Small Magellanic Cloud（SMC），本星系群成员，矮星系，距银河系约20万光年，在地球南半球肉眼可见。该星系围绕银河系旋转，被认为是其卫星星系，但据2006年哈勃望远镜的观察结果，有观点认为它移动太快，对其卫星星系的属性有所怀疑。——译者注

③ 《加拉帕戈斯》（Galápagos，1985），美国著名作家库尔特·冯内古特（Kurt Vonnegut，1922—2007）的代表作之一。加拉帕戈斯即科隆群岛（Archipiélago de Colón），重要的生物多样性热点之一，隶属厄瓜多尔，位于南美洲以西赤道附近。该群岛因达尔文发现喙部大小形态各异的燕雀（finch）进而将其作为自然选择的关键事实而闻名，在后文中被称为达尔文的地理圣地。在小说中，经过一系列偶然性事件，不懂驾驶的船长阿道夫·冯·克莱斯特（Adolf von Kleist）使"达尔文湾号"（Bahía de Darwin）迷失于加拉帕戈斯的一个虚构小岛圣罗莎莉娅（Santa Rosalia）。幸存者除本身不孕的寡妇玛丽·赫伯恩（Mary Hepburn），还包括有孕在身的新寡堀口久子（Hisako Hiroguchi）——一个只会讲日语的广岛核辐射受害者第三代，以及将来与其结伴的盲女赛琳娜·麦金托什（Selena MacIntosh），她们是原计划"世纪自然之旅"（the Nature Cruise of the Century）的乘客。另有六个来自亚马孙雨林神秘印第安部落的坎卡－波诺（Kanka-bono）女孩。——译者注

有意识、更直接的评论。作者创作该作品，主要源于一次前往加拉帕戈斯的航游。让我感到特别欣慰的是，那次航游应已表明，偶然性是达尔文圣地表达的基本主题。在冯内古特的小说里，历史的路径可能在整体上受制于自然选择等一般性原则，但在这些原则之下，偶然性仍有很大的回旋余地。无论是什么结果，它更取决于之前发生的一系列事件，而非自然法则的既定路线。《加拉帕戈斯》实际上是一部有关达尔文世界自然本质的小说。我会（而且已经）在科学课程上将它布置给学生阅读，引导他们理解偶然性的意义。

在《加拉帕戈斯》里，人口骤减的巨大灾难开始得相对温和，是一种摧毁人类卵细胞的细菌引起的。最初是在法兰克福的年度国际书展上，有女性被这种细菌侵染，由此种下祸根。很快，它传遍全球，几乎所有女人变得不孕——除了将成为现代人类孑余的几个人之外。这些人搭载一艘船，来到加拉帕戈斯，那里隔离于世的，病菌远未能及。人类的生存就集中到背景各异的这样一小群人身上——几个坎卡波诺部族的印第安人，一两个探险游客。这些人得以生存，并匪夷所思地繁衍，是一系列古怪的偶然事件所致，但未来的人类历史全部孕育在这区区孑余之中。

> 用不了一个世纪，地球上每个人身体里流淌的血液，都会以坎卡波诺血统占绝对优势，另有一点来自冯·克莱斯特和堀口的贡献。这一惊人转折的发生，在很大程度上，归结于"世纪自然之旅"航行原始乘客名单中两个不折不扣的无名之辈之一——玛丽·赫伯恩。另一个无名之辈是她的丈夫，在面临断子绝孙之际，他预订了吃水线之下的一间廉价小舱房。所以，他自己也在人类命运的塑造中扮演了至关重要的角色。

历史偶然性也是电影的重要主题，对于最近的新片和经典老片都是如此。在《回到未来》（1985）[1] 里，青少年马蒂·麦弗莱回到了过去。由于他的意外

---

[1] 美国幻想影片《回来未来》（*Back to the Future*，1985）的主人公马蒂·麦弗莱（Marty McFly）是一名高中生，由迈克尔·J. 福克斯（Michael J. Fox）饰演，因意外的时间旅行回到父母就读高中的年代，而且由于被其母的家庭收留，被迫成为其父强有力的情敌。俄狄浦斯（Oedipus）是希腊神话人物，著名事迹为应验了杀父娶母的预言。——译者注

出现（其母暗暗地喜欢上他，构成一种类似俄狄浦斯故事的情形），历史的记录带面临被更改的威胁。他必须前往父母就读的高中，努力按实际情况重建（被干扰的）过去。麦弗莱必须修正的事件看起来绝对没什么意义，但他知道，对于自己而言，没有什么事比它们更重要。如果失败，他的父母就永远不会相识，最终结果会使他自己从世间消失。

　　对历史偶然性最典型的表现、我心目中这一类型电影的"正模"①，是弗兰克·卡普拉经典杰作《生活多美好》（1946）②里接近末尾的情节。在电影里，乔治·贝利过着自我否定的生活。他品格正直，为了家庭和全镇的福祉，将个人梦想的实现之日一推再推。由于镇上的掠夺式大亨③、守财奴波特先生施以阴谋诡计，乔治勉强维持的贝利兄弟房屋建设贷款联合社濒临破产，并被指控欺诈。陷入绝望的乔治决定投河自尽，这时，他的守护天使克拉伦斯·奥德博迪介入其中。克拉伦斯抢先跳进水里，因为他知道，乔治的正直会促使其优先选择救人一命，而非急着自尽。在被救起之后，克拉伦斯以直接的方式劝乔治振作起来："你只是不知自己所做的一切（的意义）。"但乔治打断他的话："如果不是我，大家会过得好得多……要是我从没来到这世上就好了。"

---

①　"正模"（Holotype）是一个分类学术语，指物种命名所依据的标本。之所以指定某个标本为正模，是因为所代表物种的分类地位在将来可能会发生改变，生物学家必须在最初命名时选定一个标本作为标准。（例如如果后来的分类学家认为，在最初描述时，有两个物种被错误地混到了一起，那么，最初的命名就得归正模标本所代表的那种所有。）——作者注

②　美国经典幻想影片《生活多美好》（*It's a Wonderful Life*，1946）是著名导演弗兰克·卡普拉（Frank Capra，1897—1991）最后一部杰作，主人公乔治·贝利（George Bailey）由詹姆斯·史都华〔James Stewart，1908—1997，即吉米·史都华（Jimmy Stewart）〕饰演。故事的发生地点是一个虚构的美国小镇贝德福斯，因镇外贝德福斯山间的瀑布得名。贝德福斯镇的绝大多数产业被由莱昂纳尔·巴里摩尔（Lionel Barrymore，1878—1954）饰演的全县首富波特先生（Mr. Potter）控制。波特先生全名为亨利·F. 波特（Henry F. Potter），在其眼中，乔治父辈创办的贝利兄弟房屋建设贷款联合社（Bailey Bros. Building & Loan Association）是阻碍他掌控全镇的最后一根钉子。乔治才华横溢，从小梦想离开偏僻的小镇闯荡世界，但由于疾恶如仇、乐善好施、责任感强，屡屡在最后时刻为了家庭和地方百姓，或不得不放弃计划，或严词拒绝被收买（大多数时候是波特先生从中作梗）。在1945年圣诞前夜，乔治的叔叔因大意遗失了8 000元业务款，并落到波特先生的手里。正值银行审计官前来查账，身为负责人的乔治无计可施，前往首富波特先生处求援，但遭落井下石。绝望的乔治心生自杀的念头，被其守护天使克拉伦斯·奥德博迪（Clarence Odbody）及时施计阻拦。乔治仍自暴自弃，天使顺水推舟，为其重演历史，看小镇没有他会变成什么样。乔治最终被说服，困难得到圆满解决，天使因而被升级。——译者注

③　掠夺式大亨（robber baron），指为获取财富、牟取暴利不择手段的19世纪美国资本家，也被译作"强盗资本家"。——译者注

克拉伦斯灵机一动，让乔治实现了这个愿望。克拉伦斯要向他展示，在重演的版本中，没有了他，家乡贝德福斯镇会是个什么样子。那 10 分钟精彩片段既是影史的一大亮点，也是我见过的对偶然性基本原则的最佳演绎——倒带重演导致的后果会完全不同，但又同等切合实际；看似无关紧要的小小改变（如乔治的缺失），会因影响不断累加而导致一连串大不相同的后果。

乔治的存在看似无关紧要，却为身处的环境注入了仁爱，让受惠的人有所成就。而在没有他的重演里，从人物性格和经济状况的角度考量，一切也顺理成章，但那是一个索然无味、冷漠无情的世界，甚至够得上残酷。原本惬意的美国小镇贝德福斯，现在充斥着酒吧、台球厅、赌场。没有乔治的存在，贝利兄弟房屋建设联合社早已破产，寡廉鲜耻的对手接管了资产（至此，该镇的一切被其掌握），并将小镇改名为"波特镇"（Pottersville）。乔治以低息贷款资助修建，并一再宽容地延缓还贷期限的住宅小区，现在变成了坟场。他的叔叔因破产而绝望，住进了疯人院；他的母亲变得冷酷，经营着一所破旧的寄宿公寓；他的妻子青春不再，变成一个在镇图书馆谋生的老姑娘；100 名士兵死在被击沉的运兵船上——因为，没有乔治的施救，其胞弟早就夭折于落水事故，永远不可能长大，也就不可能救得运兵船，并获得荣誉奖章。

循循善诱的天使达到了目的，在这时道出偶然性的原则："奇怪吧，是不？每个人的存在都影响着其他很多人，如果这个人不在，就会留下很大一个漏洞，不是吗？……你看，乔治，你拥有的，真的是一个美好的生命。"

对于伯吉斯页岩的全新诠释而言，"偶然性"既是标签，也是留给我们的教训。生命的差异度在早期爆发式地达到最高，紧接着遭受抽灭，而且有可能如彩票抽奖一般随机——这是伯吉斯留给我们的启示，其迷人之处以及变革的威力，在于它肯定了历史是生命未来走向的主要决定因素。

先前沃尔科特持有的观点完全相反，其生命历史框架牢牢地建立在另一种更为常见的科学解释之上——在恒定法则的范畴内可直接预测和包摄。此外，沃尔科特眼中的恒定法则，在现在看来，只是一种文化传统和个人喜好的表现，并非对自然的一种准确表达。我们已经知道，沃尔科特将生命历史解读为一个神圣目的的实现过程——在漫长的稳步渐进之后，其结果必定是产生人类意识。这样，伯吉斯生物必须是后来改进形式的原始版本，生命必须是从局限简单开始，向前发展。

新的观点根植于偶然性。前途似乎相当的解剖学构型，在伯吉斯就曾有如此之多——仅节肢动物就有不止 20 种构型，而在后来遭受抽灭之后，仅有 4 种幸存；或许有 15 种或许更多独特的解剖学构型，或来自不同门类，或可以成为生命之树的主要分枝——它们的去留决定了解剖学构型差异度的现状，这些都是由偶然性定夺的。现代生命秩序的形成不是基本法则（如自然选择，在解剖学构型方面占有优势）的必然后果，也不是最基本的生态学或进化理论决定的。现代生命的秩序主要是偶然性的产物。生命就像有乔治·贝利的贝德福斯，有着合理且可解析的历史。既然我们所属的物种在地质学尺度的片刻之前的确形成了，这一历史是可以让我们满意的。但是，就像没有了乔治·贝利的波特镇，任意一次重演只在开始时发生看似微不足道的改变，虽然产生的后果形式完全不同，但它也是同等合理且可加以解析的。只不过由于不能产生具有自我意识的生命，这一历史会让我们的虚荣心感到十分不快。（不过，毫无疑问，在那些不同的世界里，这种虚荣几乎不成为一个问题。因为，在那里，我们根本就不存在。）在生命历史框架和当前局面的形成过程中，偶然性起到决定性的作用。伯吉斯页岩在一开始即为我们提供了最大可能丰富的解剖学构型，它成为我们理解偶然性这种作用的中心。

最终，如果您接受的我的论证，认同偶然性既可以解析、地位重要，也有其特别的迷人之处，那么，伯吉斯便不仅成功地扭转了我们对历史框架成因的一般想法，还让我们对人类进化的现实感到前所未有的惊奇（该事件发生的概率微乎其微，我们为之激动而颤抖）。历史可以转向另一合理的发展方向，我们会被抹去。无数次，我们距离它如此之近（将您的拇指和食指紧捏到一起，然后松开一毫米）。倒带回伯吉斯的时代，重新开始，即使重演 100 万次，是否可以进化形成类似现代人的物种？我有所怀疑。人类的进化来之不易，我们拥有的，的确是一个美好的生命。

关于"可预测"对"偶然性"，最后澄清一点——我真的是在辩称生命历史中的一切皆不可预测，或不直接遵循自然的一般法则吗？当然不是，要回答我们面对的这个问题，得看指的是什么尺度，或焦点针对的是哪个水平。生命的结构组成遵循物理学原理。我们不是生活在一个无序的历史环境当中，它并非绝缘于传统认可的"科学方法"可解析的任何事物。鉴于早期海洋和大气的化学组成，以及自组织系统①的物理学原则，我想地球上有生命产生几乎是不可避免的。多细胞生物的基本形式在很多方面必须遵循结构组成的准则，符合较好的构型。表面积－体积比的法则最早由伽利略提出，根据该准则，从体形较小的生物进化而成较大生物，形态需要发生变化，以保证表面积占比相当。相似的准则还有，运动生物的细胞分裂可使之具有两侧对称的体形。（伯吉斯的"怪异奇观"也是两侧对称的。）

但是，这些现象无论数量多大，范围多广，都与我们感兴趣的生命历史细节相去甚远。恒定自然法则影响生物的一般构型和功能，它们确立了必能使有机体构型进化形成的方向。但相对使我们为之着迷的细节而言，这些方向的范围太大了！这些物理学的方向不会具体到是形成节肢动物、环节动物、软体动物，还是脊椎动物，最多不过限定某些生物具有基于重复组分的两侧对称特征。为何哺乳动物会在脊椎动物中产生？为何灵长类动物上了树？为何形成现代人类的小小一支会在非洲产生并幸存下来？当我们问到有关我们自身起源的关键问题时，那些方向的界限甚至会推得更远。当我们把焦点拉到最常问到的有关生命历史问题的细节水平时，偶然性便占据主导地位，而具有普遍性意义的可预测性退到后面，成为无关紧要的背景。

在与虔诚的基督教进化论者阿萨·格雷②的著名通信中，查尔斯·达尔文

---

① 自组织系统（self-organizing system），根据全国科学技术名词审定委员会 2016 年公布的《管理科学技术名词》（第一版），指能够在与环境相互作用下，通过系统自身的演化而形成新的结构和功能的开放系统。——译者注

② 阿萨·格雷（Asa Gray，1810—1888），美国著名植物学家，《北美植物志》（*Flora of North America*，1838）最早版本的两位作者之一，曾任美国人文与科学院（American Academy of Arts and Sciences）院长，也是美国国家科学院最初的 50 位院士之一，对美国植物学界有重大影响。格雷与达尔文及英国著名植物学家胡克父子〔威廉·杰克逊·胡克（William Jackson Hooker，1785—1865）和约瑟夫·道尔顿·胡克（Joseph Dalton Hooker，1817—1911）〕私交甚厚，在达尔文去世前的 20 多年里与其有过数百次通信。他是达尔文进化论的坚定维护者之一，与著名进化论反对者、沃尔科特的指路人路易斯·阿加西斯有过激烈的争论。但他也是著名的基督教进化论者（Christian evolutionist），著有《达尔文主义》（*Darwiniana*，1876），试图解释自然选择与神学并不矛盾。——译者注

承认，在"主导背景的法则"与"决定细节的偶然性"之间有这一重要区别。格雷是哈佛大学的植物学家，他不仅支持达尔文的进化论，还认同自然选择的原则是进化的机制。但是，格雷担心该学说的引申会影响到基督教信仰和对生命意义的解释。令他尤其不安的是，达尔文的观点没有为法则的引导留下任何余地——自然变成现在的模样纯属偶然。

达尔文的回复富有深意。他承认存在广义上引导生命的一般法则。针对格雷所担忧的主要问题，他进一步辩称，这些法则甚至可能反映了（我们所知的）宇宙中某种崇高的意图。但自然世界充满了细节，它们构成生物学的主要内容。如果不合时宜地以人类的道理标准衡量如此细节，其中有些会显得"残酷"。他在致格雷的信中写道："我不能说服自己，慈爱万能的上帝创造姬蜂科（Ichneumonidae）昆虫的意图，怎么可能是为了让它们到鳞翅目幼虫体内取食，猫怎么就该玩弄老鼠。"那么，细节无关道德如何与那个宇宙——其中的一般法则可能反映某种崇高意图的宇宙——相调和？达尔文还在回复中表示，细节属于偶然性的范畴，不被引导方向的法则左右。宇宙的运转依循自然法则，而"细节无论好坏，皆形成于偶然"。

最终，问题的重中之重，浓缩为如何设置底线，自然法则主导的可预见性在上，历史偶然性产生的各样可能性在下。像沃尔科特那样的传统主义者，他们将底线划得如此之低，生命历史的所有主要框架皆升到界线之上，被划入可预见性的范畴（在他看来，这也是神明意图全方位的直接体现）。不过，在我眼中，这条界线的实际位置如此之高，几乎每一件有吸引力的生命历史事件都落入偶然性的范畴。我认为，对伯吉斯页岩生物的全新诠释，就是自然最精彩的申辩，证明这一底线就应划得如此之高。

这意味着，我们必须公平地面对这样一种引申——现代人类，作为运气之树上的——偶然性主枝上的——小概率事件分枝上的——小小末梢，它的起源远在这条底线之下。在达尔文学说的图景中，我们是细节，不是一个实现的意图，或万物的体现——"细节无论好坏，皆形成于偶然"。至于任何具有自我意识的智能生命形式，它们的进化起源是在界线之上，还是之下，我一点也不知道。我们只能说，我们的星球从未按现实原样再来过一遍。

我们仅是偶然性界域之中的一个细节，有人会对此番景象感到无比沮丧。

为此，我引用罗伯特·弗洛斯特①的一首精彩的诗歌以表安慰。它清晰地表达出这样一种忧虑——《设计》。一天上午，弗洛斯特在散步途中发现一派奇怪的景象，三件形状完全不同的白色物体混在一起。他觉得，这种奇特但又相配的组合一定体现了某种形式的意图——不可能是个意外。不过，它若果真是某个意图的体现，我们该如何看待身处的这个宇宙——因为这一景象太过邪恶，以人类任何道德标准评判，都能得出这一结论。我们必须对达尔文的正确解决方案抱有信心。我们观察到的一切，是偶然产生的细节，然而，我们仍希望这个宇宙里有它们存在的原因，或至少希望让我们保持中立的状态。

> 我发现一只蜘蛛，"酒窝"深深、白白胖胖，
>
> 劫杀一只飞蛾，就在白色的夏枯草上，
>
> 好似举起一块，僵挺的白面布缎——
>
> 种种惨状，渲染着死亡与灾难；
>
> 死亡与灾难，成全清晨肃杀的气场，
>
> 就如成就女巫的肉汤——
>
> 雪滴花般的蜘蛛、色如白沫的花儿，
>
> 还有那白纸风筝般的死蛾翅膀。
>
> 是什么让那一朵花儿变得这样白，

---

① 罗伯特·弗洛斯特（Robert Frost，1874—1963），美国著名诗人，四次普利策诗歌奖得主。其作品的内容主要为20世纪初美国新英格兰地区的农村生活。诗歌《设计》（*Design*）是一首十四行诗，标题所指为神创论者所谓"智能设计"（intelligent design）之"设计"，"设计"的主体为神祇，客体为万物生灵。作者在此认同如此"设计"，但认为主体过于残忍。诗中的夏枯草（*Prunella vulgaris*）属唇形科（Lamiaceae）夏枯草属，英文为 heal-all，意为"万灵药草"，有观点认为此引用有反讽的意味。此外，夏枯草原变种的花冠为紫、蓝紫或红紫色，另有花冠为白色的白花变种（*P. vulgaris var. leucantha*）。雪滴花（*Galanthus nivalis*）属石蒜科（Amaryllidaceae）雪滴花属，"雪滴花"亦泛指该属所有物种。诗歌原文为："I found a dimpled spider, fat and white, /On a white heal-all, holding up a moth / Like a white piece of rigid satin cloth ——/Assorted characters of death and blight / Mixed ready to begin the morning right, / Like the ingredients of a witches' broth ——/A snow-drop spider, a flower like a froth, / And dead wings carried like a paper kite. //What had that flower to do with being white, /The wayside blue and innocent heal-all? //What brought the kindred spider to that height, // Then steered the white moth thither in the night? //What but design of darkness to appall?——/ If design govern in a thing so small." ——译者注

而路旁无邪的夏枯草本该那样蓝？

是什么把近色的蜘蛛带到那花儿顶上，

又在黑夜里把白色的飞蛾引往那个方向？

是什么让设计如此黑暗，令人如此恐惧——？

若对区区小生灵的设计都是这般。

　　我想，现代人类，恐怕就是无边宇宙中的一个"区区小生灵"，在偶然性的界域之内发生的一次概率小得让人难以置信的进化事件。面对这个结论，每个人会有不同的反应。有的人会觉得此番景象令人沮丧，但我一直认为它是激动人心的——它是自由及随之而来的道义责任之源泉。

第五章

——

种种可能的世界：『历史本身』的力量

一个有关其他可能情形的故事

在上一章里，我对偶然性进行了概括而抽象的简要介绍。但是，光凭具有可行性或论证的力度，还不足以为"历史本身"正名。为了能让您心悦诚服，我必须举出实际的例子，证明其他种种极其不同的可能情形一样令人起敬、合情合理、充满魅力，也能形成实质上趋异的生命历史，而且，在其中不会有类人的智能生物产生。

当然，描述其他不同情形是有困难的。因为它们从未发生过，我们不可能知道，如果发生，合理的细节会是什么样。例如我可以肯定，如果让古生物学家身处伯吉斯的时代，对节肢动物的 25 种构型进行研究，没有谁会拒绝最常见的马尔三叶形虫，也不会将美丽而复杂的林乔利虫，或强壮且比比皆是的西德尼虫抛到一边，而把生态学习性特化的埃谢栉蚕，或不多见的多须虫作为未来的候选对象。但即便我们能想象一个由马尔三叶形虫、林乔利虫和西德尼虫的后代组成的现代世界，我们又怎么可能知道这些后代具体是个什么样子。毕竟，即便对于那些系谱已经为人所知的类群，我们也无法做出预测——我们无法从埃谢栉蚕想象出蜉蝣[1]的样子，也无法在多须虫身上看到黑寡妇蜘蛛[2]的影子。在经过不同的抽灭过程之后，形成的世界具体会是什么样子，要如何才能说清？

我相信，应付这种两难境地，最好的办法是退一步。对于未能幸存的类

---

① 蜉蝣（mayfly），一类生命周期极短，被形容为"朝生暮死"的蜉蝣目（Ephemeroptera）昆虫。——译者注

② 黑寡妇蜘蛛（black widow spider），一类寇蛛属（*Latrodectus*）蜘蛛。——译者注

群，它们可能的后代会是什么样子，我们不可知晓。我们与其想象它们的模样，不妨考虑另一个合理可行的世界——它与现实世界的不同之处，仅在于两个类群的丰富程度，而这两个类群在伯吉斯的时代就有，在现实中也幸存下来。这样，我们需要凭空臆测的，只是导致多样性变化的原因而已。选取现代的两个海洋类群，一个多样性丰富，另一个几近不存。在它们缘起的伯吉斯时代，是否可以预料到哪一个注定占据主导地位，哪一个沦落到边缘，苟存于一个无情世界的角落？若将生命的记录带倒回重演，得到相反的结果，我们也能为之正名吗？（本书大部分内容与西蒙·康维·莫里斯有关，我举这个例子，也要归功于他给予的建议及其之前有过的探索。）

这两个门类都具有最常见的无脊椎动物体形构型——都是柔韧、细长、两侧对称的"蠕虫"。下面来看看它们当前的分布如何。多毛类是环节动物门（陆生蚯蚓所属的门类）海洋类群的主要组分，也是精彩的生命成功故事的代表之一。在西比尔·P. 帕克（Sybil P. Parker）主编、由麦格劳-希尔（McGraw-Hill）公司出版的《生物分类与概要》（*Synopsis and Classification of Living Organisms*，1982）中，多毛类所占篇幅长达 40 页，对 87 个科、1 000 个属、8 000 多种一一做出简介，令人叹为观止。多毛类动物的尺寸，最短不足一毫米，最长不止三米。它们几乎无所不在，但大多数生活于海底，也有一些生活在淡水里，还有少许生活在潮湿的土壤中。其生活方式也涵括了所有可以想象的类型——所属的大多数动物独立生存，为肉食性或腐食性，不过，也有一些与海绵动物、软体动物或棘皮动物共生，还有一些营寄生。

相反，看看曳鳃类——它们是穴居蠕虫，身体大致分为三部分——生有一两对附肢的后端、居中的体干、可伸缩的前端或吻突。吻突因形状以及可从体干直挺而起的特性，让早期的男性动物学家们不可避免地想起另外一种结构，对于他们来说，该结构也是牢不可分、十分亲密的——这种生物因此被命名为 *Priapulus*，意思是"小鸡鸡"①。

---

① 曳鳃动物的拉丁词根 priapus 来源于希腊文，即希腊神话中的生殖之神普里阿普斯，他拥有永久勃起的巨大阴茎。priapus 也是英文阴茎异常勃起（priapism）的词根。曳鳃动物常被称为"阴茎虫"（penis worm），曳鳃虫属（*Priapulus*）的直译即为"小阴茎"，作者在后文中将之称作"小鸡鸡虫"（little penis worm）。——译者注

或许是曳鳃动物的盔状结构让人心头一紧，联想到这个不必要的比喻。在大多数曳鳃动物物种中，这种结构下部生有 25 列小齿状突起，称作吻刺（scalid），之上是一围颈圈状结构，称作口环（buccal ring）；结构上部有齿状结构环围口部，形成数个（嵌套）内切的五边形。曳鳃类大多数是积极主动的肉食动物，能将捕获的猎物整体吞咽，只有一种以碎屑为食。

但当我们翻开帕克的"生物大全"时，会发现留给曳鳃动物的篇幅仅有三页，只对各科随意描述了一下。曳鳃动物对有机生物的多样性贡献不大，动物学家只发现了 15 种。出于某种原因，在现代生物学的成功故事里，没有曳鳃动物的位置。

审视曳鳃类的分布，可以发现这类动物相对失败的一条线索。所有曳鳃动物都生活在非同寻常的环境里，或条件恶劣，或处于边缘地带——就好像它们无法在开放的浅水环境中与出没于其中的"典型"海洋生物竞争，只能死守在一般生物懒得去的地方。其中的两科动物，个体尺寸非常之小，以致生活于沙粒之间。那儿是所谓"潮间带动物群"的世界，资源丰富，也有吸引人之处（但绝对是个"不典型"的去处）。大多数曳鳃动物属于曳鳃虫科（Priapulidae），是生活在海洋底部的大型蠕虫（长可达 20 厘米）。不过，它们生活的环境不是资源极为丰富的热带浅水地区，而是处于最寒冷的地域，或是热带的（寒冷）深渊之底，或是高纬度苦寒之地的浅水中。它们可以耐受多种非同寻常的环境压力——低氧、硫化氢、低盐或盐度的波动，能生存于长期贫瘠的不毛之地。尽管如此，我们并不能缩小合理推断的范围，认为曳鳃动物得以在残酷的世界里苦撑下来，就是因为选择了可以避开竞争的艰难环境。

我们或许可以如此假定——现代多毛类和曳鳃类的差别如此之大，表明这两个类群的"气质"不同必有其内在原因。这一原因如此根深蒂固，以至于在它们的地质历史中，从来都是多毛类欣欣向荣，曳鳃类苦苦挣扎，从未间断过。若果真如此，令人敬畏的伯吉斯动物群呈现给我们的，就又是一个意外。在这现代软体构型生命的最早记录里，包含的多毛类有六属，而曳鳃类有六或七属（康维·莫里斯有关曳鳃类的专论，详见 Conway Morris，1977d，有关多毛类的专论，详见 Conway Morris，1979）。

此外，从数量上看，曳鳃动物是伯吉斯动物群的主要组成部分。它和奇虾及一些节肢动物一样，都是地球上最早的重要软体构型肉食动物。丰奥托径虫（图 5.1）是在伯吉斯最常见的曳鳃类物种。它能将猎物整体吞食，软舌螺（一种从属地位不明的锥形贝类生物）是它最爱的食物，有 31 件软舌螺标本是从奥托径虫体内发现的。被吞食的软舌螺身体朝向大多相同（因此，几乎可以肯定，奥托径虫猎取和进食有其固定的方式）。在一只奥托径虫体内，曾发现有 6 只软舌螺。而在另外一件标本体内，曾发现有同类的残骸——这是同类相食的最早化石记录。

相反，多毛类动物（图 5.2）尽管在分类学上的多样性（属类）与曳鳃类相当，数量却要少得多。康维·莫里斯评论道："较之在现代海洋环境的状况，多毛类在伯吉斯页岩发挥的作用，相对来说是很小的。"

显然，曳鳃动物在伯吉斯之后的时期曾经历过戏剧性（的灾难性）事件。曾几何时，从数量上讲，它们在软体构型动物中无可匹敌，甚至比在将来显赫的多毛类还多。如今，它们势单力薄，已被遗忘。它们在海洋里的栖息之所，无论是从空间上，还是从生活环境上，都属于边缘地带。全世界范围内的现代曳鳃动物属类加起来，还没有在不列颠哥伦比亚一个采石场内的单一伯吉斯动物群里的多。在伯吉斯的时代，曳鳃动物处于舞台的中心，那儿不是毫无品位的偏僻处。到底发生了什么？

我们不知道。很容易想到的一种说法是，不管多毛类在最初的状况有多么卑微，它在那时就已具备了某种生物学优势，在后来必然会取得主导地位。但是，这会是一种什么样的优势？我们一无所知。康维·莫里斯的观察结果令人不解——伯吉斯的多毛类没有颚，这类作为成功捕食者的多毛类动物都具备的器官，在奥陶纪之前还没有进化形成。或许颚的形成使多毛类具有了优势，借以战胜之前数量多得多的曳鳃类。

这种推测说得通，也有可能正是原因所在，但我们还不能确定。（形成颚与取得主导地位的）相关未必一定能表明具有因果关系。无论事实为何，如果假定在伯吉斯时代存在一位地质学家，他不可能知道，卑微的多毛类在 5 000 万年后会进化出颚的结构。

与在伯吉斯的情形不同，曳鳃动物的现代种类稀少，加之非同寻常的分布，的确可以表明它们基本上是一个失败的类群。但是，又有谁能重构其原

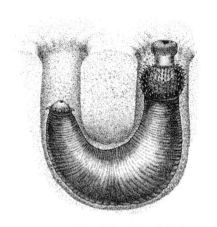

图 5.1 在穴内的伯吉斯曳鳃动物丰奥托径虫，吻突半展。（玛丽安娜·柯林斯绘图）

图 5.2 伯吉斯多毛类动物加拿大虫。（玛丽安娜·柯林斯绘图）

因？而且，谁又能肯定，生命记录带的一次重演不会产生由曳鳃动物主导的现代世界，而多毛类没有颚，且为数不多，脆弱地挣扎于边缘？已经发生的事可以解释得通——我们的世界并非不可思议。但是，也有许多可行的其他情形，不仅可以满足现代人对进步的迷恋，还能使他们信服。在那些"或该发生的情形"当中，"曳鳃动物取得主导地位"稳居其间。

这等伯吉斯奇事在生命历史中司空见惯，还是一个始料未及的异常，只不过到了后来，走势变得不可避免？再看一个"或该发生情形"的例子：恐龙在白垩纪的灾难中灭绝之后，形成了大型肉食动物的真空。那么，当前猫科及犬科动物占据肉食动物的主导地位，是可预测的必然，还是幸运的偶然？5 000 万年前，一个（假定的）始新世古生物学家在调查了当时的脊椎动物之后，会将万兽之王里奥[①]的祖先挑出来，认为它将会占主导地位吗？

我估计他不会。在始新世，已存在很多肉食性哺乳动物的谱系，其中只有一支成为现代类型的祖先，而且在当时并不特别突出。但是，始新世是肉食动物历史的一个特别时刻，两种可能性在杠杆上的支点两边——一种实现了，另

①　里奥（Leo），天文学所指的狮子座、西方占星术黄道十二宫中的狮子宫、米高梅电影公司的吉祥物，在此指狮子。——译者注

一种被遗忘。哺乳动物并没有掌握所有筹码。1917 年，美国古生物学家 W. D. 马修和 W. 格兰杰 ① 描述过在怀俄明州发现的一具"壮观且相当始料未及"的骨架，它属于始新世巨型捕食性鸟——巨不飞鸟（*Diatryma gigantea*）② ：

> 不飞鸟为一类巨型的鸟，翅膀为残迹，生活于地面。体部加上肢部的体量，仅有恐鸟中的最大者能与之匹敌，超过所有现存鸟类……重构的骨架高近 7 英尺。颈部短而粗壮，头部巨大，喙扁平且非常之大，这些特征完全不同于任一现存鸟类。（ Matthew and Granger，1917 ）

巨大的头、短而强大的颈，都表明不飞鸟是凶猛的肉食动物。而相对温顺的平胸类鸟 ③ （鸵鸟、美洲鸵鸟及亲缘类群）头小，颈纤细修长，与之形成强烈的反差。暴龙属恐龙前肢退化，但头部强大，后肢粗壮。不飞鸟一定也能像它那样，能踢、能抓、能咬，将猎物制服。

不飞鸟在北美和欧洲存在过数百万年。它们或许是鹤的远亲，但与鸵鸟及其"同伙"不是亲戚。成为主导性肉食动物的机会应会落在鸟类身上，但最终是哺乳动物"战胜一切"，而我们不知原因为何。我们可以凭空而论——仅有两足、不同的脑 ④ 、没有牙齿，这些鸟类的特征，在牙齿锋利的四足犬类面前，显然处于劣势。然而，我们打心底里清楚，如果胜者是鸟类，我们同样可以说，正是那些特征使它们的成功不可避免。A. S. 罗默 ⑤ 是上一代顶尖

---

① W. D. 马修，即威廉·迪勒·马修（William Diller Matthew，1871—1930），美国古生物学家，认为人起源于亚洲，气候变化是现代生物地理分布的成因。W. 格兰杰，即沃尔特·威利斯·格兰杰（Walter Willis Granger，1872—1941），美国古生物学家，在美国、亚洲和中东有丰富的采集经历，参与过发现"北京人"（*Homo erectus pekinensis*）的前期勘查工作。——译者注
② 不飞鸟（*Diatryma*）的属拉丁名指肢骨骼上有穿孔。该属现已被撤销，原属物种并入冠恐鸟属（*Gastornis*）。——译者注
③ 平胸类（ratite）不是一个严格的鸟类分类阶元。这些动物的胸骨没有龙骨突（carina），不能为翅肌（或飞翔肌）提供附着点，所以不能飞翔。但是，该阶元并不包括所有没有飞行能力的鸟类。此外，它属于古颚下纲（Palaeognathae），而冠恐鸟从属今颚下纲（Neognathae）。——译者注
④ 原文为 bird brains，也指笨头笨脑。——译者注
⑤ A. S. 罗默，即阿尔弗莱德·舍伍德·罗默（Alfred Sherwood Romer，1894—1973），美国著名古生物学家，编著的经典教科书名为《古脊椎动物学》（*Vertebrate Paleontology*），1933 年初版，后经两次修订，于 1966 年由芝加哥大学出版社出版。罗默久负盛名，有多个分类阶元以其命名。——译者注

古脊椎动物学家，其编著的教科书堪称行业"圣经"。他在书中写道：

> 在这种大鸟存在的年代里，大部分哺乳动物的个体都非常之小（当
> 时的马只有猎狐犬那么大）。这暗示了一些非常有趣的可能情形——只是
> 没有成为现实而已。大型爬行动物相继灭绝，陆地已经敞开，等待被征
> 服。可能的（主流）继任者是哺乳动物和鸟类。前者（最终）在征服的
> 过程中胜出，但是，曾有像不飞鸟类型的生物出现过，说明在开始的时
> 候，鸟类是哺乳动物的劲敌。（Romer，1966，171 页）

我们对重演生命记录带有种种猜测，为缺乏对照实验而叹气。我们无法
让那种重演付诸现实，再说我们的星球一次只提供一次排演的机会。但是，
作为支撑鸟类和哺乳动物杠杆的支点，始新世提供了更多的不同证据。实际
上，这个不被我们左右的复杂星球为我们进行过一次得当的实验。这一特别
的记录带的确重演过，就在南美洲——这次，鸟类胜出，或者说，至少跟哺
乳动物体面地打成平手。

在巴拿马地峡 [①] 于几百万年前隆起之前，南美洲是一个岛屿大陆，一种
"超级澳大利亚"。大多数通常被认为是南美特有的动物，如美洲豹、羊驼、
貘，其实是在地峡形成以后从北美迁徙而来，而原产南美本地的大型动物群
现已基本消亡（幸存者为数不多，可怜兮兮，不过自有其魅力，如犰狳、树
懒及"弗吉尼亚"负鼠等）。[②] 在这艘巨大的方舟上，没有肉食性胎盘动物。
大多数科普书籍告诉我们，原产南美本地的肉食动物都是有袋类，是所谓的

[①]　地峡（isthmus），指连接两个大陆或一个大陆与岛屿的狭长陆地。巴拿马地峡（Isthmus of Panama）
连接南美和北美两个大陆，形成于约 280 万年前，因太平洋一侧的科科斯板块（Cocos Plate）与大西洋
一侧的加勒比板块（Caribbean Plate）长期积压导致的海底火山爆发形成，进而促成南北美洲大陆生物
大迁徙（Great American Biotic Interchange）。——译者注

[②]　貘（tapir），体形似猪的貘科（Tapiridae）动物，与驴、马、犀牛同属奇蹄目（Perissodactyla）。
犰狳（armadillo），产于新大陆的贫齿总目（Xenarthra）、有甲目（Cingulata）动物，周身覆有角质
骨板。旧大陆的穿山甲与之有相似之处，但属于鳞甲目（Pholidota），不在贫齿总目之下。"弗吉尼
亚"负鼠（"Virginia" opossum），即北美负鼠（Didelphis virginiana），作者加引号，是因为弗吉尼亚
（Virginia）是北美的美国州名，而该物种原产南美，因巴拿马地峡的形成迁徙至北美。该物种是负鼠目
（Didelphimorphia）动物，与家鼠等啮齿目（Rodentia）动物不属一类。——译者注

图 5.3　在这幅查尔斯·R. 奈特绘制的图中，南美的一只骇鸟类动物以胜利者的姿态将一只哺乳动物猎物踩在脚下。

"古鬣狗"①。人们通常会忽略另一重要的类群——"骇鸟"②，一种生活在地面的鸟类，它们同样有相当的实力，甚至可能更强。骇鸟也有巨大的头，短而粗壮的颈，但与不飞鸟并非近亲。在南美，鸟类曾有过独立的第二次尝试。那一次，是它们胜出，成为主导性肉食动物。查尔斯·R. 奈特的一幅著名复原图暗示了这一观点，其中，骇鸟以胜利者的姿态将一只遇难的哺乳动物踩在脚下（图 5.3）。

抱着自满的、以胎盘动物为中心的狭隘想法，我们或许会说——鸟类在南美取得胜利，是因为有袋动物不如胎盘动物；在欧洲和北美，捕食性地面鸟类就被征服了，而在南美，本地的有袋动物不能构成如此挑战。但我们就这么肯定吗？古鬣狗又大又凶猛，个体大可及熊，另外，还包括像袋剑虎（*Thylacosmilus*）那样的生物。对于这一点，我们或许也会加以讥讽，并指出，无论如何，在地峡隆起后，有优势的胎盘动物一涌入，骇鸟（和古鬣狗）便迅速灭绝了。但是，这种常见的有关进步的传奇故事，一样不能达到"洗地"的效果。G. G. 辛普森③——我们最伟大的南美哺乳动物进化学专家——在他最近的一本著作中写道：

---

①　古鬣狗（borhyaenid），已灭绝的古鬣狗科（Borhyaenidae）动物，所属的袋犬目（Sparassodonta）原被认为是真正的有袋动物，但现在的观点认为是其姐妹群。——译者注
②　骇鸟，原文为 phororhacid，应为 phorusrhacid，属鹤形目（Cariamiformes）骇鸟科（Phorusrhacidae）。图 5.3 所示为其模式属恐鹤属（*Phorusrhacos*）动物。——译者注
③　G. G. 辛普森，即乔治·盖洛德·辛普森（George Gaylord Simpson, 1902—1984），美国著名古生物学家，推动现代综合论（Modern Synthesis）的主要人物之一，主要研究灭绝的哺乳动物及大陆间的生物迁徙，曾提出与本书作者最著名的点断平衡理论相似的聚量演化（Quantum Evolution，亦称量子式进化）理论，但也是大陆漂移学说最有影响的反对者之一。——译者注

　　曾有种说法，这些及其他不能飞翔的南美鸟类……得以幸存，是因为在那个大陆上，相当长时间内没有肉食性胎盘动物。这种猜测远远不能让人信服……大多数骇鸟在肉食性胎盘动物到达南美之前就已灭绝，仅剩一或两种苟延残喘。许多古鬣狗与这些鸟类共同存在的数百万年，它们是高效的捕食性动物……骇鸟……更有可能捕杀哺乳动物，而非被其捕杀。（Simpson，1980，147—150 页）

　　我想，我们一定可以做出结论，南美的案例的确代表了一次合理的重演——鸟类再下一城。

彰显偶然性的一般模式

上面关于蠕虫和鸟类的故事，前一半讲历史，从伯吉斯的时代到当前，后一半讲一个浑然天成的重复实验。在这个故事里，偶然性作为对历史的普遍性描述，被推入具体的现实世界。一个故事可以作为一个案例，表明论点可行，但并不足以证明该论点成立。本书的论证还需要最后两件工作：第一，对生命历史的一般属性做出陈述，巩固偶然性之论点。第二，按年代先后列举实例，阐明偶然性之影响并非有选择性地仅施加于某些特定案例。事实上，我们星球上生命形成的主要路径和可能形式都受到偶然性的影响。在本节及下节，我将完成这最后两件论证工作。之后，以一个极有吸引力的事实收场，本书便大功告成。

即便地质历史的形成完全如同达尔文想象的那般，偶然性依然可能是主导，只不过生命历史的一般模式更多地落入广义原则下可预测的范畴。还记得达尔文是如何看待生命历史的吗？——是通过有关竞争的中心隐喻。还记得尖劈吗？（见前文 234 页）——充满物种的世界，就像一根插满尖劈的木头。新的生命类型要进入生态群落，只有通过取代当前的部分成员才能得以实现（将一定数量的尖劈从木头中挤出）。取代的过程以自然选择为原则，竞争中的优胜者是适应得更好的物种。达尔文觉得，这一过程在当前也无时无刻不在发生着，将它扩展到地质年代的尺度，就能构成生命历史的总体模式。例如，达尔文在《物种起源》第十章中极力向我们展示（尽管现在看来可能并不正确）：灭绝不是迅速实现的，大量不同的生命类型从不同的环境中消失，也不是同时发生的；与之相反，各个终将灭绝的重要类群走下坡路，都是一个缓慢的过程，而且与强有力的竞争对手出现有关。[1]不过，达尔文说的"适应得更好的物种"，仅指它们"更适于不断变化的局部环境"，并没有泛指在解剖学结构上拥有优势。从长远看，对所处局部环境的适应既有可能限制成功，也有同等可能促进成功（过于简化如寄生虫，过于精妙如孔雀）。此外，在我们的星球上，在我们用到的比喻里，没有什么像气候和地表的变化趋势那样奇怪、不可预测——大陆裂开，碎片各分东西；洋流发生变化；河流改变方向；高山隆起；河口干枯。如果生命历史的形成过程不是攀爬"进步"的阶梯，而是顺应所处的环境，那么，偶然性理应占据主导地位。

在达尔文的体系中，偶然性发挥着很大的作用。我敢肯定，它并不是其理论的逻辑推论，而是其自身工作生活中显而易见的中心主题。达尔文引入偶然性的方式很有意思，是作为进化事实本身的主要证据，夹带到一个悖论当中。大家应会认为，证明进化最好的证据，在于那些无与伦比的最优适应的例子——羽毛在空气动力学方面堪称完美，形似叶片或枝干的昆虫在拟态方面天衣无缝。这些现象被当作自然选择的产物，为我们展示进化改造威力提供了标准的教科书式案例——自然选择的磨盘转得虽慢，但出的活儿是极为精细的。然而，达尔文也承认，完美并不能作为证明进化的证据——因为最优的表象掩盖了历史的真实轨迹。

如果羽毛是完美的，可以将之解释为在以往结构的基础上自然形成的特征，同样，也有人会将其归结为全能上帝的精心设计。达尔文发现，进化的主要证据，必须从历史路径中的怪事、奇物、不完美中寻找。鲸有髋骨的残迹[2]，因此，它的祖先必来自陆地，具备有功能的腿。熊猫要以竹子为食，就得从腕骨上长出籽骨，形成不完美的"拇指"[3]。因为，它的祖先是肉食动物，无须第一趾能活动，因而失去了该功能。加拉帕戈斯的不少动物与邻近厄瓜

---

① 大灭绝并不否定自然选择的原则。因为，环境改变发生得太快、太剧烈，有机生物无法做出适当的对策。若是一同消亡，就的确与达尔文的倾向相反。他倾向的是小中见大，并将有机生命不同类群之间的竞争视作生命总体模式形成的主要根源。——作者注

② 原文为 vestigial pelvic bone，应指腰痕骨（pelvic rudiment bone）。——译者注

③ 原文为 nubbin of a wrist bone，指熊猫的桡籽骨（radial sesamoid）。作者有关该议题的文章见《熊猫的拇指》（*The Panda's Thumb*，1980）第一部分——《完美与不完美：熊猫的拇指三部曲》（*Perfection and Imperfection: A Trilogy on a Panda's Thumb*）。——译者注

多尔的相差甚微。不过，加拉帕戈斯是温度相对较低的火山群岛，气候与邻近的南美大陆差别极大。如果鲸的身上没有一丝陆生祖先的印记，如果熊猫生有完美的拇指，如果加拉帕戈斯的生命与所处的奇异环境相称，那么历史就不是自然的固有产物。"历史本身"充满着偶然发生的事件，确实是它们塑造了我们的世界。进化就蕴藏于那些（奇异的）结构之中，至于它们是如何形成的，唯一的解释恐怕是过去发生过的什么所留下的阴影。

就这样，即便是达尔文的世界，那个源于挤满物种的局部群落内部竞争的世界，也是由偶然性主导的。过去 25 年中，激动人心的知识运动让我们认识到，自然的历史并非有条不紊、连续不断；单凭日积月累，不能使个体小的物事变大。在自然历史的路径中，有一些发展模式留下了印记，它们纵深的尺度较大，属于宏观进化学的范畴，与环境的历史变迁有关。这些发展模式能将任何须经时间积累的过程打乱、重置或改向，而且随时随地都可以发生。它们的大多数强烈地深化了偶然性这一主题（Gould，1985a）。下面我们只看看其中两个。

最大初始激增的伯吉斯模式

本书的主要论证表明，偶然性的地位大为提高、程度难以估量，得益于从伯吉斯页岩获得的洞见——当前生命框架的进化形成，不是一个连续渐增的缓慢过程，而是由（解剖学构型在一开始即迅速分化之后发生的）严重抽灭事件决定的，其中有很大的彩票抽奖式因素，可能还是主导因素。

但我们必须清楚，伯吉斯代表的，到底是一次古怪的事件，还是生命历史的一般性主题。因为，如果大多数类群的进化树看起来，都像是底部幅度最阔的圣诞树，偶然性的地位就会被托到最高，被当作有机生物趋异历史的主要动力。我认为这个问题很重要。因此，在过去 15 年里，我的技术性研究工作有相当一部分，是围绕着进化树"底重"（bottom-heaviness）现象的出现频次展开的（Raup et al.，1973；Raup and Gould，1974；Gould et al.，1977；Gould，Gilinsky and German，1987）。

古生物学家早就认识到，在具有硬体结构的常见类群化石中，存在着差异度在早期达到最高的"伯吉斯模式"。棘皮动物是最好的一个例子。棘皮动物门是一个特别的海洋门类，其现代代表可分为五个主要类群——海星〔海星纲（Asteroidea）〕、蛇尾〔蛇尾纲（Ophiuroidea）〕、海胆和沙钱〔海胆纲（Echinoidea）〕、海百合〔海百合纲（Crinoidea）〕、海参〔海参纲（Holothuroidea）〕。它们都是五辐射对称。然而，在下古生界（Lower Paleozoic）地层里，我们发现该门类在形成之初有 20~30 个基本类群，有些类群的解剖学特征远远在现代的边界之外。海座星的球状骨骼呈三重对称；有些海扁果的两侧对称特征十分显著，以至于有古生物学家将其视作鱼类乃至我们所属类群的可能祖先（Jefferies，1986）；古怪的海旋板只有一条（而不是五条）取食沟[1]。这些类群无一在古生代后幸存，所有的现代棘皮动物皆局限于五重对称。然而，这些远古类群也无一在结构方面显露出不足的征兆，或有在竞争中被幸存构型淘汰的迹象。相似的模式，在软体动物和脊椎动物的历史中也有发现（在脊椎动物中，早期的无颌或仅有原始形式颌的"鱼类"在骨的数目和排列方面，比后来的鸟类、爬行动物和哺乳动物还多样。而基于固有解剖学类型的外在变化，正是脊椎动物的一大标志）。[2]

　　我最近的研究得出结论，（谱系的）阔度在早期达到最大的特征，并非为产生于寒武纪生命大爆发中的主要类群所特有。它是许多谱系的普遍特征，也见于早期的其他阶段、其他层次的一些类群。实际上，我们已经提出如下观点——这种不对称的"底重"表现可能是为数不多能赋予时间方向属性的

---

① 海座星（edrioasteroid），指海座星纲（Edrioasteroidea）动物。实际上，该类群的一些动物亦为五重对称，即五辐射对称。海扁果（carpoid），指海扁果亚门（Homalozoa）动物。海旋板（helicoplacoid），指海旋板纲（Helicoplacoidea）动物。——译者注
② 十分幸运的是，"伯吉斯模式"在具有硬体结构的常见类群中反复出现，这一事实有助于验证抽灭现象展现的主要议题——失败者的消失是因为在竞争中处于劣势，还是因为走了霉运？对于这个关键问题，我们从伯吉斯页岩本身得到的启发十分有限，因为它的软体构型动物群只是历史长河中的一粒水滴——这也是令人遗憾之所在。（有一类泥盆纪节肢动物——产自洪斯利克页岩的海星形虫，或许是马尔三叶形虫的幸存亲缘类群。不过，伯吉斯的大多数解剖学构型没有继承者，消失得无影无踪。我们也不知它们消失的原因和发生时期。）不过，具有硬体结构的类群的灭绝模式是有迹可查的。如此一来，与我们期待的相反，验证伯吉斯遭受抽灭的原因，最可行，也是最佳的办法，是研究在棘皮动物中有迹可查的相似情形。我的第一个问题是：棘皮动物的"失败者"是在大灭绝事件当中迅速消失殆尽，还是逐渐破败，在互不相干的不同时期出局？前一种情形可以构成强烈的证据，证明彩票抽奖式的选择（走霉运）是抽灭的一大属性。我们不知道这个问题的答案，不过，从理论上讲，答案是可以找到的。——作者注

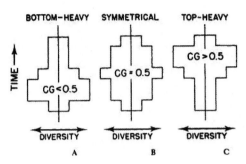

图 5.4　古生物学纺锤图重心（A）"底重"型，重心低于 0.5。（B）对称型，重心为 0.5。（C）"顶重"型，重心高于 0.5。

自然现象，因而是"时间之箭"[1]的罕见实例（Gould，Gilinsky and German，1987；Morris，1984）。在研究中，我们将进化学中的谱系和分类学中的类群以古生物学的传统"纺锤图"展现——垂直方向代表时间，横向的阔度代表相应时期幸存的类群数量（图 5.4），我们凭直觉就可看懂。这些图的形状可以是"底重""顶重"，或"对称"（在处于地质年代范围中间的时期，代表数量达到最高）。如果"底重"的谱系是生命历史的体现，那么，"伯吉斯模式"具有普遍性（因为我们的纺锤图说展现的，是分类级别较低的类群，通常是科之下的属）。如果图形呈对称的谱系占据主导地位，分化的趋势就不会赋予时间方向性。

我们通过确定图形的相对重心位置来衡量其不对称的程度。这一解释听似拗口，不过，我们的结果倒是十分直观，易于理解。谱系的重心低于 0.5（按我们的术语，即为"底重"），说明其多样性的程度在时间尚未及半之时就已达到最大，也就是说，符合"伯吉斯模式"；高于 0.5，则是在地质年龄过半以后才达到最大（见图 5.4）。

利用这种方法，我们对海洋无脊椎动物整体进行了调查——得出 708 幅纺锤图，分别代表不同科的属类组成数量。其中，我们只发现一幅在统计学上显著高于对称的水平。在多细胞生命历史早期——寒武纪和奥陶纪——形成的谱系，重心均值低于 0.5。而之后形成的谱系，重心均值不显著有别于 0.5。因此，可以肯定，对于具有硬体结构的海洋脊椎动物而言，其常规化石记录代表的所有类群都符合"伯吉斯模式"。多细胞生命早期历史的一大特点，是谱系皆为"底重"型，而在后来的历史中形成的谱系皆为"对称"型。

此外，我们发现这一模式在类群扩张早期十分普遍。"底重"不是寒武纪

---

[1]　有关"时间之箭"，详见 294 页脚注②。——译者注

无脊椎生命独有的奇特标志，而是演进分化本质的普遍性特征。例如，恐龙灭绝后，在古新世形成的哺乳动物谱系，初期曾有爆发式的分化，呈"底重"的趋势，而后来形成的谱系是"对称"型的。

我们可以对这种"底重"模式做出种种不同的诠释。我倾向"早期的尝试，后来的标准化"的说法。主要谱系似乎在其历史之初，就能形成大量差异度相当高的解剖学构型，即"早期的尝试"。一次抽灭过后，这些构型能幸存下来的为数不多，后来的分化仅发生在十分有限的解剖学构型范围之内，即"后来的标准化"。物种的数目或许会不断增加，或许还会在谱系历史晚期达到最大值，但这些极大的分化仅发生于十分有限的解剖学构型之上——现代昆虫有近 100 万种，但节肢动物的基本构型，如今仅有 3 种，而在伯吉斯的时代，20 种都不止。

无论我们如何诠释，这种"底重"模式都极大地巩固了偶然性的地位，同时也使本书的重要主题得到证实。首先，这种基本模式的存在，是令人舒心的标准图说——多样性不断丰富的圆锥——的一个反证。受到圆锥图说及其背后概念基础的束缚，沃尔科特没能认识到伯吉斯差异度的真实水平，继续将进化的中心模式描绘成与实际情况相反的样子。其次，差异度在初始时达到最高以及后来抽灭的发生，将偶然性影响的范围扩展到最大。因为，如果当前生命的分类框架所记录的，不是通过适应改良达到不断分化的最终结果，而是一次彩票抽奖式抽灭过后的少数幸运生存者，那么，若将生命的记录带重演一次，幸存的解剖学构型可能与现实相当不同，之后的历史也完全能解释得通，但那是一个与我们所知截然不同的世界。

大灭绝

我们在推断进化原因时，如果能发现"从小到大"的连贯例证，那么，根据当前（也在）发生的（以自然选择为原则取代的）"达尔文过程"，就可以构建出进化树的拓扑结构，不断延伸即可。从这由小（外推）扩展到大的主题中，达尔文自己也读出了"进步"的启示——尽管他没有持之以恒，态度也不坚决。既然如此，若这种（"从小到大"的）积累模型在地质历史中出现任何异常，这种对生命历史中"进步可预测"的最好辩解也就失效了。

在古生物学学科诞生之初，就已有了对大灭绝的记录——这些灭绝事件是地质年代划分的主要界线。然而，直至 10 年前，达尔文传统的两个方面仍促使古生物学家将大灭绝融入积累模型。一方面，可以尝试将大灭绝解释为不完美化石记录导致的假象，达尔文自己就试过。事件中的灭绝比率可能的确很高，但众多生命的灭绝是均匀地分散到数百万年中完成的。它们在同一时代的地层中出现，只是因为大多数时期并没有相应的沉积层作为代表，而相当长的灭绝时期或许被"挤压"到单一的地层平面上。另一方面，有人会承认如此事件发生得极为迅速，但辩称加强的（环境）压力只会使导致进步的"达尔文过程"的"收益有所提升"——如果平常时期的竞争都能逐渐促使最优者脱颖而出，那么，在一个艰难得无法估量的世界里，进行残酷得无与伦比的搏杀，其结果会产生什么，可想而知——大灭绝只会使预计的进步加快实现。

在过去 10 年中，大灭绝的话题获得了新生，新观点的形成、过硬数据的支持，都令人兴奋不已。最初的激励，当然是阿尔瓦雷茨提出的地外物体撞击引发灭绝的理论。不过，讨论的议题已远远超出偏离轨道的小行星的范畴，扩展到彗星雨、2 600 万年的灾难潜在发生周期及数学模型。要把这项工作讲清楚，得用一本书的篇幅。不过，我的确发现有一个具有普遍性的主题，可以归纳为意义深远的一句话——大灭绝的发生更频繁，完成更迅速，破坏力更大，产生的影响与我们先前想象的有很大的不同。换言之，大灭绝似乎打乱了地质历史的进程，而非仅作为连续历史中凸起的高点。灭绝的发生，可能是因为环境的变化过于迅速，影响过大，生物平常在自然选择中的适应能力派不上用场。就这样，大灭绝可以将在上一次发生过后"正常"时期积累的所有结果破坏、清零、改向。

由大灭绝联想到的主要问题永远是：是否存在何种模式，决定哪些幸存，哪些不会？如果有的话，该模式形成的原因为何？有关大灭绝的新观点不止一种，其中最激动人心的一个认为，在灭绝中幸存与在"正常"时期成功，两者的原因有实质性不同。因此，前者的原因成为生命历史中多样性和差异度的一个鲜明特征，或许还是主导性特征。这一特征鲜明的原因影响到整个地质历史，波及面甚广。它的存在，否定了过去的积累模型——那可是进步教条所剩的最大希望。古生物学家对这种幸存因果结构的研究才刚刚起步，将来自有人评判。不过，已有明显的迹象表明，两种形成于大火绝中的模型——我将其分别称作"随机模型"和"不同规则模型"——不仅能彰显上述鲜明特征，还能极大地巩固偶然性的主题。

1. 随机模型。如果大灭绝真的像彩票抽奖那样，每一类群各代表一个与自身解剖学构型优劣无关的号码，那么，偶然性就已被证实了，重演生命记录带的可能结果会有很多种。这一点，无须多言。我们已经发现一些迹象，完全随机的确（在灭绝中）扮演了角色。有些灭绝事件发生得太过猛烈，幸存者的类型过于局限，以致在小样本内发生的随机波动，或许都会产生有影响的后果。例如据大卫·M.劳普[1]估计，在所有灭绝的"至尊"——二叠纪—三叠纪大灭绝当中，物种消失了96%。当生物多样性猛降至原先水平的4%，我们必会产生这样一种想法——一些类群之所以"落败"，纯粹是走了霉运。

在另一项更直接的研究中，雅布隆斯基[2]归纳了有利于海洋软体动物在"正常"时期生存或物种形成的特征，考察其在大灭绝中发挥的作用。他发现，在大灭绝的不同情形下，这些特征既非生存的有利因素，也非不利因素（Jablonski，1986）。鉴于这些特征都是"正常"时期的重要因果要素，至少可以表明，大灭绝要灭掉哪些、放过哪些，都是随机的。生物的地理分布，是雅布隆斯基能发现的唯一与幸存概率相关的因素——类群分布的范围越广，幸存的机会越大。或许，当时的世道过于艰难，以致在平常占据的地盘越多，找到藏身之所的机会才越大[3]。

2. 不同规则模型。我个人并不相信完全随机是大灭绝的主导（尽管它或许发挥了一些作用，尤其是在规模最大的二叠纪—三叠纪大灭绝当中）。我认为，幸存者幸存，必有其特别的原因，而且常是一系列复杂的原因。但是，

---

[1] 大卫·M.劳普（David M. Raup，1933—2015），美国古生物学家，上文所述的2 600万年的灭绝周期，即为他与作者以前的学生杰克·塞普科斯基的共同研究成果。——译者注

[2] 雅布隆斯基（Jablonski），应为大卫·艾拉·雅布隆斯基（David Ira Jablonski，1953— ），美国古生物学家，与劳普、塞普科斯基等皆在芝加哥大学从事研究。——译者注

[3] 地理分布是种群级别的属性，不适用于像蛤或蜗牛那样分散的个体。所以，即便生存与地理分布相关，物种的命运也是随机的，与个体的解剖学构型优劣没有联系。——作者注

我也强烈地怀疑，大多数情形是——在灭绝发生的过程中，促使幸存的性状得以发挥作用，实际上是附带的结果，与生物自身进化的原因无关。[①]

这一观点是"不同规则模型"的核心。在"正常"时期，以自然选择为原则，动物在大小、形状、生理学特性上有所进化，原因种种（通常涉及适应性优势）。与大灭绝相伴而来的，是生存的"不同规则"。在新的规则下，之前的鼎盛之源、最优的性状，可能会变成死穴。一个之前没有任何意义的性状，在发育的旅途中不过是个搭顺风车的——其他适应过程的次要后果，而到此时，却掌握了幸存的关键。原则上讲，在一种特征进化形成的原因与该特征在新规则下发挥的作用之间，不存在因果关系。（因此，验证这个模型的关键，在于确定新规则的确广泛存在。）毕竟，一个物种在进化中获得某种结构，不是为了在数百万年后能派上潜在的用场——除非我们关于因果关系的一般想法变得无比扭曲，认为可以从未来控制现在。

我们人类自身的存在，可能就归功于这种好运。出于尚未明了的原因，小型哺乳动物在大多数大灭绝中逃过劫难，尤其是从将剩下的恐龙一扫而空的白垩纪大灭绝事件中幸存。哺乳动物从大灭绝中幸存，或许主要是因为它们体形小，而与因体形大而遭灭顶之灾的恐龙相比，能体现出某种解剖学构型的优势。当然，哺乳动物在当时体形小，并不是因为它们察觉到这一性状在未来具有优势。在"正常"时期，保持较小体形的原因可能是负面的，因为，恐龙占据了大型陆生脊椎动物所有的生存环境，而作为地球的在任统治者，无论是从个体实力讲，还是从政治上讲，都占有很多优势。

硅藻是海洋中的单细胞浮游植物，基切尔（Kitchell）和她的同事们从它们之中发现了一个有趣的案例（Kitchell, Clark and Gombos, 1986）。长期以来，古生物学家百思不得其解——为何在白垩纪灭绝事件中，硅藻相对而言丝毫无损，而其他浮游动物在劫难逃？硅藻的生长和繁殖，依赖于从水深处上涌到表面的季节性营养物质。（这种上涌事件即所谓"水华现象"。）当这

---

① 实际上，作者将这种进化的附带产物称为 spandrel，取自拱上的土木结构，于 1979 年提出。详见 Gould, S. J. and Lewontin, R. 1979. The Spandrels of San Marco and the Panglossian Paradigm: A Critique of the Adaptationist Programme. Proceedings of the Royal Society of London B, 205 (1161): 581—598。——译者注

些营养物质消耗殆尽，硅藻就会改变自身的形式，成为"休眠孢子"，停止代谢，沉入水体深处。而当营养物质再次形成之时，硅藻就会打破休眠。基切尔和她的同事们将硅藻在白垩纪的成功归结于休眠行为附带的次要后果。进化形成休眠孢子，是一种应对可预见的季节性营养波动的策略，显然不是针对大灭绝的灾难性环境。但是，在大灭绝的不同规则下，可能是具有休眠状态时沉到水底的能力，使得硅藻幸免于难。如果白垩纪灭绝事件的情形与"核冬天"相符，这种解释就更说得通了——因为，黑暗会使光合作用无法进行，致使依赖初级生产的食物链中上上下下的生物不断灭绝，而硅藻以休眠孢子的形式深沉于透光带之下，安然渡过了那场黑暗的风暴。[①]

达尔文想象的，是将在局部种群内（竞争获得）成功的原因，（外推）扩展到地质学尺度，解释幸存及繁衍的原因，而"不同规则模型"打破了这种因果连续。所以，这种模型主要将偶然性视作不可预测的属性，强烈支持其在进化中发挥的作用。如果长远的成功有赖于某些特征的附带方面，而那些特征的进化形成又出于其他原因，那么，若将生命的记录带倒回遥远的过去，我们怎么可能知道哪些类群将注定成功？在重演过程中，它们如何表现，如何进化，可能并不重要。我们可能会根据它们的附带特征做出一些猜测——具有这些特征，通常意味着可以从大灭绝中幸存，不过，我们怎么就这么自信？重要的是，在大灭绝到来之前，这些至关重要的特征根本不会显现出来，只有在不同的规则出现时，其附带功效的重要性才得以彰显。因为，要"激活"其功效，必须有极度的外部压力，而动物在"正常"时期从来不会经受这种压力。而且，在我们丰富多样的世界里，下一次大灭绝在未来某时发生时，有什么样的不同规则，我们怎么会知道？如果生命在地质历史中的寿命取决于——基于其他原因进化而得特征的幸运次要后果，那么，处于主导地位的一定是"不可预测性"。

这些大规模进化的一般性原则突出了偶然性的重要性，将它们呈现出来，我乐意之至。对"底重"谱系和大灭绝的属性进行归纳，本是传统的非历史科

---

① 初级生产（primary production），生态学概念，指主要通过光合作用，将无机物质转化为有机物的过程。初级生产者是食物链的基础，以植物和藻类为主。透光带（photic zone），指光线可以透过的水体上层，光合作用大于呼吸作用的水平，即在光补偿点之上。——译者注

学的活儿，但它们通常反对或至少贬低像偶然性那样的历史性原则。对于科学多元论而言，这种（来自传统反方的）加强是一种可喜的局面。我为历史科学辩护，但无意建造一个地下堡垒，躲到里面为自尊和自主而战，最好还是求合作，向前走。由进化的一般模式可知，进化的具体结果是不可预见的。

七种可能的世界

圆锥和阶梯的坍塌，就像打开了泄洪的闸门，其他可能的世界汹涌而出，只是它们从未形成过。不过，只要在早期的事件中发生轻微但又合理的变化，这些世界就会形成。这些未曾形成的世界，就如我们所知的世界一样井井有条，可以解释得通。但是，它们又是那么不同，以至于我们无法具体阐明。将未曾实现的世界逐一列出，就像是玩一场没有结束时间的室内游戏①——谁又能数得清全部的可能？虽说世间万物之间的紧密联系还不至于让一瓣落花就能扰乱一颗遥远的星——无论诗人们如何吟唱也不会，但大多数时候，地貌或环境的离奇改变，或类群（若不是由单一物种组成）的出现或消失，都会从实质上不可逆转地改变生命的路径。偶然性的应用场景数不胜数，下面，让我们只看看其他七种不同的情形，它们以时间先后为序，直指最能激起我们狭隘情感的生物——现代人类——的形成。

真核细胞的进化形成

最晚在 35 亿年前，当地球冷却到足以使主要化学组分稳定的程度，生命就开始形成了。（顺便说一句，我并不是将生命起源看作偶然或不可预测的事件。我想，从早期大气和海洋的组成来看，生命起源是必然的化学结果。后

①　室内游戏（parlour game），兴起于 19 世纪英国中上层阶级的室内智力游戏，大多涉及文字，如哑谜、猜字、举词等。它不像博弈那样必须定胜负，或有严格的时间限制，它可以一直进行下去。——译者注

来，当进化具备历史的复杂性以后，偶然性才得以发挥作用。）

考虑到有关稳步进展的传统信念，没有什么比早期生命的进化更为奇异的了——在那么长的岁月里，并没有发生什么。最古老的化石是约 35 亿年前的原核细胞形成的（见前文第 45 页）。这一时期的化石记录，同时也包括这些原核生物能进化形成的最高形式的宏观复合体——叠层石。它们由原核细胞以黏着和胶结的方式沉积而成，当一层被潮汐掩埋以后，其上会沉积新的一层，进而形成上下层叠的垫状体——整个结构的断面就像是一棵切开的卷心菜。

从化石记录看，叠层石及其原核细胞构建者主导世界超过 20 亿年。最早的真核细胞（已经像教科书上说的那样复杂完整，有核以及细胞质里的多种结构）出现于约 14 亿年前。通常的解释认为，真核细胞是形成复杂多细胞生命的先决条件，即便只是因为有性繁殖需要成对的染色体，而只有两性行为才可能保证自然选择所需的变异发生，为形成更复杂的生命提供原材料。

不过，在真核细胞起源之后，多细胞动物并没有立即形成。直到约 5.7 亿年前发生的寒武纪生命大爆发之前不久，它们才首次出现。因此，（迄今）地球生命历史的（前面）一大半，都是关于原核细胞的故事，而有多细胞动物参与的，仅是刚刚过去的六分之一。

（原核细胞起源之后）各个阶段拖延的时间如此漫长，充分说明偶然性有巨大的发挥空间，能导致大量未曾实现的可能结果。如果原核细胞必定向着复杂的真核细胞进化，那么，花费的时间确实太长了。此外，当我们打算接受最受欢迎的一种有关真核细胞的起源假说时，就进入了一个离奇的界域。在其中，意外发挥作用的次要结果是改变的根源，不可预测。这一理论认为，至少一些主要的细胞器——几乎肯定包括线粒体和叶绿体，以及其他不太确定的几种——是由整个原核细胞进化而成，它们一同共生在其他细胞中（Margulis，1981）。根据这种观点，从亲缘关系看，每个真核细胞就是一个集落[①]，只是到

---

① 集落（colony），指同种生物个体聚居形成的群体。在微生物学中称作菌落；在动物学、植物学中也称作群体。——译者注

后来集落整合为一体了。当然，线粒体最初进入另一个细胞，不是为了未来的（与其他细胞器）合作及整合着想，而仅仅是为了在残酷的达尔文世界中求得生存。所以，多细胞生命进化的这关键一步，迈出的直接原因与最终对复杂有机体的影响完全无关。这一情形反映出的，似乎是偶然的好运，而非可预测的因果。即使有人希望，将细胞器的起源，以及从共生到整合的转变，视作可预测的、以某种有条不紊的方式形成的必然结果，那么，请告诉我，为什么在过程开始之前，要浪费大半个生命历史的光阴？

在另一个可能的世界里，类似人类进化的概率有多大？关于这个问题，最后还有一点让我不寒而栗——尽管这第一起事件发生的时候，已经过去已知生命历史的一大半，但如果地球的寿命可达数千亿年，迈出这第一步花费的时间只是其极小的一部分，那么，我还是做好准备，愿意承认高级智能生物有产生的可能。但宇宙学家告诉我们，太阳当前的寿命已近一半，约 50 亿年之后就会爆炸，影响波及的半径可达木星的轨道之外，地球将被吞噬。生命将会终结——除非能去别的地方。反正，留在地球上的生命唯有死路一条。[1]

以地质年代的尺度衡量，人类智能不过产生于瞬间之前。既然如此，我们面对的事实令人震惊——自我意识的进化形成需要地球潜在寿命近一半的时间。若重演生命的记录带，会有种种误差和不确定性存在，事件发生的速率会有所不同，形成的路径也有所不同。那么，我们有多少信心，能肯定我们独一无二的心智最终会产生？重演一次生命记录带，即便选择的路径相同，或许也要 200 亿年才会走到自我意识形成这一步——只是地球在 100 亿年前就已不复存在。重演一次记录带，从原核细胞到真核细胞的第一步，或许会

---

[1]　作者的意思是，生命从无到有直至高等智能生命的产生，需要数个关键事件。由于它们的发生由偶然性决定，所以各自独立发生的概率不是 100%，而后一事件的发生仍须以前一事件为基础，所以事件越往后，在最初能估计其发生的概率就越低。发生较早的事件概率越低，对后来事件发生概率的影响越大。但是，译者个人认为，假定地球独立寿命的说法不够严谨，略有画蛇添足之嫌。因为，在太阳系里，地球本身的形成和消亡取决于太阳，地球上万物的存在亦是如此。如果按作者所述，太阳是以外爆的形式消亡，地球也必然消亡，那么，地球的寿命必然取决于太阳的寿命。所以，如果地球生命的起源为必然，且对上述最初事件发生概率的估计涉及时间，那么，应该采用太阳的寿命，即地球的实际估计寿命，而非为其假定寿命。——译者注

花上 120 亿年，而不是 20 亿年——那么，叠层石永远也不会有继续发展的机会，它们会是默默见证世界末日的最高级的生物。

第一个多细胞动物群

有人可能会接受上面发人深省的情形，但仍要说——好，就算走出原核细胞的境地不可预测，可一旦多细胞动物形成，基本的路径就定型了，往后，意识一定会产生。那么，让我们来仔细看一看。

如在第二章已讨论过的，最早的多细胞动物是全球广布的动物群，它们以澳大利亚最著名的露头埃迪卡拉命名。对埃迪卡拉动物的描述工作，主要由马丁·格莱斯纳[1] 完成。他坚持传统的圆锥概念，将这些动物诠释为现代类群的原始代表——主要属于腔肠动物门（软体珊瑚虫、水母），但也有环节动物门的蠕虫以及节肢动物（Glaessner，1984）。格莱斯纳的传统解读没有激起多少反对意见（Pflug，1972；1974），埃迪卡拉动物群作为现代类群合适的祖先的观点，稳稳当当地进了教科书——因为它们不仅年代最遥远，复杂度最低，还很好地满足了人们的期待。

埃迪卡拉动物群有着特别的重要性，它是前寒武纪时期与寒武纪之间的伟大界线（这条界线以著名的寒武纪生命大爆发为标志，其间产生了具有硬体结构的现代类群）之前唯一的多细胞生命存在的证据。的确，埃迪卡拉动物只能大致算得上发生于前寒武纪时期，发现它们的地层就在寒武纪地层之下，或许在前寒武纪时期最顶层扩展的年代范围还不到 1 亿年。埃迪卡拉动物得以紧挨在这条界线之下，是因为其结构完全是软体的。若分类地位在那次地质历史的巨大变迁中保持不变，而且，在硬体结构进化形成的过程中，其构型不发生大的改变，那么，平稳连续的圆锥模式就可以被证实。——对埃迪卡拉的这一版本的诠释听起来疑似有"沃氏鞋拔"的腔调。

---

[1]　马丁·格莱斯纳（Martin Glaessner，1906—1989），生于奥匈帝国的古生物学家，自 20 世纪 50 年代始在澳大利亚专事古生物学研究，曾于 1974 年获得伦敦地质学会颁发的莱尔奖章，1982 年获得美国国家科学院颁发的沃尔科特奖章。——译者注

我的朋友多尔夫·赛拉赫[①]是德国图宾根大学的古生物学家，在我看来，他是如今活跃在古生物学界的最优秀的观察者。20世纪80年代初，他提出了对埃迪卡拉截然不同的一种诠释（Seilacher，1984）。他从两个方面为自己的诠释辩解，一个正面，一个反面。他反面辩解的理由从功能入手，认为埃迪卡拉的动物与相应的假定现代形式的行为方式有所不同。因此，该观点认为，尽管两者在外表上有相近之处，但并不能归于同一类群。例如，大多数埃迪卡拉动物曾被归到软体珊瑚虫——一个包括柳珊瑚[②]的类群。珊瑚（骨骼）代表的，是一个由成千上万的小小个体组成的集落。软体珊瑚虫的虫体必须形成树状或网络状的分枝，而且枝条之间必须形成间隔，这样，水流才能将食物颗粒送进，将排泄物带走。埃迪卡拉动物的骨骼虽然有明显的分枝结构，但它们合在一起，形成的是床被般的扁平垫状结构，之间没有间隙。

赛拉赫的正面理由是，大多数埃迪卡拉动物在分类上可以归为一类，作为单一解剖学构型的不同变型——它们都是扁平的，分为数段，或像垫子的丝线那样纠缠在一起，或像绗缝的床被那样一片连着一片，由此形成的静水骨骼[③]更像一个充气床垫（图5.5）。既然这种构型不见于任何现代类型，赛拉赫做出结论，埃迪卡拉动物所代表的，是一次完全独立的多细胞生命尝试——在寒武纪没有埃迪卡拉元素幸存的迹象，由此可知，它们最终没有从前寒武纪时期的一次不得而知的灭绝中挺过来。

就伯吉斯动物群而言，我想，已经有足够的科学证据证实"沃氏鞋拔"不成立，那桩公案已经了结。对于埃迪卡拉动物群而言，赛拉赫的假说合情合理、激动人心。然而，它尚未被证实，能否取代传统的解读还不能确定。对于传统解读，或许有一天会被称作"格氏鞋拔"，但也有可能会被尊为"格莱斯纳的洞见"——这桩公案尚未了结。

---

① 多尔夫·赛拉赫（Dolf Seilacher），即阿道夫·赛拉赫（Adolf Seilacher，1925—2014），德国古生物学家，以遗迹化石研究著称。他在20世纪70年代提出的构造形态学（Konstruktions-Morphologie）的观点影响了本书作者。——译者注

② 柳珊瑚（sea fan），指软珊瑚目（Alcyonacea）〔原柳珊瑚目（Gorgonacea）〕的一种动物。——译者注

③ 静水骨骼（hydraulic skeleton），即hydrostatic skeleton，亦称水骨骼，指内部充满液体并由液压支撑的骨骼，常见于软体构型动物。——译者注

图 5.5　赛拉赫对埃迪卡拉动物的分类，以单一的床被状扁平解剖学构型的不同变体为依据。这些动物通常被归于数个不同的门类之下。〔文德纪（Vendian），指前寒武纪晚期的一个时期，与埃迪卡拉纪（Ediacaran）重叠，但时间更长。两者所指时期在我国被称为震旦纪（Sinian）。——译者注〕

　　不过，假使赛拉赫的观点正确，即使只有一部分，我们也可以试想不可预测性发挥的作用如何。格莱斯纳将埃迪卡拉动物归于现代类群，按这一处理，最早的动物与后来形成的动物有相同的解剖学构型，只是简单一些——那么，进化的方向必然已定，就像传统的多样性圆锥那样，朝着向上、向外的方向不断丰富。如果是这样，将生命的记录带倒回简单的腔肠动物、蠕虫和节肢动物所在的年代，即使重演 100 次，我想结果通常是大致相同的。

　　但如果赛拉赫没错，其他的方向、其他的可能性就曾出现过。从分类地位上看，赛拉赫并不相信所有的前寒武纪晚期动物都属于这次独立的多细胞生命尝试。他研究了同一地层大量不同的遗迹化石 ①（轨迹、行迹、洞穴），确信具有现代构型的后生动物——可能是某种类型的真正蠕虫——曾与埃迪卡拉动物群同时存在过。因此，就像伯吉斯的情形一样，数种不同的解剖学构

① 遗迹化石（trace fossil），生物在生活及行动中留下的实物和痕迹形成的化石，例如行迹、钻迹、巢穴、排泄物、卵等形成的化石。——译者注

型在最开始就已出现。生命既可能选择埃迪卡拉的途径，也可能选择现代构型的途径，但前者完全没了踪迹，我们不知原因为何。

假使我们将生命的记录带倒回前寒武纪晚期重演，在这第二次机会中，埃迪卡拉的扁平床被状动物胜出，消失的是后生动物。那么，生命选择的这条不同的埃迪卡拉构型路径，是通往意识产生的方向吗？可能不会。从埃迪卡拉动物的构型看，它好似在体积增加后试图获得足够表面积的另一种解决方案。既然表面（长度的平方）增加的速度比体积（长度的立方）慢得多，且动物的大多数功能又实现于表面，那么，大型生物必须找到扩增表面积的办法。在现代生命选择的途径中，是通过进化形成体内器官（肺、小肠的绒毛）来获得必要的表面。赛拉赫提出的第二种解决方案，可以作为理解埃迪卡拉构型的关键——动物的内部可能不会进化出复杂的结构，但必须靠改变整体形状来获得更多表面——可以是线状、带状、薄片状、烧饼状，尽可能地缩小内部空间，将获得的表面体现在外部。（埃迪卡拉动物形成的复杂的纹路，可以看作是对这些不稳定形式加固的手段。试想，一张长达 1 英尺、厚不及 1 英寸的薄片，在充满潮汐和风暴的灾难世界里，是多么需要额外的支撑。）

如果埃迪卡拉代表的是第二种解决方案，而且在重演中胜出，那么，动物是否会变得更复杂，或者获得近似自我意识的性状，我有所怀疑。埃迪卡拉动物的发育模式排除了进化形成体内器官的可能，动物可能永久局限于薄片状和烧饼状的体形——就我们所知，对于具有自我意识的复杂生物而言，这是最不受待见的一种体形。不过，从另一方面看，如果埃迪卡拉的幸存者的体内能进化得更加复杂，那么，这条起点完全不同的路径所通往的，是一个值得在最优秀的科幻小说里见到的世界。

寒武纪生命大爆发的第一个动物群

现在，对于这两个发生在洪荒时代的事件，我们假定的那位圆锥和阶梯的推崇者或许会心甘情愿地做出让步。不过，他可能会跨过（时代的）界线，到寒武纪那边固守。他会认为——可以肯定，生命大爆发一旦发生，传统的硬体结构动物就会在化石记录中亮相，未来的轮廓必然已定，生命必定沿着

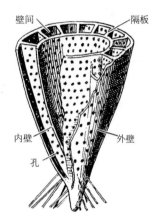

壁间　　　　　隔板

内壁　　　　　外壁
孔

图 5.6　一种古杯类动物，显示出"杯套杯"的基本构造。

预计的方向进化，让圆锥向上、向外扩展。

　　事实并非如此。如在第二章已讨论过的，最初的"（小）壳形动物群"——为纪念俄罗斯的那个著名发现地而命名的托莫特（动物群），远比之前更早的动物群神秘。毫无疑问，在托莫特，有些现代类群首次亮相。不过，更多化石代表的解剖学构型不在现代范畴之内。故事正变得熟悉——最初存在的潜在路径数量最多，但抽灭紧随其后到来，这才将现代生物的框架确定下来。

　　最有特点、数量最多的托莫特生物当数古杯类（archaeocyathid）（图 5.6），但其分类归属是一个长久以来悬而未决的难题——熟悉的主题再次浮现。它们是化石记录中最早的造礁生物，形态简单，通常呈锥形，具有两层壁——好似一个杯子套着另一个杯子。在传统的"鞋拔"精神影响下，一个多世纪的古生物学思辨将这类生物的归属从一个现代类群推到了另一个类群，认为它们应与珊瑚虫或海绵为伍。但是，我们对古杯类动物的了解越多，它们就越发令人感到陌生，大多数古生物学家将它们置于一个注定会在寒武纪消失的单独门类。

　　令人印象更深的，是最近刚刚认识到的一个事实——"小壳形动物群"生物的差异度也非常高。托莫特的岩层含有大量形态各异的微小化石（长度通常仅有 1～5 毫米），不属于任何现在的门类（Bengtson，1977；Bengtson and Fletcher，1983）。我们可以根据外形将它们分为几类（图 5.7 显示的是有代表性的例子）——管状、棘状、锥状、盘状，但我们不知它们的分类地位如何。或许它们不过是骨骼化仍未完全实现的早期零碎；或许覆于壳下的，是我们熟悉的生物，它们的壳在后来更精致了，并具有常规化石的特征；或许大多数托莫特"奇葩"代表的，是形成得早、消失得快的独特类型——这一解释最近在"小壳形动物群"爱好者间越来越受欢迎。例如研究此动物群的顶尖苏联专家罗扎诺夫（Rozanov）在最近的综述中做出结论：

　　　　寒武纪早期的岩层含有无数非常奇特的生物的残骸，有植物的，也

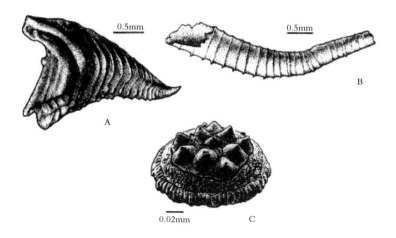

图 5.7 寒武纪"小壳形动物群"分类地位不明生物的代表（Rozanov，1986）。（A）托莫特壳（*Tommotia*）。（B）小软舌螺（*Hyolithellus*）。（C）*Lenargyrion*。

有动物的，它们大多在寒武纪后不复出现。我倾向于认为，在寒武纪早期，曾形成过无数高级别的分类阶元，并很快灭绝。（Rozanov，1986）

再一次，我们见到的是圣诞树的形状，而不是一个圆锥。再一次，进化路径不可预测的属性摆明立场，与对"意识将不可避免地产生"的期望针锋相对。托莫特包含有很多现代类群，但也蕴含着大量的其他可能性。将生命的记录带倒回寒武纪早期重演，或许这次，我们的现代礁石是古杯类动物形成的，而不是珊瑚虫。或许，不会有比基尼、威基基。[①] 或许，也不会有轻呷朗姆碎冰鸡尾酒（rum swizzle）、到壮丽的海底花园潜泳的人。

之后在寒武纪发生的现代动物群起源

我们的传统主义者现在开始坐不住了，但作为最后一次战略收缩，他还是接受了对托莫特的诠释——好，寒武纪产生的第一个动物群的确蕴含了大

①　比基尼（Bikini），指比基尼环礁（Bikini Atoll），位于太平洋中西部的马绍尔群岛（Marshall Islands）。威基基（Waikiki），夏威夷首府檀香山的著名海滩旅游度假区。——译者注

量的其他可能性，皆同等合理，且一种也不会产生我们人类。他还会说——不过，可以肯定，一旦进入寒武纪下一阶段——以另一处俄罗斯发现地命名的阿特达班阶，生物类群的范畴界限和进化方向就将最终定型。我们熟悉的寒武纪标志——三叶虫——的到来，也标志着快把人逼疯的情形就此结束，可预测的情形开始了。坐看好戏吧！

本书到此，篇幅已经很长，您不会希望我把前面的内容再重复一次。[①] 我仅指出一个事实——伯吉斯页岩所代表的，就是在阿特达班阶发生的早期幅度即达到最大的辐射。伯吉斯页岩的故事即生命本身的故事，它不代表一种独特的、失常的可能情形。

陆生脊椎动物的起源

我们的传统主义者现在有所动摇。他已准备放弃几乎对所有生命的指望，把它们的形成归结于偶然，但他仍将坚守最后一道防线——脊椎动物的形成。毕竟，这场博弈的中心是人类意识，看它是生命之树上一个意外的小枝、一个不可预见的产物，还是不可避免的趋势所能到达的最高点，或这一趋势至少是可能存在的。他会认为——其他的生命都见鬼去吧，它们不在产生意识的谱系上。他还会说——可以肯定，一旦脊椎动物产生了，不管它们的起源是多么出乎必然，我们都会满怀信心，一步一步从池塘上岸，到干燥的陆地上，形成后肢，形成容量大的脑。

如果鱼类的解剖学特征表明，鳍能轻易地转变为强壮的肢，用以在陆地的重力环境下支撑身体，即便那是出于意外的原因，我也会接受。因为那说

---

① "我把前面的内容再重复一次"，原文为 "second verse, same as the first"。在歌曲里，副歌（chorus）之前如果有一段（verse）以上，一般唱词会不同。但有些歌曲连着的两段唱词相同，即原文的说法"第二段，与第一段相同"。歌曲中出现这种情况尚可以原谅，若这里的 verse 指诗歌的诗节，效果可想而知。这一用法也可引申为重复之前的事。作者加引号的用意可能是引用英国摇滚乐队"赫尔曼的隐士"（Herman's Hermits）翻唱的杂耍（music hall）歌曲《我是（邻家寡妇嫁的）第八个亨利》（I'm Henery the Eighth, I Am）里的调侃。该版本几乎没有副歌，而是把原作的副歌当作一段，重复两次。在第一次重复开始前，演唱者加了一句提示 "second verse, same as the first"，以表调侃。作者在此的用意显然是——花了近整本书的篇幅论证了有关议题，论证完成后补充说几句，当涉及该议题时，不必为此把整本书的论证再重复一次。——译者注

明，最关键的一步——改变生活环境，从水中到陆地上——有可能具有必然性。但鱼类大多数完全不适于这种转变。鳍基部有硬实的鳍基骨（basal），它与身体主轴平行，与鳍表面无数的鳍条垂直。那些鳍条纤细且互不相连，无法在陆地上支撑身体。少数可以在泥滩上"碎步疾行"的现代鱼类，如"步行鱼"——弹涂鱼（*Periophthalmus*），它们是拖着全身匍匐而行，并非踩着鳍飞驰。

陆生脊椎动物可以形成，是因为鱼类"标准继承者"的一个相对较小的远亲类群出于自身的直接原因，恰好进化出类型完全不同的肢骨——有着与体部垂直的强壮中轴，其上另分出数条侧枝。具有这种构型的结构，可以进化成在陆地上承重的肢——中轴变为我们臂和腿的主要骨骼，侧枝形成手指或足趾。但这种鳍条结构的进化，并不是为了未来的哺乳动物行动自如。对于借助底质助推的底栖鱼类而言，具有这种能灵活旋转的肢可能是一种优势。不过，无论具有什么样的未知优势，这种陆地生活的必备先决条件的进化，见于鱼类主流之外的一个局限类群——"肺鱼－腔棘鱼－扇鳍鱼联合体"[①]。将生命的记录带倒回泥盆纪，那个所谓鱼的时代。哪个观察者会把这些既不普遍，特征也不显眼的鱼挑出来作为前体，以待将来——在与当时如此不同的环境里——获得如此显耀的成功？重演生命的记录带，若让扇鳍鱼灭绝，我们的陆地就变成了昆虫和有花植物统治的世界。

火炬传给哺乳动物

难道我们不能给传统主义者一点慰藉吗？——让偶然性决定哺乳动物的起源。若能调查哺乳动物在恐龙天下亮相之时的世界，难道我们不会发现这懦弱多毛的动物很快就要继承这个地球了吗？庞大、笨拙、愚蠢的冷血巨兽有什么手段抵御聪明、圆滑、胎生的恒温动物？难道我们不知道哺乳动物在恐龙统治晚期崛起了吗？难道哺乳动物不是通过吃掉其对手的"蛋"，从而加

---

① "肺鱼－腔棘鱼－扇鳍鱼联合体"（lungfish–coelacanth–rhipidistian complex），即肉鳍鱼纲（Sarcopterygii）动物。——译者注

快了不可避免的"权力交接"吗?

这种常听到的情形是虚构的,它根植于对进步和可预测性的传统期盼。哺乳动物在三叠纪进化形成,与恐龙同期或稍晚。哺乳动物在最初的1亿多年里,即其全部历史三分之二的时间里,苟存于恐龙世界的夹缝之中。它们在恐龙灭绝之后的6 000万年获得成功不是在一开始就计划好的。

在这开始的1亿多年里,没有任何迹象表明哺乳动物有称霸地球的趋向。与之完全相反的是,恐龙占据了所有适于大型陆地生物的环境,保持着不可挑战的地位。哺乳动物没有任何实质性发展,无论是朝着占据主导地位的方向,还是倾向形成更大的脑,甚至是更大的体形。

如果哺乳动物崛起稍晚,并驱使恐龙走向末日,那么,我们可以合理地提出一种进步可待的情形。但是,恐龙一直保持着主导地位,它们的灭绝,可能只是最不可预测的事件导致的离奇后果——地外撞击引发的大规模死亡。如果恐龙在这次事件中没有死绝,它们或许仍是大型脊椎动物天下的统治者,毕竟,这种显耀的成功已经存在了那么久。如果是那样,哺乳动物仍是生活在恐龙世界夹缝里的小生灵。这种形势已经持续了1亿多年,为什么不能再继续6 000万年?既然恐龙的脑容量没有显著变大的趋向,而且这种趋向也非爬行动物构型力所能及(Jerison,1973;Hopson,1977),我们不得不做出如此假设——如果不是飞来横祸砸到恐龙头上,意识可能不会在我们的星球上产生。我们之所以能作为有思考能力的大型哺乳动物存在,用一种完全直白的表达来形容——归功于我们的幸运星。

现代人类的起源 [①]

我不会把这一论证推向荒谬的极端。我甚至会承认,在人类进化故事的某一节点,在种种条件共同促使下,我们的意识便达到了今天的水平。常见

[①] 译者将本书出现的所有 *Homo sapiens* 译作"现代人类",而非传统的"智人",理由在于 *Homo sapiens* 也包括介于现代人(*H. s. sapiens*)和直立人之间的早期智人(Archaic *Homo sapiens*),甚至可以包括尼安德特人。而作者所指的 *Homo sapiens*,限于现代人类及解剖学特征与之相近的晚期智人〔Late *Homo sapiens*,又称解剖学上的现代人(anatomically modern humans)〕。——译者注

的解释如此描述——获得直立的性状之后，手被解放出来，得以使用工具和武器，这些可能的行为产生反馈，进而刺激大脑进化出更大的脑容量。

　　但我相信，我们当中的大多数对人类进化的模式有着错误的印象。我们将自己所属物种的形成看作一种全球性的过程，人类谱系的所有成员，无论生活在何处，都参与其中。我们认识到，我们的直接祖先——直立人，是走出非洲并在欧洲和亚洲定居（过去说的"爪哇人"和"北京人"）的第一个人类物种。但是，我们接着又转回坚持全球性推进的假说。鉴于智能的适应价值①，我们臆想，在可预见且必要的进步趋势驱使下，三个大洲的所有直立人种群一道攀爬了意识的阶梯。我把这种情形称作人类进化的"趋向理论"——现代人类成了一种广泛存在于所有人类种群的进化趋向的预期结果。

　　最近，有根据现代类群遗传差异构建进化树的研究（Cann，Stoneking，and Wilson，1987；Gould，1987b），它们的结果为另一种观点提供了强有力的支持。该观点认为，现代人类仅是一个进化的枝节，一个不折不扣的实体，从非洲祖先谱系分出的一个自洽小种群。我把这种观点称作人类进化的"实体理论"。它蕴含的一连串引人注目的暗示——亚洲直立人灭绝了，且无"子嗣"传承，由此不能成为我们的直接祖先（因为我们是从非洲种群进化形成的）。尼安德特人是我们的近亲，或许当我们在非洲形成时，他们就已在欧洲生活。不过，他们对我们的遗传系谱也没有直接的贡献。②换言之，我们是一个脆弱的实体，我们的产生本非必然。我们来自非洲的一个小种群，不过是在不稳定的开端之后幸运地获得了成功，而非一个可预见的全球性趋向的最终产物。我们是一件物事，历史的一个枝节，不是一般性原则的体现。

　　如果我们是一件可重复产生的物事——如果，现代人类失败了，在开始时与大多数物种一道灭绝，而具有同等形式的高等智能的其他种群注定会出现，那么，我在上文的主张就不会承载那些令人瞠目结舌的暗示。如果我们失败了，难道尼安德特人不会接过火炬吗？难道意识与我们相仿的其他智能

---

① 适应价值（adaptive value），也称适应值，指一种性状、行为或特征对个体进化适应的贡献程度。——译者注

② 尽管这种说法没有问题，但值得指出的是，近年来，有证据表明尼安德特人与晚期智人有过基因交流，尼安德特人的基因存在于现代欧洲人和亚洲人的基因组中。——译者注

承载者不会及时出现吗？我不知为何不会。与我们亲缘关系最近的祖先——直立人，还有同种近亲——尼安德特人，以及其他相关种种，他们具有高度发达的思考能力，从他们使用的工具及其他物品就可以看出来。但只有现代人类（晚期智人）留下了拥有抽象的理论能力的证据，包括计数及美学模式，无疑这是人类才有的。冰河时期的所有有关迹象表明，用于估算的历法棒（calendar stick）和计数工具①都是现代人类的。所有冰河时期的艺术——石洞壁画、维纳斯小雕像②、马头雕像、驯鹿浅浮雕，也是本物种的作品。从现有的证据看，尼安德特人对表象艺术一无所知③。

再一次，把生命的记录带倒回过去重演，让生命之树上现代人类的小小枝丫长眠于非洲。其他的类人生物，或许已经站在被我们称作人类的可能性的门槛上，但可能产生的诸多情形虽然合理，却永远不会产生与我们水平相当的意识。再一次，把生命的记录带倒回过去重演。这一次，尼安德特人在欧洲消亡，亚洲的直立人也消亡（结局与在我们的世界实际发生的相同）。非洲的直立人成为唯一幸存的人类储备，他会踉踉跄跄，维持好些时间，甚至会兴盛一时，但他不再处于物种形成的阶段，因而稳定下来。接着，一种突变的病毒将直立人摧毁殆尽，或者气候的变化将非洲变成不宜居住的森林。这样，哺乳动物分枝上一个小小枝丫，一个有着种种吸引人的可能但从未成为现实的谱系，从此加入灭绝的大多数物种的队伍，成为其中一员。不过，那又怎样？反正大多数可能本来就从未实现过，又有谁曾知道（它们若实现的话）有什么不同？

这种形式的论证使我得出如此结论——生物学对人类的本性、地位、潜能的最深刻的理解可以归结为简短的几个字——偶然性的体现。现代人类是一个实体，不是一个趋向。

---

① 计数工具，原文为 counting blades，可能指产生于旧石器时代的计数刻线（tally mark），也可能指同时期的记录棒（tally stick）。——译者注
② 维纳斯小雕像（Venus figure），即 Venus figurine，指旧石器时代晚期形似女性的小雕像。——译者注
③ 尼安德特人是否产生了艺术是个持久争论的问题，但最近已有研究表明，某些岩画是尼安德特人留下的。另见 Hoffmann, D. L., Standish, C. D., and García-Diez, M., et al. 2018. U-Th dating of carbonate crusts reveals Neandertal origin of Iberian cave art. Science. 359(6378): 912-915.——译者注

通过这种形式的论证，我把历史的所有时期、生物的所有尺度逐一走过一遍，直指中心议题——我们自身的进化。我希望自己能依此说服您，偶然性是一切重要之所在。否则，您会把这种重演生命记录带式的推演仅仅看成一种关于奇异生物的游戏。您可能会问，我所有这些遐想是否真的有什么意义。问题的答案，可以说秉承了最实用的美国传统精神——无所谓。把自己想象成某种神圣的唱片骑师，坐在时光的记录机前，还有成套的生命记录带，上面有诸如"曳鳃类""多毛类""灵长类"的标签——这该多么有趣。不过，如果每一次伯吉斯页岩的重演都得到从未实现的其他结果——我们住在威瓦西虫的世界里，或者是到处被"小鸡鸡虫"（曳鳃虫）弄得乱糟糟的海底，或者是满是骇鸟的森林，那么，它真的有什么意义吗？在烤蛤野餐会上享用美食前，不是揭开壳，而是剥去骨片。我们的荣誉陈列室或许以不飞鸟有最长的喙为豪，而非以狮子有最浓密的鬣毛为傲。但是，会有什么根本不同？

我想，一切都不同了。掌握生命记录带的神圣唱片骑师手边有上百万种情形，每一种都十分合理。开始的状况是有点诡异，没有特别的理由就发生了。而在事后回顾，可以发现，它引发的一连串后果，导致的似乎是一个不可避免的未来。不过，早期受到的轻微影响，使历史触碰到一条不同的轨道，进而即可从原先的路径并入其中，朝着另一个合理的方向发展。最后的结果是那么不同，让最初的颠簸看起来是那么微不足道。如果是"小鸡鸡虫"统治了海洋，我不相信南方猿人能有机会直立行走在非洲的大草原上。所以，对于我们自己的存在，我想，我们只能大声欢呼——啊，难以置信的勇敢新世界，我们这样的人类竟能存在于其中。

以皮卡虫收场

　　我必须以一个坦白行为来作为本书的结尾。我使用了一个教学小技巧，把您小小要了一把——在之前对伯吉斯页岩生物的长篇讨论中，我故意漏掉了一种生物。我或许可以给出一个理由搪塞，说西蒙·康维·莫里斯关于该属的专论尚未发表——他一直说要把最好的留到最后。不过，我这一姿态可能不太真诚。我之前之所以有所保留，也是因为想把最好的留到最后。

　　1911 年，沃尔科特发表了一篇有关所谓伯吉斯环节动物的论文。其中描述了一种吸引人的动物，它是一种两侧扁平的带状生物，长约 2 英寸（如图 5.8 所示）。他将之命名为优雅皮卡虫（*Pikaia graciiens*），以此纪念附近的皮卡峰（Mount Pika），并表明这种生物有某种优雅的形态。沃尔科特自信地将皮卡虫属置于多毛类蠕虫之列。其分类依据在于，他认为虫体有明显的规则分节。

　　西蒙·莫里斯分配到的论文主题是伯吉斯"蠕虫"，他由此接触到皮卡虫。在研究了现有的 30 件或更多标本之后，他得出一个坚定的结论。这一点其他人也曾想到过，而且已在古生物学"八卦圈"流传多时——皮卡虫不是一种环节动物，它是一

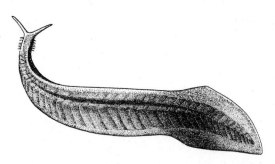

图 5.8　皮卡虫，世界上已知最早的脊索动物，产自伯吉斯。由图中可见其有我们所属门类的特征：贯穿于背部的脊索（或坚硬的棒状结构），后来进化成我们的脊椎；带状肌肉组织 Z 线。（玛丽安娜·柯林斯绘图）

种脊索动物，是我们所属门类的一员——实际上，它是我们已知的最早的直接祖先。（意识到这一洞见的重要性，西蒙明智地把皮卡虫放到自己伯吉斯研究的最后。当您有某种罕见且重要的收获，您一定得保持耐心，静待思考成熟，技术上达到最高水准。毕竟，这是条大鱼，您必须马到成功。）

皮卡虫被沃尔科特鉴定为环节动物体节的结构，展现出了脊索动物肌节（myotome）或带状肌肉组织 Z 线的回折特征。此外，皮卡虫有一根脊索。我们所属门类——脊索动物门，就是以这一坚硬的棒状背部结构命名的。在很多方面（至少从结构组织方式的一般水平看），皮卡虫与现存的文昌鱼①相似。后者被当作脊椎动物祖先的"原始"脊索动物结构组织方式，常见于实验室和课堂。康维·莫里斯和惠廷顿断言：

> 得出它（皮卡虫）是脊索动物而非环节动物的结论，似乎是不可避免的。这种中寒武纪生物保存得相当完好，因而成为包括人类在内的所有脊椎动物所属之门类的一个历史里程碑。（Conway Morris and Whittington，1979）

真正的脊椎动物化石的代表，最初是无颌类（agnathan），或者说，是没有颌的鱼，最初出现在中奥陶纪。另有一些分类地位不明生物的散碎材料，来自早奥陶纪，甚至晚寒武纪。它们都大大晚于伯吉斯的皮卡虫（Gagnier，Blieck，and Rodrigo，1986）。

当然，我并非声称皮卡虫本身是脊椎动物的实际祖先，也不会愚蠢到认为后来形成脊索动物的所有机会皆集于中寒武纪的皮卡虫一身。一定还有其他生活在寒武纪海洋中的脊索动物，只是尚未被发现而已。但我怀疑，既然皮卡虫在伯吉斯的数量那么少，在其他古生代早期化石堆积库中也未发现有脊索动物，那么，我们所属的门类在伯吉斯时代的成功故事中可能没有一席之地。在伯吉斯的时代，脊索动物的未来生死未卜。

---

① 文昌鱼（*Amphioxus*），指文昌鱼目（Amphioxiformes）文昌鱼属（*Branchiostoma*）动物，作者采用的命名现已被弃用。——译者注

皮卡虫是我们这个有关偶然性的故事中的一个缺失链条，也是最后一个——它是伯吉斯抽灭和人类最终进化形成之间的直接联系。我们不再需要谈论我们的狭隘之心不以为意的话题——满是"小鸡鸡虫"的世界；马尔三叶形虫类型的节肢动物的世界，蚊子没有存在过；骇人的奇虾狼吞虎咽，把鱼类送入肚中的世界。将生命的记录带倒回伯吉斯时代重演一次。这次，如果皮卡虫没能幸存，我们就不会出现在后来的历史中——我们所有脊椎动物，从鲨鱼到鸫鸟（robin）到猩猩，无一幸免。如果让实力评估者们来决定，我不认为哪个会一手握着现今已知的伯吉斯证据，一手对皮卡虫情有独钟，让它撑下来。

所以，如果您想问那个千古之问——人为什么存在？答案要点必包括——因为皮卡虫得以从伯吉斯抽灭中幸存。这一回答触及了科学可解决的问题的一些方面，但它没有引述一条自然法则，也未做出进化路径可预测的表态，更未基于解剖学或生态学的准则计算概率。皮卡虫的幸存是"历史本身"的偶然。我不认为存在什么"更高深"的其他答案，我也无法想象有什么解答更令人着迷。我们是历史的子孙，置身于可想象的最多样、最有生趣的宇宙——它对我们的苦难漠不关心，因此也赋予我们最大的自由，让我们以自己选择的方式兴盛或衰亡。所以，在其中，我们得开辟自己的道路。①

---

① 随着我国更早的早寒武纪澄江生物群被发现，皮卡虫创造的纪录已被改写。现已发现的更早的脊索动物有好运华夏鳗（*Cathaymyrus diadexus*）、海口华夏鱼（*C. haikouensis*）、丰娇昆明鱼（*Myllokunmingia fengjiaoa*）〔耳材村海口鱼（*Haikouichthys ercaicunensis*）、钟健鱼（*Zhongjianichthys rostratus*）〕、安宁山口海鞘（*Shankouclava anningense*）〔山口山口海鞘（*S. shankouense*）〕、中间型中新鱼（*Zhongxiniscus intermedius*）。另外，曾被认为也是脊索动物的两种海口虫（*Haikouella*），实为铅色云南虫（*Yunnanozoon lividum*）的异名，且分类地位不详，被列入"分类地位不详两侧对称动物"（Bilateria of uncertain affinity）。详见 Hou, X. G., Siveter, D. J., and Siveter, D. J., et al. 2017. The Cambrian Fossils of Chengjiang, China: The Flowering of Early Animal Life, Second Edition. Hoboken: Wiley-Blackwell。此外，皮卡虫也被再次修订，与本节内容描述的有所不同，详见 Conway Morris, S., Caron, J-B. 2012. *Pikaia gracilens* Walcott, a stem-group chordate from the Middle Cambrian of British Columbia. Biological Reviews. 87: 480–512。——译者注

新译后记

　　既然是新译，就意味着本书原著的译作已有珠玉在前。早在 2008 年，江苏科学技术出版社就已出版过一个译本，题为《奇妙的生命——布尔吉斯页岩中的生命故事》，由"身处古生物专业"的傅强联合两位同学兼同事马俊业、谢古巍，花费"近一年的时间"完成。

　　显然，对于原译者而言，这项工作是一个不小的挑战。由第一译者傅强执笔的《译后记》长达八页，可见译者对这项工作倾入的心血之巨和感情之深。现在，作为非古生物专业出身的非专业译者，我在接受重译工作一年之后，也体会到其中滋味。

　　就在一年多前，"古尔德"这三个汉字，能让我最快联想到的，可能不是本书原著作者斯蒂芬·杰·古尔德（Stephen Jay Gould，1941—2002），而是加拿大著名钢琴家、巴赫作品的一代权威诠释者格伦·古尔德（Glenn Gould，1932—1982）。这似乎有些不可原谅。尽管我不"身处古生物专业"，但所受高等教育的专业从属生物口，本该对斯蒂芬·杰·古尔德有所耳闻。而且，其文集《熊猫的拇指》（*The Panda's Thumb*，1980）的汉译，我是在第一时间，奔至三联在武昌雄楚大道上的武汉门市，买的第一版第一次印刷本。此外，对斯蒂芬·杰·古尔德最著名的点断平衡（punctuated equilibrium）理论，我也并不陌生。

　　本书的英文原名为"Wonderful Life: The Burgess Shale and the Nature of History"（直译为《美好的生命：伯吉斯页岩与生命本质》），当我第一眼看到标题时，联想到的，是美国著名电影导演弗兰克·卡普拉（Frank Capra，

1897—1991）的代表作《生活多美好》(*It's a Wonderful Life*, 1946)。这一次，我没有错。我只翻到《序及致谢》第二页，就证实了自己的联想。我在 2010 年元旦前后才看过《生活多美好》，印象仍然很清晰。我知道作者所说的"重演'生命记录带'"（replaying life's tape）意味着什么，我甚至觉得，或许以《回到未来》(*Back to the Future*, 1985) 为例，要更好一些。事实上，这个预感也是正确的。在第四章末节近末尾处，作者探讨文学文艺作品对偶然性（contingency）的思考，列举了两部电影。在详述本书最大的隐喻来源《生活多美好》之前，简述的就是《回到未来》——在读到《序及致谢》第二页时，我已经对本书的主旨有所领会。

我没有任何宗教信仰，但这些偶然性的巧合让我觉得自己与此书也算有"缘"。在核实了作者的立场，了解过著作的背景以后，我便决定一试。

我所说的作者立场，简单来讲，就是"信仰"问题。我想，若宗教信仰者的眼里存在有鄙视链，无神论者可能位于链条的最底端，在次底端的，大概就是不可知论者。不过，在我眼里，不可知论有时是无神论者的掩护。作者是著名的不可知论者，所以，其立场与我兼容。其实，就阅读原文而言，作者与读者的立场是否兼容，无关紧要。然而，对于翻译而言，如果译者因立场不同而导致对作者意图的误判，则会误导译文面向的读者。当遇到进化论与神创论（creationism）那般针锋相对的议题时，这一点尤其重要。

那么，除了是不可知论者，作者究竟是一位什么样的人？按维基百科贴上的标签，斯蒂芬·杰·古尔德（后文称古尔德）是美国著名古生物学家、进化生物学家、科学史家，也是对他那代人影响力最大的科普作家之一。他的影响力到底有多大？想想理查德·道金斯（Richard Dawkins, 1941—　）和斯蒂芬·霍金（Stephen Hawking, 1942—2018）的影响力，就可以理解了。甚至可以说，他的影响面更广。

这一切，源于古尔德非同寻常的精力。1967 年，他在哥伦比亚大学获得博士学位后，便被哈佛大学聘用，补离职赴剑桥大学履新的著名古生物学家（也是本书讲述的主要人物）哈利·惠廷顿（Harry Blackmore Whittington, 1916—2010）的缺，一直到 2002 年去世。他不仅要从事自己的研究，还要承担本科生课程的教学任务。1973 年以后，他不仅升为地质学教授，还兼任哈佛自然历史博物馆之下的比较动物学博物馆的工作。此外，在一段时间里，他另在纽约的美国自然历史博物馆和纽约大学有工作职责。他也曾担任过美国科学促进会会长、美国古生物学学会会长等职。由此，读完本书的读者会联想到惠廷顿——他身兼行政职务，但仍投入大量时间，细致研究，亲力亲为。但可能更会联想到身兼更多职责的另一讲述对象——史密森尼学会第四任会长，抽不出时间细致研究、最终死在任上的查尔斯·都利特·沃尔科特（Charles Doolittle Walcott，1850—1927）。

但古尔德不同，他不仅履行了繁重的教学和科研职责，自 1974 年起，到 2001 年 1 月止，他还为《自然历史》杂志撰稿。他不定期地把这些稿件集结成书，多达 10 部，其中有 4 部已有汉语译本，除了《熊猫的拇指》，另外 3 部分别是《自达尔文以来》（*Ever Since Darwin*，1977）、《火烈鸟的微笑》（*The Flamingo's Smile*，1985）、《干草堆中的恐龙》（*Dinosaur in a Haystack*，1995）。在《人物》杂志的专访中，提到古尔德写作那些稿件的方式。他耗费相当长的时间查阅文献，然后花时间在夜深人静时完成初稿。专访中还提到，在野外采集时，古尔德能工作到凌晨 3 点，休息片刻，6 点便开始新一天的工作。他坚信爱迪生有关 99% 汗水和 1% 天分的说辞。他的科普撰稿不局限于《自然历史》杂志，还包括《发现》杂志等。此外，他还在《纽约书评》发表过多篇书评，结集成《风暴中的刺头》（*An Urchin in the Storm*，1987）。

在面对重译的书目时，我没有选择属于这类合集的书。因为，其中收录的"科学小品文"题材广泛，相互间联系并不紧密，而且每一篇都是作者花费相当长时间查阅文献的最终反映，旁征博引过多，精彩纷呈。我深知自身精力的局限，不敢贸然选之。

本书代表的，是作者另一类普及书籍，每一部有专门的主题，可谓"科普专著"，共有七部。第一本名为《对人类的误测》（*The Mismeasure of Man*，1981），批判对智商的估测方法，有相当的影响力，也遭遇相当大的争议。面对大量驳斥的数据和观点，作者在 1996 年的增补版中没有做出回应。除了该书，其他"科普专著"皆成书于作者腹膜间皮瘤的确诊和积极治疗之后。在古尔德痊愈后接受的 1986 年专访中，提到他想以伯吉斯页岩为主题，完成一本具有约翰·麦克菲（John Angus McPhee，1931— ）式风格的内行读物。现在我们已经知道，他的愿望已经实现，结果便是本书。在本书之前，作者在 1985 年希伯来大学的哈佛－耶路撒冷讲座讲稿基础上完成了另一本"专著"《时间之箭，时间之环》（*Time's Arrow, Time's Cycle: Myth and Metaphor in the Discovery of Geological Time*，1987），该书及其概念在本书中也被提到过几次。在翻译的过程中，我参考过该书的部分文字，我不认为它是一本容易翻译的书。作者在本书之后出版的"科普专著"，还包括本书的后续《万物生灵》（*Full House: The Spread of Excellence from Plato to Darwin*，1996）、以千禧年话题为出发点的《追问千禧年》（*Questioning the Millennium: A Rationalist's Guide to Precisely Arbitrary Countdown*，1997）、有关科学与宗教之间的冲突的《万古磐石》（*Rocks of Ages: Science and Religion in the Fullness of Life*，1999），以及探讨科学与人文之间关系的遗作《刺猬、狐狸与圣师之祸》（*The Hedgehog, the Fox, and the Magister's Pox: Mending the Gap Between Science and the Humanities*，2003）。

本书英文版初版于 1989 年（平装本 1990 年），是作者第三部非文集作品。它究竟是一本什么样的书？在阅读之前，它给我的印象，来自我对该书背景的简单了解。我知道它是一本《纽约时报》畅销书，著名科普作家最具代表性的获奖作品，入围普利策奖。这几轮光环足够诱人，恰好它讲述的主要生物类群——节肢动物，与我曾经的研究对象有联系。我在校期间的最后专业属于昆虫系，昆虫正是最大的节肢动物类群。这无疑让我感受到一分亲近，至少，这不是一本我读不懂的书。读不懂，何以翻译？

作为读者，我认为原著是一本让人有绝佳阅读体验的书。我也了解过其他读者的一些感想。有一种看法大致认为：第一章，开篇立论，令人耳目一新；第二章，背景介绍，还原发现真相，令人称奇；第四章，人物传记，引人入胜。似乎这些内容已经足够吸引人。

然而，对于第三章，不少人认为它很冗长。第三章是本书核心章节，占全书篇幅一半以上。嵌于其中的"伯吉斯之戏"，即惠廷顿团队对沃尔科特收藏标本重新诠释的研究历史，是作者最看重的部分，占全书篇幅的三分之一。我试图理解消遣阅读者的感受。如果把本书比作一部奏鸣曲式的音乐作品，开头的章节，就好比常为快板的开篇乐章，令人兴奋。或许，对于那些读者而言，第三章带给他们的感受，就好比随后乐章的节奏是柔板，有时会让耐心有限的受众昏昏欲睡。或者，把本书比作一篇生物学领域的学术论文，开头的章节就好比论文的前言，交代研究背景、研究目的，提出假设，让读者迅速跟着作者"入戏"，绝大多数读者都能读懂。但接下来的方法、结果部分，会让不少人望而生畏。对于那些读者而言，第三章就好比罗列研究方法、对研究结果的表述及解读等章节。

那些读者认为第三章读得吃力。我的感受正好相反，这一部分我读得最顺畅，翻译花费的时间也最短。是因为我有"专业背景"吗？我不这样认为。对于这一章的不少内容，我也很陌生。尽管我也读过年代较远的学术文献，了解一些分类学的传统，在校期间，也修过一些进化学的课程，甚至还去过一次史密森尼学会的国家自然博物馆以及作者生前服务的哈佛自然历史博物馆，但对我而言，古生物学研究仍是一个十分陌生的领域。不过，在该章第二节中，作者以十分简洁的文字，便能使读者迅速理解在该研究中采用的策略。

随后，作者提供了两个插页，分别介绍分类学基础和节肢动物的解剖学特征。对于一般读者而言，即便毕生上过的所有生物课都已被忘得一干二净，通过一两页的篇幅，仅记下"界、门、纲、目、科、属、种"的顺序，也不算是一件难事。

至于有关节肢动物的插页简介，我认为更加精彩。它实际上是在教读者如何入手观察这类小生物。首先，看这类生物分为几个大致部分，就如可以把人看成由头、躯干、四肢组成，节肢动物没有人的"四肢"，大多数可看作由"前""中""后"组成，前有头，后有腹，中间是胸。当然，也有只有前后两部分的。尽管没有"四肢"，节肢动物有附肢。先看附肢在各个部位的有无，如果有，看着生位置。比如说头部，除了开口，剩下的表面结构都由附肢分化而成。确定开口是在背面还是腹面以后，就可以看是否有口前附肢、口后附肢，有多少对。成对的附肢本身又分两类：一类是不"分杈"的单枝型；一类是"分杈"的双枝型。双枝型朝外的一枝，也就是朝上的一枝，是鳃枝；朝内的一枝，也就是朝下的一枝，是足枝。作者说得很对，实际上，要读懂"伯吉斯之戏"，只要脑海里有附肢分为单枝型及双枝型的印象，就大致够了。

另外，如果对方位没有概念，也可借机了解。对于大致扁平延长（两侧对称）的生物，平展到一个平面，有垂直方向的背、腹两面，水平方向有前、后两端，另有左、右两侧。

对于不熟悉这些概念的读者来说，这两个插页部分（尤其是第二个）堪比速查卡片。实际上，我认为作者过于为读者着想，上述概念在"伯吉斯之戏"中仍有反复强调。我甚至认为，即使没有这些插页，仅通过正文叙述的内容逻辑，也可理解各个概念的含义。

最重要的是，作者这一主要章节的叙事目的，不是向读者灌输古生物学知识，而是向读者展示，惠廷顿团队在重新描述诠释标本过程中，思想转变的过程如何。那不是作者单方面地以己之心度当事人之腹，也不是盲目地将当事人的说辞照单全收。作者"审阅"了所有"证据"，形成了自己的观点，又带着它与当事人交流。然后，经过自己的判断，加以综合，形成最后的文字。我也有过类似的经历，了解到作者的工作策略，刹那间，心中也略生自喜之感。

在阅读重头戏——"伯吉斯之戏"的过程中，我能领略到作者期待读者抓住的脉络，还体会到生物之美。因此，我没有什么可抱怨的。这一部分，也可被看作是伯吉斯生物的各论。之后，则是概论，讲述伯吉斯生物作为一个整体的特征，组成成员的相互关系，存在的意义和留下的难题。至此，本书副标题"伯吉斯页岩与历史本质"所指的前半段告一段落。

第四章代表"伯吉斯页岩与历史本质"的后半段。但在进入正题之前，是作者为沃尔科特而作的精彩传记（尽管作者并不如此认为）。在相当长的时间里，沃尔科特拥有很高的名望，如今却不为公众所知。所以，这段传记文字很难得。但在翻译之前，我只觉得其中陌生的人名和地名不在少数。正题一节的标题与书名副标题完全相同。与第三章的一些节相比，这一节篇幅不长，文字并不深奥，但它是全书主旨——历史成于偶然，不仅人类短暂的历史如此，地球上生命漫长的历史也是如此。

第五章即是把这一主旨"应用"到"实际"之中。作者一次又一次"重演'生命记录带'",带领读者回到过去,从不受后来历史影响的假想观察者的视角,按人之常理放眼未来。一次又一次,无论回到的过去离人类实际出现的年代有多近,都不见人类形成于未来的一线生机。

读到这里,观看过电影《生活多美好》的读者,大概能体会到本书标题的用心良苦。作为人类,我们的存在本无必然性。我们的存在是难得的,我们的生命是偶得的。既然如此,难道它不是精彩的,美好的吗?!与其感激上苍,不如感激偶然性。

初次阅读此书的过程,于我而言,是一次愉快的体验。我分几回读完,开始于北海北岸阐福寺内的僻静处,主要章节读完于天坛祈年殿墙外东北角的靠椅,结束于颐和园东宫门外——因为公汽 332 在路上堵得太久,到达颐和园时,已过了闭门时间。

此书原著不是一本令人望而生畏的书,否则不会在出版后数周内就名列畅销书榜。这样一本畅销书,在已经有过译本的情况下,有重译的必要吗?

在校时,几乎所有的课程都有解读和批评相关学术论文的环节。评毕之后,一般会问,如果让自己进行论文所述的研究,会怎么做?我认为,存在这个环节,是很公平的。即使批评到位,也非意味着自己一定更高明。何况在当时,老师的水平高,同学们的起点也高,供选批评的论文,大都来自"权威""顶级""最受人尊敬""代表科学发现前沿"的期刊。那些论文,如同本书涉及的那些专论一样,都是研究者辛苦付出的结晶。现有译本,也是译者辛苦付出的结晶。在此,我无意做更多评论。最初,我只是觉得,若决定重译,就得按自己的理解来。世上没有十全十美的译文,我若能弥补前人遗憾,必能为后人弥补我留下的遗憾提供更好的基础。

原著成书距今已近 30 年,在此之间,已有很多新的发现、新的研究手段、新的研究工作。"伯吉斯之戏"里,有不少重点讲述的生物,已被重新诠释,本书讲述的一些相应研究结果也被推翻。这些进展,并不足以动摇本书的结论和影响力,但如果对其加以忽视,显然是一个很大的遗憾。

傅强在 2008 年译本的《译后记》中就提到:"……进展还有很多很多,由于这不属于译者的研究领域,故而无法一一列举。"我没有关注过古生物学研究，起初没有特意查新。但在第三章的重译工作开始时，我参考了原文引用的几乎所有专论。在获取论文的过程中，我不可避免地发现相关进展。我的理念和作者一样，习惯追溯一手文献，无意参考二手解读。我把追溯的结果写在脚注里，为了不扫兴，将它们尽量标注到相应内容的最末。

对伯吉斯诠释构成最大"威胁"的，是在我国发现的澄江早寒武世生物群。它的发现时间晚于本书讲述的伯吉斯发现和研究故事，但它的形成年代更早，且包含在伯吉斯页岩发现的几乎所有古生物类群。欲探究"寒武纪生命大爆发"，在我国发现的这个生物群显然更具价值。恰逢侯先光先生等的新版《中国澄江寒武纪化石》（*The Cambrian Fossils of Chengjiang, China: The Flowering of Early Animal Life*，2017）于去年出版，我也参考了其中的部分内容。

读者可能会发现，在这本新译中，脚注占有相当篇幅。其中，一部分是翻译的作者的原注。标有"译者注"字样的内容，都是译者的加注。加注的目的，除了对原著信息进行更新之外，还有补充对理解原著的辅助资料，主要包括对学术术语的补充解释，以及对人物、典故和文化的简介等。

这些脚注，不仅适于阅读译文的朋友，也适于有意阅读原著的朋友。我没有作者那般博闻强记的本领，做注解，不过是一个学习过程，然后把这个过程的即时结果分享给读者，仅此而已。对于我个人而言，它们好比读书笔记，不代表我掌握的知识。对于读者而言，它们的存在，并不意味着所涉内容一定是读者感到陌生的。我只是希望，借助这些注解，能使本书为知识背景不同的更多读者所接受。

从内容上看，我的这一译本与 2008 年译本的最大区别，就在于这些"原创"的脚注。此外，在对待作者引述的文学类文字方面，我没有原译者的那般谦逊。我没有采用现成的翻译，或名家的译文。从《圣经》到《哈姆莱特》，从《物种起源》到诗歌，我都在参考原出处上下文及部分解读后，根据自己的理解，另作翻译。

书中有大量生物学名。由于并无标准译法，我亦未照搬原译成果。我的主要原则，是参考拉丁学名命名人在命名时列出的依据。书中的主要物种大多由沃尔科特描述命名，集中在他于 1912 年发表的文献之中。在文献中的各个条目之下，有具体的命名依据。就如本书原著作者写到的，它们大多与伯吉斯的地名有关。另有一些，是惠廷顿团队在重新诠释时另发现的新物种，在他们的专论或"短文章"中，也给出了详细的命名依据。另外，在加拿大皇家安大略博物馆的伯吉斯专题网站（http://burgess-shale.rom.on.ca/ en/ fossil-gallery/list-species.php）上，列有更多伯吉斯生物的命名依据。此外，有一些已为汉语读者熟知的物种，我保留了现成的译名，如欧巴宾海蝎，但实际上，无论从生物的外观、归属，还是学名本身，都看不出它与"蝎"有何关联。不过，在"欧巴宾"之后该接一个什么词才好呢？一时间，我也没有更高明的建议。

此外，在对学术名词的处理上，我主要以全国科学技术名词审定委员会审定或在审的名词集为依据。

和 2008 年译本的译者一样，翻译此书，对我来说，也是一个挑战。从根本上讲，我是一名读者，不是一名专业译者。

作为读者，我最不爱阅读的，便是汉译图书。无论是学术专著，还是文学作品，甚至是如本书的普及读物，如果以英语写成，我愿意读原著，有意避开汉译。作为读者，我可以在自己的"舒适区"里，安心就他人的作品发牢骚。只要不广为传播，于人于己，都不会造成伤害。对于一本图书，读者可以有很多权利。

但是，让像我这样的读者来翻译一本书，有如让影迷拍摄电影，让乐迷谱写音乐。不过，作为读者，我从未有过像这样的阅读经历。因为，作为译者，无论水平如何，若要翻译，必须对原著精读，把内容吃透。这次翻译，便是这样一次精读的过程。对于普通读者而言，一生能有多少次精读的经历？原著是一部十分值得精读的材料，在理解和释疑的过程中，我获益匪浅。身为读者，对于这次自打自脸的工作，我认为是值得的。

作为非专业译者，翻译对我来说，本身就是挑战。我没有拘泥于翻译的常规准则，在翻译的过程中，我始终保持着一名读者的视角，尽可能地把我的所见和理解传递给我的读者。阅读自己的文字，我从未满意过，但总有朋友觉得其中有可取之处，劝我不必过于认真。但愿我的朋友们没有"口是心非",如果不幸言中,还望亲爱的读者您海涵。毕竟,这是我第一次翻译图书的结果。

感谢令我无比敬仰的师兄谢本贵,让我与本书结缘。感谢科学出版社李秀伟,为我提供专业的参考。感谢吴涛博士,为我传递沃尔科特所著的数篇关键文献。感谢杜涛博士、焦晓国博士,在百忙之中抽出时间为我试读部分章节。感谢中国农业科学院农业环境与可持续发展研究所张国良博士、付卫东、张瑞海博士、王薇等同志,在我翻译的过程中提供诸多便利。感谢我的家人,为我提供巨大的支持。

郑浩

2018 年 7 月 18 日深夜于北京宽街陋室

参考文献

Aitken, J. D., and I. A. McIlreath. 1984. The Cathedral Reef escarpment, a Cambrian great wall with humble origins. *Geos: Energy Mines and Resources, Canada* 13(1):17–19.

Allison, P. A. 1988. The role of anoxia in the decay and mineralization of proteinaceous macro−fossils. *Paleobiology* 14:139–54.

Anonymous. 1987. Yoho's fossils have world significance. *Yoho National Park Highline*.

Bengtson, S. 1977. Early Cambrian button−shaped phosphatic microfossils from the Siberian platform. *Palaeontology* 20:751–62.

Bengtson, S., and T. P. Fletcher. 1983. The oldest sequence of skeletal fossils in the Lower Cambrian of southwestern Newfoundland. *Canadian Journal of Earth Sciences* 20: 525–36.

Bethell, T. 1976. Darwin's mistake. *Harper's*, February.

Briggs, D. E. G. 1976. The arthropod *Branchiocaris* n. gen., Middle Cambrian, Burgess Shale, British Columbia. *Geological Survey of Canada Bulletin* 264:1–29.

Briggs, D. E. G. 1977. Bivalved arthropods from the Cambrian Burgess Shale of British Columbia. *Palaeontology* 20:595–621.

Briggs, D. E. G. 1978. The morphology, mode of life, and affinities of *Canadaspis perfecta* (Crustacea: Phyllocarida), Middle Cambrian, Burgess Shale, British Columbia. *Philosophical Transactions of the Royal Society, London* B 281:439–87.

Briggs, D. E. G. 1979. *Anomalocaris*, the largest known Cambrian arthropod. *Palaeontology* 22:631–64.

Briggs, D. E. G. 1981a. The arthropod *Odaraia alata* Walcott, Middle Cambrian, Burgess Shale, British Columbia. *Philosophical Transactions of the Royal Society, London* B 291:541–85.

Briggs, D. E. G. 1981b. Relationships of arthropods from the Burgess Shale and other Cambrian sequences. Open File Report 81–743, U.S. Geological Survey, pp. 38–41.

Briggs, D. E. G. 1983. Affinities and early evolution of the Crustacea: The evidence of the Cambrian fossils. In F. R. Schram (ed.), *Crustacean Phylogeny*, pp. 1–22. Rotterdam: A. A. Balkema.

Briggs, D. E. G. 1985. Les premiers arthropodes. *La Recherche* 16:340–49.

Briggs, D. E. G., E. N. K. Clarkson, and R. J. Aldridge. 1983. The conodont animal. *Lethaia* 16:1–14.

Briggs, D. E. G., and D. Collins. 1988. A Middle Cambrian chelicerate from Mount Stephen, British Columbia. *Palaeontology* 31:779–98.

Briggs, D. E. G., and S. Conway Morris. 1986. Problematica from the Middle Cambrian Burgess Shale of British Columbia. In A. Hoffman and M. H. Nitecki (eds.), *Problematic fossil taxa*, pp. 167–83. New York: Oxford University Press.

Briggs, D. E. G., and R. A. Robison. 1984. Exceptionally preserved nontrilobite arthropods and *Anomalocaris* from the Middle Cambrian of Utah. *University of Kansas Paleontological Contributions*, Paper 111.

Briggs, D. E. G., and H. B. Whittington. 1985. Modes of life of arthropods from the Burgess Shale, British Columbia. *Transactions of the Royal Society of Edinburgh* 76:149–60.

Bruton, D. L. 1981. The arthropod *Sidneyia inexpectans*, Middle Cambrian, Burgess Shale, British Columbia. *Philosophical Transactions of the Royal Society, London* B 295:619–56.

Bruton, D. L., and H. B. Whittington. 1983. *Emeraldella* and *Leanchoilia*, two arthropods from the Burgess Shale, British Columbia. *Philosophical Transactions of the Royal Society, London* B 300:553–85.

Cann, R. L., M. Stoneking, and A. C. Wilson. 1987. Mitochondrial DNA and human evolution. *Nature* 325:31–36.

Collins, D. H. 1985. A new Burgess Shale type fauna in the Middle Cambrian Stephen Formation on Mount Stephen, British Columbia. In *Annual Meeting, Geological Society of America*, p. 550.

Collins, D. H., D. E. G. Briggs, and S. Conway Morris. 1983. New Burgess Shale fossil sites reveal Middle Cambrian faunal complex. *Science* 222:163–67.

Conway Morris, S. 1976a. *Nectocaris pteryx*, a new organism from the Middle Cambrian Burgess Shale of British Columbia. *Neues Jahrbuch für Geologie und Paläontologie*, 12:705–13.

Conway Morris, S. 1976b. A new Cambrian lophophorate from the Burgess Shale of British Columbia. *Palaeontology* 19:199–222.

Conway Morris, S. 1977a. A new entoproct—like organism from the Burgess Shale of British Columbia. *Palaeontology* 20:833–45.

Conway Morris, S. 1977b. A redescription of the Middle Cambrian worm *Amiskwia sagittiformis* Walcott from the Burgess Shale of British Columbia. *Paläontologische Zeitschrift* 51:271–87.

Conway Morris, S. 1977c. A new metazoan from the Cambrian Burgess Shale, British Columbia. *Palaeontology* 20:623–40.

Conway Morris, S. 1977d. Fossil priapulid worms. In *Special papers in Palaeontology*, vol. 20. London: Palaeontological Association.

Conway Morris, S. 1978. *Laggania cambria* Walcott: A composite fossil. *Journal of Paleontology* 52:126–31.

Conway Morris, S. 1979. Middle Cambrian polychaetes from the Burgess Shale of British Columbia. *Philosophical Transactions of the Royal Society, London* B 285:227–274.

Conway Morris, S. 1985. The Middle Cambrian metazoan *Wiwaxia corrugata* (Matthew) from the Burgess Shale and *Ogygopsis* Shale, British Columbia, Canada. *Philosophical Transactions of the Royal Society, London* B 307:507–82.

Conway Morris, S. 1986. The community structure of the Middle Cambrian phyllopod bed (Burgess Shale). *Palaeontology* 29:423–67.

Conway Morris, S., J. S. Peel, A. K. Higgins, N. J. Soper, and N. C. Davis. 1987. A

Burgess Shale−like fauna from the Lower Cambrian of north Greenland. *Nature*

326:181–83.

Conway Morris, S., and R. A. Robison. 1982. The enigmatic medusoid *Peytoia* and a

comparison of some Cambrian biotas. *Journal of Paleontology* 56:116–22.

Conway Morris, S., and R. A. Robison. 1986. Middle Cambrian priapulids and other soft−

bodied fossils from Utah and Spain. *University of Kansas Paleontological Contributions*,

Paper 117.

Conway Morris, S., and H. B. Whittington. 1979. The animals of the Burgess Shale.

Scientific American 240 (January): 122–33.

Conway Morris, S., and H. B. Whittington. 1985. Fossils of the Burgess Shale. A national

treasure in Yoho National Park, British Columbia. *Geological Survey of Canada,*

Miscellaneous Reports 43:1–31.

Darwin, C. 1859. *On the origin of species*. London: John Murray.

Darwin, C. 1868. *The variation of animals and plants under domestication.* 2 vols. London:

John Murray.

Durham, J. W. 1974. Systematic position of *Eldonia ludwigi* Walcott. *Journal of*

Paleontology 48:750–55.

Dzik, J., and K. Lendzion. 1988. The oldest arthropods of the East European platform.

Lethaia 21:29–38.

Erwin, D. H., J. W. Valentine, and J. J. Sepkoski. 1987. A comparative study of

diversification events: The early Paleozoic versus the Mesozoic. *Evolution* 141:1177–86.

Gagnier, P.−Y., A. R. M. Blieck, and G. Rodrigo. 1986. First Ordovician vertebrate from

South America. *Geobios* 19:629–34.

Glaessner, M. F. 1984. *The dawn of animal life*. Cambridge: Cambridge University Press.

Gould, S. J. 1977. *Ever since Darwin*. New York: W. W. Norton.

Gould, S. J. 1981. *The mismeasure of man*. New York: W. W. Norton.

Gould, S. J. 1985a. The paradox of the first tier: An agenda for paleobiology. *Paleobiology*

11:2–12.

Gould, S. J. 1985b. Treasures in a taxonomic wastebasket. *Natural History Magazine* 94 (December):22–33.

Gould, S. J. 1986. Evolution and the triumph of homology, or why history matters. *American Scientist*, January–February, pp. 60–69.

Gould, S. J. 1987a. Life's little joke. *Natural History Magazine* 96 (April): 16–25.

Gould, S. J. 1987b. Bushes all the way down. *Natural History Magazine* 96 (June): 12–19.

Gould, S. J. 1987c. William Jennings Bryan's last campaign. *Natural History Magazine* 96 (November): 16–26.

Gould, S. J. 1988. A web of tales. *Natural History Magazine* 97 (October): 16–23.

Gould, S. J., N. L. Gilinsky, and R. Z. German. 1987. Asymmetry of lineages and the direction of evolutionary time. *Science* 236:1437–41.

Gould, S. J., D. M. Raup, J. J. Sepkoski, T. J. M. Schopf, and D. S. Simberloff. 1977. The shape of evolution: A comparison of real and random clades. *Paleobiology* 3:23–40.

Haeckel, E. 1866. *Generelle Morphologie der Organismen*. 2 vols. Berlin: Georg Reimer.

Hanson, E. D. 1977. *The origin and early evolution of animals*. Middletown, Conn.: Wesleyan University Press.

Hopson, J. A. 1977. Relative brain size and behavior in archosaurian reptiles. *Annual Review of Ecology and Systematics* 8:429–48.

Hou Xian–guang. 1987a. Two new arthropods from Lower Cambrian, Chengjiang, Eastern Yunnan [in Chinese]. *Acta Palaeontologica Sinica* 26:236–56.

Hou Xian–guang. 1987b. Three new large arthropods from Lower Cambrian, Chengjiang, Eastern Yunnan [in Chinese]. *Acta Palaeontologica Sinica* 26:272–85.

Hou Xian–guang. 1987c. Early Cambrian large bivalved arthropods from Chengjiang, Eastern Yunnan [in Chinese]. *Acta Palaeontologica Sinica* 26:286–98.

Hou Xian–guang and Sun Wei–guo. 1988. Discovery of Chengjiang fauna at Meishucun, Jinning, Yunnan [in Chinese]. *Acta Palaeontologica Sinica* 27:1–12.

Hughes, C. P. 1975. Redescription of *Burgessia bella* from the Middle Cambrian Burgess Shale, British Columbia. *Fossils and Strata* (Oslo) 4:415–35.

Hutchinson, G. E. 1931. Restudy of some Burgess Shale fossils. *Proceedings of the United*

States National Museum 78(11): 1–24.

Jaanusson, V. 1981. Functional thresholds in evolutionary progress. *Lethaia* 14:251–60.

Jablonski, D. 1986. Larval ecology and macroevolution in marine invertebrates. *Bulletin of Marine Science* 39:565–87.

Jefferies, R. P. S. 1986. *The ancestry of the vertebrates*. London: British Museum (Natural History).

Jerison, H. J. 1973. *The evolution of the brain and intelligence*. New York: Academic Press.

King, Stephen. 1987. *The tommyknockers*. New York: Putnam.

Kitchell, J. A., D. L. Clark, and A. M. Gombos, Jr. 1986. Biological selectivity of extinction: A link between background and mass extinction. *Palaios* 1:504–11.

Knoll, A. H., and E. S. Barghoorn. 1977. Archean microfossils showing cell division from the Swaziland System of South Africa. *Science* 198:396–98.

Lovejoy, A. O. 1936. *The great chain of being*. Cambridge, Mass.: Harvard University Press.

Ludvigsen, R. 1986. Trilobite biostratigraphic models and the paleoenvironment of the Burgess Shale (Middle Cambrian), Yoho National Park, British Columbia. *Canadian Paleontology and Biostratigraphy Seminars*.

Margulis, L. 1981. *Symbiosis in cell evolution*. San Francisco: W. H. Freeman.

Margulis, L., and K. V. Schwartz. 1982. *Five kingdoms*. San Francisco: W. H. Freeman.

Massa, W. R., Jr. 1984. *Guide to the Charles D. Walcott Collection, 1851–1940*. Guides to Collections, Archives and Special Collections of the Smithsonian Institution.

Matthew, W. D., and W. Granger. 1917. The skeleton of *Diatryma*, a gigantic bird from the Lower Eocene of Wyoming. *Bulletin of the American Museum of Natural History* 37:307–26.

Mikulic, D. G., D. E. G. Briggs, and J. Kluessendorf. 1985a. A Silurian soft–bodied fauna. *Science* 228:715–17.

Mikulic, D. G., D. E. G. Briggs, and J. Kluessendorf. 1985b. A new exceptionally preserved biota from the Lower Silurian of Wisconsin, USA. *Philosophical Transactions of the*

Royal Society, London B 311:75–85.

Morris, R. 1984. *Time's arrows*. New York: Simon and Schuster.

Müller, K. J. 1983. Crustacea with preserved soft parts from the Upper Cambrian of Sweden. *Lethaia* 16:93–109.

Müller, K. J., and D. Walossek. 1984. Skaracaridae, a new order of Crustacea from the Upper Cambrian of Västergötland, Sweden. *Fossils and Strata* (Oslo) 17:1–65.

Murchison, R. I. 1854. *Siluria: The history of the oldest known rocks containing organic remains*. London: John Murray.

Parker, S. P. (ed.). 1982. *McGraw–Hill synopsis and classification of living organisms*. 2 vols. New York: McGraw–Hill.

Pflug, H. D. 1972. Systematik der jungpräkambrischen Petalonamae. *Paläontologische Zeitschrift* 46:56–67.

Pflug, H. D. 1974. Feinstruktur und Ontogenie der jungpräkambrischen Petalo–Organismen. *Paläontologische Zeitschrift* 48:77–109.

Raup, D. M., and S. J. Gould 1974. Stochastic simulation and evolution of morphology— towards a nomothetic paleontology. *Systematic Zoology* 23(3):305–22.

Raup, D. M., S. J. Gould, T. J. M. Schopf, and D. S. Simberloff. 1973. Stochastic models of phylogeny and the evolution of diversity. *Journal of Geology* 81(5):525–42.

Rigby, J. K. 1986. Sponges of the Burgess Shale (Middle Cambrian) British Columbia. *Palaeontographica Canada*, no. 2.

Robison, R. A. 1985. Affinities of *Aysheaia* (Onychophora) with description of a new Cambrian species. *Journal of Paleontology* 59:226–35.

Romer, A. S. 1966. *Vertebrate paleontology*. 3d ed. Chicago: University of Chicago Press.

Rozanov, A. Yu. 1986. Problematica of the Early Cambrian. In A. Hoffman and M. H. Nitecki (eds.), *Problematic fossil taxa*, pp. 87–96. New York: Oxford University Press.

Runnegar, B. 1987. Rates and modes of evolution in the Mollusca. In K. S. W. Campbell and M. F. Day, *Rates of evolution*, pp. 39–60. London: Allen and Unwin.

Schidlowski, M. 1988. A 3,800–million–year isotopic record of life from carbon in sedimentary rocks. *Nature* 333:313–18.

Schopf, T. J. M. 1978. Fossilization potential of an intertidal fauna: Friday Harbor, Washington. *Paleobiology* 4:261–70.

Schuchert, C. 1928. Charles Doolittle Walcott (1850–1927). *Proceedings of the American Academy of Arts and Sciences* 62:276–85.

Seilacher, A. 1984. Late Precambrian Metazoa: Preservational or real extinctions? In H. D. Holland and A. F. Trendall (eds.), *Patterns of change in earth evolution*, pp. 159–68. Berlin: Springer–Verlag.

Sepkoski, J. J., R. K. Bambach, D. M. Raup, and J. W. Valentine. 1981. Phanerozoic marine diversity and the fossil record. *Nature* 293:435.

Simonetta, A. M. 1970. Studies of nontrilobite arthropods of the Burgess Shale (Middle Cambrian). *Palaeontographica Italica* 66 (n.s. 36):35–45.

Simpson, G. G. 1980. *Splendid isolation: The curious history of South American mammals.* New Haven: Yale University Press.

Størmer, L. 1959. Trilobitoidea. In R. C. Moore (ed.), *Treatise on invertebrate paleontology*, Part O. Arthropoda I, pp. 23–37.

Stürmer, W., and J. Bergström. 1976. The arthropods *Mimetaster* and *Vachonisia* from the Devonian Hunsrück Shale. *Paläontologische Zeitschrift* 50:78–111.

Stürmer, W. and J. Bergström. 1978. The arthropod Cheloniellon from the Devonian Hunsrück Shale. *Paläontologische Zeitschrift* 52:57–81.

Sun Wei–guo and Hou Xian–guang. 1987a. Early Cambrian medusae from Chengjiang, Yunnan, China [in Chinese]. *Acta Palaeontologica Sinica* 26:257–70.

Sun Wei–guo and Hou Xian–guang. 1987b. Early Cambrian worms from Chengjiang, Yunnan, China: *Maotianshania* Gen. Nov. [in Chinese]. *Acta Palaeontologica Sinica* 26: 299–305.

Taft, W. H., et al. 1928. Charles Doolittle Walcott: Memorial meeting, January 24, 1928. *Smithsonian Miscellaneous Collections* 80:1–37.

Valentine, James W. 1977. General patterns in Metazoan evolution. In A. Hallam (ed.), *Patterns of evolution*. New York: Elsevier Science Publishers.

Vine, Barbara [Ruth Rendell]. 1987. *A fatal inversion*. New York: Bantam Books.

Vonnegut, Kurt. 1985. *Galápagos*. New York: Delacorte Press.

Walcott, C. D. 1891. The North American continent during Cambrian time. In *Twelfth Annual Report, U.S. Geological Survey*, pp. 523–68.

Walcott, C. D. 1908. Mount Stephen rocks and fossils. *Canadian Alpine Journal* 1(2):232–48.

Walcott, C. D. 1910. Abrupt appearance of the Cambrian fauna on the North American continent. Cambrian Geology and Paleontology, II. *Smithsonian Miscellaneous Collections* 57:1–16.

Walcott, C. D. 1911a. Middle Cambrian Merostomata. Cambrian Geology and Paleontology, II. *Smithsonian Miscellaneous Collections* 57:17–40.

Walcott, C. D. 1911b. Middle Cambrian holothurians and medusae. Cambrian Geology and Paleontology, II. *Smithsonian Miscellaneous Collections* 57:41–68.

Walcott, C. D. 1911c. Middle Cambrian annelids. Cambrian Geology and Paleontology, II. *Smithsonian Miscellaneous Collections* 57:109–44.

Walcott, C. D. 1912. Middle Cambrian Branchiopoda, Malacostraca, Trilobita and Merostomata. Cambrian Geology and Paleontology, II. *Smithsonian Miscellaneous Collections* 57:145–228.

Walcott, C. D. 1916. Evidence of primitive life. *Annual Report of the Smithsonian Institution for 1915* [published in 1916], pp. 235–55.

Walcott, C. D. 1918. Appendages of trilobites. Cambrian Geology and Paleontology, IV. *Smithsonian Miscellaneous Collections* 67:115–216.

Walcott, C. D. 1919. Middle Cambrian Algae. Cambrian Geology and Paleontology, IV. *Smithsonian Miscellaneous Collections* 67:217–60.

Walcott, C. D. 1920. Middle Cambrian Spongiae. Cambrian Geology and Paleontology, IV. *Smithsonian Miscellaneous Collections* 67:261–364.

Walcott, C. D. 1931. Addenda to description of Burgess Shale fossils, [with explanatory notes by Charles E. Resser]. *Smithsonian Miscellaneous Collections* 85:1–46.

Walcott, S. S. 1971. How I found my own fossil. *Smithsonian* 1(12):28–29.

Walter, M. R. 1983. Archean stromatolites: evidence of the earth's earliest benthos. In J. W.

Schopf (ed.), *Earth's earliest biosphere: Its origin and evolution*, pp. 187–213. Princeton: Princeton University Press.

White, C. 1799. *An account of the regular gradation in man, and in different animals and vegetables*. London: C. Dilly.

Whittington, H. B. 1971. Redescription of *Marrella splendens* (Trilobitoidea) from the Burgess Shale, Middle Cambrian, British Columbia. *Geological Survey of Canada Bulletin* 209:1–24.

Whittington, H. B. 1972. What is a trilobitoid? In *Palaeontological Association Circular, Abstracts for Annual Meeting*, p. 8. Oxford.

Whittington, H. B. 1974. *Yohoia* Walcott and *Plenocaris* n. gen., arthropods from the Burgess Shale, Middle Cambrian, British Columbia. *Geological Survey of Canada Bulletin* 231:1–21.

Whittington, H. B. 1975a. The enigmatic animal *Opabinia regalis*, Middle Cambrian, Burgess Shale, British Columbia. *Philosophical Transactions of the Royal Society, London* B 271:1–43.

Whittington, H. B. 1975b. Trilobites with appendages from the Middle Cambrian, Burgess Shale, British Columbia. *Fossils and Strata* (Oslo) 4:97–136.

Whittington, H. B. 1977. The Middle Cambrian trilobite *Naraoia*, Burgess Shale, British Columbia. *Philosophical Transactions of the Royal Society, London* B 280:409–43.

Whittington, H. B. 1978. The lobopod animal *Aysheaia pedunculata* Walcott, Middle Cambrian, Burgess Shale, British Columbia. *Philosophical Transactions of the Royal Society, London* B 284:165–97.

Whittington, H. B. 1980. The significance of the fauna of the Burgess Shale, Middle Cambrian, British Columbia. *Proceedings of the Geologists' Association* 91:127–48.

Whittington, H. B. 1981a. Rare arthropods from the Burgess Shale, Middle Cambrian, British Columbia. *Philosophical Transactions of the Royal Society, London* B 292:329–57.

Whittington, H. B. 1981b. Cambrian animals: Their ancestors and descendants. *Proceedings of the Linnean Society* (New South Wales) 105:79–87.

Whittington, H. B. 1985a. *Tegopelte gigas*, a second soft—bodied trilobite from the Burgess Shale, Middle Cambrian, British Columbia. *Journal of Paleontology* 59:1251–74.

Whittington, H. B. 1985b. *The Burgess Shale*. New Haven: Yale University Press.

Whittington, H. B., and D. E. G. Briggs. 1985. The largest Cambrian animal, *Anomalocaris*, Burgess Shale, British Columbia. *Philosophical Transactions of the Royal Society, London* B 309:569–609.

Whittington, H. B., and S. Conway Morris. 1985. *Extraordinary fossil biotas: Their ecological and evolutionary significance*. London: Royal Society. Published originally in *Philosophical Transactions of the Royal Society, London* B 311:1–192.

Whittington, H. B., and W. R. Evitt II. 1953. *Silicified Middle Ordovician trilobites.* Geological Society of America Memoir 59.

Zhang Wen—tang and Hou Xian—guang. 1985. Preliminary notes on the occurrence of the unusual trilobite *Naraoia* in Asia [in Chinese]. *Acta Palaeontologica Sinica* 24:591–95.

图片来源

1.1 Copyright 1940 by Charles R. Knight. Reproduced by permission of Rhoda Knight Kalt.

1.2 Copyright © Janice Lilien. Originally published in *Natural History* magazine, December 1985.

1.3 From Charles White, *An Account of the Regular Gradation in Man ...*, 1799. Reprinted from *Natural History* magazine.

1.4 Reprinted by permission of Charles Scribner's Sons, an imprint of Macmillan Publishing Company, from Henry Fairfield Osborn, *Men of the Old Stone Age*. Copyright 1915 by Charles Scribner's Sons; copyright renewed 1943 by A. Perry Osborn.

1.7 Reprinted courtesy of the *Boston Globe*.

1.8 Reprinted courtesy of the *Boston Globe*.

1.9 Reprinted courtesy of Bill Day, *Detroit Free Press*.

1.11 Reprinted courtesy of Guinness Brewing Worldwide.

1.12 Reprinted courtesy of Granada Group PLC.

1.15 From James Valentine, "General Patterns in Metazoan Evolution," in *Patterns of Evolution*, ed. A. Hallam. Elsevier Science Publishers (New York). Copyright © 1977.

1.16(A) From David M. Raup and Steven M. Stanley, *Principles of Paleontology*, 2d ed. Copyright © 1971, 1978 W. H. Freeman and Company. Reprinted with permission.

1.16(B) Figure 4.6 in Harold Levin, *The Earth Through Time*. Copyright © 1978 by Saunders College Publishing, a division of Holt, Rinehart and Winston, Inc. Reprinted by permission of the publisher.

1.16(C) From J. Marvin Weller, *The Course of Evolution*. McGraw–Hill Book Co., Inc. Copyright © 1969.

1.16(E) From Robert R. Shrock and William H. Twenhofel, *Principles of Invertebrate Paleontology*. McGraw–Hill Book Co., Inc. Copyright © 1953.

1.16(F) From Steven M. Stanley, *Earth and Life Through Time*, 2d ed. Copyright © 1986, 1989 W. H. Freeman and Company. Reprinted with permission.

2.4, 2.5, 2.6 Smithsonian Institution Archives, Charles D. Walcott Papers, 1851–1940 and undated. Archive numbers SA–692, 89–6273, and 85–1592.

3.1 By permission of the Smithsonian Institution Press, from *Smithsonian Miscellaneous Collections*, vol. 57, no. 6. Smithsonian Institution, Washington, DC.

3.3, 3.4, 3.5, 3.6, 3.7 From D. L. Bruton, 1981. The arthropod *Sidneyia inexpectans*, Middle Cambrian, Burgess Shale, British Columbia. *Philosophical Transactions of the Royal Society, London* B 295: 619–56.

3.8 From H. B. Whittington, 1978. The lobopod animal *Aysheaia pedunculata* Walcott, Middle Cambrian, Burgess Shale, British Columbia. *Philosophical Transactions of the Royal Society, London* B 284:165–97.

3.9, 3.10, 3.11 From D. L. Bruton, 1981. The arthropod *Sidneyia inexpectans*, Middle Cambrian, Burgess Shale, British Columbia. *Philosophical Transactions of the Royal Society, London* B 295: 619–56.

3.13, 3.14, 3.15, 3.16 From H. B. Whittington, 1971. Redescription of *Marrella splendens* (Trilobitoidea) from the Burgess Shale, Middle Cambrian, British Columbia. *Geological Survey of Canada Bulletin* 209:1–24.

3.17, 3.19 From H. B. Whittington, 1974. *Yohoia* Walcott and *Plenocaris* n. gen., arthropods from the Burgess Shale, Middle Cambrian, British Columbia. *Geological Survey of Canada Bulletin* 231:1–21.

3.20 From H. B. Whittington, 1975. The enigmatic animal *Opabinia regalis*, Middle Cambrian, Burgess Shale, British Columbia. *Philosophical Transactions of the Royal*

Society, London B 271:1–43.

3.22 Reprinted by permission of Cambridge University Press.

3.23 From A. M. Simonetta, 1970. Studies of non–trilobite arthropods of the Burgess Shale (Middle Cambrian). *Palaeontographica Italica* 66 (n.s. 36):35–45.

3.24, 3.25, 3.26 From H. B. Whittington 1975. The enigmatic animal *Opabinia regalis*, Middle Cambrian, Burgess Shale, British Columbia. *Philosophical Transactions of the Royal Society, London* B 271:1–43.

3.27 From C. P. Hughes, 1975. Redescription of *Burgessia bella* from the Middle Cambrian Burgess Shale, British Columbia. *Fossils and Strata* (Oslo) 4:415–35. Reproduced with permission.

3.30 From S. Conway Morris, 1977. A new entoproct–like organism from the Burgess Shale of British Columbia. *Palaeontology* 20:833–45.

3.33 From S. Conway Morris, 1977. A redescription of the Middle Cambrian worm *Amiskwia sagittiformis* Walcott from the Burgess Shale of British Columbia. *Paläontologische Zeitschrift* 51:271–87.

3.35 From S. Conway Morris, 1977. A new metazoan from the Cambrian Burgess Shale, British Columbia. *Palaeontology* 20:623–40.

3.36 From D. E. G. Briggs, 1976. The arthropod *Branchiocaris* n. gen., Middle Cambrian, Burgess Shale, British Columbia. *Geological Survey of Canada Bulletin* 264:1–29.

3.37 From D. E. G. Briggs, 1978. The morphology, mode of life, and affinities of *Canadaspis perfecta* (Crustacea: Phyllocarida), Middle Cambrian, Burgess Shale, British Columbia. *Philosophical Transactions of the Royal Society, London* B 281:439–87.

3.39, 3.40(A–C) From H. B. Whittington, 1977. The Middle Cambrian trilobite *Naraoia*, Burgess Shale, British Columbia. *Philosophical Transactions of the Royal Society, London* B 280:409–43.

3.42, 3.43 From H. B. Whittington, 1978. The lobopod animal *Aysheaia pedunculata* Walcott, Middle Cambrian, Burgess Shale, British Columbia. *Philosophical Transactions of the Royal Society, London* B 284:165–97.

3.44 From D. E. G. Briggs, 1981. The arthropod *Odaraia alata* Walcott, Middle Cambrian, Burgess Shale, British Columbia. *Philosophical Transactions of the Royal Society, London* B 291:541–85.

3.47, 3.50 From H. B. Whittington, 1981. Rare arthropods from the Burgess Shale, Middle Cambrian, British Columbia. *Philosophical Transactions of the Royal Society, London* B 292:329–57.

3.51, 3.52, 3.53 From D. L. Bruton and H. B. Whittington. 1983. *Emeraldella* and *Leanchoilia*, two arthropods from the Burgess Shale, British Columbia. *Philosophical Transactions of the Royal Society, London* B 300:553–85.

3.55 From D. E. G. Briggs and D. Collins, 1988. A Middle Cambrian chelicerate from Mount Stephen, British Columbia. *Palaeontology* 31:779–98.

3.56, 3.57, 3.59 From S. Conway Morris, 1985. The Middle Cambrian metazoan *Wiwaxia corrugata* (Matthew) from the Burgess Shale and *Ogygopsis* Shale, British Columbia, Canada. *Philosophical Transactions of the Royal Society, London* B 307:507–82.

3.60, 3.61 From D. E. G. Briggs, 1979. *Anomalocaris*, the largest known Cambrian arthropod. *Palaeontology* 22:631–64.

3.63, 3.64 From H. B. Whittington and D. E. G. Briggs, 1985. The largest Cambrian animal, *Anomalocaris*, Burgess Shale, British Columbia. *Philosophical Transactions of the Royal Society, London* B 309:569–609.

3.65 From S. Conway Morris and H. B. Whittington, 1985. Fossils of the Burgess Shale. A national treasure in Yoho National Park, British Columbia. *Geological Survey of Canada, Miscellaneous Reports* 43:1–31.

3.67, 3.68, 3.69(A–B), 3.70 From H. B. Whittington and D. E. G. Briggs, 1985. The largest Cambrian animal, *Anomalocaris*, Burgess Shale, British Columbia. *Philosophical Transactions of the Royal Society, London* B 309:569–609.

3.73, 3.74 From D. E. G. Briggs and H. B. Whittington, 1985. Modes of life of arthropods from the Burgess Shale, British Columbia. *Transactions of the Royal Society of Edinburgh* 76:149–60.

4.1, 4.2, 4.3 Smithsonian Institution Archives, Charles D. Walcott Papers, 1851–1940 and

undated. Archive numbers 82–3144, 82–3140, and 83–14157.

5.3 Drawing by Charles R. Knight: neg. no. 39443, courtesy of Department of Library Services, American Museum of Natural History.

5.5 Courtesy of A. Seilacher.

5.6 From R. C. Moore, C. G. Lalicker, and A. G. Fischer. *Invertebrate Fossils*. McGraw–Hill Book Co., Inc. Copyright 1952.

5.7 From A. Yu. Rozanov, "Problematica of the Early Cambrian," in *Problematic Fossil Taxa*, ed. Antoni Hoffman and Matthew H. Nitecki. Copyright © 1986 by Oxford University Press, Inc. Reprinted by permission.